理化检测人员培训系列教材

丛书主编 靳京民

非金属材料化学分析

荀其宁 李艳玲 毛如增 黄 辉 刘 霞 龚 维 侯倩倩 柳洪超 刘志虹 林 帅 赵 华 冀克俭 等 编著

机械工业出版社

本书从有机高分子材料检测需要和实用分析技术出发，对非金属材料的概念、用途和发展趋势进行了阐述；系统介绍了有机高分子材料中特殊元素、水分的分析方法；对材料的密度、黏度等物理特性和酸值、皂化值等化学特性的分析方法进行讲解；详细讨论了七类仪器分析方法，包括红外光谱法、色谱法、核磁共振波谱法、有机质谱法、紫外-可见光谱法、有机元素分析法、热分析法，每种仪器分析方法均包括基本原理、仪器结构、在高分子材料方面的应用及仪器的维护与保养四个方面的知识。

本书可作为理化检测技术人员的培训教材和参考用书。

图书在版编目（CIP）数据

非金属材料化学分析/荀其宁等编著. —北京：机械工业出版社，2021.11

理化检测人员培训系列教材

ISBN 978-7-111-69097-9

Ⅰ.①非…　Ⅱ.①荀…　Ⅲ.①非金属材料-化学分析-技术培训-教材　Ⅳ.①TB320.22

中国版本图书馆 CIP 数据核字（2021）第 184346 号

机械工业出版社（北京市百万庄大街 22 号　邮政编码 100037）
策划编辑：吕德齐　责任编辑：吕德齐　王彦青
责任校对：张晓蓉　封面设计：鞠　杨
责任印制：张　博
涿州市京南印刷厂印刷
2022 年 1 月第 1 版第 1 次印刷
184mm×260mm · 15.75 印张 · 388 千字
0001—1900 册
标准书号：ISBN 978-7-111-69097-9
定价：69.00 元

电话服务　　　　　　　　　　网络服务
客服电话：010-88361066　　机　工　官　网：www.cmpbook.com
　　　　　010-88379833　　机　工　官　博：weibo.com/cmp1952
　　　　　010-68326294　　金　　书　　网：www.golden-book.com
封底无防伪标均为盗版　　机工教育服务网：www.cmpedu.com

序

当今世界正在经历百年未有之大变局，我国经济发展面临的国内外环境发生了深刻而复杂的变化。当前科技发展水平以及创新能力对一个国家的国际竞争力的影响越来越大。理化检测技术的水平是衡量一个国家科学技术水平的重要标志之一，理化检测工作的发展和技术水平的提高对于深入认识自然界的规律，促进科学技术进步和国民经济的发展都起着十分重要的作用。理化检测技术作为技术基础工作的重要组成部分，是保障产品质量的重要手段，也是新材料、新工艺、新技术工程应用研究，开发新产品，产品失效分析，寿命检测，工程设计，环境保护等工作的基础性技术。在工业制造和高新技术武器装备的科研生产过程中，需要采用大量先进的理化检测技术和精密设备来评价产品的设计质量和制造质量，这在很大程度上依赖于检测人员的专业素质、能力、经验和技术水平。只有合格的理化检测技术人员才能保证正确应用理化检测技术，确保理化检测结果的可靠性，从而保证产品质量。

兵器工业理化检测人员技术资格鉴定工作自2005年开展以来，受到集团公司有关部门领导及各企事业单位的高度重视，经过16年的发展和工作实践，已经形成独特的理化检测技术培训体系。为了进一步加强和规范兵器工业理化检测人员的培训考核工作，提高理化检测人员的技术水平和学习能力，并将兵器行业多年积累下来的宝贵经验和知识财富加以推广和普及，自2019年开始，我们组织多位兵器行业内具有丰富工作经验的专家学者，在《兵器工业理化检测人员培训考核大纲》和原内部教材的基础上，总结了多年来在理化检测科研和生产工作中的经验，并结合国内外的科技发展动态和现行有效的标准资料，以及兵器行业、国防科技工业在理化检测人员资格鉴定工作中的实际情况，围绕生产工作中实际应用的知识需求，兼顾各专业的基础理论，编写了这套《理化检测人员培训系列教材》。

这套教材共六册，包括《金属材料化学分析》《金属材料力学性能检测》《金相检验与分析》《非金属材料化学分析》《非金属材料性能检测》和《特种材料理化分析》，基本涵盖了兵器行业理化检测中各个专业必要的理论知识和经典的分析方法。其中《特种材料理化分析》主要是以火药、炸药和火工品为检测对象，结合兵器工业生产特点编写的检测方法；《非金属材料化学分析》是针对有机高分子材料科研生产的特点，系统地介绍了有机高分子材料的化学分析方法。每册教材都各具特色，理论联系实际，具有很好的指导意义和实用价值，可作为有一定专业知识基础、从事理化检测工作的技术人员的培训和自学用书，也可作为高等院校相关专业的教学参考用书。

这套教材的编写和出版，要感谢中国兵器工业集团有限公司、中国兵器工业标准化研究所、辽沈工业集团有限公司、内蒙古北方重工业集团有限公司、山东非金属材料研究所、西安近代化学研究所、北京北方车辆集团有限公司、内蒙古第一机械集团股份有限公司、内蒙金属材料研究所、西安北方惠安化学工业有限公司、山西北方兴安化学工业有限公司、辽宁庆阳特种化工有限公司、泸州北方化学工业有限公司、甘肃银光化学工业集团有限公司等单位的相关领导和专家的支持与帮助！特别要感谢中国兵器工业集团有限公司于同局长、张辉处长、王菲菲副处长、王树尊专务、朱宝祥处长，中国兵器工业标准化研究所郑元所长、孟冲云书记、康继纲副所长、马茂冬副所长、刘播雨所长助理、罗海盛主任、杨帆主任等领导的全力支持！感谢参与编写丛书的各位专家和同事！是他们利用业余时间，加班加点、辛勤付出，才有了今天丰硕的成果！也要特别感谢原内部教材的作者赵祥聪、胡文骏、董霞等专家所做的前期基础工作，以及对兵器工业理化检测人员培训考核工作所做出的贡献。还要感谢机械工业出版社的各专业编辑，他们对工作认真负责的态度，是这套教材得以高质量正式出版的保障！在编写过程中，还得到了广大理化检测人员的关心和支持，他们提出了大量建设性意见和建议，在此一并表示衷心的感谢！

由于理化检测技术的迅速发展，一些标准的更新速度加快，加之我们编写者的水平所限，书中难免存在不足之处，恳请广大读者提出批评和建议。

丛书主编　靳京民

前 言

非金属材料指具有非金属性质（导电性、导热性差）的材料，主要包括无机非金属材料和有机非金属材料两大类。以合成橡胶、合成树脂（塑料）及天然纤维、蛋白质和天然橡胶等代表的有机高分子材料构成了有机非金属材料的主体。有机高分子材料因具有多种优异的性能，在近代工业中的用途不断扩大，并迅速发展。在有机高分子材料制备和应用过程中，特殊组分的鉴别与含量分析，材料物理、化学性能测试，有机物结构分析等检测需求越来越大，对有机非金属材料检测方法的梳理和规范显得十分迫切。

本书以有机高分子材料为主，系统介绍了有机高分子材料的化学分析方法。材料的化学分析方法可分为经典化学分析和仪器分析两类。前者基本上是采用化学方法来达到分析的目的；现代分析仪器发展迅速，分析工作可以应用仪器分析法来完成，但是经典的化学分析方法仍有其重要意义。有些大型精密仪器测得的结果是相对值，而仪器的校正和校对所需要的标准参考物质一般是用准确的经典化学分析方法测定的，因此仪器分析法与化学分析法是相辅相成的，很难以一种方法来完全取代另一种。

本书是根据现行有关标准和技术要求，结合国防科技工业中有机高分子材料检测需要和实用分析技术精心编写而成。全书共 12 章，第一章对非金属材料的概念、作用和发展趋势进行了阐述；第二章详细介绍了有机高分子材料中特殊元素的定性、定量分析方法；第三章介绍了密度、黏度等物理特性的分析方法；第四章对材料的酸值、皂化值等化学特性分析方法进行讲解；有机高分子材料中水分分析与检测是该类材料分析的一个重要内容，该部分内容在第五章单独列出，介绍了 4 种水分分析方法；第六～十二章为有机高分子材料的仪器分析方法，主要介绍了红外光谱法、色谱法、核磁共振波谱法、有机质谱法、紫外-可见光谱法、有机元素分析法、热分析法共七种仪器分析方法。每种仪器分析方法都包括基本原理、仪器结构、在高分子材料方面的应用及仪器的维护与保养四个方面的知识。

本书的编写得到了中国兵器工业集团有限公司有关部门领导及兵器工业标准化研究所有关领导的大力支持和帮助，中国兵器工业集团第五三研究所（兵器工业非金属材料理化检测中心）、北京北方车辆集团有限公司相关领导和技术人员对本书的编写做出了较大贡献，在此一并表示感谢！由于本书涉及的内容较多，编写难度较大，且编写人员水平和经验有限，难免存在错误，恳请读者批评指正。

作 者

目 录

第一章

绪　论

第一节　非金属材料的概念与分类

材料是用来制造器件、构件和其他可供使用物质的总称，是人类文明与社会进步的物质基础与先导，是人类日常生产与生活必需的物质保障。20 世纪 70 年代，人们把材料、能源、信息称为现代技术的三大支柱，其中材料又是后两者的物质基础，在一定程度上能源和信息的发展又依赖于材料的进步，因此许多国家都把材料科学作为重点发展的学科之一，使之为新技术革命提供坚实的基础。在知识经济时代，材料技术、信息技术和生物技术是现代高科技与新经济的三大主要组成部分，而材料又往往是高技术的突破口。因此材料的研究、开发与应用是实现经济与社会可持续发展的关键。

材料按用途不同可分为结构材料和功能材料，前者是利用其物理力学性质，后者是利用光学、电学、声学、磁学、化学、物理化学及生物化学等特性完成特定功能；按化学组成不同可分为金属材料和非金属材料，金属材料如钢铁材料（铸铁、碳素结构钢和合金钢）和有色金属材料（铝及铝合金、铜及铜合金等），非金属材料又分为无机非金属材料（传统的硅酸盐材料和新兴陶瓷等）和有机非金属材料（合成橡胶、塑料、纤维及天然植物质材料等）。

一、无机非金属材料

无机非金属材料是 20 世纪 40 年代以后，随着现代科学技术的发展从传统的硅酸盐材料演变而来的与金属材料和有机高分子材料并列的三大材料之一。

无机非金属材料是以某些元素的氧化物、碳化物、氮化物、卤素化合物、硼化物以及硅酸盐、铝酸盐、磷酸盐、硼酸盐等物质组成的材料，是除金属材料和有机高分子材料以外的所有材料的统称，工程领域往往把无机非金属材料称为陶瓷材料。

无机非金属材料包括传统无机非金属材料和新型无机非金属材料两大类。

传统无机非金属材料主要是指硅酸盐材料，硅酸盐材料是以含硅的物质为原料经加热而制成的，如水泥、玻璃、陶瓷和耐火材料等，在生活和生产中有着广泛的应用，是工业和基本建设所必需的基础材料。如水泥是一种重要的建筑材料；耐火材料与高温技术，尤其与钢铁工业的发展关系密切；各种规格的平板玻璃、仪器玻璃和普通的光学玻璃以及日用陶瓷、卫生陶瓷、建筑陶瓷、化工陶瓷和电瓷等与人们的生产、生活密切相关。传统无机非金属材料产量大、用途广。

新型无机非金属材料是指20世纪中期以后发展起来的，具有特殊性能和用途的材料，应用于高性能领域，在组成上已不局限于硅酸盐，还包括其他含氧酸盐、氧化物、氮化物。

二、有机非金属材料

有机非金属材料主要有合成橡胶、塑料、纤维及天然植物质材料等高分子材料。高分子材料是指相对分子质量很高并由共价键连接的一类材料。高分子的相对分子质量一般高达几万、几十万，甚至上百万。高分子包括有机高分子化合物和无机高分子化合物。主链上的原子除碳原子外，其他主要元素为氢、氧、氮等，在碳原子与碳原子之间、碳原子与其他元素的原子之间以稳定的共价键连接的高分子化合物称为有机高分子化合物；主链原子是除碳以外的其他原子组成的高分子化合物，称为无机高分子化合物。

同在自然界中大量存在的分子化合物叫天然高分子。在生物界中，构成生物体的蛋白质纤维素，携带生物遗传信息的核酸，食物中的淀粉，衣服原料的棉、毛、丝、麻以及木材、橡胶等，都是天然有机高分子。非生物界中，如长石、石英、石棉、石墨、云母、金刚石等，都是天然无机高分子。天然高分子可以通过化学加工、合成得到天然高分子的衍生物或合成高分子，如水玻璃、合成橡胶等，从而改变其加工性能和使用性能。

第二节 非金属材料的作用

一、无机非金属材料的作用

无机非金属材料是国家建设和人民生活中不可缺少的重要物质基础。人类发展的历史证明：材料是社会进步的物质基础和先导，是人类进步的里程碑。纵观人类利用材料的历史，可以清楚地看到，每一种重要材料的发现和利用，都会把人类支配和改造自然的能力提高到一个新的水平，给社会生产力和人类生活带来巨大的变化，把人类物质文明和精神文明向前推进一步。例如，半导体材料的出现，对电子工业的发展具有巨大的推动作用。计算机小型化和功能的提高，与锗、硅等半导体材料密切相关。钢铁冶炼发展过程中的每一次重大演变，都有赖于耐火材料新品种的开发。

近年来，钢铁冶炼新技术，如大型高炉、高风温热风炉、复吹氧气转炉、铁液预处理和炉外精炼、连续铸钢等，都无一例外地有赖于优质高效耐火材料的开发。玻璃瓶罐、器皿、保温瓶、工艺美术品等，已成为人们生活用品的一部分。窗玻璃、平板玻璃、空心玻璃砖、饰面板和隔声、隔热的泡沫玻璃，在现代建筑中得到了普遍的采用；钢化玻璃、磨光玻璃、夹层玻璃、高质量的平板玻璃，装配各种运输工具的挡风门窗；各种颜色信号玻璃在海、陆、空交通中起着“指挥员”的作用；电真空玻璃和照明玻璃，充分利用了玻璃的气密、透明、绝缘、易于密封和容易抽真空等特性，是制造晶体管、电视机、电灯等不可取代的材料；玻璃化学仪器、温度计，是化学、生物学、医学、物理学工作者必备的试验用具；大型玻璃设备及管道，是化学工业上耐蚀、耐高温的优良器材；光导纤维的出现，改变了整个通信体系，使“信息高速公路”的设想成为现实；玻璃纤维、玻璃棉及其纺织品，是电器绝缘、化工过滤和隔声、隔热、耐蚀的优良材料，它们与各种树脂制成的玻璃钢，质量轻、强度高、耐蚀、耐热，用于制造绝缘器件和各种壳体。新型结构陶瓷、功能陶瓷，由于其高温下的高强度、高硬度、抗氧化、耐磨损、耐烧蚀等特性，为先进热机的耐热、耐磨部件的应用开辟了良好的前景。超导陶瓷的出现，成为现代物理学和材料科学的重大突破。生物陶瓷由于其优良的生物相容性和生物活性等特殊性能，已广泛应用于生物医学工程中。人工晶体无机涂层、无机纤维等先进材料已逐渐成为近代尖端科学技术的重要组成部分。

无机新材料是科学技术的物质基础，是现代技术的发展支柱。无机新材料在微电子技术、激光技术、光纤技术、光电子技术、传感技术、超导技术和空间技术的发展中占有十分重要，甚至是核心的地位。例如，微电子技术就是在硅单晶材料和外延薄膜技术及集成电路技术的基础上发展起来的；又如空间技术的发展也是与无机新材料息息相关的，以高温 SiO_2 隔热材料和涂覆 SiC 热解碳/碳复合材料为代表的无机新材料的应用，为第一艘宇宙飞船飞上太空做出了重要贡献。

无机非金属材料是建立与发展新技术产业、改造传统工业、节约资源、节约能源和发展新能源及提高我国国际竞争力所不可缺少的物质条件。例如氮化硅系统、碳化硅系统和氧化锆、氧化铝增韧系统的高温结构陶瓷及陶瓷基复合材料的研制成功，一改传统无机非金属材料的脆性大、不耐冲击的特点，而作为具有高强度的韧性材料，用于制造热机部件、切削刀具、耐磨损、耐腐蚀部件等，进入机械工业、汽车工业、化学工业等传统工业领域，推动了产品的更新换代，提高了产业的经济效益和社会效益。

无机非金属材料工业在国民经济中占有重要的先行地位。无机非金属材料是我国的基础工业，范围涵盖了国民经济诸多领域，如建材、环保、新材料、化工、建筑、航空航天、船舶、冶金、机械、电子、信息、生物医药等行业。无机非金属材料在国民经济中占有重要的先行地位，具有超前特性，其发展速度通常高于国民经济总的发展速度。

二、有机非金属材料的作用

有机非金属材料主要指合成橡胶、塑料、纤维及天然植物质材料等高分子材料。高分子材料应用广泛，具体表现在以下几方面：

(1) 纤维　纤维分为天然纤维和人造纤维。天然纤维指的是自然界中天然存在或生长的纤维，包括动植物纤维、矿物纤维等；人造纤维是指对天然纤维进行化学及机械加工得到的可以进行纺织的纤维，包括人造丝、人造棉等。日常生活中，纤维应用广泛，它不仅可以让建筑的泥土保持稳定，还可以降低导弹的温度，也可以修复人体受损的身体组织。

(2) 橡胶　橡胶的相对分子质量比较大，是一种无定型聚合物，这种特性使得它在受力变形时可以迅速复原，使其具有良好的稳定性。橡胶可以作为原材料制造胶带、轮胎、电缆、胶管等一系列橡胶制品，在我们的生产生活中有很大的作用。

(3) 塑料　这里的塑料指的是广泛意义上的塑料，即具有塑性能力的材料。塑料可以加工成塑料袋、一次性杯子、收纳盒等各种塑料制品。塑料产量比较大，价格比较便宜且易加工，这些因素使塑料应用广泛。

(4) 添加剂　高分子材料还可以制作成阻燃剂、增塑剂、防老剂、填充剂等各种添加剂，其被广泛应用于各个领域。高分子材料应用范围广，从人体内部到衣食住行都能发现它的身影。随着科技的不断发展，未来高分子材料将会有新的突破，并将进一步改变我们的生活方式，为人类社会的发展提供推力。

第三节　非金属材料的发展趋势

金属、陶瓷和高分子材料三足鼎立地构成固体材料的三大支柱。非金属材料由于资源丰富，能耗低，具有优良的电气、化学、力学等综合性能，在近几十年得到迅速发展。陶瓷是无机非金属材料的主体，其中新型陶瓷是一类极有发展前途的新型工程材料。它具有金属和有机合成高分子材料所没有的高强度、高硬度、耐腐蚀、导电、绝缘、磁性、透光、半导体以及压电、铁电、光电、电光、超导、生物相容性等特殊性能，目前已从日用、化工、建筑、装饰发展到微电子、能源、交通及航天等领域。

有机高分子材料包括木材、棉花、皮革等天然高分子材料和塑料，合成纤维及合成橡胶等有机聚合物合成材料。它们质地轻、原料丰富、加工方便、性能良好、用途广泛，因而发展迅速。世界有机合成高分子材料产量每年以 14%的速度增长，而金属材料的增长率仅为 4%。目前，有机合成高分子材料的体积产量已经超越钢铁。除了可代替钢铁、木材和皮革以外，目前又正在开发和研制一些具有耐高温和导电性能的有机合成材料。塑料、橡胶和合成纤维是有机高分子材料的典型代表，此外，还有涂料和黏合剂等。随着合成、加工技术的发展，耐高温、高强度、高模量及具有特定性能和功能的高分子材料也应运而生。

目前，世界上高分子材料的研究正不断加强、深入。一方面，对重要的高分子材料进行改进和推广，使它们的性能不断提高，应用范围不断扩大；另一方面，与人类自身密切相关、具有特殊功能的材料的研究也在不断加强，并且取得了一定的进展。另外，高分子材料还呈现出以下几方面的发展趋势。

1. 资源依赖弱化

目前，世界上的合成高分子材料主要来自石油这种化工资源，而石油的生长又是一个漫长的地质过程，作为关系国家综合实力的重要资源，石油资源正日益减少并极难及时再生。面对此情形，寻找可以代替石油的其他资源来作为合成高分子材料的原料来源，就成为未来高分子材料业的必然选择。使用天然高分子，探究无机高分子材料的合成，结合基因工程方法促使植物产出更多的可以直接利用的天然高分子，或者通过地球上富有的资源合成高分子就成为行业未来重要的发展趋势。

2. 循环低碳化

当今社会对环保的要求越来越高，零排放、零污染将成为合成高分子材料必要的生产要求，要使高分子材料生产实现绿色化学过程，就要使其成为一种绿色材料。研究高分子材料的环境同化，实现高分子材料无害焚烧乃至用高分子材料治理环境污染；提高高分子材料的循环和再生使用的价值和效率；使高分子材料与环境和谐，就成为行业未来发展的必然要求。

3. 科技信息化

新产业的兴起需要新型材料的支持，随着信息化和高科技的进步，对特殊功能高分子材料的需求与日俱增。高分子导电材料是其中的佼佼者，迄今学术界、产业界都在踊跃地对高分子导电材料掺杂导电剂的复合导电材料进行研究、开发。

4. 生物降解化

自 20 世纪以来，高分子材料便以其优越的力学性能、良好的持久性以及较低的成本，在工业与国民生活中得到了极为广泛的应用，但也正是由于其在环境中的持久性，废弃的高分子材料对环境的污染也日益扩大，成为困扰世界的一大难题。高分子材料在保有其独特性能的同时，实现生物可降解就成为行业重要的研究方向。

5. 智能化

智能高分子材料又称为机敏材料，也被称为刺激-响应型聚合物或环境感应聚合物，是智能材料的一个重要的组成部分，也是材料研究的新领域。可通过分子设计和有机合成的方法使有机材料本身具有生物所赋予的高级功能，如自修与自增殖能力，认识与鉴别能力，刺激响应与环境应变能力等。对刺激产生有效响应的智能聚合物自身性质会随之发生变化。与普通功能材料相比，智能高分子材料具有反馈功能，与仿生和信息密切相关，其先进的设计思想被誉为材料科学史上的一大飞跃，已引起世界各国政府和多种学科科学家的高度重视。

6. 加工拓展深化

高分子材料的最终使用性能在很大程度上依赖于经过加工成型后所形成的材料的形态，包括结晶、取向等，多相聚合物，还包括相形态（如球、片、棒、纤维等）。研究高分子材料在加工过程中外场作用下形态形成、演化、调控及最终“定构”，发展高分子材料加工与成型的新方法，对高分子材料的基础理论研究和开发高性能化、复合化、多功能化、低成本化及清洁化高分子材料有重要意义。

7. 纳米复合化

纳米材料是20世纪后期崛起的一类具有划时代意义的新材料，高分子材料逐步实现纳米复合化，相比宏观或微米级高分子材料，其力学性能、阻隔性能、阻燃性能、热性能、电性能及生物性能等都有显著提高，甚至还表现出全新的性能，因此成为行业未来发展的又一重要研究方向。

塑料、橡胶、复合材料等有机高分子材料的性能与传统的金属、陶瓷等材料的差异主要源于它们的化学组成及结构的不同，这也决定了塑料、橡胶、复合材料等有机高分子材料具有其他材料所不能替代的应用领域。它们的性能表征和测试方法也与其他材料有许多不同。本书以有机高分子材料为主，重点介绍工程塑料、复合材料和橡胶等有机高分子材料的检测技术和方法。

思 考 题

1. 简述非金属材料的概念与分类。
2. 简述有机高分子材料的发展趋势。

第二章

非金属材料常见元素分析

本章介绍的元素检测方法只限于有机高分子材料化学分析方法。当前用于高分子材料检测的仪器方法主要有离子色谱法、电感耦合等离子体发射光谱法、荧光光谱法等，后面章节将分别阐述。

第一节　非金属材料前处理

一、高分子材料的分离和纯化

应用中的高分子材料绝大多数情况下不是纯的高分子化合物，往往已加入各种添加剂和加工助剂，比如增塑剂、稳定剂、抗氧剂、填料、增强剂、润滑剂、颜料等。用未分离的试样检测时，要注意辨别哪些元素是来自聚合物，哪些元素来自添加剂或杂质，因此试样先经过分离再分别进行高聚物和添加剂的元素检测会比较准确。一般来说高聚物的元素含量至少在百分位，而微量甚至痕量元素多半来自添加剂或杂质。比如在一个聚烯烃试样中发现质量分数为0.2%的氯，这不可能是聚氯乙烯或其他含氯高分子，而很可能只是来自聚烯烃中含有的残余催化剂。因而如果要单独确定添加剂的组成，或要对高分子化合物做准确的元素分析，对高分子材料试样的分离和纯化是不可避免的工作。

高分子材料基本的分离方法主要有三种：最常用的是用溶剂和沉淀剂进行溶解-沉淀分离；另一种是用溶剂对试样进行萃取；第三种是真空蒸馏。真空蒸馏是利用能够加热的负压密闭系统，蒸馏出低沸点添加剂或者化合物的一种方法。比如旋转蒸发器就是一种比较好用的真空蒸馏系统。

（一）溶解-沉淀法

对于可溶性高分子材料，可以选择一种适当的溶剂将高分子完全溶解。先过滤或离心除去不溶解的无机填料、颜料等，然后加入过量的沉淀剂使高分子物质沉淀。分离不完全的可能现象有两个：一是分离出来的添加剂中带有低相对分子质量的高分子物质（称为齐聚物），因为它们也溶于溶剂。虽然它们含量不大，但如果分离物接着要进行红外光谱法等仪器分析，则这种“污染”的影响会较大。纯化的方法是进一步用沉淀剂萃取。另一种现象是沉淀出的高分子物质残留有少量添加剂（当原添加剂浓度较高时）。这时可以用重复溶解-沉淀的步骤来纯化。

（二）萃取法

萃取法的目的是从固体高分子材料中抽提出添加成分，通常是增塑剂等有机化合物。萃取机理实际上是一个扩散过程。萃取主要可用两种方法：一种是回流萃取；另一种是用索氏萃取器连续萃取。如果高分子材料中的可溶性添加物含量较少，用回流萃取的方法较便利快速，有时甚至不用加热回流，只需与溶剂混合后静置，或给予振摇即可。但如果添加物含量大，回流萃取常不完全，因为溶解会达到饱和而终止。这时可利用索氏萃取器，萃取液在圆底烧瓶中被加热沸腾，产生的蒸气被上部的冷凝管冷凝，冷凝的液滴落入杯中的固体样品内。当萃取容器中的液体达到侧管的顶部时会溢流回圆底烧瓶。为避免试样流出萃取杯，一般用滤纸包住试样。由于索氏萃取器总是以冷凝管落下的新鲜溶剂反复淋洗抽提试样，所以能达到良好的萃取效果。

萃取的第一步是选择溶剂，这一步非常重要，因为如果选错了溶剂，测定结论可能完全错误。所选溶剂应能够溶胀高分子材料，同时目标物能很好地在溶剂中溶解。选择溶剂还应避免与试样中的有关组分反应，也应避免部分溶解高分子物质或被高分子物质强烈吸附。

样品的制备是很重要的，目的是尽可能增大试样的比表面积，以增加与萃取剂的接触。制备方法可以是球磨、粉碎、切片等，制备符合检测标准或方法要求的样品尺寸。

二、高分子材料中元素检测前处理方法

高分子材料除了含 C、H 两元素外，还可能含有 O、N、Cl、F、S、Si、P、B 等元素。如果有添加剂或杂质，则所涉及的元素会更多。元素检测的前处理方法主要有四种。其一是钠熔法，用于元素的定性分析，即鉴定试样中含有哪些元素；其二是氧瓶燃烧法；其三是后来发展形成的耐高温和高压的氧弹燃烧法；其四是湿式消解法。湿式消解法、氧瓶燃烧法和氧弹燃烧法不仅用于定性，也可用于定量分析。以上方法都是设法将高分子试样分解，使其中元素转变成无机离子，然后再分别予以测定。

（一）钠熔法

钠熔法是较简便的方法。但由于分解转化常不够完全，灵敏度不够，难用于定量分析，通常只能用于定性鉴别。

在试管中放入（50~100）mg 分散均匀的高分子试样和一颗豌豆大小的钠（或钾），小心地在煤气灯上加热至金属熔化。把此灼热的试管放入装有（10~15）mL 蒸馏水的小烧杯中将试管炸裂，反应产物溶于水中。未反应的金属钠也会与水反应，用玻棒小心搅拌直到无反应发生。然后过滤此接近无色的液体。该原始液体称为试液，分成几份供检测试验。反应原理如下：

$$\text{高分子}\xrightarrow{Na}NaCN、NaCl、NaF、NaOH、Na_2S、NaCNS$$

（二）氧瓶燃烧法

氧瓶燃烧法是干式灰化普遍采用的方法，它是由薛立格（Schoniger）于 1955 年创立的。氧瓶燃烧-离子色谱法自 1986 年开始成为有机试样中非金属元素的常规分析方法，其测定的结果与经典的测定方法很接近。该法是将样品包在定量滤纸内，用铂金片夹牢，放入充满氧气的锥形烧瓶中进行燃烧，在样品燃烧过程中，待测组分从样品基体中以氧化物形式释放出来，并被吸收在置于氧瓶中的吸收液中，再进行特定组分的分析。该法操作简便，已在有机分析中广泛应用。它也适用于高分子材料的分析。

用一只 300mL 或 500mL 的燃烧瓶（硬质锥形瓶），配有磨口塞，塞底焊接一段直径为

0.8mm 的铂丝，丝的长度约为 40mm，以伸到瓶的中部为宜。铂丝的下端弯成钩形，也可以做成片夹形或螺旋形（见图 2-1a）。

将高分子试样（10~50）mg 用小块定量滤纸（约 0.1g）包好，紧紧夹在铂丝钩中。在锥形瓶的底部注入 5mL 1mol/L 氢氧化钠溶液为吸收液。然后将氧气用橡胶管送到瓶中，要注意将橡胶管靠近吸收液的液面。经过（30~60）s 后，锥形瓶中空气全部被氧气取代。在通氧的最后阶段，同时取火点燃滤纸的尾部，拉出橡胶管，插入并盖紧磨口瓶塞，将锥形瓶小心倾斜，如图 2-1b 所示。已被点燃的滤纸因为有极为丰富的氧气，立即充分燃烧，试样随滤纸在氧气中获得完全分解。整个燃烧过程在数秒内即完成，然后使锥形瓶恢复到原来的直立位置，静置 15min，不时振荡以保证吸收完全。打开锥形瓶，用 20mL 蒸馏水淋洗瓶塞和铂丝，定容，得到测试液。

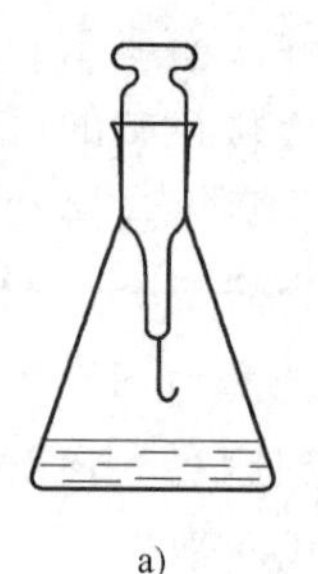
a)

b)

图 2-1　燃烧瓶及其使用方法

具体可参见 GB/T 9872—1998《氧瓶燃烧法测定橡胶和橡胶制品中溴和氯的含量》。

（三）氧弹燃烧法

氧弹燃烧法是在氧瓶燃烧法的基础上发展起来的一种样品在富氧条件下燃烧的前处理方法。氧弹燃烧法的原理与氧瓶燃烧法类似，不同之处在于氧弹能够耐受更高的压力和温度。

高压氧弹由耐热、耐蚀的镍铬或镍铬钼合金钢等金属制成，弹筒容积为（250~350）mL，弹头上应装有供充氧和排气的阀门以及点火电源的接线电极，当氧气的压力达到 2.5MPa 时，通过铂丝放电就可使样品燃烧。为安全起见，应在通风橱中将氧弹内的气体慢慢排出，一般需要（1~2）min，才能将氧弹内的压力减至常压。图 2-2 所示为高压氧弹装置。

图 2-2　高压氧弹装置

高压氧弹需要具备 3 个主要性能：

1）不受燃烧过程中出现的高温和腐蚀性产物的影响而产生热效应。

2）能承受充氧压力和燃烧过程中产生的瞬时高压。

3）试验过程中能保持完全气密。

一些耐火样品在氧瓶燃烧过程中发生不完全氧化，而采用氧弹燃烧法能够实现完全分解。氧弹燃烧法在定量分析有机物中卤素、硫及挥发性金属汞、砷等元素时应用较广，涉及的标准有 GB/T 36791—2018《含溴有机阻燃化学品中溴含量的测定　氧弹燃烧-离子选择电极法》、GB/T 34692—2017《热塑性弹性体　卤素含量的测定　氧弹燃烧-离子色谱法》等。

（四）湿式消解法

该法主要用于消解有机试样。常用硝酸和硫酸混合物与试样一起置于消解容器内，在一定温度下进行消化分解。其中硝酸能将大部分有机物氧化为二氧化碳、水及其他挥发性产物，余留无机成分的酸或盐用于相应的化学分析。

近年来，随着前处理设备的研发和普及，在经典湿式消解法基础上发展的微波消解法成为样品前处理的重要方法之一。微波能够直接穿入试样的内部，在试样的不同深度产生热效应，不仅使加热更迅速，而且更均匀。微波消解仪采用耐一定压力的密闭消解装置，能够减少消解过程中酸的挥发和加速样品分解。微波消解法能够大幅度缩短样品前处理的时间，已广泛地应用于有机和无机样品的前处理。

第二节　非金属材料常见元素的定性分析

一、碳的测定

一般直接将试样进行点火试验来说明有没有碳，碳能燃烧，常会产生黑烟和黑色残渣。如果必要，用下述两种经典方法进一步证实。

方法1：取约50mg试样于小试管中，加入200mg重铬酸钾和10滴浓磷酸。在（150～250)℃加热，然后将产生的二氧化碳气体导入另一个装有氯化钡溶液的试管中，有白色沉淀（$CaCO_3$）说明有碳。

方法2：小心地将（2～5)g试样与等量的钠和干燥的硫酸铵混合，慢慢加热至混合物发红。冷却后将其溶于0.3mL水，加入2mg硫酸亚铁，煮沸，然后冷却。将此清亮的溶液与2mg硫酸铁混合，用10%（质量分数）盐酸酸化，有蓝色出现表明有碳，黄色或棕绿色意味着没有碳（反应最好在点滴板上进行)。

二、氢的测定

取少许试样与几十毫克硫放在小试管中，在（220～250)℃下加热。用醋酸铅试纸盖住试管口，若在2min内试纸上出现棕色斑点（PbS）说明有氢存在。

三、氧的测定

（1）反应试剂配制　溶解5g硫氰酸钾于20mL水中，溶解4g氯化铁于20mL水中。混合这两个溶液，并用乙醚萃取。以乙醚溶液为反应试剂，在避光处可保存一周。

（2）测定步骤　先制备试样的氯仿饱和溶液。取1滴该溶液放在小试管中，用一根头部带硫氰酸铁的细玻棒搅拌（细玻棒头部预先浸入上述反应试剂中，然后空气干燥)，玻棒头部有由亮到暗的红色出现说明试样是含氧高分子。

四、氮的测定

加入少量试样于试管底部，用碱石灰盖住，厚度为（2～3)cm，加热试管底部，如果试样中有氮存在就会放出氨气，在试管口用湿润的pH试纸或石蕊试纸检测。

五、氯的测定

焰色试验（Beilstein试验）对氯很灵敏。在煤气灯上加热直径（0.5～1)mm的铜线的一端直至火焰无色。冷却后沾上一点被测试样并在火焰的外部加热。开始时碳在燃烧，火焰明亮，最后火焰变为亮绿色表明有氯，这是由于氯化铜挥发产生的。由于氟和铜的反应温度很高，不会影响这一试验；溴和碘也会出现从绿到蓝绿色。

六、氟的测定

取约0.5g试样放入一小试管中，在煤气灯的火焰中热解，冷却后加入几毫升浓硫酸。

氟存在的证据是试管壁不挂液珠（最好用已知含氟试样对照试验）。这是由于氟化氢腐蚀玻璃壁产生了洁净的新表面。

七、硅的测定

将（30~50）mg试样与100mg干碳酸钠和10mg过氧化钠混合于白金或镍坩埚中，用火慢慢熔化，冷却后用几滴水溶解，迅速煮沸，并用稀硝酸中和或稍微酸化（形成硅酸）。加1滴钼酸铵溶液，加热至几乎沸腾。冷却后，加1滴联苯胺溶液（50mL联苯胺溶于10mL质量分数为50%的醋酸，加水至100mL），然后加1滴饱和醋酸钠溶液，溶液出现蓝色（硅钼酸铵）表明有硅。最好做空白进行比较。

八、磷的测定

将1g试样、3mL浓硝酸和几滴浓硫酸于小试管中煮沸，冷却后用水稀释，加入几滴钼酸铵溶液，加热1min，有黄色沉淀表明有磷。

九、硼的测定

（1）1,1′-二蒽醌亚胺溶液制备　溶解0.1g1,1′-二蒽醌亚胺于25mL浓硫酸中，在冰箱中存放，有效期为1个月。使用此试剂前，先用浓硫酸稀释20倍。

（2）测定步骤　将试样、碳酸钠、硝酸钠和钠放在白金坩埚或石英试管（不能用玻璃）里，加入0.5mL上述稀释后的试剂，在90℃烘箱中加热3h，试剂由绿色变为蓝色，3h后转为深蓝色表明试样中有硼。

第三节　非金属材料常见元素的定量分析

一、碳、氢、氧的测定

碳、氢分析可按半微量有机分析的方法进行。最常用的方法是燃烧分析法（国内外还有成套元素分析仪）。将试样在氧气流中和催化剂（如高锰酸银或Pt/CuO/$PbCrO_4$/Ag丝/PbO_2）存在下燃烧。燃烧后生成的二氧化碳和水分别用碱石棉及吸水剂（如氯化钙或高氯酸镁）吸收后称量，根据下式计算分析结果：

$$w(\mathrm{C})=\frac{m_1}{m}\times 27.27\%$$

$$w(\mathrm{H})=\frac{m_2}{m}\times 11.11\%$$

式中　m_1——试样燃烧后生成的CO_2的质量（mg）；

m_2——试样燃烧后生成的水的质量（mg）；

m——试样的质量（mg）；

27.27%——CO_2气体中碳的质量分数；

11.11%——水中氢的质量分数。

氧含量通常是通过测完其他元素后用减量法推算。

二、氮的测定

在克氏长颈烧瓶中混合（0.3～0.4）g 试样、40mL 浓硫酸、1g 硫酸铜（$CuSO_4 \cdot 5H_2O$）、0.7g 氧化汞、（0.5～0.7）g 汞和 9g 无水硫酸钠，慢慢加热，并煮沸 1h。然后将其转移到水蒸气蒸馏装置中，加入过量的质量分数为 40%的 NaOH 溶液（其中加有 7g 硫代硫酸钠）。随水蒸气冷凝的氨（约 300mL）用一个装有 50mL 0.1mol/L 硫酸的接收器接收。用 0.2mol/L 的 NaOH 溶液滴定接收液，并做一空白试验。

$$w(\mathrm{N})=\frac{14\mathrm{g/mol}(V_0-V)c_{\mathrm{NaOH}}}{1000m}\times100\%$$

式中　V_0——滴定空白所需的氢氧化钠溶液体积（mL）；

V——滴定试样所需的氢氧化钠溶液体积（mL）；

c_{NaOH}——NaOH 溶液的浓度（mol/L）；

m——试样质量（g）。

三、硫的测定

硫是橡胶的交联剂，在硫化过程中大部分硫与橡胶结合，某些促进剂中的硫也是如此，但仍会有一部分硫游离。测定游离硫对控制硫化工艺和检验产品质量是很重要的。下面介绍游离硫测定方法。

取约 2g 压成薄片的橡胶试样放入 250mL 锥形瓶中，加入 100mL 0.05mol/L 亚硫酸钠溶液。并加入（3～5）mL 液状石蜡消泡。用表面皿盖住锥形瓶，慢慢沸腾 4h，此间亚硫酸钠会反应形成硫代硫酸钠。冷却后加入 5g 活性炭，静置 30min，活性炭会吸附残余促进剂。过滤以除去不可溶的残渣，在滤液中加入 10mL 甲醛溶液（浓度为 400g/L）以络合过量的亚硫酸钠。静置 5min 后，加入 5mL 冰醋酸，再加入过量的碘溶液（浓度为 0.025mol/L），使之与形成的硫代硫酸钠反应。过量的碘以淀粉为指示剂，用浓度为 0.05mol/L 的硫代硫酸钠标准溶液回滴。

$$w(\mathrm{S})=\frac{32.06\mathrm{g/mol}(V_1c_{\mathrm{I_2}}-V_2c_{\mathrm{Na_2S_2O_3}})}{1000m}\times100\%$$

式中　V_1——所加的 0.025mol/L 碘溶液的体积（mL）；

V_2——滴定所用的 $Na_2S_2O_3$ 标准溶液的体积（mL）；

$c_{\mathrm{I_2}}$——碘溶液浓度（mol/L）；

$c_{\mathrm{Na_2S_2O_3}}$——标准溶液的浓度（mol/L）；

m——试样质量（g）。

四、氯的测定

准确称量 5g 试样放于金属坩埚内，用 2g 的碳酸钠覆盖试样，置于马弗炉内，逐渐升温至 500℃，并维持此温度灼烧 4h。冷却后取出坩埚，用 10mL 蒸馏水溶解残留物。将溶液（包括淋洗坩埚的水）转移到 30mL 烧杯中，加入 5 滴甲基橙指示剂溶液后，逐滴加入质量分数为 30%的硝酸中和至紫红色，再多加 10 滴质量分数为 30%的硝酸。然后加入 30mL 丙酮，用0.01mol/L的硝酸银溶液滴定，同时做一空白试验。

$$w(\mathrm{Cl})=\frac{35.46\mathrm{g/mol}(V_0-V)c}{1000m}\times100\%$$

式中 V_0——滴定空白所消耗的0.01mol/L $AgNO_3$ 的体积（mL）；

V——滴定试样所消耗的0.01mol/L $AgNO_3$ 的体积（mL）；

c——$AgNO_3$ 溶液的浓度（mol/L）；

m——试样质量（g）。

五、氟的测定

（1）混合指示剂的配制　溶解125mg甲基红和85mg亚甲蓝于100mL甲醇中。

（2）测定步骤　称取0.15g试样和约3倍于试样质量的金属钠一起放在镍坩埚里，小心用强火加热90min。其冷却后加入10mL无水乙醇，用热蒸馏水洗涤，再转入100mL容量瓶中。然后，用15mL蒸馏水煮沸坩埚共3次，煮沸液并入容量瓶，用蒸馏水定容，混合均匀。移取20mL该溶液经过一个阳离子交换柱，用总量100mL蒸馏水淋洗，再用0.1mol/L氢氧化钾滴定洗出液，以混合指示剂指示终点。

当有氯存在时，可用弱硝酸溶液中和，以浓度为0.1mol/L的 $AgNO_3$ 滴定氯含量。

$$w(\mathrm{F})=\frac{19\mathrm{g/mol}\times5(V_1c_1-V_2c_2)}{1000m}\times100\%$$

$$w(\mathrm{Cl})=\frac{35.46\mathrm{g/mol}\times5V_2c_2}{1000m}\times100\%$$

式中 V_1——KOH溶液的体积（mL）；

V_2——$AgNO_3$ 溶液的体积（mL）；

c_1——KOH溶液的浓度（mol/L）；

c_2——$AgNO_3$ 溶液的浓度（mol/L）；

m——试样质量（g）。

六、磷的测定

有机物经酸氧化分解，游离出磷在酸性条件下与钼酸铵结合生成磷钼酸铵沉淀。

（1）钼酸铵溶液制备　通过温热和搅拌将300g钼酸铵溶解在800mL稀氨水（600mL水和140mL质量分数为25%的氨水）中，加入 NH_4NO_3 溶液（600g NH_4NO_3 溶于600mL蒸馏水），接着加蒸馏水到2000mL，并混合均匀。在搅拌下，通过滴液漏斗以细流状，将该溶液加入到半浓的硝酸（1143mL水+853mL浓硝酸）中，静置过夜后过滤，即得钼酸铵溶液。

（2）测定步骤　样品用微波消解或者氧弹仪分解，在溶解的试液中加入30mL浓硝酸，然后在室温下与100mL钼酸铵溶液混合，令其静置至少4h。以玻璃砂芯漏斗过滤，用质量分数为2%的硝酸铵溶液（总量约40mL）洗涤装试液的烧杯（3~4）次，沉淀后用2%硝酸铵溶液洗涤（1~2）次，然后抽干。接着将二氧杂环己烷倒满漏斗，搅拌沉淀，抽滤，再加入半漏斗二氧杂环己烷，抽滤。

将上述沉淀置于45℃烘箱中，干燥90min，然后置入有硅胶的干燥器内冷却、称重。

$$w(P) = 1.507\% \times \frac{m_1}{m_2}$$

式中　m_1——磷钼酸铵沉淀的质量（g）；

m_2——试样的质量（g）；

1.507%——磷钼酸铵中磷的质量分数。

七、硅的测定

用氧弹燃烧法处理样品，把试样［含（15~40）mg 的 Si］在氧弹仪中混合（2~3）g 过氧化钠和（0.05~0.1）g 蔗糖，燃烧分解。取出弹体，先用水洗，然后用浓盐酸洗，并收集洗涤液于烧杯中。在烧杯中加入蒸馏水，使试液总体积为（250~275）mL，用浓盐酸酸化至澄清。将试液倒入 500mL 容量瓶中，加水至刻度。移取 50mL 上述容量瓶中的试液到 250mL 烧瓶中，加入 15mL 质量分数为 18%的盐酸和 15mL 质量分数为 20%的钼酸铵溶液，再加入 40mL 蒸馏水，塞住烧瓶，在（75±3）℃加热烧瓶 10min，其冷却后，加入 20mL 质量分数为 18%的盐酸和 25mL 质量分数为 1.5%的 8-羟基喹啉溶液，烧瓶加塞，在（65±3）℃下加热 10min，冷却后过滤，沉淀后用稀 8-羟基喹啉溶液洗涤，于（110~120）℃下干燥 1h，然后在 500℃下加热 1h。同时做一空白试验。

$$w(Si) = 15.8\% \times \frac{(m_1 - m_0)}{m}$$

式中　m_1——试样试验中沉淀的质量（g）；

m_0——空白试验中沉淀的质量（g）；

m——试样质量（g）；

15.8%——沉淀物中硅的质量分数。

八、硼的测定

（1）1,1′-二蒽醌亚胺溶液的制备　溶解 0.1g 1,1′-二蒽醌亚胺于 25mL 浓硫酸中。分析前，移取适量该溶液，用浓硫酸稀释 20 倍。

（2）测定步骤　在白金坩埚中加入（1~5）mg 试样和（10~20）倍试样量的碳酸钠（无水和无硼），加热熔融。冷却后，用浓硫酸溶解熔融物，移取该试液到石英或塑料的刻度试管中，然后加入 5mL 的 1,1′-二蒽醌亚胺溶液。在 90℃烘箱中加热试管 3h，补加浓硫酸至溶液体积为 10mL。用分光光度计在 610nm 下测定吸光度，从工作曲线上读取硼含量。

（3）硼的工作曲线的制作方法　预先在试管中分别将 1μg、3μg、5μg 硼溶解在 2mL 浓硫酸中，配成三种浓度的硼的硫酸溶液，按试样测定步骤（从加入 5mL 的 1,1′-二蒽醌亚胺溶液开始）测定。

思　考　题

1. 高分子材料的前处理方法有哪些？
2. 高分子材料特征元素定量分析为什么需要做空白试验？

第三章

非金属材料物理特性分析

第一节　密度的测定

密度是指在 t℃时单位体积物质的质量，符号为 ρ_t，密度的 SI 单位为 kg/m^3，常用的倍数单位为 g/cm^3。

因为物质有均匀和非均匀、带孔和不带孔之分，为适应这种情况，在不同的专业领域中，还会用一些以密度为构词成分的术语。

1）表观密度，它是指多孔固体（颗粒或粉粒状）材料的质量与表观体积（包括“孔隙”的体积，孔隙包括材料间空隙和本身的开口孔、裂口或裂纹以及闭孔或空洞）之比。表观密度常用来确定固体材料的气孔率（一般用%表示）。

2）实际密度，它是指多孔固体材料的质量与其体积（不包括“孔隙”的体积）之比。

3）堆积密度，是指特定条件下，在既定容器内疏松状（如颗粒或纤维等）材料的质量与其体积之比。按照材料的实际堆积条件，又分为松密度（自然堆积）、振实密度（震动下的堆积）和压实密度（施加了一定压力下的堆积）。堆积密度是随着堆积材料的条件而异的。

4）标准密度，是指规范规定的标准条件下的物质密度。使用标准密度是便于各种物质的相互计算与比较。对于液体和固体的标准条件，通常采用的温度为 20℃，也可用 15℃、15.56℃（60°F，°F 为华氏度）、23℃或 27℃等。

5）参考密度，是指在一定状态（温度和压力）下参考物质的密度。参考密度多在相对密度测量时使用。如在 20℃时参考物质纯水的密度。在测量密度时，参考密度是个已知量，可查有关表或预先测定。

6）视密度，多指用浮计测量液体密度或浓度时，得到的在任意温度下的读数（即示值）P_t。常用它换算到液体标准温度即浮计的标准温度（20℃）时的密度 P_{20}。如石油密度计、酒精计和糖量计。

7）相对密度，是指一定体积物质的质量与同温度的等体积的参考物质质量之比，量纲为 1，以符号 d_t 表示。相对密度也可定义为一种物质的密度与同样条件下参考物质的密度之比。

密度作为高聚物材料和它的各种原材料的一项质量指标，在生产和使用中往往都要测定。有时也可根据某些液体材料的密度直接查出其质量分数。此外，在其他物理特性的测定中，往往也需要密度数据，如动力黏度的测定。密度对鉴别未知高聚物材料也很有用。如果与其他化学鉴定方法相结合，能非常简便地鉴别某些高聚物材料。例如，一种未知塑料在燃烧时具有石蜡味，而它的密度为（0.89~0.98）g/cm^3，该塑料一定是聚乙烯或聚丙烯，再由具体的密度数据并借助其他方法可进一步确定为低压聚乙烯或高压聚乙烯。含氟塑料也可根据其密度并结合元素定性和燃烧试验来鉴别。

测定密度的方法很多，要根据试样的不同状态来选择。下面分液体材料和粒子（固体）材料介绍其测定方法。

一、液体材料密度的测定

（一）密度计法

密度计法最适用于测定易流动的透明液体的密度，也能用于黏度大的液体材料，但应使密度计有足够的时间达到平衡。对不透明的液体也能使用，但应对弯月形液面作适当校正。

密度计是一种最常用、操作简便的测定液体材料密度的仪器。它按阿基米德原理工作，当密度计质量一定时，被测液体的密度越大，则密度计浸入液体中的体积越小，因此，按其浮在液体中的位置的高低即可求得液体的密度大小。

1. 仪器

密度计，常用的有石油密度计、海水密度计、蓄电池用密度计、尿密度计和供测定酸、碱、盐及其他溶液用的通用密度计，可根据不同试样选用。

2. 操作步骤

测定密度前，使液体试样的温度与环境温度一致。将量筒放在平稳的地方，向其中小心倾入试样，试样的温度与环境温度之差不应超出±2℃。

拿着洁净的密度计的上端，缓缓地放入搅拌均匀的试样中，注意液面以上的密度计杆管浸湿不得超过两个最小分度值。杆管剩余部分必须保持洁净，因为杆管上的液体会影响读数。密度计浸入低黏度试样中，在放开手时，轻轻旋转杆管，以助其在不靠近量筒壁处静止漂浮。要有足够的时间让密度计达到静止状态，让气泡全部逸出，这一点对较黏稠的试样尤为重要。

密度计浸入液体（3~4）min，使其温度平衡，且完全静止后读数。

读数的方法分透明液体和不透明液体两种。不透明液体按弯月面上缘读数，透明的液体则按弯月面下缘读数。

按弯月面上缘读数时，应背向光线。杆管周围形成的弯月面，其最高处（即上缘）因光线投影出现一条亮线，所以观察者两眼应稍高于液面，注视这条亮线在密度计上的位置，其读数估计到分度值的1/10。

按照弯月面下缘读数时，观察者的眼睛必须稍低于液面，这时会看到椭圆形的液面，然后眼睛位置逐渐抬高，椭圆逐渐变小，直到看到椭圆变成一条直线为止。观察出此直线在密度计上的位置，其读数估计到分度值的1/10。

在读数前后，应分别测定液体的温度，以两次平均值作为测定液体密度时的液体温度（两次之差不应超出±0.5℃）。液体的温度和密度计的标准温度不同时，应考虑温度对密度计示值的影响。

3. 计算

根据密度计上的读数，按式（3-1）计算液体的实际密度 ρ_t。

$$\rho_t=\rho+\beta(t_0-t)\rho \tag{3-1}$$

式中 ρ——液体在温度 t℃时密度计的示值；

β——密度计的玻璃膨胀系数（$\beta=25\times10^{-6}$℃$^{-1}$）；

t_0——密度计的标准温度为 20℃；

t——被测液体的温度。

注：所使用的密度计，我国以 20℃为标准温度，美国以 15℃为标准温度，应注意使用说明。

为说明式（3-1）的具体用法，举例如下。

例 1：用一密度计测定某液体的密度，它的最小分度是 0.0005g/cm^3，其标准温度是 20℃。密度计在液体中所形成的弯月面下缘位于 0.830g/cm^3 分度线之下 $\frac{3}{10}$，液体温度为 50℃，求液体此时的实际密度值。

解：因弯月面下缘位于 0.830g/cm^3 分度线之下 $\frac{3}{10}$，则密度计在液体中的示值为

$$0.830\text{g/cm}^3+0.0005\text{g/cm}^3\times\frac{3}{10}=0.83015\text{g/cm}^3$$

从检定证书上查得 0.83015g/cm^3 的修正值为 0.00045g/cm^3，因此，修正后的密度值为

$$0.83015\text{g/cm}^3+0.00045\text{g/cm}^3=0.83060\text{g/cm}^3$$

根据式（3-1）可得到液体在 50℃时的实际密度为

$$\rho_{50}=0.83060\text{g/cm}^3+0.000025\times(20-50)\times0.83060\text{g/cm}^3=0.82998\text{g/cm}^3$$

密度计标尺都是在指定的某种液体中确定的，当将它浸入不同液体中时，由玻璃杆管与液体相接触形成的弯月面是不同的。这时为得到被测液体的实际密度值，应对示值加以弯月面不同的修正，按式（3-2）予以修正。

$$\Delta k=\frac{(\alpha_2-\alpha_1)\pi d\rho^2}{1000m} \tag{3-2}$$

式中 Δk——密度计示值的毛细作用常数修正值；

α_1——适合于密度计标尺的液体毛细作用常数（mm^2）；

α_2——密度计浸入被测液体的毛细作用常数（mm^2）；

ρ——密度计示值（g/cm^3）；

d——密度计杆管在 ρ 处的平均直径（mm）；

m——密度计在空气中的质量（g）。

举例说明如下。

例 2：用适合于硫酸水溶液的密度计测定硫酸氢乙酯溶液密度时，其密度示值是 1.1924g/cm^3，求硫酸氢乙酯溶液的实际密度是多少？

解：求硫酸氢乙酯溶液的实际密度，首先要确定下列几个参数：

$m=120.5\text{g}$；

$d=5.2\text{mm}$。

从已知表中查得硫酸水溶液的毛细作用常数 $\alpha_1=6.40\text{mm}^2$；

查硫酸氢乙酯的毛细作用常数 $\alpha_2=3.23\text{mm}^2$；

按式（3-2）计算毛细作用修正值为

$$\Delta k=\frac{(3.23-6.40)\times3.14\times5.2\times1.1924^2}{1000\times120.5}\mathrm{g/cm^3}=-0.0006\mathrm{g/cm^3}$$

因此，所求的硫酸氢乙酯溶液的实际密度为

$$1.1924\mathrm{g/cm^3}-0.0006\mathrm{g/cm^3}=1.1918\mathrm{g/cm^3}$$

几种有机液体的毛细作用常数见表 3-1。

表 3-1　几种有机液体的毛细作用常数　　（单位：mm^2）

密度/(g/cm^3)	水杨酸乙酯	邻苯二甲酸二乙酯	苯甲醇
0.95	2.75	2.72	3.28
0.96	2.74	2.72	3.33
0.97	2.74	2.72	3.39
0.98	2.73	2.73	3.44
0.99	2.73	2.73	3.50
1.00	2.72	2.73	3.55
1.01	2.72	2.76	3.64
1.02	2.73	2.79	3.73
1.03	2.73	2.82	3.81
1.04	2.74	2.85	3.90
1.042	—	—	3.92
1.05	2.74	2.88	—
1.06	2.78	2.95	—
1.071	2.82	3.02	—
1.08	2.86	3.08	—
1.09	2.90	3.15	—
1.10	2.94	3.22	—
1.122	—	3.44	—
1.11	3.05	—	—
1.12	3.16	—	—
1.13	3.26	—	—
1.136	3.33	—	—

用密度计法测定液体材料的密度可参照 GB/T 1884、GB/T 4472 和 ASTM D 287、ASTM D 1298。

（二）韦氏天平法

韦氏天平又称为密度天平，原理是在水和被测试样中，分别测量“浮锤”的浮力，由游码的读数计算出试样的密度。韦氏天平构造简单、使用方便。适用于易于挥发液体的测定，但要求试样的运动黏度不大于 $10^{-5}m^2/s$。当运动黏度大于 $10^{-5}m^2/s$ 时，需要用煤油稀释后再测定。

1. 仪器与试剂

韦氏天平；小镊子；水银温度计：(0~40)℃，分度为 0.1℃，当仪器浮沉子本身带温度计时，可不再配备，但精度必须符合要求；恒温水浴：准确度为 0.1℃；乙醇；乙醚。

2. 操作步骤

将天平的金属部分仔细擦拭，浮沉子及金属丝须用乙醇洗涤并吹干。然后用镊子将浮沉子的金属丝挂在天平横梁的钩上，不要用手触及，调整螺旋使两个指针对正。向量筒中注入恰为20℃的蒸馏水，并将浮沉子放入水中，使其全部浸入，金属丝应浸入约15mm。

放浮沉子于水中时，注意勿使浮沉子及耳孔中存有气泡，并使浮沉子位于量筒中央，此时天平即失去平衡。这时如将最大砝码挂在梁上的第10分度上，天平应达到平衡。如不平衡，则用最小砝码使梁达到平衡。如最大砝码比所需要的稍轻时，则将最小砝码挂在第1、第2、第3、第4分度上使其达到平衡。如若最大砝码比所需要的稍重时，则将最大砝码挂在第9分度，而将最小砝码挂在第8、第7、第6或第5分度，使其达到平衡。

如此确定天平的误差值并借助梁的偏差计算，其范围为±0.0004，测定试样密度时，应在指针同样偏差下进行读数。

将玻璃量筒中的水倾出，量筒及浮沉子先用乙醇洗涤，再用乙醚洗涤数次，吹干。向量筒注入预先恒温至20℃的试样，置于20℃的恒温水浴中。调节砝码，砝码应放在梁的刻度上，如果在同一刻度上需放两个砝码，则将小的砝码挂在大砝码的脚钩上，按砝码从大到小、刻度从远到近的方法使天平达到平衡，并记录读数。

在20℃时试样的密度按式（3-3）计算：

$$\rho_{20}=d_{20}^{20}\times 0.99823\mathrm{g/cm^3}=\frac{\rho_2}{\rho_1}\times 0.99823\mathrm{g/cm^3} \tag{3-3}$$

式中 d_{20}^{20}——在20℃测得的试样相对密度示值；

0.99823——水在20℃时的密度值；

ρ_1——在水中游码的读数（$\mathrm{g/cm^3}$）；

ρ_2——在被测试样中游码的读数（$\mathrm{g/cm^3}$）。

注：如果需要在 t_x℃温度下测定试样的密度，则将所得相对密度的示值乘以 t_x℃温度下水的密度即可。不同温度下水的密度值见表3-2。

表3-2 不同温度下水的密度值

温度/℃	密度/(g/cm³)	温度/℃	密度/(g/cm³)	温度/℃	密度/(g/cm³)
0	0.99987	21	0.99802	40	0.99224
3	0.99999	22	0.99780	45	0.99024
4	1.00000	23	0.99756	50	0.98807
5	0.99999	24	0.99732	55	0.98324
10	0.99973	25	0.99707	60	0.98059
15	0.99913	26	0.99681	65	0.98059
15.56	0.99904	27	0.99654	70	0.97781
16	0.99897	28	0.99597	75	0.97183
17	0.99880	29	0.99597	80	0.97183
18	0.99862	30	0.99406	85	0.96534
19	0.99843	35	0.99406	90	0.96534
20	0.99823	37.78	0.99307	100	0.95838

当被测试样的运动黏度超过 $10^{-5}m^2/s$，首先将试样同煤油按体积 1∶1 混合，然后用比重天平测出混合液的密度，再根据式（3-4）求出试样的密度。

$$\rho_t = 2\rho_\varepsilon - \rho_k \tag{3-4}$$

式中　ρ_t——试样在温度 t℃时的密度；

ρ_ε——混合液在温度 t℃时的密度；

ρ_k——煤油在温度 t℃时的密度。

如果混合液体的运动黏度还大于 $10^{-5}m^2/s$，那么可用加热的办法降低黏度后再测定液体的密度。

用韦氏天平法测定液体材料密度可参照 GB/T 611、GB/T 4472。

（三）密度瓶法

密度瓶法的原理是在同一温度下，用蒸馏水标定密度瓶的体积，然后测定同体积试样的质量以求其密度。

1. 特点

密度瓶法是一种应用广泛、具有较高精度的密度测定法。它具有以下优点：

1）密度瓶法依赖于质量测定，可直接在分析天平上进行，不需用附加设备。

2）密度瓶中的试样除非常小的自由表面之外，绝大部分都与空气隔绝，因而可以减少或排除试样的蒸发和从空气中吸收湿气的可能性。

3）使用的试样量较少。

4）对密度瓶中试样的恒温和随后的称量可单独进行，这样避免了由于试样温度的波动给质量的测定带来的误差。

5）对于易挥发或黏度很大的液体试样均适用。

2. 仪器

密度瓶；恒温水浴：深度大于密度瓶高度，能保持水浴温度在（20±0.1）℃；水银温度计：分度 0.1℃。

3. 操作步骤

用密度瓶测定液体试样的密度前，应首先确定密度瓶的“水值”，即确定 20℃时密度瓶中水的质量。测定水值前，将密度瓶依次用铬酸洗液、水、乙醇、蒸馏水仔细洗涤，干燥后称量，精确至 0.0001g。用新煮沸的、冷却至（18～20）℃的蒸馏水充满密度瓶（具有标线的密度瓶应充满至稍高于标线处，塞上带有毛细管的密度瓶则应完全充满至顶端），并将其放入（20±0.1）℃的恒温浴中，但不得浸没密度瓶上端。密度瓶在 20℃下恒温（20～30）min，瓶颈中的水面停止变动（具有标线的密度瓶中过剩的水用滤纸吸出；具有毛细管的密度瓶中的水由毛细管溢出，过剩的水用滤纸除去。密度瓶中的水面按液面的上边缘确定），并擦干密度瓶的外壁，称量（精确至 0.0001g）。两次称量之差即为 20℃时水的质量（即水值）。

将密度瓶中的水倾出洗净干燥后称量。以试样代替水，按上法同样操作，即得 20℃时试样质量。

在 20℃时，试样的密度按式（3-5）计算。

$$\rho_{20} = \frac{(m_2 - m_1) + A}{(m_3 - m_1) + A} \times 0.99823\text{g/cm}^3 \tag{3-5}$$

式中　m_1——密度瓶质量（g）；

m_2——密度瓶与充满试样的质量（g）；

m_3——密度瓶与充满水的质量（g）；

0.99823——水在20℃时的密度；

A——浮力校正系数，$A=\rho_1 V$［其中ρ_1为干燥空气在20℃、101.325kPa的密度，V为所取试样的体积（cm^3）］，但在一般情况下，A的影响很小，可以忽略不计。

若不是在20℃测定，可按表3-2查得相应温度下水的密度值，代替0.99823g/cm^3计算。

对广口密度瓶灌注试样一般可用拉直的毛细移液管，为了消除灌注时气泡的产生，应使试样沿着器壁缓慢地流入，不可直冲入瓶内。

用密度瓶法测定液体材料密度可参照GB/T 611、GB/T 15223、GB/T 4472、ASTM D 1217。

（四）数字密度计法

数字密度计是由U形振荡管、电子激发系统、频率计数器和显示器等构成的数字密度分析仪器。适用于试验温度下，蒸气压低于100kPa，运动黏度不大于15000mm^2/s液体样品。不适用于无法确定是否存在气泡的深色液体样品。

1. 仪器与试剂

1）数字密度计。

2）循环恒温浴：能够使循环液体的温度保持在要求温度±0.1℃的范围内，温度控制单元可作为数字密度计的一部分。

3）注射器：用于手动进样，容量不小于2mL。

4）纯水：应符合实验室用水要求，使用前煮沸除去溶解的空气并冷却。

5）乙醇：用于清洗和干燥U形振荡管。

2. 操作步骤

1）进样。手动进样使用合适的注射器把样品（1~2）mL注入密度计清洁干燥的U形振荡管中。也可使用虹吸方式进样，将聚四氟乙烯毛细管接在试样管入口端，毛细管的另一端浸入样品中，用注射器或真空管在试样管出口吸气将样品吸进试管中；自动进样时应注意自动进样器一般都有适合的样品黏度范围，利用自动进样器测试黏度较大的样品时，在测试前要按照仪器使用说明进行设定，以确保测试样品的完整性及代表性。

2）检查U形振荡管，确保U形振荡管中试样无气泡，且试样液面超过右边的悬挂点（对于具备自我检查气泡功能的仪器此步骤可省略）。

3）当仪器稳定地显示密度值时，表示已经达到温度平衡，按需要记录密度值。

用数字密度计法测量液体密度可参照GB/T 29617。

二、固体材料密度的测定

对微小的固体试样，如颗粒状、棒状或其他形状材料的密度测定，有很多方法，此处只介绍最常用的密度瓶法和静力天平称量法（浸渍法）。静力天平称量法是利用测定试样排开液体的体积而测得密度的方法。测定时将试样浸入容易浸润的液体中，由于试样常常有裂口、裂纹和洞穴，故用煮沸或吸引等方法充分除去其中空气，使浸液遍及于粒子的所有表面。

（一）密度瓶法

1. 仪器

仪器为平底球形密度瓶。

2. 操作步骤

（1）先求出温度 t℃时的浸液密度　温度 t℃时的浸液密度 ρ_L 为

$$\rho_L=\frac{(m_L-m_0)\rho_w}{m_w-m_0} \tag{3-6}$$

式中　m_L——密度瓶与浸液的质量和（g）；

m_0——密度瓶的质量（g）；

m_w——密度瓶与水的质量和（g）；

ρ_w——在测定温度 t℃下水的密度（g/cm^3）；

ρ_L——试样在温度 t℃时的浸液密度（g/cm^3）。

（2）测定试样的质量和它排开浸液的体积　在已知质量的密度瓶中放入待测试样，称量之后再向密度瓶中灌满温度为 t℃的浸液，排去浸液中的气泡。试样排开浸液的体积按式（3-7）计算：

试样体积=试样排开浸液体积=V，即

$$V=\frac{(m_L-m_0)-(m_{sL}-m_s)}{\rho_L} \tag{3-7}$$

（3）计算试样在温度为 t℃时的密度

$$\rho_t=\frac{(m_s-m_0)\rho_L}{(m_L-m_0)-(m_{sL}-m_s)} \tag{3-8}$$

式中　m_0——密度瓶的质量（g）；

m_s——密度瓶和试样的质量和（g）；

m_{sL}——密度瓶、试样和浸液的质量和（g）；

ρ_t——试样在温度 t℃时的密度（g/cm^3）。

浸液可以用水或其他有机溶剂，应符合的条件：不溶解试样；对试样表面容易浸润（有机溶剂类）；沸点尽可能高（100℃以上），蒸气压要低。

用密度瓶法测定固体材料密度可参照 GB/T 1033.1、GB/T 4472。

（二）静力天平称量法（浸渍法）

这种方法利用阿基米德原理通过测定固体试样在空气中和在测定介质中的质量，求得固体试样的密度。该法广泛应用于塑料成型件、橡胶和人造磨削材料的密度测定。

1. 仪器

仪器为分析天平、支撑架（放烧杯用）和毛发或尼龙细丝。

2. 操作步骤

在一烧杯中放入浸液，用一根毛发或细尼龙丝将试样捆住，悬挂在天平盘上方的钩上，称其质量，然后将试样浸入浸液中称其质量，根据它在空气中的质量和在浸液中的表观质量差求出试样的密度。

试样密度按式（3-9）计算。

$$\rho_p=\frac{m_s\rho_L}{m_s-m_f} \tag{3-9}$$

式中　ρ_L——浸液的密度（g/cm^3）；

m_s——在空气中试样的质量（g）；

m_f——试样浸入浸液中的表观质量（g）。

在测定比水轻的固体密度时，需要固体试样的下方附加一重物以沉入参考液体中，其密度计算公式为

$$\rho_p=\frac{m_s\rho_L}{m_s+m_f-m_p}$$

式中　ρ_L——浸液的密度（g/cm^3）；

m_s——在空气中试样的质量（g）；

m_f——重物浸入浸液中的表观质量（g）；

m_p——试样和重物浸入浸液中的表观质量（g）。

固体材料密度的测定可参照 GB/T 1033.1、ISO 1183。

第二节　熔点和软化点的测定

熔点和软化点是高聚物和有机化合物重要的物理常数之一。熔点是指化合物由固态转变为液态时的相变温度。它是有机化合物纯度的一项重要标志，当化合物中含有杂质时，熔点就会降低。熔点还与化合物的分子结构、极性和相对分子质量有密切的关系，极性化合物比相对分子质量相近的非极性化合物有较高的熔点。在同系物中，熔点则随相对分子质量的增大而升高，分子结构越对称的熔点也就越高。软化点是指物质软化的温度，主要指无定形聚合物开始变软时的温度。它不仅与高聚物的结构有关，而且与其相对分子质量的大小有关。因此，在定性鉴定、产品验收和生产控制等方面常常需要测定高聚物及其原材料的熔点和软化点。

熔点的测定主要有毛细管法、熔点偏光显微镜法以及一些特殊的专用方法。测定软化点的方法很多，测定方法不同，其结果往往不同。这里重点介绍环球法与帕尔棒法。

一、熔点的测定

（一）毛细管法——目视法

1. 方法原理

加热置于传热液体中的玻璃毛细管内的样品，通过目视观测熔点。

2. 仪器

（1）高型烧杯　容积为600mL，内有玻璃蛇形管固定好的300W电热丝；或圆底烧杯：其容积为240mL，球体直径为80mm，颈长为（20~30）mm，口径约为30mm。

（2）试管　长度为（100~110）mm，直径为20mm。

（3）内标式单球温度计　分度值为0.1℃。

（4）辅助温度计　分度值为1℃。

（5）毛细管　内径为1mm，管壁厚度为0.15mm，长度约为100mm。

（6）胶塞　外侧应有气槽。

3. 操作步骤

（1）一般试样　将少量干燥研细的试样放入一端封口的清洁的毛细管中，取一高约800mm的干燥玻璃管，直立于瓷板或玻璃板上，将装有试样的毛细管投落（5~6）次，直至毛细管内试样紧缩至（2~3）mm高。

将温度计固定于传温液中部，开启电源并搅拌（或将温度计固定于试管中，不可碰到管壁或管底，将圆底烧瓶加热），使温度缓缓上升至熔点前10℃时，将装有试样的毛细管附着于内标式单球温度计上，使试样底层面与温度计的水银球的中部在同一高度上。继续加热，调节加热器使温度每分钟上升（1±0.1）℃，试样局部液化（出现明显液滴）时的温度为初熔温度，试样完全熔化时的温度为全熔温度。

（2）易分解或易脱水的试样　除升温速率为3℃/min、毛细管装入试样后另一端应熔封外，其余测定方法与步骤（1）相同。

4. 校正

熔点应加校正值Δt

$$t=t_1+\Delta t$$

校正值按式（3-10）计算。

$$\Delta t=0.00016(t_1-t_2)(t_1-t_3) \tag{3-10}$$

式中　t_1——测量温度计读数（℃）；

t_2——露出液面部分的水银柱的平均温度（该温度由辅助温度计测得）（℃）；

t_3——液面处的水银柱读数（该温度由辅助温度计测得）（℃）。

用毛细管法测定熔点可参照GB/T 617、GB/T 21781。

（二）毛细管法——仪器法

1. 方法原理

加热毛细管中的样品，用仪器检测到其相变过程或相变时透光率的变化而引起的电流波动，记录当时的温度以确定熔点。

2. 仪器

1）自动熔点测定仪。

2）毛细管：用硬质玻璃制成的，一端封闭的管，内径为（0.8~1.2）mm，壁厚为（0.2~0.3）mm，毛细管的长度取决于仪器，装好后露出部分应长（10~20）mm。

3. 操作步骤

1）一般试样：将少量干燥研细的试样放入一端封口的清洁的毛细管中，取一高约800mm的干燥玻璃管，直立于瓷板或玻璃板上，将装有试样的毛细管投落（5~6）次，直至毛细管内试样紧缩至（2~3）mm高。

2）设定工作条件，使温度缓缓上升至熔点前10℃时，以约1℃/min的速率加热样品，测定熔点。

用自动毛细管法测定熔点可参照GB/T 21781。

（三）显微镜法

熔点偏光显微镜的原理是观察试样相变过程或相变时透光率的变化，主要用于半晶线型聚合物熔点的测定。

1. 仪器

仪器为熔点偏光显微镜。

2. 仪器的安装、调试

1）将显微镜放置于水平且平稳的桌面上，桌子高度要适当。

2）装上水平镜筒，拧紧螺钉。

3）装上物镜、目镜、灯室，移出起偏镜或检偏镜。

4）装上温度计保护套，插上水银温度计，水银温度计的水银球要插到热台孔的底部贴住为止，并将温度计的水银柱对准到分度视野中。

5）装上温度计读数装置。通光孔对准水银柱的分度视野，水银柱的分度示值在目镜视场中应清晰可见，拧紧螺钉。

6）按通照明电源，打开照明开关，调节灯室上的螺钉使光线均匀地照射在光路中心，调节聚光镜使物面上有足够的照度。

7）将试样置于工作台上，转动调焦手轮，在目镜中得到一个清晰的像，调整水平镜筒直至像面占据整个目镜视野。

8）装上摄影接头，装上照相机便可进行拍摄。

3. 操作步骤

（1）试样制备

1）粉末样品：每种试样取（0.1~0.2)mg，共取两个试样。

2）粒状或片状样品：用刀片切取（0.1~0.2)mg 样品，共取两个试样。

3）将所取试样置于清洁的载玻片上，试样上面盖玻片，用手指轻轻压在盖玻上，使试样变成均匀的薄导层，然后将其置于显微镜工作台上。

注意：当试样呈粒状，或者试样用量过多而变成厚层，或者因为上下两块玻璃不平而有很大的间隙时，读出的熔点有可能比实际熔点偏高。

（2）测定方法

1）将准备好的试样置于显微镜加热台上，使试样薄层正好覆盖住光孔。

2）打开光源开关，调节至适当的光强度。

3）将检偏镜和起偏镜移入光路，从目镜中观察出现暗场后，调节手轮使之聚焦，直至暗场中出现清晰的亮点。

4）若是熔点未知的试样，要先进行预测，当预测到试样的近似熔点后，再取同样的试样，将温度旋钮放在 8.5~10 的位置升温，即以稍快的速度升温，当温度上升到低于近似熔点（24~35)℃时，将控温旋钮迅速旋至 5 以下的位置，逐步调节使温度以（1~2)℃/min 的速率继续上升。

5）随着加热台的温度升高，温度计的示值随之变化，移动导向螺钉，使示值随时能从目镜中观察到。

6）记下双折射完全消失、留下暗场时的温度，该温度即为试样的熔点。

7）关闭加热台电源，将散热块放于工作台上。

8）将另一个试样按上述操作测定其熔点。

同一操作者测定两个试样的熔点差值大于 1℃时，则应再取两个同样试样重新测定。若不需用偏振光测定，则可抽出起偏镜或检偏镜。

用偏光显微镜法测定熔点可参照 GB/T 16582。

二、软化点的测定

(一) 毛细管法

用毛细管法测定树脂的软化点，应将块状树脂粉碎，粒度直径小于 0.147mm。

1. 仪器与设备

1) 毛细管：直径为 (1.5~2.0)mm，长度为 90mm。

2) 温度计：内标式单球温度计，分度值为 0.1℃。

3) 盛有甘油的 100mL 烧杯。

2. 操作步骤

1) 将粉末状树脂装入毛细管中 (18~24)mm 高。

2) 将毛细管附于温度计上，并使其处于温度计球的位置。

3) 将温度计-毛细管浸于甘油中。

4) 以 3℃/min 的升温速率加热甘油。

5) 树脂从毛细管壁开始收缩的那点温度作为该树脂的软化点（不要将树脂呈半透明时的温度误认为软化点)。

3. 方法说明

1) 本试验依赖于人的判别能力，为保证测定的准确度，试验人员应固定。

2) 试验结果受试样中的水分影响极大，故试验时应避免试样在空气中暴露时间过长。

(二) 环球法

1. 仪器装置及材料

1) 仪器是由彼此间有一定距离的三个金属圆片组成，由两个杆将三层平行的金属圆片相连接。上层为一圆盘，直径为 12cm（大于烧杯直径)，中心有孔可插温度计。中层是具有三个圆孔的平板，两旁的两孔安放铜环，中间小孔支持温度计的水银球，距环上面 51mm 处杆上刻有水高标记，下层的上面距中层铜环的底面为 24.4mm。

2) 烘箱：200℃。

3) 温度计：(0~100)℃、(0~150)℃、(-20~0)℃各一支。

4) 烧杯：800mL，内径大于 9cm，高 (13.2~13.8)cm。

5) 其他装置与材料：贮水器，电炉、调压变压器，光滑的铜片或玻璃片，金属皿（作熔化树脂用)，刮刀（削切环面多余树脂用)，钳子，水、冰、食盐。

2. 操作步骤（以 E 型环氧树脂为例)

(1) E-44、E-22 树脂软化点的测定

1) 将树脂倒入 10mL 烧杯中，放入 (105±2)℃的烘箱烘 15min 后，小心地将树脂注入平放在铜片上的圆环中，使树脂稍高出环面，注意不使其产生气泡。

2) 将环内树脂连同铜片放在拌有食盐、温度在 (-20~-15)℃的冰上冷却 40min，然后移去铜片，注意树脂要与环平，如树脂高出环面过多或低于环面均应重做。

3) 将 0℃的水注入烧杯中高达连结杆的刻线处，并将温度计沿着环架中心线正确插入环架上圆片的中间孔中，使水银球底端与环中树脂底面在同一平面上，同时使环架的底部圆片与烧杯底距离约 1.3cm，将铜环与定位器装在支架中层两孔中，每一树脂表面的中心放一

钢球。逐渐加热，3min 后保持升温速率为（5±0.5）℃/min，直到钢球经过软化部分，跌落到支架底板上时，此温度即为树脂的软化点。

（2）E-20、E-12 树脂软化点的测定

1）将粉碎成小块的树脂约 5g 放在金属皿中，于（130±2）℃的烘箱中烘 30min 使其熔化，与此同时将圆环放进烘箱预热，然后将预热过的圆环放在光滑的铜片上，将熔化的树脂注入圆环内，注意不要产生气泡。

2）将圆环内树脂在室温冷却，然后移去金属板，并以清洁的刮刀先稍加热再烫平环面多余的树脂，然后在室温下冷却 30min。

3）将水注入烧杯中高达连结杆的刻线处，并将温度计沿着环架中心线正确插入架上圆片的中间孔中，连同钢球放入烧杯（不可放在环面）维持 15min，用钳子钳取钢球放在环面中心，然后继续升温，保持升温速率（5±0.5）℃/min，直到钢球经过软化部分跌落至支架板时，此温度即为树脂的软化点。

环球法测定树脂的软化点可参照 GB/T 12007.6 和 GB/T 4507。

（三）帕尔棒法

在一个温度梯度棒上测定树脂的软化点，试样应为粉末状，块状树脂应粉碎至粒度直径小于 0.147mm。

1. 仪器与设备

仪器与设备为熔点仪、表面接点温度计、秒表、涂料毛刷、直规（长度约为 30cm）。

2. 操作步骤

1）为了获得适当的温度范围，应把温度自动控制器连在棒上。

2）沿直规的长度撒放树脂。

3）将树脂转移至棒上，并保温 30s。

4）用涂料毛刷从棒上的冷端开始刷去未黏附的树脂，直到黏附有树脂的位置，用表面接点温度计测量黏附有树脂处的温度，此温度即为该树脂的软化温度。

5）将棒上树脂清理干净。

6）重复三次，取其平均值作为试样的软化点（每次测定结果与平均值之差不应大于 ±1℃）。

（四）显微镜法

基本操作同熔点的测定，不同点在于：①记下双折射刚开始消失时的温度，该温度即为试样的软化点；②可抽出起偏镜或检偏镜观察试样开始收缩时的温度，该温度即为试样的软化点。

常用塑料的软化点和熔点范围见表 3-3。

表 3-3 常用塑料的软化点和熔点范围

塑 料	软化点/℃	熔点/℃	塑 料	软化点/℃	熔点/℃
聚异丁烯	-50	—	聚邻苯二甲酸乙二醇酯	60	—
聚丙烯酸丁酯	-35	—	聚甲基丙烯酸乙酯	65	—
聚丙烯酸乙酯	-5	—	聚氧化乙烯	—	66
聚乙烯基异丁基醚	0	—	聚邻苯二甲酸甘油酯	—	70

（续）

塑　料	软化点/℃	熔点/℃
聚丙烯酸甲酯	25	—
聚甲基丙烯酸丁酯	33	—
聚乙酸乙烯酯	35~86	—
聚己二酸乙二醇酯		50~54
聚乙烯醇缩丁醛	50~60	
聚乙烯醇缩乙醛	90~100	175
聚乙烯(密度为 0.92g/cm^3)	—	≈110
聚乙烯(密度为 0.94g/cm^3)	—	120
聚乙烯(密度为 0.96g/cm^3)	—	138
聚丁烯	—	124~135
苯胺树脂	110 以上	—
聚偏二氯乙烯	116~140	190~200
聚甲基丙烯酸甲酯	120	160
氯化橡胶	120(分解)	—
乙酸纤维素	124~175	—
乙酸丁酸纤维素	124~175	—
硝酸纤维素	130~135(分解)	—
聚丙烯腈	130~150，230 以上分解	—
聚邻苯二甲酸二烯丙酯	140	—
聚乙烯基甲基醚	—	144
苄基纤维素	—	150~180，200~260(分解)
聚氧化乙烯(聚缩醛,共聚物)	—	164~167
聚氨酯(线型)	—	150~180
偏二氯乙烯-氯乙烯共聚物(90：10)	—	160~170
聚丙烯	—	160~170
乙基纤维素	—	170~180，220~270(分解)
尼龙 12	—	175~180

塑　料	软化点/℃	熔点/℃
聚氧化丙烯	—	≈73
聚苯乙烯	70~115	
聚氯乙烯	70~90	≈215
聚癸二酸乙二醇酯		79
氯乙烯-乙酸乙烯共聚物(90：10)	80~85	≈130
质量分数为30%的尼龙 66 和尼龙 6 及质量分数为67%的己二酸。P. P-二氨基双环己基甲烷的共聚物	—	175~185
聚甲醛	—	175~185
质量分数为60%的尼龙 66 和质量分数为40%的尼龙 6 共聚物	—	180~185
纤维素(再生)	—	180~190(分解)
聚乙烯咔唑	180~210	
尼龙 11	—	184~189
聚氟乙烯	—	200℃以上
聚氯乙烯(后氯化)	—	200~210
聚三氟氯乙烯	—	200~220
尼龙 610	—	210~222
聚乙烯醇缩甲醛	—	210~220
尼龙 6	—	215~224
聚乙烯醇	—	218~240
聚碳酸酯(双酚 A 型)	—	220~230
三丙酸纤维素	—	240
聚 4-甲基戊烯-1	—	240
二代乙酸纤维素(2、5-乙酸酯)	—	240~260
尼龙 66	—	250~260
聚间苯二甲酸乙二醇酯	—	250~260
三乙酸纤维素	—	≈310
聚四氟乙烯	—	324~330

第三节　黏度的测定

黏度是流体黏性的量度，用来表示流体在流动过程中流体分子内部摩擦力的大小。因此，黏度能提供黏性液体性质、组成和结构方面的许多信息。对高分子溶液来说，通过黏度测定，不仅可知道高聚物的相对分子质量，而且可了解分子链在溶液中的形态以及支化程度等重要情况。从试验方法来说，测定黏度用的试验设备简单，操作方便，又有较好的试验精度。因此黏度的测定在高聚物材料分析中占有很重要的地位。

一、基础知识

（一）黏性液体的牛顿型流动

黏性液体在流动过程中，必须克服内摩擦阻力而做功。设有两块相距为 r、面积为 A 的平行板，其间充满黏性液体，当上板受到外力 F 的作用而向平行于下板的 N 方向移动时，由于黏性液体的分子内摩擦力，即黏性阻力，使相邻各流层之间产生了流速梯度 D_s。显然，D_s 值越大，流速的变化率就越大，所以通常把流速梯度叫做剪切速率。流体流动时的黏性阻力 F 与剪切速率成正比，并与流速不同的两流层的接触面积成正比。它们之间的关系可用式（3-11）表示。

$$F=\eta A\frac{\mathrm{d}v}{\mathrm{d}r}=\eta AD_s \tag{3-11}$$

比例常数 η 定义为黏度，式（3-11）称为牛顿黏性定律。这个关系式成立的流体，当流速不同的两个流层接触面 A 和流速梯度 D_s 恒定时，黏度 η 越大的流体，作用于接触面上的黏性力也越大，即 η 越大的流体越黏。因此，可以用 η 的值在数量上表示流体的黏性程度。

如果将式（3-11）改写成如下形式：

$$F/A=\eta D_s \tag{3-12}$$

$\tau=F/A$，τ 即为作用在单位面积上的力，称为剪切应力。显然，剪切应力和剪切速率成正比。当剪切应力和剪切速率的比值是常数时，符合牛顿黏性定律。该流体称为牛顿型流体，其流动为牛顿型流动。

（二）黏度的表示方法和单位

1. 绝对黏度（或动力黏度）

绝对黏度就是牛顿黏性定律关系式中的比例常数。它的单位为 Pa·s，也可用 $\mathrm{N\cdot s/m^2}$ 表示。旧的绝对黏度单位泊与厘泊已废除，它们之间的换算关系为：1 泊 = 0.1Pa·s。

2. 运动黏度

运动黏度是液体的绝对黏度在同一温度下与它的密度之比，通常用 ν 表示。

$$\nu=\frac{\eta}{\rho} \tag{3-13}$$

运动黏度的 SI 单位为 $\mathrm{m^2/s}$。因为绝对黏度 η 的单位为 Pa·s，Pa 可表示为 $\mathrm{N/m^2}$，N 又可表示为 $\mathrm{kg\cdot m/s^2}$，密度单位为 $\mathrm{kg/m^3}$，所以运动黏度单位为 $\mathrm{mm^2/s}$。过去的运动黏度单位为斯，已废除，1 斯 = $10^{-4}\mathrm{m^2/s}$。

3. 相对黏度

相对黏度是指在同一温度下流体的绝对黏度与另一个流体的绝对黏度之比。用以比较的流体通常是水或适当的溶剂。

4. 条件黏度

条件黏度表示在指定温度下，在指定的黏度计中一定量的流体流出的时间，以 s 为单位，或将此时间与指定温度下同体积水流出的时间之比来表示。

（三）牛顿流体和非牛顿流体

如前所述，牛顿流体在流动过程中，剪切应力与剪切速率成正比。如果把剪切应力 τ 作为纵轴，剪切速率 D_s 作为横轴，其剪切速率和对应剪切应力的关系为通过原点的直线。若将此直线和横轴的夹角定为 θ，则

$$\tan\theta = \frac{\tau}{D_s} = \eta \tag{3-14}$$

对于这种流体可测定其任意剪切速率和相对应的剪切应力，取其比值就可求得黏度。黏度越高的流体，直线与横轴之间的夹角越大。

与此相反，剪切速率和对应的剪切应力不成直线关系的流体，即不服从牛顿黏性定律的流体叫做非牛顿流体，如塑料、油漆及其黏度比较高的流体都属于非牛顿流体。测定黏度只能反映牛顿流体的性能，而流变特性曲线可反映非牛顿流体的特性。

由于牛顿流体的流动曲线为通过原点的直线，因此，可通过求任意剪切速率的剪切应力来求黏度。而在非牛顿流体的场合，剪切应力与剪切速率之比 τ/D_s 随剪切速率（或剪切应力）而变化，虽然可以通过测定对应于某一剪切速率下的剪切应力而求得其比值，但此值与牛顿流体的黏度意义不同。

以假塑性流体为例，测定对应于 D_{s1}、D_{s2}、…这些剪切速率下的剪切应力，用与牛顿流体的场合相同的方法求黏度时，则得

$$\left.\begin{aligned} \frac{\tau_1}{D_{s1}} = \tan\theta = \eta_1 \\ \frac{\tau_2}{D_{s2}} = \tan\theta = \eta_2 \end{aligned}\right\} \tag{3-15}$$

显然，这些 η 值是不一致的，若改变剪切速率则可得到一系列 η 值。把这种在非牛顿流体场合下所得的 η_1、η_2、…叫做剪切速率 D_{s1}、D_{s2}、…（或剪切应力 τ_1、τ_2、…）下的表观黏度或非牛顿黏度。因此，在测定黏度时必须特别注意流体的上述性质。

（四）流体的黏度与温度、压力的关系

流体的黏度随温度和压力而变化，特别随温度变化很大，因此在黏度测定中，要注意保持一定的温度。流体的黏度随温度上升而变小，当温度变化范围较窄时其变化规律可用式（3-16）表示。

$$\eta = A\mathrm{e}^{\frac{B}{kT}} \tag{3-16}$$

式中　k——常数。

当温度变化范围较宽时其变化规律可用式（3-17）表示。

$$\eta = A\mathrm{e}^{\frac{B}{T-C}} \tag{3-17}$$

式中　T——温度；

A、B、C——常数。

液体的黏度随压力增大而变大，当压力在约 5×10^8Pa 以下时，黏度和压力的关系可用式（3-18）表示。

$$\eta = \eta_0 e^{ap} \tag{3-18}$$

式中　η_0——101324Pa（1atm）的黏度；

a——压力系数，与液体的性质有关；

p——压力。

普通液体在接近 101324Pa 时，每增加 101324Pa，黏度的变化为 0.1%～0.3%。

二、测定方法

测定黏度的方法很多，常用的有细管法、流出杯法、旋转法和落球法四种。

1）细管法测定流体的黏度在高聚物材料的许多生产部门和科研单位都有广泛的应用，测定范围为 10^{-4}Pa·s～10^5Pa·s。

细管法的各种黏度计测定原理虽然相同，但其结构随黏度范围和要求不同而有所区别。例如，测定较低黏度时用玻璃毛细管黏度计，常见的有品氏黏度计、奥氏黏度计、伏氏黏度计和乌氏黏度计等类型。

在进行高聚物稀溶液的黏度测定时，要求精度高，常用稀释型或非稀释型乌氏黏度计，细管法测得的黏度为运动黏度，有时也用相对黏度来表示。

2）流出杯法主要用于对黏度的简单测定，也称短管法。这类黏度计广泛用于涂料的检验，如涂-1 黏度计、涂-4 黏度计、恩格勒黏度计等，测得的黏度为条件黏度。

3）旋转法是一种快速简便的测定黏度的方法，这种方法是使圆筒、锥板或球在流体中旋转，或这些物体静止而使周围的流体作同心的旋转流动，此时这些物体都受到流体的黏性力矩的作用。如果旋转速度等条件相同，这个力矩将随流体的黏度而变化，黏度越大，力矩越大，因此，测定这个力矩就可知道流体的黏度。利用旋转法测定黏度的黏度计为旋转黏度计。旋转黏度计有旋转圆筒黏度计和旋转锥板黏度计两种。旋转圆筒黏度计又分两种类型：一种是同轴双重圆筒旋转黏度计；另一种是单一圆筒旋转黏度计。

4）落球法是使物体在流体中落下来测定黏度的方法，该法可简单地对高黏度试样进行黏度测定。常见的黏度计有落球黏度计、滚球黏度计，均已广泛应用于工厂及其他场所，用来测定流体的绝对黏度。

现将有关方法分别介绍如下。

（一）毛细管黏度计法

1. 方法原理

这种方法的理论基础是泊肃叶定律。该定律应满足以下条件：

1）流体属于牛顿型流体。

2）流体的流动呈层流状态，没有湍流存在，流体流动速度不能太大。

3）流体在毛细管管壁上没有滑动。

因泊肃叶公式推导比较繁琐，在此不做详细介绍。在实际工作中，对测定运动黏度大于 10^{-5}m^2/s 的毛细管黏度计，泊肃叶定律可简写为

$$\nu = Ct \tag{3-19}$$

式中　ν——流体的运动黏度（mm^2/s）；

C——毛细管黏度计常数（mm^2/s^2）；

t——流动时间（s）。

这就是常见的用毛细管黏度计测定样品运动黏度的计算公式。

2. *试验方法*

（1）试剂与仪器

1）体积分数为95%的乙醇、铬酸洗液。

2）毛细管黏度计一组。毛细管内径分别为0.4mm、0.6mm、0.8mm、1.0mm、1.2mm、1.5mm、2.0mm、2.5mm、3.0mm、3.5mm、4.0mm、5.0mm和6.0mm。每支都必须有黏度计常数。使用时根据被测试样的黏度选择，要使试样的流出时间能在（300±180)s的范围内。

3）恒温浴：带温度控制器和搅拌马达的玻璃恒温水浴装置，恒温精度为±0.1℃，玻璃水银温度计：分度为0.1℃。

4）秒表：分度为0.1s。

（2）准备工作

1）试样如含有机械杂质，测定前必须用滤纸过滤除去，黏度大的试样可用真空泵或水流泵吸滤。

2）未用过的新黏度计须用铬酸洗液、水、蒸馏水或体积分数为95%的乙醇依次洗涤，然后放入烘箱中低温烘干。

3）将装有试样的黏度计浸入事先准备好的恒温浴中，至扩张部分浸没一半，并用夹子将黏度计固定在支架上。

4）在恒温浴中插入水银温度计以控制测量温度。

（3）操作步骤

1）将黏度计调整成垂直状态，利用铅垂线从两个方向检查毛细管的垂直情况。

2）将恒温浴调整到规定的温度（一般为20℃）恒温10min。在高于或低于20℃测定时，要适当延长恒温时间。

3）用橡皮吸球将试样吸进毛细管黏度计中，使试样液面稍高于毛细管上标线，拿去橡皮吸球，使试样自由落下，待液面正好达到毛细管上标线时，开动秒表，液面正好流到毛细管下标线时，关闭秒表，记录流经的时间（s）。在流动期间毛细管扩张部分不应出现气泡。

4）重复上述操作至少两次，各次流动时间与算术平均值的差数不应超过±0.5%，然后取不少于两次的流动时间的算术平均值作为测定结果。

试样的运动黏度ν按式（3-19）计算。

3. *方法说明*

1）毛细管黏度计法一般适用于$10^{-3}mm^2/s$以下的黏度测定，是一种较精密的黏度测定法，测定值可以准确到0.1%。在测定$10^{-3}mm^2/s$以上的高黏度时，测定精度相应降低。

2）试样量对测定结果的影响随毛细管黏度计的类型不同而有所不同。

3）黏度计的安装必须垂直，如果发生倾斜，会使有效液柱高度改变而引起误差。如乌氏黏度计，当倾斜角为1°、3°、5°时，所引起的误差分别为0.02%、0.16%和0.38%。

毛细管黏度计法测定液体的黏度可参照GB/T 22235、GB/T 10247。

（二）流出杯黏度计法

这种形式的黏度计是使流体通过比较短的细管流出去，测定一定体积试样的流出时间而求得的黏度，一般在工厂作简单的黏度测定时用。由于使用方便，容易洗涤，所以普遍应用于涂料工业。国内常用的恩格勒黏度计、涂-1 黏度计和涂-4 黏度计就属于这种流出杯黏度计。

1. 恩格勒黏度计

该法是在黏度计容器中，放入一定高度的试样，在一定的温度下通过容器底部的短管流出，记录全部试样流出所需的时间，以 s 为单位。

通常的表示方法是将该时间与同温度、同体积下的水流出的时间之比作为测定结果。这样测得的黏度叫条件黏度，在 GB 266—1988 中定为恩氏黏度，其数值是表示试样在某温度从恩氏（恩格勒）黏度计流出 200mL 所需的时间与蒸馏水在 20℃流出相同体积所需的时间（s，即黏度计的水值）之比。

温度 t℃时的恩氏黏度用符号 E_t 表示，恩氏黏度的单位为条件度。它与运动黏度有一定的换算关系，必要时，可从有关资料中查得。

（1）试剂与仪器

1）乙醚、质量分数为 95%的乙醇。

2）恩氏黏度计：包括装试样的内容器、装恒温液的外容器、堵塞流出管用的木塞、金属三脚架。

3）温度计：恩氏黏度计 1 号或 2 号温度计，分度值为 0.5℃。

4）接收瓶：宽口并带有两道刻线的接受瓶，两道刻线分别表示 100mL 和 200mL。

5）秒表：分度为 0.2s。

6）烧杯：100mL。

（2）操作步骤

1）黏度计水值的测定：将黏度计的内容器依次用乙醚、质量分数为 95%的乙醇和蒸馏水洗涤并用空气吹干，然后将黏度计的短腿放入三脚架的孔内，用螺钉固定。用木塞插入流出管孔内，将新蒸馏水（20℃）注入黏度计的外容器中，液面稍高出容器中三个尖钉的尖端，同时将相同温度的水装在黏度计的外容器中，直至容器的扩大部分上为止。旋转三脚架的调整螺钉，使内容器中三个尖钉的尖端都处在同一水平面上。在流出孔的下方放一烧杯，然后稍稍提起木塞，放出少量水使之充满流出孔，同时调节内容器的水量使三个尖钉的尖端刚好露出水面，盖上盖子。

2）用干燥的接收瓶代替烧杯，当内外容器的水温都为 20℃（5min 内温度变化不超过±0.2℃）时即可。迅速提起木塞（应能自动卡着并保持提起的状态，不允许拨出木塞），同时开动秒表，当接受瓶中水面达到 200mL 时，立即关闭秒表，记录流出时间。

3）水值测定要重复多次，取其算术平均值作为测定结果。每次测定结果与算术平均值差数不得大于 0.5s，大于 0.5s 的应弃去。黏度计的水值以符号 K_{20} 表示。标准黏度水值应为（51±1）s，不在此范围的黏度计不能使用。

4）试样黏度的测定：将干燥洁净的黏度计的流出孔用木塞塞紧（不可过分用力压着木塞，以免木塞很快磨坏），然后将预先加热到稍高于规定温度的试样注入内容器中，这时试样中不应产生气泡，试样液面必须稍高于尖钉的尖端。向黏度计的外容器注入预先加热到稍高于规定温度的水，试样温度达到规定温度±0.2℃时保持5min。稍微提起木塞，使多余的试样流下，直至三个尖钉的尖端刚好露出液面为止，如果流出的试样过多，就逐滴补加试样，直至液面抵达尖钉的尖端。

5）黏度计加盖之后，在流出孔下面放置洁净、干燥的接收瓶。然后绕着木塞小心地旋转插有温度计的盖，利用温度计搅拌试样。

6）试样中的温度计恰好达到温度时，再保持5min（不要搅拌），迅速提起木塞，同时开动秒表。木塞提起的位置应保持与测定水值时相同。当接收瓶中的试样正好达到200mL标线时，立即关闭秒表，记录试样的流出时间，准确至0.2s。试样在温度t℃时恩氏黏度为E_t，其单位为条件度，按式（3-20）计算。

$$E_t=\frac{\tau_t}{K_{20}} \tag{3-20}$$

式中 τ_t——试样在试验温度t时从黏度计中流出200mL所需的时间（s）；

K_{20}——黏度计的水值（s）。

取平行测定的两个结果的算术平均值作为试样的恩氏黏度。两次流出时间的差数不应超过表3-4中的数值。具体可参照GB 266。

表3-4 测量恩氏黏度时两次流出时间的差数

流出时间/s	允许差数/s	流出时间/s	允许差数/s
250以下	1	501~1000	5
251~500	3	大于1000	10

2. 涂-1黏度计、涂-4黏度计

（1）仪器简介 涂-1黏度计和涂-4黏度计是构造比恩格勒黏度计更为简单的流出杯黏度计，它们主要用于涂料和树脂的黏度测定，测定结果以容器内流出50mL试样（指涂-1）或100mL（指涂-4）试样的流出时间（s）来表示。

1）涂-1黏度计：用于测定黏度不低于20s的涂料、树脂或树脂溶液的黏度。上部为圆柱形，下部为圆锥形的金属容器，内壁粗糙度为$Ra0.4$，内壁上有一刻线，圆锥底部有漏嘴，容器盖上有两个孔，一孔为插塞棒用，另一孔为插温度计用，容器固定在一个圆形水浴内，黏度计装置于带有两个调节水平螺钉的架上。基本尺寸：圆柱体内径为$51^{+0.1}$mm，圆锥体由底至刻线高为$46^{+0.2}$mm，黏度计锥体内部的角度为101°±30′，漏嘴高为（14±0.02）mm，漏嘴内径为$5.6^{+0.02}$mm。

2）涂-4黏度计：用于测定黏度在150s以下的涂料、树脂或树脂溶液的黏度。黏度计有塑料制品与金属制品两种，其内壁粗糙度为$Ra0.4$（以金属黏度计为准）。上部为圆柱形，内径为$49.5^{+0.2}$mm。下部为圆锥体，在锥形底部有可以更换的漏嘴，用不锈钢制成，其孔高为（4±0.2）mm，孔内径为$4^{+0.02}$mm，锥体内部的角度为81°±15′，总高度为72.5mm，黏度计容量为100^{+1}mL。在容器上部有凹槽，作多余试样溢出用。黏度计装置于带有两个调节水平螺钉的架上。

（2）使用方法

1）涂-1黏度计：测定前用纱布蘸溶剂将黏度计内部擦拭干净，在空气中晾干或用冷风吹干，漏嘴应清洁。将黏度计置于水浴套内，插入塞棒，倒入温度为（25±1）℃的试样，调节水平螺钉使液面与刻线刚好重合，静止片刻使试样中气泡逸出，盖上盖子并插入温度计，试样保持在（25±1）℃。在黏度计漏嘴下放一个50mL量杯，迅速提起塞棒，试样从漏嘴流出并滴入杯底时，立即开动秒表，当杯内试样达到50mL刻度线时，立即关闭秒表，记录读数（s）即为测定结果。

2）涂-4黏度计：黏度计的清洁处理同上，调整水平螺钉使黏度计处于水平位置，在黏度计漏嘴下面放一个150mL搪瓷杯，用手堵住漏嘴孔，将试样倒满黏度计，试样温度调整至（25±1）℃，用玻璃棒将多余试样刮入凹槽，然后松开手指，使试样流出，同时迅速开动秒表，当试样流丝中断时关闭秒表，记录读数（s）即为测定结果。

两种方法的两次测定值之差均不应大于平均值的3%。

（3）黏度计的校正　将被校正黏度计测得的黏度 t_1，乘以修正系数 K 即为该黏度计测得之黏度 t，由式（3-21）表示。

$$t=Kt_1 \tag{3-21}$$

K 值可由以下两种方法求得：

1）标准黏度计法：配制五种以上不同黏度的航空润滑油和航空润滑油与变压器油的混合油，在（25±0.2）℃时分别测其在标准黏度计及被校正黏度计中流出的时间，求出两黏度计一系列时间比值 K_1、K_2、K_3、…，其算术平均值即为修正系数 K。

2）运动黏度法：当没有标准黏度计时，t 值可按下列公式计算：

涂-1黏度计：$t = 5.3\times10^4\nu+1.0$

涂-4黏度计：$t = 22.3\times10^4\nu+6.0$

ν 为（25±0.1）℃下测定的航空润滑油和航空润滑油与变压器的混合油的运动黏度（m^2/s），测定方法参见本节的毛细管黏度计法。由此求得的一系列 t 与被校正黏度计测得的一系列 t 与校正黏度计测得的一系列 t_1 之比的算术平均值即为 K 值。

如修正系数在0.95~1.05范围外，则黏度计应更换。黏度计应定期校正。

涂-4黏度计还可按以下方法校正：用蒸馏水在（25±1）℃条件下，按涂-4黏度计的测定方法测定值为（11.5±0.5）s。如不在此范围内，则黏度计应更换。

3. *方法说明*

1）流出杯黏度法适用于 $10^{-6}m^2/s \sim 10^{-3}m^2/s$ 的运动黏度的测定。对非牛顿流体可以得到表观黏度，也可测定不透明的液体试样。

2）流出杯黏度计的测定精度为2%～3%，不如毛细管黏度计那样精确。流出杯黏度计的结构和各部分尺寸虽然都有一定的规格，但由于细管非常短，又没有对细管的形状和内壁的粗糙度做出规定，因此不同的黏度计即使测定同一个试样，其流出时间往往也会不同。在黏度计制作时，细管的长度稍稍短一点就影响很大，因此流出杯黏度计只适用于测定不确定度要求不高的场合。

具体可参照GB/T 1723。

（三）落球黏度计法

1. *方法原理*

设直径为 d 的球在黏度为 η 的流体中以一定速度 v 运动时，如果能满足下列条件：

1）速度很小，球和流体之间没有滑动。

2）流体为非压缩性、无限广阔的牛顿流体。

3）球是刚性球，则球所受到的阻力 f_1 可由式（3-22）表示。

$$f_1 = 3\pi\eta dv \tag{3-22}$$

式（3-22）叫斯托克斯（stokes）黏性阻力定律。

因为在这种黏度计里，球的运动是在重力作用下自由落下的，设重力对球的向下拉力为 f_2，再经浮力修正后，则

$$f_2 = \frac{1}{6}\pi d^3 \rho_0 g - \frac{1}{6}\pi d^3 \rho g \tag{3-23}$$

式中　ρ_0——球的密度；

ρ——流体的密度。

当球以一定的速度 v 落下时，球受到的黏性阻力应和重力相平衡，所以 $f_1 = f_2$，根据式（3-22）和式（3-23）得

$$\eta = \frac{d^2(\rho_0 - \rho)g}{18v} \tag{3-24}$$

由式（3-24）可知，若已知球的直径和密度、流体密度及球落下速度，即可计算流体的黏度。但必须注意，这个式子是在球速度非常小的条件下才成立。

在实际的黏度测定中要使球在无限广阔的流体中落下是办不到的，只能把试样装在一定大小的容器中测定，这样将受到容器壁的影响，因此必须对式（3-24）进行修正。

$$\eta = \frac{d^2(\rho_0 - \rho)g}{18v} f_w \tag{3-25}$$

f_w 称为管壁影响的修正系数。曾有许多人研究过球在圆筒中心轴上落下时 f_w 的表达形式，其中应用较广的是法克森式。

$$f_w = 1 - 2.104\frac{d}{D} + 2.09\left(\frac{d}{D}\right)^3 - 0.95\left(\frac{d}{D}\right)^5 \tag{3-26}$$

这里 d 是球的直径，D 是圆管的直径。据称在 d/D 小于 1/3 时能与试验结果很好的相符。因此，

$$\eta = \frac{d^2(\rho_0 - \rho)g}{18v}\left[1 - 2.104\frac{d}{D} + 2.09\left(\frac{d}{D}\right)^3 - 0.95\left(\frac{d}{D}\right)^5\right] \tag{3-27}$$

这就是落球黏度计计算黏度的公式。

2. 仪器

落球黏度计，恒温水浴：恒温精度±0.1℃。

3. 操作步骤

将试样倒入玻璃圆管中，使之高于上刻度线 30mm，垂直固定在支架上，塞上软木塞，在规定温度 t℃水浴内恒温 1h，然后用镊子夹取清洁而且在 t℃保温的钢球，投入管内，钢球达到第一根标线时开动秒表，达到第二根标线时关闭秒表。记录时间（t），按式（3-28）计算试样在 t℃时的黏度。

因为 $v = l/t$，且式（3-27）中 $2.09\left(\frac{d}{D}\right)^3$ 和 $0.95\left(\frac{d}{D}\right)^5$ 两项很小，故可忽略，这样，黏度（Pa·s）计算式则可简化为

$$\eta_t = \frac{d^2(\rho_0 - \rho)gt}{18l}\left(1 - 2.104\frac{d}{D}\right) \tag{3-28}$$

式中 ρ_0——钢球的密度（g/cm^3）；

ρ——试样在 t℃时的密度（g/cm^3）；

D——玻璃圆管的直径（cm）；

g——重力加速度（cm/s^2）；

d——钢球的直径（cm）；

l——两根标线之间的距离（cm）；

t——钢球自第一标线落下到第二标线的时间（s）。

这是用落球法进行的黏度绝对测定法，为方便起见，也可用相对测定法，因为玻璃管和球的构造、尺寸已确定，所以，

$$\frac{d^2 g}{18l}\left(1 - 2.104\frac{d}{D}\right) = K \tag{3-29}$$

对于一定的黏度计来说，K 为定值，则式（3-28）又可改写为

$$\eta = K(\rho_0 - \rho)t \tag{3-30}$$

黏度计常数 K 可事先用黏度标准液由试验求得，这样只要测定落下时间和试样密度 ρ 就可以求得黏度 η。

测定须重复三次，取其平均值为试样的黏度。

4. 方法说明

1）钢球进入试样后并不是一开始就以一定速度落下的，必须经过一段距离后才能认为是一定的，因此装入管中的试样面要高出第一条标线，本法中高出 30mm。

2）为了使钢球在玻璃管的中心轴落下，最好使用玻璃圆管的上部塞上装有细玻璃管的塞子，细玻璃管作为球的落下孔。

3）对于高黏度试样，装入玻璃管时应尽量不使气泡进入，否则较难除去。

4）为了球在落下时在球的表面不附着气泡，应预先用试样把球的表面湿润一下。

5）钢球直径的测定，最好使用测长仪，以避免钢球受压引起变形。并要检查球的真球度，测定时要变换测定位置，在三个不同位置上测其直径。若其差值太大，这个球就不能用。

6）试样的密度须另行测定（用密度瓶法或比重计法），球的密度可以用天平称其质量，用球的体积去除而求得。

落球黏度计法可参照 GB/T 1723 和 GB/T 10247。

（四）滚球黏度计法

1. 方法原理

在倾斜的玻璃圆管中装入试样，把球放入其中，球就沿圆管的一侧管壁滚动落下，在不同黏度的流体中，其落下的速度不同，因而可求得试样的黏度。设黏度计倾斜的玻璃管与水平夹角为 θ，由哈伯德（Hubbavd）和布朗（Brown）等人进行的试验可推导出与落球黏度计法相同的计算公式：

$$\eta = K(\rho_0 - \rho)t \tag{3-31}$$

这里
$$K=\frac{5k\pi dg(D+d)\sin\theta}{42l}\times10^{-3}$$

式中　k——常数；

d——球的直径（cm）；

D——玻璃圆管的直径（cm）；

θ——玻璃圆管和水平面的夹角（rad）；

l——两条刻线之间的距离（cm）；

ρ_0——球的密度（g/cm^3）；

ρ——试样的密度（g/cm^3）；

t——球经过两个标线间落下的时间（s）。

2. 仪器

霍普勒黏度计，它是滚球黏度计的一种，应用较广。其玻璃圆管长约20cm，内径为1.6cm，安装在仪器本身的恒温槽的中心，并与水平面成80°角，圆管上的两个标线间的距离为10cm的两端用塞子塞住，与恒温槽成为一体。恒温槽具有水的进出口，可与超级恒温器相连，使水温保持一定，并且循环流动。水温可从恒温槽里的温度计读取。为了调整水平位置，仪器设有水平仪和调节螺钉。

3. 操作步骤

拧开黏度计玻璃管上的螺帽，向玻璃管中慢慢注满试样，如试样中出现气泡需静置一会，待气泡消失后测定，或将试样稍稍加热后倒入，以减少气泡的产生。黏度计的恒温槽与恒温玻璃水浴相连，水温保持在（20±0.1）℃。放置（20~30）min，然后根据试样的黏度选择适当的钢球或玻璃球，先用试样把球表面润湿一下，再放入玻璃圆管中，使它沿圆管的一侧管壁落下，记录钢球经过上下两条标线的时间（看球的上缘或下缘均可）。以同样步骤反复测定三次取其平均值。按式（3-31）计算黏度。

4. 方法说明

1）该法一般适用于几百个Pa·s以下的黏度测定。

2）球的选择以落下时间在几十秒至几百秒之间为宜。可以先试一、二次，再作正式测定。

3）因为落下时，球的一部分与玻璃圆管的内壁相接触，所以即使不透明的试样只要看见球的位置也可测定。

4）由于黏度计的圆管直径较小，试样用量少，圆管的两端可以用螺帽完全封起来，因此挥发性的试样也能进行测定。

（五）旋转黏度计法

1. 方法原理

旋转法的原理是通过测量流体作用于物体的黏性力矩或物体的转速来确定流体的黏度。假设：圆筒间的流体流动为层流；两个圆筒为无限长；在圆筒表面无滑动。

如果在半径 R_1 和 R_2 之间的半径 r 处流体的流速为 v，角速度为 ω，则

$$v=r\omega \tag{3-32}$$

由式（3-32）得速度梯度 D_s 为

$$D_s=\frac{dv}{dr}=r\frac{d\omega}{dr}+\omega \tag{3-33}$$

由于在这个速度梯度内，ω 不产生黏性阻力，因此，$r\frac{dw}{dr}$就成为产生黏性阻力的剪切速率。

如果外筒和内筒分别以 ω_1 和 ω_2 的角速度旋转，则可按式（3-34）求得在半径 r 处的剪切速率 D_s

$$D_s=r\frac{d\omega}{dr}=\frac{2R_1^2R_2^2}{R_1^2-R_2^2}(\omega_1-\omega_2)\frac{1}{r^2} \tag{3-34}$$

这时外筒或内筒所受到的黏性力矩 M 按式（3-35）计算：

$$M=(2\pi rh)\eta D_s r=\frac{4\pi h\eta R_1^2R_2^2}{R_1^2-R_2^2}(\omega_1-\omega_2) \tag{3-35}$$

式（3-35）中的 h 为浸没在流体中的内筒高度，此式表示当外筒与内筒的旋转角速度不同时，圆筒将受黏性力矩作用，而这个力矩 M 和流体的黏度 η 之间的关系则可用式（3-36）表示，因此只要测定圆筒的角速度差值及力矩 M 就可求得流体的黏度。

$$\eta=\frac{M(R_1^2-R_2^2)}{4\pi hR_1^2R_2^2(\omega_1-\omega_2)} \tag{3-36}$$

黏性力矩通常是通过测定圆筒受到黏性力矩的作用产生偏转的角度或测定其他与筒有一定关系的测量元件的偏转角度来求得的。M 可表示为 $M=K\alpha$，α 为偏转角度，K 为常数。又因为通常所用的同轴圆筒旋转黏度计，只是使内筒或外筒的任一方旋转，因此，如果仪器的外筒或内筒的转速（即 ω_1 或 ω_2）一旦确定，则式（3-36）可简化为

$$\eta=K'\alpha \tag{3-37}$$

式中，K'是一个与筒的参数和转速有关的常数，简称为仪器常数，可用计算方法求得，若以黏度标准液用试验方法求得则更为简便。一般的旋转黏度计，其仪器常数已由生产部门测定，并列成表格供用户查用。

旋转锥板黏度计是以锥板式系统代替同轴圆向式系统来测量非牛顿流体流变特性的黏度计。当锥板夹角 α 很小时，锥板以 ω 角速度旋转，则间隙中流体各点所受的剪切速率（D_s）接近相同，那么

$$D_s=\frac{\omega}{\alpha} \tag{3-38}$$

如果以 M 表示转矩，相应的剪切应力 τ 则按式（3-39）计算。

$$\tau=\frac{3M}{2\pi R^3} \tag{3-39}$$

所以

$$\eta=\frac{\tau}{D_s}=\frac{3\alpha M}{2\pi R^3\omega} \tag{3-40}$$

2. 仪器简介

旋转黏度计可分为同轴筒式旋转黏度计、单圆筒式旋转黏度计、锥-板式旋转黏度计、

锥-筒式旋转黏度计、锥-锥式旋转黏度计、板-板式旋转黏度计，下面主要介绍实验室常用的旋转黏度计。

（1）同轴双重圆筒旋转黏度计　这种旋转黏度计具有体积小、测量迅速、读数方便、洗涤简单等优点，目前已广泛应用于树脂、涂料、塑料、橡胶、血浆、糖浆、泥浆、润滑油等生产部门。这种黏度计在国内已生产出多种型号，如上海天平仪器厂生产的 NDJ-2 型，成都仪器厂生产的 NZS 型等。现将这类仪器的构造原理和使用方法简介如下。

1）NDJ-2 型旋转黏度计是一种外筒旋转式的同轴双重圆筒旋转黏度计。该仪器是采用高速同步电动机，通过变速箱使外圆筒旋转，由于充满在内外圆筒之间的试样的黏性力矩的作用带动了由宝石轴承支托的同轴的内圆筒，同时扭紧了经过精密校正的游丝，最后使黏性力矩和游丝力矩处于平衡状态。这时刻度盘上的读数即为内圆筒偏转的角度。试样的黏度通过这个读数乘以仪器常数即可得到。

该黏度计用于高黏度的流体测定时，可用一个外筒（GN）和三个内筒组合成不同的测量系统。外筒的转速有 1、2、3 三档，对应于不同的转速和不同的测量系统的黏度计常数，可从仪器说明书的附表中查得（通过测定黏度标准液求得）。因黏度与温度有密切的关系，测定前必须将试样放在规定温度的恒温水浴中保持一定时间后方可测定。圆筒事先也要恒温，使其和试样的温度尽可能接近。测定时待指针稳定后再读数，一般在 20%～90%的范围为佳。

黏度计的量程，在用外筒 GN 时，适用于较高黏度的流体，如果配备外筒 ZN 和 DN，则黏度计可扩大到中低黏度流体测定。

2）NZS-11 型旋转黏度计是一种内筒旋转式同轴双重圆筒黏度计，它由底座、电器箱、保温筒、测量系统、测量头、内筒、外筒等部分构成。它的外筒是由同步电动机带动旋转，被测试样充满在两个圆筒的间隙中，内筒旋转时，其表面受到实际被测试样分子内摩擦力的作用，与内筒同时旋转的电动机转子也受到同样的作用力，这个扭力矩使与定子受到相连的可动框架和测量弹簧偏转一定的角度，这个角度可从刻度盘上读出。试样的黏度就是通过这个读数乘以仪器常数而求得。仪器常数 K 由仪器说明书提供的附表根据所选择的测量系统转速查得。

NZS-11 型旋转黏度计比 NDJ 型旋转黏度计要精密些，它有 15 档转速供选择。有 2 个内径相差 1 倍的外筒，内筒有 5 个，外径也各不相同。通过不同外径的内筒与外筒的组合可以形成 5 套测量系统，这样，仪器就有 $15\times5=75$ 个仪器常数。使用每一套测量系统，外筒的试样容量、内筒浸入试样的高度及测量的黏度范围都是不同的。该黏度计除了可用于牛顿流体的黏度测量外，还可用来求非牛顿流体的流变特性曲线。

NZS-11 型旋转黏度计具有能使试样恒温的保温筒，此保温筒可以和超级恒温器连接，使它保持规定的温度。

使用该黏度计时，刻度在±1 格以内属正常现象，取至少 3 次读数的平均值为测量结果。如果刻度有较大幅度的变动，通常是因剪切速率太高引起的，此时必须更换测量系统，选取大一号的转子重新测定。此外，测量精度还与试样的多少有关，即试样必须装到转子的工作高度全部被浸没，转子上面凹槽有少量试样为最佳。

（2）Brookfield 型旋转黏度计　在国内外应用非常广泛的旋转黏度计是 Brookfield 型旋转黏度计，这种黏度计属于内筒旋转式结构，但通常称为单圆筒式旋转黏度计，因为它没有真正意义上的外筒，其“外筒”用大直径的杯子代替，用 $\eta=\frac{M}{4\pi h\omega}\times\frac{1}{R^2}$ 表示黏度，$\tau=\frac{M}{2\pi hR^2}$ 表示剪切应力，$\dot{\gamma}=2\omega$ 表示剪切速率。经典的 Brookfield 型旋转黏度计是一种度盘式结构的仪器，同步电动机经变速齿轮带动度盘、平衡弹簧、指针、转筒旋转，弹簧的一端连于上转轴及度盘，另一端与指针及转子相连，作用在转子上的黏性力矩使弹簧偏转（转子及指针滞后于度盘及上转轴一个角度并同速旋转）由指针、度盘读取偏角，低速旋转时要在运转中读数，高速则借制动手柄使度盘钳住指针同时关闭电源后读数。根据公式 $\eta=K\alpha$ 计算黏度。近年来，Brookfield 型旋转黏度计又出现各种型号的数字式旋转黏度计，可以自动或半自动测量，根据黏度量程、转子数目、转速档数与范围以及功能等，分为不同型号及规格，LVDV-Ⅰ$^+$～Ⅲ$^+$、RVDV-Ⅰ$^+$～Ⅲ$^+$、HADV-Ⅰ$^+$～Ⅲ$^+$、HBDV-Ⅰ$^+$～Ⅲ$^+$，适用于低、中、高黏度范围，通用性强，测量范围宽，使用非常广泛。

（3）锥-板式旋转黏度计　这种黏度计主要由电动机、变速齿轮、测量扭矩弹簧、测角电位器、锥板测量系统、保温水套等部件构成。转动轴分为上轴及下轴，中间由测量扭矩弹簧和电位器的角位移变送器相连。锥测量头在上方，板在下方，锥与板间缝隙中添加试样。板上装有保温水套。当电动机旋转时，驱动变速齿轮，上轴旋转并带动测量扭矩弹簧及测角电位器以及下轴和测量锥头同时旋转。当锥板间的试样产生黏性阻力时，在旋转状态下测角电位器依靠测量扭矩弹簧的偏转角而转了同样的角度。用测角电位器把弹簧的角位移量转变成电阻值由滑环及炭刷导出，用电表指示出测量值。这种仪器一般在电动机下部装有测速发电机，它可将电动机的转速转换成电压信号。将扭矩和转速的电信号输入 x-y 记录仪，并使电动机转速从零作线性变速，就能在 x-y 记录仪上描出被测试样的剪切应力和剪切速率的关系曲线，曲线上各点的斜率就是该点的黏度。

这种黏度计是测定非牛顿流体最理想的仪器之一。它的显著特点是当锥板角很小时，在锥板间隙中不同的各点剪切速率是一致的，而其他测量系统的黏度计则达不到。这种黏度计不适合测量粗悬浮流体试样。

3. 方法说明

旋转法测定高聚物的黏度比其他黏度测定法简便快速，仪器容易洗涤，测量范围较宽，还可测不透明的试样。但旋转法的测定精度不如毛细管黏度计法高。总的来说，一般在1%～3%之间。影响测定精度的因素较多，如温度的变化、旋转角速变化、内外筒偏心等都会导致一定的误差，必须特别注意。

三、黏度标准液和黏度计常数

在以上介绍各种黏度测定的原理时，都是根据黏度的定义和一些相关的参数推导出流体黏度的计算公式，由所测得的参数即可计算试样的黏度，这种黏度测定法叫绝对测定法。绝对测定法非常麻烦，例如毛细管法必须要制作内径非常一致的细管，对细管的内径要进行精密的测量，还要由试验方法求一些常数，操作相当繁烦。据报道，美国国家标准局对 20℃ 时水的黏度进行绝对测定，大约花了整整 20 年的时间。因此，在实际工作中都不使用绝对测定法，而是采用相对测定法进行试样黏度的测定。

所谓相对测定法是把试样和黏度已知的黏度标准液作比较测定，所以又叫比较测定法。比较测定法的操作比起绝对测定法来要简单得多，而且测定的精度也高，所以被广泛采用。

在这种方法中，我们只要事先对黏度标准进行黏度测定，得到除了测定数据（如时间、偏转、刻度等）以外的所谓黏度计常数，就能很方便地测得试样的黏度。黏度计常数一般由计量部门用黏度标准液定期进行标定来校正。

几乎所有的实际黏度测量都采用相对测量，而一切相对测量实际上都是通过与纯水的黏度值相比较来实现的。纯水是复现黏度量值的起始标准物质，其黏度值需用绝对法测量得到。黏度标准液的黏度数据就是这样得到的，世界上有许多人对蒸馏水的黏度进行过研究和测定，以它作为第一次的黏度标准液。在20℃时，其黏度为1.0016×10^{-3}Pa·s。其他黏度标准的黏度都是用20℃的蒸馏水作为标准，以精密设计制造的“基准黏度计”相对测定而得。

黏度标准液的牌号通常是以20℃运动黏度的标称值来划分的，例如50号标准液表示其运动黏度标称值为$50mm^2/s$。

黏度标准液的组成是低黏度的标准液［20℃时黏度为$(2\sim2000)mm^2/s$］通常由精制的石油产品组成；高黏度的标准液［20℃时黏度为$(5000\sim100000)mm^2/s$］通常由甲基硅油或聚异丁烯组成。

黏度标准液应装在玻璃瓶中，在室温下密封保存，并要避光避热。使用过的和未使用过的黏度标准液不能混放在一起。

旋转黏度计法测定流体的黏度可参照GB/T 2794、GB/T 10247、GB/T 21059。

第四节　折射率的测定

折射率是鉴别塑料的一个重要的物理参数。对于塑料结构，尤其是在材料聚合和裂解过程中，折射率可提供重要信息。对有机晶体的光学应用，以及生产控制和聚合试验来说，折射率也是很重要的参数。

一、基础知识

根据光的折射定律，当光从一种介质进入另一种介质时，产生折光现象，这种现象是由于光线在各种不同的介质中行进的速度不同造成的。折射率是表示在两种（各向同性）介质中光速比值的物理量。光从第一介质进入第二介质时（除垂直入射外）任何一入射角的正弦和折射角的正弦之比对于确定的两种介质是一个常数。波长一定的单色光线，在一定的外界条件下从某一介质A进入另一介质B，入射角α和折射角β的正弦之比和这两个介质的折射率n_B成正比、n_A成反比，即

$$\frac{\sin\alpha}{\sin\beta}=\frac{n_B}{n_A} \tag{3-41}$$

若介质是真空，则$n_A=1$，故

$$n_B=\frac{\sin\alpha}{\sin\beta} \tag{3-42}$$

任一介质对真空的折射率称为这种介质的绝对折射率，简称折射率。若介质A是空气，则$n_A=n_{空}=1.00027$，所以

$$\frac{\sin\alpha}{\sin\beta}=\frac{n_B}{1.00027}=n' \tag{3-43}$$

这里的n'称为介质B对空气的相对折射率，因此，相对折射率n'和介质的绝对折射率之间相差1.00027。由于两者相差很小，实际上通常就以n'表示一种介质的折射率。

同一介质对不同波长的光具有不同的折射率，可见光在透明的介质内，折射率常随波长的减小而增大，即红光折射率最小，紫光最大。通常所说某物质的折射率数值多少（如水为1.3330，玻璃成分不同其折射率为1.5~1.9）是指对钠黄光（波长5893Å，D线）而言。

折射率的测定方法主要有阿贝折射仪法和浸渍法。测定透明液体的折射率比较简单，可参照GB/T 614、GB/T 6488进行。这里主要根据ASTM D 542—2014和ISO 489：1999，介绍塑料折射率的测定方法。

二、折射法

折射法是用折射仪利用临界角原理测定透明浇铸、模塑或压片材料的折射率的方法。测量精度高，但不适用于粉状或粒状透明材料。最常用的是阿贝折射仪、手提式折射仪和数字阿贝折射仪。

1. 仪器与试剂

1）阿贝折射仪或能得到同样结果的其他任何折射仪，恒温水浴，白光源。

2）接触液：折射率应比待测试样的折射率高，并且不使塑料变软、发生化学侵蚀或溶解。常用接触液见表3-5。

表3-5 常用接触液

接触液	塑　料
α-溴代萘	纤维素酯、聚氟化物类、脲树脂类、苯酚-甲醛树脂烯、聚乙烯、聚酰胺类、聚酯类、聚乙酸乙烯、聚乙烯醇、聚甲基丙烯酸酯(限制使用)
茴香油	纤维素酯、脲树脂
氯化锌饱和水溶液	聚丙烯酸酯类、聚异丁烯、聚甲基丙烯酸酯
饱和碘化汞钾溶液	聚异丁烯、聚苯乙烯、聚氯乙烯

2. 试样制备

由样品切下的试样，其大小应适合于放置在折射仪固定棱镜的平面上。

所切试样尺寸如下：宽为6mm、长为12mm、厚为3mm。

为了准确地测定试样的折射率，试样表面应十分平整并有很好的抛光，这样，试样与棱镜的接触才紧密。检查方法：目镜视场中明暗分界线呈现一细直线表示试样和棱镜的接触良好；在试样的一端加工第二个抛光表面与第一个抛光表面相垂直，这两个抛光面应沿细线相交，没有余边或圆边。

对于注射模制品或挤出模制品之类的各向异性试样，在不同部分进行测量时，可能得到不同的折射率。在这种情况下，需制备抛光表面平行和垂直于取向方向的试样，并且把试样移到棱镜表面上的不同位置，以便测量试样的不同部分。对这种试样，如果超过测量的允许误差，只要报告一个范围即可。

3. 操作步骤

阿贝折射仪放置在阳光充足的位置或单色光前，与恒温水浴连接，将折射仪棱镜的温度调节至（20±0.1)℃，分开两面棱镜，把一小滴接触液放在试样抛光面上，再将此抛光面与上棱镜表面牢固接触，试样的另一抛光边朝向光源，然后调节折射仪的螺旋（指数手轮）直到视场一半是暗的，再调节补偿棱镜（阿米西棱镜）鼓轮消除虹彩并使明暗分界线清晰，此后用游标尺调节指数手轮，直到视场明暗部分分界线和目镜十字线交点刚好重合。根据标尺刻度记录读数，读数应精确至小数点后第四位，最后一位为估计数。轮流从一边再从另一边将分界线对准十字线，重复观察及记录读数三次，读数间的差数不得大于 0.0003，所得读数的平均值即为试样的折射率。

在每次测定试样前，应按同样操作用仪器所带已知折射率的标准试样校正仪器。

三、浸渍法

浸渍法是用显微镜和贝克线现象（Becke Line Phenomenon）测定粉状或粒状透明材料折射率的方法。一般应使用单色光以避免色散效应，该方法的精度与折射法大致相同。

1. 仪器与试剂

1）显微镜：放大倍数至少 200 倍，具有 8mm 的优质物镜和对心高速的显微镜台下聚光镜（能够对很窄的轴线光束缩小光栅）。

2）具有不同折射率的浸渍液：已知折射率的浸渍液列于表 3-6 中。使用这些浸渍液配出所需准确增量的不同混合液，如精密度在±0.001 范围，差值为 0.002 的混合液。

2. 试样制备

试样由待测材料的粒子（如粉末、颗粒、小片等）组成。这些粒子应有足够小的线性尺寸，而且分布应允许在视场中同时观察到面积大致相等的试样和环境，粒子的厚度比显微镜物镜的工作距离小得多。各种浸渍液的折射率见表 3-6。

表 3-6 各种浸渍液的折射率（20℃，D 线）

浸渍液	n_D^{20}	浸渍液	n_D^{20}
碳酸正丁酯	1.411	二碘甲烷	1.742
柠檬酸正三丁酯	1.445	碘化汞钾水溶液	1.419～1.733
邻苯二酸正丁酯	1.492	硅油	1.37～1.56
一溴代萘	1.658		

3. 操作步骤

测量应在（20±0.5）℃下进行。

把少量已知折射率且与试样折射率相近的浸渍液放置在显微镜载片上（如果被测试样折射率的大致范围无法估计，则推荐用折射率约为 1.56 的浸渍液）。再把试样颗粒放进显微镜载片上的浸渍液中，盖上一块盖片，使显微镜台下聚光镜对准中心缩小光阑，产生很窄的轴线照明光束。

制备物放置在显微镜台上，使显微镜在制备物的中心聚集，然后向上移动直到制备物的上部聚焦，见到贝克线（围绕在浸渍液中材料周围的一个细光环）移向折射率较大的介质。如果降低焦点，贝克线移向折射率较小的介质。

用已知折射率的其他浸渍液和被测材料的颗粒制备物重做试验直到相互一致。或者直至找到试样的折射率是在一系列标准接触液的两个已知折射率的中间而不出现贝克线现象时，被测材料的折射率即等于测定试验所用浸渍液的折射率，当焦点升高或降低时，则没有贝克线现象。

当试样和接触液紧密匹配时，制备物中的少数气泡有助于检查聚焦。

使用本方法时应细心，该方法不确定度约为0.001，对于厚度小于0.030mm的试样，其不确定度优于0.001。部分塑料的折射率见表3-7。

表3-7　部分塑料的折射率（20℃）

塑　料	n_D^{20}	塑　料	n_D^{20}
聚四氟乙烯	1.35~1.38	烯丙基二甘醇碳酸酯	1.50~1.51
聚偏氟乙烯	1.42	聚丙烯腈	1.50~1.52
聚乙烯基乙醚	1.42~1.45	烯丙基铸造树脂	1.50~1.58
聚三氟氯乙烯	1.43	聚酯类(未交)	1.50~1.58
聚乙烯醇缩乙醛	1.45~1.46	苯酚-甲醛树脂	1.50~1.70
聚乙烯基异丁基醚	1.452	聚异丁烯	1.505~1.51
聚丙烯酸丁酯	1.46~1.47	丁基橡胶	1.51
三丙酸纤维素	1.46~1.49	聚氯乙烯乙酸乙烯酯	1.51~1.52
乙酸丁酸纤维素	1.46~1.50	聚乙烯	1.51~1.54
乙酸纤维素	1.46~1.54	聚乙酸乙烯(中乙酸含量)	1.51~1.55
聚氧化乙烯(聚乙二醇)	1.46~1.54	聚对苯二甲酸乙烯酯	1.51~1.65
聚乙烯基甲基醚	1.467	聚丁烯二酸乙二醇酯	1.514
乙酸丙酸纤维素	1.47	邻苯二甲酸二烯丙酯	1.1519
三乙酸纤维素	1.47~1.48	丙烯腈-丁二烯苯乙烯共聚物	1.52
聚丙烯酸乙酯	1.47~1.48	天然橡胶	1.52
乙基纤维素	1.47~1.48	聚丁二烯	1.52
聚丙烯酸甲酯	1.47~1.49	氯乙烯-乙酸乙烯共聚物	1.52~1.53
聚乙酸乙烯酯	1.47~1.49	再生纤维素	1.52~1.55
聚乙酸乙烯酯(高乙酸含量)	1.47~1.51	聚氯乙烯	1.52~1.55
氯乙烯-乙酸乙烯共聚物	1.47~1.56	聚异戊二烯	1.522~1.56
二代乙酸纤维素(2,5乙酸酯)	1.48	聚丙烯酸	1.522
聚乙烯醇缩丁醛	1.48~1.49	尼龙66	1.527
聚甲基丙烯酸乙酯	1.48~1.49	尼龙6,尼龙10	1.53
聚甲基丙烯酸酯	1.48~1.49	苯乙烯-丁二烯共聚物	1.53
聚马来酸乙二酯	1.484	盐酸橡胶	1.53~1.55
聚甲基丙烯酸甲酯	1.48~1.50	苯乙烯-甲基丙烯酸甲酯共聚物	1.53~1.56
聚丙烯	1.49	聚乙烯基吡咯烷酮	1.53~1.59
聚乙烯醇缩甲醛	1.49~1.50	聚酯类(不饱和)	1.53~1.60
甲基纤维素	1.50	环己酮-甲醛树脂	1.54
硝酸纤维素	1.50~1.51	聚酯类(醇酸树脂和邻苯二甲酸二烯丙酯	1.54~1.58
尿素-甲醛树脂	1.54~1.60	环氧铸造树脂	1.57~1.61
聚乙酸乙烯(低乙酸含量)	1.545~1.555	邻苯二甲酸	1.575

（续）

塑　料	n_D^{20}	塑　料	n_D^{20}
酪朊-甲醛树脂	1.55	聚甲基苯乙烯	1.58
氯丁橡胶	1.55	聚碳酸酯（双酚 A 型）	1.58～1.59
聚酯类（醇酸树脂和三聚氰酸三烯丙酯）	1.55	三聚氰胺-甲基树脂	1.58～1.60
苯乙烯-丙烯腈共聚物	1.56～1.57	苯并呋喃和苯并呋喃-茚树脂	1.60～1.66
邻苯二甲酸乙二醇酯	1.56～1.59	聚茚	1.60～1.66
氯化橡胶	1.56～1.60	偏二氯乙烯-氯乙烯共聚物（90∶10）	1.60～1.62
磺胺树脂	1.57	聚偏二氯乙烯	1.60～1.63
聚二烯丙基苯膦酸酯	1.57	聚硫化物（聚硫橡胶）	1.60～1.70
苄基纤维素	1.57～1.58	硫脲-甲醛树脂	1.66
聚苯乙烯	1.57～1.60	聚乙烯咔唑	1.66～1.70

第五节　色度的测定

色度是鉴别试样颜色深浅的一项标志。比较试样与一系列标准比色液的颜色，则将与试样颜色相同或最相近的标准比色液的色阶号码作为该试样的色度。例如，某试样的颜色与200黑曾单位铂-钴标准溶液比色的颜色相同，则该试样的色度即为200黑曾单位铂-钴标准溶液。

标准比色液通常有两种：一种是铂-钴比色液，通常用于颜色较浅的产品，如液体化学品、增塑剂、光学胶黏剂等；另一种是铁-钴比色液，通常用于颜色较深的产品，如不饱和聚酯、环氧树脂、清漆及稀释剂等。

色度不仅能反映某些产品的质量，而且一些特殊用途的产品对色度有极严格的要求。例如，用于玻璃与玻璃或其他透明黏接的液体光学胶黏剂，其色度不得超过300黑曾单位的铂-钴标准溶液。因此，色度测定具有重要的意义。

一、铂-钴溶液比色法

1. 试剂与仪器

1）六水合氯化钴（$CoCl_2 \cdot 6H_2O$）：分析纯。

2）浓盐酸：分析纯。

3）氯铂酸钾（K_2PtCl_6）：分析纯。

4）72型分光光度或类似的分光度光度计。

5）比色管：50mL或100mL。

6）比色管架：一般比色管架底部衬白色底板，底部也可安有反光镜，以提高观察颜色的效果。

2. 500黑曾单位铂-钴标准溶液的制备

称取1.000g水合氯化钴（$CoCl_2 \cdot 6H_2O$）、1.245g氯铂酸钾置于150mL烧杯中，用100mL盐酸和适量蒸馏水溶解，移至1000mL容量瓶中，用水稀释至刻线，摇匀。

用1cm吸收池、以水作参比用分光光度计按表3-8规定的波长测定溶液的吸光度。其值应在表3-8所列范围内，此溶液即为500黑曾单位标准溶液。该溶液置于具塞棕色瓶中，避光保存，有效期为1年。

表3-8 几种波长的吸光度

波长/nm	吸光度	波长/nm	吸光度
430	0.110~0.120	480	0.105~0.120
455	0.130~0.145	510	0.055~0.065

3. 稀铂-钴标准溶液的制备

取不同量的500黑曾单位铂-钴标准溶液，用0.1mol/L盐酸稀释至100mL可制备任意黑曾单位的铂-钴标准溶液，见式（3-44）。

$$V=\frac{n\times 100}{500} \tag{3-44}$$

式中 V——欲制备100mL稀铂-钴标准溶液所需500黑曾单位铂-钴标准溶液的体积（mL）；

n——欲制备稀铂-钴标准溶液的黑曾单位数。

例3：欲制备100黑曾单位标准溶液，可取20mL 500黑曾单位铂-钴标准溶液，用0.1mol/L盐酸稀释至100mL即可。

例4：欲制备24黑曾单位标准溶液，可取5mL 500黑曾单位铂-钴标准溶液，用0.1mol/L盐酸稀释至100mL即可。

稀铂-钴标准溶液应在使用前配制。

4. 比色方法

在一支比色管中注入试样，注满到刻线处，同样向另几支比色管中注入具有类似颜色的几种稀的铂-钴标准溶液，也注满到刻线处。

比较试样与稀铂-钴标准溶液的颜色。比色时在日光或日光灯下照射下，正对白色背景，从上向下观察，避免侧面观察，提出接近的颜色。

试样的色度以最接近于试样的铂-钴标准溶液的黑曾单位表示。可参照GB/T 605、GB 3143。

二、铁-钴溶液比色法

1. 试剂与仪器

1）三氯化铁（$FeCl_3\cdot 6H_2O$）：化学纯。

2）氯化钴（$CoCl_2\cdot 6H_2O$）：分析纯。

3）浓盐酸：分析纯。

4）硫酸：相对密度1.84，化学纯。

5）比色管20支、试管架（带木套）、具有毛玻璃的三孔比色用木架。

2. 比色液的配制

三氯化铁溶液——用50g三氯化铁溶于12g稀盐酸溶液中，它的颜色相当于3.0000g重铬酸钾溶解在100mL浓硫酸中溶液的颜色。

氯化钴溶液——用10g氯化钴加入30g稀盐酸溶解制成。

稀盐酸溶液——用10g浓盐酸加入170g蒸馏水制成。

3. 加氏比色管的准备

根据GB/T 1722—1992所列三氯化铁溶液、氯化钴溶液、稀盐酸溶液的一系列用量（按容量计），配成18种色阶溶液，准确调整它们的颜色至相当于同行所列重铬酸钾溶于硫酸中的标准溶液的颜色。然后分别装于18支比色管中，严密封存（每年应校正一次），置于试管架上，用套罩上，以防光照。

4. 比色方法

将试样倒入空白试管中（尺寸与前相同），然后放在背面装有毛玻璃的三孔比色架上，对光与铁钴溶液标准比色管进行比较，找出试样颜色近似的标准比色管，通常选出两个与试样颜色最接近的，或一个试样颜色相同的标准管。试样色度等级即直接用标准比色管的号码表示，也可记录为某号至某号之间。可参照GB/T 1722。

第六节　溶解性的测定

一种纯树脂或塑料样品，它在各种有机溶剂中的溶解性是不同的。在一系列有机溶剂中的溶解行为往往为鉴定某种或某一类高聚物提供重要的信息，并且可以借助高聚物的溶解性去分离高聚物的混合物。

高聚物溶解试验最好在试管内进行。取约100mg细碎试样（大块试样溶解速度太慢），置于已预先盛有适当溶剂（一般为10mL）的试管中，不断晃动，观察溶解情况。

当溶解情况不易分辨时，可将少许溶液滴在玻璃上，然后将溶剂蒸发，观察玻璃片上是否留有痕迹。

溶解性的定量测定可参照GB/T 6324.1、GB/T 11148。

一些塑料的溶解性见表3-9和表3-10。

表3-9　塑料的溶解性

塑　料	溶　解	不溶解
醇酸树脂	酯类、卤代烃类、小分子醇类	烃　类
氨基塑料模压材料	苄胺(在160℃)、氨水	
再生纤维素	Schweitrer's试剂[①]	有机溶剂
硬化纸板	Schweitrer's试剂	有机溶剂
纤维素醚类 甲基纤维素	水、稀氢氧化钠溶液、2-氯乙醇、氯化烃类、吡啶	
乙基纤维素	甲醇、二氯甲烷、甲酸(蚁酸)、乙酸、吡啶、异福尔酮(3,5,5-三甲基-2环己烯-1-酮)	脂肪烃和芳香烃类、水
苄基纤维素	丙酮、乙酸乙酯、苯、丁醇	脂肪族烃类、低级醇、水
纤维素酯类 乙酸纤维素	甲酸、冰乙酸、二氯甲烷-甲醇(9∶1)	
三乙酸纤维素	三氯甲烷、丙酮(微溶)	
纤维素2,5-乙酸酯	三氯甲烷(微溶)、丙酮(易溶)	
乙酸丁酸纤维素	丙酮-苯、二氯甲烷	

（续）

塑　料	溶　解	不溶解
三丙酸纤维素	苯、二氯甲烷、三氯甲烷、烯类和酮类	
乙酸丙酸纤维素和乙酸丁酸纤维素，丙基/丁基质量分数<35%	丙酮或二甲基亚砜	
35%~45%	丙酮-甲醇 1∶1(V/V)	
>45%	吡啶-甲醇 1∶1(V/V)	
所有硝酸纤维素	六甲基磷酰三胺	
当含氮质量分数<12%时	丙酮、乙醇-乙醚	
当含氮质量分数<12%时	酮类、酯类、乙醇-乙醚	
含氯聚合物 氯化橡胶	酯类、酮类、亚麻籽油（在 80℃~100℃）、四氢呋喃	脂肪烃类
盐酸橡胶	酮类	脂肪烃类、四氯化碳
氯化聚醚	环已酮	乙酸乙酯、二甲基甲酰胺、甲苯
氯丁橡胶	氯代烃类、甲苯、二氧六环、吡啶 、环已酮	醇类、酯类
聚三氟氯乙烯	邻-氯三氟甲苯（120℃以上）	所有溶剂
聚氯乙烯	二甲基甲酰胺、四氢呋喃、环已酮、氯苯、六甲基磷酰三胺、二氯乙烷	醇类、乙酸丁酯、烃类、二氧六环
后氯化聚氯乙烯	丙酮、乙酸乙酯、苯、甲苯、二氯甲烷	
聚偏氯乙烯	乙酸丁酯、二氧六环、酮类、四氢呋喃、二甲基甲酰胺（热）、氯苯（热）、六甲基磷酰三胺（热）	醇类、烃类
共聚物 丙烯腈-丁二烯-苯乙烯	三氯甲烷	醇类、汽油、水
苯乙烯-丁二烯	乙酸乙酯、苯、三氯甲烷	醇类、水
氯乙烯-乙酸乙烯	三氯甲烷、四氢呋喃、环已烷	醇类、烃类
苯并呋喃-茚树脂	乙醚、汽油、苯、二氯甲烷、异福尔酮、酯类	醇类、水
环氧树脂，未固化	醇类、二氧六环、酯类、酮类	烃类、水
环氧树脂，已固化	不溶	
含氟聚合物聚四氟乙烯		全部溶剂、沸腾的硫酸
聚三氟氯乙烯	邻-氯三氟甲苯（120℃以上）	全部溶剂
聚四氟乙烯-六氟丙烯	类似三氟乙烯	
聚氟乙烯	110℃以上：环已酮、碳酸丙烯酯、二甲基亚砜、二甲基甲酰胺	
聚偏氯乙烯	二甲基亚砜、二氧六环	
天然树脂类	乙醚、醇类、苯、酯类、卤代烃类	汽油
天然橡胶	卤代烃类、苯	醇类、汽油、酯类、酮类
酚树脂类模压材料	苄胺（200℃）	

（续）

塑　料	溶　解	不溶解
聚丙烯酸衍生物聚丙烯酰胺	水	醇类、酯类、烃类
聚丙烯腈	二甲基甲酰胺、硝酸苯、三氯甲烷、丁内酯。矿物酸、六甲基磷酰三胺	醇类、酯类、酮类、烃类、甲酸
聚丙烯酸酯	芳香烃类、酯类、卤代烃类、酮类、四氢呋喃	汽油
聚酰胺	甲酸、苯酚、三氟乙醇、α-氰醇、六甲基磷酰三胺、苯酚-四氟乙烷（1∶1）	醇类、酯类、烃类
聚丁二烯	苯	醇类、汽油、酯类、酮类
聚碳酸酯	环己酮、二氯甲烷、二甲基甲酰胺、甲酚	醇类、汽油、水
聚酯类	苄醇、硝基烃、苯酚类、六甲基磷酰胺	
聚对苯二甲酸乙二醇酯	邻氯苯酚、苯酚-四氯乙烷（60/40 质量比）、苯酚-二氯苯（50/50 质量比）、二氯乙酸	
聚异戊二烯	邻氯苯酚、苯酚-四氯乙烷（60/40 质量比）、苯酚-二氯苯（50/50 质量比）	醇类、汽油、酯类、酮类
聚乙烯	十氢萘、四氢萘、1-氯萘（均在 130℃以上）	醇类、汽油、酯类、酮类
聚丙烯	十氢萘、四氢萘、1-氯萘（均在 130℃以上）	醇类、汽油、酯类、环己酮
聚异丁烯	乙醚、汽油	醇类、汽油、酯类、环己酮
聚醛、聚酮类	酯类、酮类	醇类、酯类
聚乙二醇（聚氧化乙烯）	醇类、卤代烃类、水	汽油
聚甲醛	二甲基亚砜、二甲基甲酰胺（150℃）、丁内酯（140℃）	烃类、醇类
聚苯乙烯	乙酸丁酯、苯、二甲基甲酰胺、三氯甲烷、二氯甲烷、甲乙酮、吡啶	醇类、水、汽油
聚甲基苯乙烯	苯、甲苯	
聚氨酯	二甲基甲酰胺、四氢呋喃、甲酸、乙酸乙酯、六甲基磷酰三胺	乙醚、醇类、汽油、苯、水、盐酸（6N）
聚乙烯醇缩醛类	酯类、酮类、四氢呋喃（缩丁醛在 9∶1 的三氯甲烷-甲醇中溶解）	脂肪烃工、甲醇
聚乙酸乙烯酯	芳香烃类、氯代烃类、酮类、甲醇、酯类	汽油
聚乙烯基甲基醚	甲醇、六甲基磷酰三胺	汽油
聚乙烯基乙基醚	芳烃类、醇类、汽油、酯类、卤代烃类、酮类、六甲基磷酰三胺	水
聚乙烯基丁基丁醚	芳烃类、六甲基磷酰三胺、卤代烃类、酮类	醇类
聚乙烯醇	甲酰胺、水、六甲基磷酰三胺	乙醚、醇类、汽油、苯、酯类、酮类
聚乙烯咔唑	芳烃、卤代烃、四氢呋喃	乙醚、醇类、酯类、脂肪烃、酮类、四氯化碳

① Schweitrer's 试剂的制备，向含有 10g 硫酸铜的 100mL 水溶液中加入含 5g 氢氧化钠溶液 50mL。滤出沉淀，用水洗涤并置于烧杯中。然后加入 20mL 质量分数为 24%的氨水，静置过夜。

表 3-10　重要溶剂及其应用

溶　剂	可　溶　物	不　溶　物
醚类 乙醚	苯并呋喃-茚树脂	聚氨酯、聚乙烯醇、聚乙烯咔唑等
二氧六环	未固化聚酯类、聚偏二氯乙烯	
四氢呋喃	氯化橡胶、聚丙烯醇缩醛类、聚乙烯咔唑、聚氯乙烯、氯化聚乙烯、氯乙烯-乙酸乙烯共聚物类	
2-氯乙醇	甲基纤维素	
醇类 乙醇	醇酸树脂、乙基纤维素、环氧树脂（未固化）、天然树脂类、酚醛树脂类、酚醛树脂模压材料，邻苯二甲酸树脂、聚丙烯酸酯类和聚甲基丙烯酸酯类、聚乙二醇、聚乙酸乙烯酯、聚乙烯醇缩丁醛、聚乙烯基甲基醚	丙烯腈-丁二烯-苯乙烯共聚物、苄基纤维素、苯并呋喃-茚树脂、天然橡胶、聚丙烯腈、聚乙烯、聚酰胺类、聚丙烯酰胺、聚丁二烯、聚碳酸酯、聚酯类 、聚异丁烯、聚乙烯、聚丙烯、聚乙烯醇、聚乙烯基丁基醚、聚乙烯咔唑、聚氯乙烯、聚偏二氯乙烯、氯乙烯-乙酸乙烯共聚物
甲醇	乙基纤维素、聚乙酸乙烯酯、聚乙烯基甲基醚	聚乙酸乙烯
丁醇	苄基纤维素	
苯甲醇	聚酯类	
甲酸	聚酰胺、乙酸纤维素酯	聚丙烯腈
苄胺（苯甲胺）	酚醛树脂模压材料（200℃）	
二甲基甲酰胺	聚丙烯腈、聚碳酸酯、聚氨酯、聚偏氟乙烯、聚氟乙烯、聚甲醛	氯化聚醚
二甲基亚砜	乙酸丙酸纤维素、乙酸丁酸纤维素、聚偏氟乙烯、聚氟乙烯、聚甲醛	
酯类	丙烯腈-丁二烯-苯乙烯共聚物、醇酸树脂、纤维素醚类、纤维素酯类、苯并呋喃-茚树脂、环氧树脂（未固化）、聚丙烯酸酯和聚甲基丙烯酸酯类、聚醛和聚酮类、聚苯乙烯、聚乙烯醇缩醛类、聚乙烯基醚类	天然橡胶、聚丙烯酰胺、聚丙烯腈、聚乙烯、聚酰胺类、聚丁二烯、聚异丁烯、聚异戊二烯、氯丁橡胶、聚酯类 、聚丙烯、聚乙烯醇、聚乙烯咔唑
卤代烃 三氯甲烷	丙烯腈-丁二烯-苯乙烯共聚物、醇酸树脂、纤维素醚类、天然树脂、聚丙烯酸和聚甲基丙烯酸酯类、聚碳酸酯类、氯丁橡胶、聚乙二醇类、聚苯乙烯、聚乙酸乙烯酯、聚乙烯基醚类、聚乙烯咔唑、聚偏二氯乙烯	
四氯化碳	氯化橡胶	盐酸橡胶、聚乙烯咔唑
三氯乙烯	聚丙烯	
六甲基磷酰三胺	硝酸纤维素、聚氯乙烯、聚偏二氯乙烯、聚丙烯腈、聚酰胺、聚乙烯基醚类、聚酯类、聚氨酯类、聚乙烯醇、聚烷氧化物类	
酮类 丙酮	纤维素酯类、醇酸树脂、苄基纤维素、氯化橡胶、盐酸橡胶、环氧树脂（未固化）、聚丙烯醇缩醛类、聚乙酸乙烯醋、聚乙烯基乙基醚、聚乙烯基丁基醚、氯化聚乙烯、聚偏二氯乙烯	天然橡胶、聚丙烯腈、聚丁二烯、聚乙烯醇、聚乙烯咔唑

（续）

溶　剂	可　溶　物	不　溶　物
环己酮	聚碳酸酯、氯化聚醚	
脂肪烃类 饱和烃		醇酸树脂、纤维素醚类、纤维素酯类、盐酸橡胶、聚氯乙烯
十氢萘	聚乙烯和聚丙烯（120℃以上）	
苯	苯并呋喃-茚树脂、苄基纤维素、天然树脂、聚丙烯酸酯类、聚丁二烯、聚异戊二烯、聚苯乙烯类、聚甲基乙烯、聚乙烯咔唑	醇酸树脂、纤维素醚类、环氧树脂、聚丙烯酰胺、聚酰胺类、聚酯类、聚甲基丙烯酸酯类、聚乙烯醇缩醛类、聚乙烯醇、聚氯乙烯、聚偏二氯乙烯、氯乙烯-乙酸乙烯共聚物
甲苯	乙基纤维素、聚丙烯酸和聚甲基丙烯酸酯类、聚乙烯和聚丙烯（达到沸点）、氯丁橡胶、聚苯乙烯、聚乙烯醇缩丁醛、聚乙烯咔唑	
二甲苯	聚乙烯、聚丙烯、聚丙烯咔唑	
四氢萘	聚乙烯和聚丙烯（沸）	
酚类 苯酚	聚酰胺、聚碳酸酯类、聚酯类	
硝基酚	聚丙烯腈	
Schweitrer’s 试剂	纤维素、再生纤维素、硬化纸板	
水	甲基纤维素、聚丙烯酰胺、聚乙二醇、聚乙烯醇、聚乙烯甲基醚	乙基纤维素、聚乙烯基乙醚

第七节　相对分子质量的测定

高聚物的相对分子质量及其分布是高聚物材料最基本的参数之一。在科研和生产实践中，为了控制产品性能，往往需要这些参数。

试验测定的高聚物相对分子质量是一种统计平均值。因为由单体分子通过加聚或缩聚等方式形成的高聚物，相对分子质量高达几千到几百万，绝大多数是许多相对分子质量不同的同系物的混合物，所以其相对分子质量都是平均相对分子质量。由于统计方法不同，一种高聚物可以有多种不同的平均相对分子质量。常用的有：数均相对分子质量（$\overline{M}_n$），重均相对分子质量（$\overline{M}_w$），z 均相对分子质量（$\overline{M}_z$）和黏均相对分子质量（$\overline{M}_\eta$）四种。

假设在一个高聚物的多分散体系中，相对分子质量为 M_1、M_2、M_3、…、M_i 的各组分，各有 N_1、N_2、N_3、…、N_i 个分子，质量分别为 W_1、W_2、W_3、…、W_i，我们就可以根据定义算出各种平均数均相对分子质量。下面是四种常用的平均相对分子质量定义。

按分子数统计平均的称为数均相对分子质量，定义为

$$\overline{M}_n = \sum_i \frac{N_i}{\sum_i N_i} M_i = \frac{\sum_i N_i M_i}{\sum_i N_i} \tag{3-45}$$

按质量的统计平均称为重均相对分子质量，定义为

$$\overline{M}_w = \sum_i \frac{W_i}{\sum_i W_i} M_i = \frac{\sum_i W_i M_i}{\sum_i N_i M_i} = \frac{\sum_i N_i M_i^2}{\sum_i N_i M_i} \tag{3-46}$$

按 z 量的统计平均称为 z 均相对分子质量，z 定义为

$$z_i = W_i M_i$$

$$\overline{M}_z = \frac{\sum_i W_i M_i^2}{\sum_i W_i M_i} = \frac{\sum_i N_i M_i^3}{\sum_i N_i M_i^2} \tag{3-47}$$

用溶液黏度法测得的平均相对分子质量为黏均相对分子质量，定义为

$$\overline{M}_\eta = \left[\frac{\sum_i N_i M_i^{a+1}}{\sum_i N_i M_i} \right]^{1/a} \tag{3-48}$$

由以上各式可以看出，同一高聚物用不同统计方法所得平均相对分子质量数值是不同的。高聚物的多分散性越大，各种平均相对分子质量差值也越大。它们之间的关系一般是 $\overline{M}_z > \overline{M}_w > \overline{M}_\eta > \overline{M}_n$。当高聚物趋于单分散时，则四种平均相对分子质量趋于相等。因此，通常可用分布宽度指数 D（$D = \overline{M}_w / \overline{M}_n$）来表征高聚物的相对分子质量分布。

通常，高聚物相对分子质量的测定是在溶液中进行的，数均相对分子质量可用端基分析法、沸点升高法、冰点降低法、气相渗透压法和膜渗透压法等方法测定。重均相对分子质量的测定方法有光散射法、超速离心法等。黏均相对分子质量则是通过黏度法而得的。在以上各种测定方法中，最常用的是黏度法、端基分析法、气相渗透压法、膜渗透压法和光散射法五种。

黏度法测定高聚物的相对分子质量，由于试验设备简单，操作方便，因此是高聚物材料工业生产和科研中最广泛使用的方法。目前，已建立了几项黏度法测定高聚物相对分子质量的国家标准，测定结果都是以稀溶液的特性黏数［η］来表示。例如，聚合物稀溶液黏数和特性黏数测定（GB/T 1632. 3—2010）、用毛细管黏度计测定聚氯乙烯树脂稀溶液的黏度（GB/T 3401—2007）等。由试验测定的高聚物稀溶液的特性黏数，在一定条件下，可以建立特性黏数与相对分子质量的对应关系，从而求得高聚物的相对分子质量。因此，本节将主要介绍利用黏度法测定高聚物的相对分子质量。

一、基本原理

高聚物溶液的特性黏数和高聚物相对分子质量 M 之间的关系，通常用马克-霍温克（Mark-Houwink）经验方程式来表示

$$[\eta] = KM^\alpha \tag{3-49}$$

式（3-49）中的 K、α 值在一定温度下对于给定的高聚物-溶剂体系是常数。它通过测定高聚物相对分子质量的绝对方法来确定，故黏度法测定高聚物的相对分子质量是一种相对测定方法。

以上列举的测定数均和重均相对分子质量的方法都是绝对测定法，可用来确定黏度法中的 K、α 值，但数均相对分子质量和重均相对分子质量与高聚物的黏均相对分子质量并不一

样。因此，用 $\overline{M}_n$ 或 $\overline{M}_\omega$ 确定黏度法中的 K、α 值时，必然会存在着偏差，这主要是由高聚物的相对多分散性所造成的。当高聚物的相对分子质量较单一时，各种平均相对分子质量趋于相等。因此，为了保证 K、α 值的准确性，选用相对分子质量单一的高聚物样品是十分重要的。但是，由于一般聚合法所得到的高聚物都具有多分散性，为此，常用分级方法将高聚物分成相对分子质量比较均匀的级分，代替相对分子质量单一的高聚物样品，用绝对测定法测定相对分子质量。

大量的试验证明，对于大多数的线型高聚物其 α 值在 0.6~0.8 之间。在确定参数 K、α 值时，高聚物的相对分子质量应尽量采用超离心和光散射两种重均相对分子质量的测定方法来测定。这样，确定的 K、α 值偏差较小。

当用绝对测定法测定高聚物的 $\overline{M}$ 和用黏度法测得高聚物溶液的 $[\eta]$ 后，就可以用作图法求得参数 K、α 值。将式（3-49）取对数即得

$$\lg[\eta]=\lg K+\alpha\lg M \tag{3-50}$$

若以 $\lg[\eta]$ 对 $\lg M$ 作图，可得直线，斜率是 α，而截距为 $\lg K$，由此，可得到 K 值。

在标定 K、α 值时，试验点一般要 7 点以上才能得到可靠的数据。否则，K、α 值的误差较大，由于高聚物分子链本身结构和分子链在溶液中形态的差异，有时 α 值表现为不是常数，在 $[\eta]$-M 的对数图出现一条曲线。这时，只能分段求得各相对分子质量范围内适用的 K、α 值，有一个适用的相对分子质量范围，使用时应予以注意。

二、特性黏数的测定方法

高聚物溶液的特性黏数（Limiting Viscosity Number）定义为聚合物溶液的黏度在无限稀释情况下的极限值，用 $[\eta]$ 表示：

$$[\eta]=\lim_{C\to 0}\frac{\eta-\eta_0}{\eta_0 c} \tag{3-51}$$

式中 η——聚合物溶液的黏度；

c——聚合物溶液的浓度；

η_0——纯溶剂的黏度。

也可用无限稀释时对数黏数的极限值表示：

$$[\eta]=\lim_{C\to 0}\frac{\ln(\eta/\eta_0)}{\eta_0 c} \tag{3-52}$$

在国际标准中称为极限黏数，特性黏数求得方法一般有外推法和一点法两种。

（一）外推法

这种方法是通过测定高聚物溶液在几个浓度下（通常是 4~5 个浓度）的黏度 η 和纯溶液黏度 η_0，由此计算出相对黏度 η_r 和增比黏度 η_{sp}、比浓黏度 η_{sp}/c 和比浓对数黏度 $\ln\eta_r/c$。然后以 η_{sp}/c 或 $\ln\eta_r/c$ 对 c 作图，外推至 $c\to 0$，在纵坐标上得到截距即 $[\eta]$ 值。

高聚物溶液的黏度通常比纯溶液的黏度大，溶液的黏度与纯溶剂黏度 η_0 的比值定义为相对黏度。

$$\eta_r=\eta/\eta_0 \tag{3-53}$$

高聚物溶液的黏度通常比纯溶剂的黏度大，溶液的黏度 η 与纯溶剂黏度 η_0 的比值定义

为相对黏度。

高聚物溶液黏度比纯溶剂的黏度增加的倍数称为溶液的增比黏度 η_{sp}。即

$$\eta_{sp}=\frac{\eta-\eta_0}{\eta_0}=\eta_r-1 \tag{3-54}$$

增比黏度 η_{sp} 依赖于浓度 c，故定义 η_{sp}/c 为比浓度黏度，表示单位浓度增加所引起的溶液增比黏度的增大。定义 $\ln\eta_r/c$ 为比浓对数黏度，即单位浓度增加导致溶液相对黏度自然对数的增大。因为 η_r 和 η_{sp} 是无因次量，所以 η_{sp}/c 和 $\ln\eta_r/c$ 的单位由浓度 c 的单位而定。因此，特性黏数 [η] 和常数 K 的数值随溶液浓度单位的不同而不同，在使用公式和数据时应予以注意。浓度单位常以 g/mL 或 g/100mL 来表示。试验时，配制的浓度一般都在 0.01g/mL 以下，如果测量点为 5 个，则它们的相对黏度 η_r 在 1.2~2.0 之间为宜。

（二）一点法

外推法测定高聚物溶液的特性黏数，必须求得几个浓度的黏度值，操作繁杂。尤其在试样量极少的情况下，就难以用外推求得其特性黏数。因此，出现了一点法求高聚物溶液特性黏数的快速方法。

在外推法中，η_{sp}/c 对 c 和 $\ln\eta_r/c$ 对 c 的图可用以下两个公式表示：

$$\eta_{sp}/c=[\eta]+K'[\eta]^2c \tag{3-55}$$

$$\ln\eta_r/c=[\eta]-\beta[\eta]^2c \tag{3-56}$$

式中 K'——哈金斯常数（Huggins）；

β——克莱默（Kramer）常数。

线型柔性链高聚物，在良溶剂中 $K'+\beta=\frac{1}{2}$，将式（3-55）减去式（3-56），则有

$$\frac{\eta_{sp}}{c}-\frac{\ln\eta_r}{c}=(K'+\beta)[\eta]^2c=\frac{1}{2}[\eta]^2c$$

$$[\eta]^2=\frac{\alpha(\eta_{sp}-\ln\eta_r)}{c^2}$$

所以

$$[\eta]=\sqrt{\alpha(\eta_{sp}-\ln\eta_r)}/c \tag{3-57}$$

式（3-57）称为一点法的通用式，它表示只要测定一个浓度 c 的黏度数据（η_γ 和 η_{sp}）即可计算高聚物溶液的 [η]，从而简化了外推法中繁琐的计算和黏度测定，缩短了分析时间，所以被广泛应用，并已被国家标准所采用。但在使用时应注意：

1）只有在 $K'+\beta=1/2$ 时，式（3-57）才能成立，因此在确定了高聚物-溶剂体系后，首先要进行一次稀释外推，求出 K' 和 β 值，如 $K'+\beta=1/2$ 就可使用式（3-57），否则试验误差较大。

2）只有高聚物溶液的浓度适当才能得到好的结果，一般使 $\eta_r=1.30\sim1.50$ 为佳。如果 K' 与 β 之和不等于 1/2，即令 $\gamma=K'/\beta$，以 γ 值乘以式（3-56）的两边，并与式（3-55）相加得

$$\eta_{sp}/c+\gamma\ln\eta_r/c=(1+\gamma)[\eta] \tag{3-58}$$

经整理，得

$$[\eta]=\frac{\eta_{sp}+\gamma\ln\eta_r}{(1+\gamma)c} \tag{3-59}$$

式（3-59）同样只须测定一个浓度的黏度，就可直接计算出溶液的［η］。γ 值是由 K' 和 β 的比值决定的，应用范围较宽，不仅适用于线型柔性链高聚物，而且对于支化或刚性链高聚物，只要 γ 值正确，都能很好地适用。

一点法测定高聚物溶液［η］的计算公式还有很多，但各个公式都有其局限性，不再一一介绍。

外推法或一点法求得高聚物溶液的特性黏数［η］后，再由其 K、α 值就可根据式（3-49）计算高聚物的相对分子质量。各种高聚物的不同溶剂体系的 K、α 值可通过查表获得。

三、黏度法测定高聚物的相对分子质量应用实例

（一）有机玻璃相对分子质量的测定

有机玻璃相对分子质量的测定参照 GB/T 10247—2008。

1. 试剂和仪器

1）苯：分析纯。

2）黏度计：稀释常温乌氏黏度计，毛细管内径（0.54±0.01）mm（要求溶剂流经时间不少于 100s）。

3）恒温水浴：附设搅拌马达和测试控制器，恒温精度±0.05℃。

4）秒表：分度值为 0.1s。

5）容量瓶：50mL。

6）吸球或 50mL 针筒。

7）玻璃砂芯漏斗：2 号烧结玻璃。

2. 溶液配制

称取（0.1～0.2）g 试样（精确至 0.0001g）事先加工成细屑的有机玻璃试样，置于 50mL 容量瓶中，注入约 25mL 苯，等待完全溶解后移置于恒温浴中（25±0.05）℃，恒温 10min 后，用同一温度的苯稀释至刻度，摇匀，再置于恒温浴中恒温 10min，待用。

3. 黏度测定

预先在黏度计支管的两个管口上分别接上乳胶管，放入恒温水槽中，水面高过支管上球 20mm，借助于重锤将黏度计调整垂直。

将约 10mL 苯经 2 号干燥玻璃砂芯漏斗滤入黏度计的主管中，恒温 10min，并待气泡消失。

关闭支管上不带球的乳胶管，在另一乳胶管中用吸球慢慢将液体抽入，待液体升至支管中上球的一半时，停止抽气。

取下吸球，再放开被关闭的乳胶管，让液体自由下落，当液面下降到上刻线时开动秒表，至下刻线时停止秒表，记录时间。

重复测定三次，每次流经时间差值不超过 0.2s，取其算术平均值，得 t_0。

弃去黏度计内溶剂，在较低温度下干燥。按上述方法置于恒温槽中。用移液管移取恒温的待测溶液 10mL，加入黏度计中，按上述溶剂的测定步骤测得溶液的流经时间 t_1。

再用移液管移取2号玻璃砂芯过滤的溶剂5mL加入黏度计中，利用吸球使黏度计A球内溶液混合均匀，并抽上压下至少三次，再按上述操作测得 t_2。

然后，按上述步骤分别再移入5mL、10mL、15mL溶剂测得 t_3、t_4 和 t_5。以上五点的浓度分别为起始浓度 C 的1倍、2/3、1/2、1/3和1/4。

4. 计算

相对黏度：$\eta_t = \frac{t_1}{t_0}$

增比黏度：$\eta_{tp} = \eta_r - 1 = \frac{t_1 - t_0}{t_0}$

比浓黏度：$\eta_{tp}/c = \frac{\eta_1 - 1}{c} = \frac{t_1 - t_0}{t_0 c}$

比浓对数浓度：$\ln\eta_r/c = \frac{2.303\lg \frac{t_1}{t_0}}{c}$

按同样方法分别求出

$$\eta_{sp1}/c_1,\ \eta_{sp2}/c_2,\ \eta_{sp3}/c_3,\ \eta_{sp4}/c_4$$
$$\ln\eta_{r1}/c_1,\ \ln\eta_{r2}/c_2,\ \ln\eta_{r3}/c_3,\ \ln\eta_{r4}/c_4$$

然后作图，在纵坐标上的截距即为特性黏数［η］。相对分子质量 M 按下式计算：

$$\lg M = \frac{\lg[\eta] - \lg K}{\alpha} \tag{3-60}$$

式中，$K = 7.907 \times 10^{-3}$；$\alpha = 0.73$。

（二）聚碳酸酯相对分子质量的测定

1. 试剂和仪器

仪器与有机玻璃相对分子质量测定仪器相同，但其中恒温槽温度为（20±0.05）℃；乌氏黏度计毛细管内径为（0.37±0.01）mm；溶剂为二氯甲烷。

2. 溶液配制

称取0.2g事先干燥好的聚碳酸酯试样（精确至0.0001g）于50mL容量瓶中，加15mL二氯甲烷，摇动使其溶解。待溶完后将溶液通过干燥的2号砂芯漏斗滤入另一干燥容量瓶中。用溶剂洗容量瓶和砂芯漏斗至少3次，与冲洗液一并注入容量瓶中，再移置于（20±0.05）℃的恒温槽中，恒温10min。用同一温度的溶剂稀释至刻度，取出摇匀待用。

3. 黏度测定

按有机玻璃相对分子质量测定操作步骤测定纯溶剂（二氯甲烷）和上述溶液的黏度。

不同相对分子质量的聚碳酸酯试样配制成的溶液浓度以测得的相对黏度 η_r 为1.5左右最佳。

4. 计算

$$[\eta] = \frac{1}{c}\sqrt{2(\eta_{sp} - \ln\eta_r)} \tag{3-61}$$

$$\lg M=\frac{\lg[\eta]-\lg K}{\alpha} \tag{3-62}$$

式中，c 的单位为 g/mL，$K=12.3\times10^{-3}$，$\alpha=0.83$

（三）聚乙烯相对分子质量的测定

1. 试剂和仪器

1）黏度计：非稀释高温乌氏黏度计，毛细管内径为（0.44±0.01）mm，135℃时溶剂的流动时间不少于 100s。

2）恒温槽：附设温控仪，搅拌马达。恒温精度（135±0.05）℃。加热介质可用 201 号甲基硅油。

3）秒表：分度为 0.1s。

4）容量瓶 50mL、吸球或（20～50）mL 针筒。

5）玻璃砂芯漏斗：2 号烧结玻璃。

6）聚四氟乙烯管：外径约为 2mm，长为 50cm。

7）溶剂：十氢萘，经硅胶处理过夜，重蒸，取（192～194）℃馏分。每 100mL 加入 0.1g 防老剂丁或 264 防老剂。

2. 溶液配制

称取 50.0mg 聚乙烯试样（精确至 0.01mg）于 50mL 容量瓶中，在（135±0.05）℃的硅油恒温槽中加热溶解 30min（相对分子质量高的试样时间更长些）。不时摇动，以加速溶解。待溶解完全后，用同一温度的溶剂稀释至刻度，取出摇匀，放回恒温槽中待用。

配制溶液的浓度以测得的相对黏度在 1.2～2.0 之间为佳，最好在 1.5 左右。

3. 黏度测定

在黏度计支管的两个管口上分别接上乳胶管。将聚四氟乙烯管从主管的粗管中插入，至球下面的凸出底部。将黏度计垂直置于恒温槽中，液面高过黏度计支管上球 5cm。

将约 10mL 的溶剂滤入黏度计的主管中，恒温 10min，并待气泡消失。

关闭支管上不带球的乳胶管。在另一乳胶管上用针筒或吸球慢慢将溶剂抽入支管下球，待液体上升至支管上球的一半时，停止抽气，取下针筒或吸球，再放开支管上的乳胶管让液体自由下落。当液面下降到上刻线时，启动秒表开始计时，至下刻线时停止计时，记录时间。

重复测定 3 次，每次流经时间差值不超过 0.2s，取其算术平均值测得 t_0。

通过聚四氟乙烯管用水泵将溶剂抽入吸滤瓶，将约 10mL 溶液，经滤杆滤入黏度计，用针筒将溶液在 C 球中吸上放下 3 次，再通过聚四氟乙烯管，用水泵将该溶液抽入吸滤瓶中。

再取约 15mL 溶液，经滤杆滤入黏度计中，按上述操作测得溶液的流经时间 t_1。

4. 计算

$$[\eta]=\frac{\eta_{sp}/c}{1+k\eta_{sp}} \tag{3-63}$$

或

$$[\eta]=\frac{\eta_{sp}+5\ln\eta_r}{6c} \tag{3-64}$$

式中，$k=0.29$；$c=0.1$g/100mL。

重均相对分子质量 M_w 按式（3-65）计算。

$$\lg M_w = \frac{\lg[\eta] - \lg K}{\alpha} \tag{3-65}$$

式中，$K = 46\times10^{-3}$；$\alpha = 0.73$。

适用的相对分子质量的范围为 $2.5\times10^4 \sim 6.4\times10^5$。

（四）聚酰胺 6 相对分子质量的测定

1. 试剂与仪器

仪器同有机玻璃相对分子质量测定，但黏度计毛细管内径为（1.07±0.01）mm，溶剂为质量分数 93%±0.2%的硫酸。

2. 溶液配制

称取干燥过的聚酰胺 6 的细屑试样 0.25g（精确至 0.0001g）于 50mL 容量瓶中，加入 15mL 左右质量分数为 93%的硫酸使之溶解。待完全溶解后，置于已恒温的恒温槽中（25±0.05）℃，恒温 10min，用同一温度的溶剂稀释至刻度，取出，摇匀。用干燥的 2 号玻璃砂芯漏斗滤入另一干燥的 50mL 容量瓶中，置于恒温槽内，恒温 10min，待用。

3. 黏度测定

按有机玻璃相对分子质量测定的操作步骤测定溶剂（质量分数为 93%的硫酸）和上述溶液的黏度。

4. 计算

$$\eta_{sp}/c = [\eta] + 0.35[\eta]^2 c \tag{3-66}$$

$$[\eta] = \frac{-1 + \sqrt{1 + 1.4\eta_{sp}}}{0.7c} \tag{3-67}$$

式中，$c = 0.5$（g/100mL）。

再计算聚合度 P 和相对分子质量：

$$P = 124[\eta]\times1.07 - 5 \tag{3-68}$$

$$M = 113P = 113(124[\eta]\times1.07 - 5) \tag{3-69}$$

思 考 题

1. 密度瓶法测量样品密度有什么特点？
2. 液体密度测量常用的方法有哪些？
3. 黏度的表示方法及单位有哪些？
4. 什么是牛顿流体、非牛顿流体？简述它们的区别。
5. 旋转黏度计可以测量液体黏度，旋转黏度计有哪些分类？
6. 简述标准比色液的种类及适用范围。
7. 简述高聚物分子量测定的基本原理。

第四章

非金属材料化学特性分析

第一节　酸值的测定

酸值是指中和1g试样所需氢氧化钾的毫克数，实质上它是试样中所有端羧基团、游离酸以及游离酐的含量。

酸值可以作为高聚物材料鉴定应用的一个特性数据，主要用于酯类树脂和添加酯类增塑剂的一些高聚物材料。

测定酸值的方法，就是将一定量的高聚物溶解于乙醇、丙酮、苯、甲苯、二氧六环等溶剂或混合溶剂中，酚酞作指示剂，以0.1mol/L的氢氧化钾乙醇溶液滴定，由滴定消耗的体积来进行酸值计算。

对于颜色较深的高聚物，目视法很难甚至不可能进行滴定，应改用电位滴定法和库本恩（Coburn）法测定。电位滴定法可按通常的方法和手续进行；库本恩法主要是应用了两相滴定体系，上层是高聚物在乙醇苯混合溶剂中的溶液，下层是氯化钠的饱和水溶液，加入氯化钠可使两相界面更为清晰。高聚物的酸值见表4-1。

表4-1　高聚物的酸值

酸值	高　聚　物	酸值	高　聚　物
0	苯胺树脂	4	聚甲基丙烯酸甲酯
	脲醛树脂	4~5	乙酸乙烯-富马酸酯(或马来酸酯)共聚物
	三聚氰胺甲醛	<5	聚乙烯醇缩乙醛
	硫脲甲醛		聚苯乙烯
	再生纤维素		苯并呋喃-茚树脂
	乙酸纤维素	5	聚异丁烯
	乙酸丁酸纤维素	7	聚茚
	硝酸纤维素	<10	聚丙烯酸酯
	聚氯乙烯		聚乙酸乙烯酯
	马来酸酯树脂		聚乙烯醇
	苯乙烯-丁二烯共聚物		乙基纤维素
	氯乙烯-乙酸乙烯共聚物	10~30	油改性和酚改性醇酸树脂
	乙烯-偏氯乙烯共聚物	<20	酚醛树脂
0~200	非交联聚酯	20~50	未改性醇酸树脂
2	乙酸丙酸纤维素	20~100	油改性醇酸树脂
<3	苄基纤维素	<50	不饱和聚酯
	聚乙二醇	>500	聚丙烯酸

一、目视滴定法

目视滴定法参照 ASTM D 2849—1969（1980）和 DIN 53402—1990。

1. 方法要点

试样溶于苯和乙醇的混合溶剂中，以氢氧化钾-乙醇标准滴定溶液中和试样中的游离酸，由氢氧化钾-乙醇标准滴定溶液消耗的体积计算出酸值。

2. 试样与仪器

1）苯、质量分数为95%的乙醇。

2）苯和乙醇的混合液：苯和乙醇按体积比 1∶1 混合，摇匀。

3）氢氧化钾-乙醇标准滴定溶液：$c(KOH\text{-}C_2H_5OH)=0.1\text{mol/L}$。

4）质量分数为1%的酚酞指示剂乙醇溶液。

5）250mL 具塞锥形瓶、10mL 滴定管。

3. 操作步骤

按照试样近似酸值的大小，称取（5~50）g 试样（精确至 0.0001g）置于 250mL 具塞锥形瓶中，加入 50mL 苯和乙醇的混合液，摇动，使试样完全溶解（如果需要，可以加热但不要煮沸）。然后用酚酞作指示剂，在室温下立即以 0.1mol/L 的氢氧化钾-乙醇标准滴定溶液滴定，直至溶液出现淡粉红色，保持 15s 不褪色为终点，同时进行空白试验。

4. 计算

试样的酸值 X 按式（4-1）计算，以 mgKOH/g 为单位。

$$X=\frac{56.1\text{g/mol}(V-V_0)c}{m} \tag{4-1}$$

式中 V——试样消耗氢氧化钾-乙醇标准滴定溶液的体积（mL）；

V_0——空白消耗氢氧化钾-乙醇标准滴定溶液的体积（mL）；

c——氢氧化钾-乙醇标准滴定溶液的浓度（mol/L）；

m——试样的质量（g）；

56.1——KOH 的摩尔质量。

5. 方法说明

1）称样量取决于试样酸值的大小，酸值小于 7 时，称（6~8）g；如酸值大于 7，所称试样应含有（0.7~0.9）mmol 的酸。若试样不能充分溶解，则应减少试样的称量。

2）难溶的试样可选用其他适当的溶剂或改变溶剂的配比，必要时可以三种溶剂混合液溶样。此外，如果需要，还可将锥形瓶接上冷凝器至水浴上加热回流来加速溶解，但滴定必须在溶液冷却至室温后进行。

3）滴定终点的判断通常是以溶液出现淡粉红色在 15s 内不褪色为准，必要时还可选用其他酸碱指示剂。

4）对碱性试样来说，酸值为负数，应以碱值来表示试样的含碱量，所谓碱值是存在于 1g 试样中碱所相当的 KOH 的毫克数。此时应在溶样后，先以 0.1mol/L 的盐酸标准滴定溶液滴定至溶液变为无色，并多加 1mL，再以 0.1mol/L 氢氧化钠标准滴定溶液返滴至终点。此外再以同样体积的 0.1mol/L 盐酸标准滴定溶液做一次空白试验。试样的碱值 X 按式（4-2）计算，以 mgKOH/g 表示。

$$X=\frac{56.1\text{g/mol}(V_0-V)c}{m} \tag{4-2}$$

式中　V——试样消耗氢氧化钠标准滴定溶液的体积（mL）；

V_0——空白消耗氢氧化钠标准滴定溶液的体积（mL）；

c——氢氧化钠标准滴定溶液的浓度（mol/L）；

m——试样的质量（g）；

56.1——KOH 的摩尔质量。

二、电位滴定法

电位滴定法参照 GB/T 12009.5—2016 和 GB/T 2895—2008。

1. 方法要点

根据中和滴定过程中指示电极电位的变化来确定滴定终点。在化学计量点附近，游离酸和游离酸酐浓度的突变会引起电位（或 pH）的突跃，由此可以判断滴定的终点。

2. 试剂与仪器

1）氢氧化钾-乙醇标准滴定溶液：$c(KOH\text{-}C_2H_5OH)=0.1$mol/L。

2）乙醇-水混合液（体积比 1∶1）：用 0.1mol/L 氢氧化钾-乙醇标准滴定溶液中和到 pH=7。

3）pH 计或自动电位滴定仪、指示电极（甘汞电极）、25mL 滴定管、100mL 烧杯。

3. 操作步骤

同目视法一样，称取适量试样于 100mL 烧杯中加入中和过的乙醇和水的混合溶剂溶解，然后将烧杯安放在酸度计（滴定仪）上，插入参比和指示电极，并放入一根电磁搅拌棒。开动搅拌器，滴加 0.1mol/L 氢氧化钾-乙醇标准滴定溶液，同时观察酸度计的 pH 值。开始滴定时，每次碱液可适当多加一些，待近终点、电位变化增大时可少加，直到溶液的 pH 值为 7 时停止滴定，记录滴定管读数。计算同目视法，$V_0=0$。

可用丙酮代替乙醇进行测定。

4. 方法说明

1）难溶的试样也可采用乙醇-三氯甲烷、乙醇-二氧六环、乙醇-甲苯等混合溶剂溶解。

2）在 pH 滴定时，酸度计须以 pH 标准缓冲溶液校正。另外，一要注意 pH 标准缓冲溶液在储存过程中由于细菌的作用会发生分解；二要防止玻璃电极长期使用非水溶剂而引起的脱水失效。

第二节　皂化值的测定

皂化值是指在规定试验条件下，皂化 1g 试样所消耗的氢氧化钾毫克数。同酸值一样，皂化值也是高聚物在应用方面一个相当有用的特性数据，从高聚物的皂化速率可以确定它相对皂化剂的稳定性。皂化值主要用于酯类树脂和添加酯类增塑剂的一些高聚物材料。

皂化值通常都是利用水解法测定，即试样在 KOH 存在下，通过加热回流，其中的酯水解成酸和醇，然后以标准溶液中和剩余的 KOH，根据 KOH 消耗的毫摩尔数来计算皂化值。

与测定酸值不同的是，测定皂化值的试验条件，如反应介质、水解试剂、测定温度等取决于试样的分子结构，即属哪种酯基类型。水解后生成的羟基如直接结合在高聚物大分子链的碳原子上，这样的酯最容易水解，如乙酸纤维素和聚乙酸乙烯就是典型的例子。另一种情况是羧基直接结合在高聚物链上的酯类，如聚丙烯酸类，是很不容易水解的，尤其是聚甲基丙烯酸甲酯。这是因为分子中存在α-甲基的缘故。磷酸酯类的化合物也难于水解。此外，试样的水解速度还会受到高聚物分子构型的影响。

必须指出，在皂化值的测定中，游离的羧基和以酯基形式存在的羧基没有什么区别，所以测定结果所得的皂化值实际上包括了酸值，故必须予以扣除。

在测定皂化值的具体操作方面，易皂化的酯类（如聚甲基丙烯酸甲酯）和难皂化的酯类是有差别的。对于极难水解的酯（如聚甲基丙烯酸甲酯）可采用乙醇胺试剂皂化。

海特勒（Heitler）报道过一种测定皂化值的简便方法，就是将试样放在沸点升高计内进行醇解，然后由溶剂的沸点下降值计算结果。

高聚物的皂化值见表4-2。

表4-2 高聚物的皂化值 （单位：mgKOH/g）

皂化值	高聚物
0	聚四氟乙烯
<20	苯胺树脂 酪蛋白甲醛树脂 脲醛树脂 马来酸甲醛树脂 脲醛和纤维素或木粉的模塑材料 三聚氰胺甲醛和石棉、石棉-木粉、石粉、纤维素、玻璃纤维、木粉、纺织用纤维的模塑材料 三聚氰胺-苯酚-甲醛和纤维素的模塑材料 硫脲甲醛树脂 丁基橡胶 纤维素 纤维素醚类(甲基、乙基和苄基纤维素) 氯化橡胶 聚三氟氯乙烯 后氯化聚氯乙烯 苯并呋喃和苯并呋喃-茚树脂 环己酮甲醛树脂 环氧铸模树脂和模塑树脂 呋喃树脂 丙烯腈-丁二烯共聚物 丙烯腈-丁二烯-苯乙烯共聚物 苯乙烯-丁二烯共聚物 苯乙烯-丙烯腈—咔唑共聚物 天然橡胶 苯酚-甲醛树脂 苯酚-甲醛和石棉、石粉、玻璃纤维、云母、木粉、尼龙纤维、纺织材料、纤维素的模塑材料 苯酚糠醛树脂和木粉的模塑材料 聚丙烯腈 聚甲基丙烯酸甲酯 聚酰胺

（续）

皂化值	高　聚　物
<20	聚丁烯 聚丙烯 聚异丁烯 聚氧化乙烯（聚乙二醇） 聚苯乙烯 聚甲基苯乙烯 聚乙烯醚 聚乙烯醇 聚乙烯咔唑 聚乙烯吡咯烷酮 硅氧烷树脂 硅氧烷树脂和石棉、石粉、玻璃纤维或玻璃布的模塑材料
100~200	聚乙烯醇缩醛类
20~200	改性苯酚甲醛树脂 改性苯酚酚糠树脂
<100	聚甲基丙烯酸丁酯 氯乙烯共聚物 聚氯乙烯
>100	氯化聚乙烯 聚酯和石棉、纤维素、玻璃纤维或布、聚丙烯腈、矾土的模塑材料 聚甲醛
100~650	聚乙酸乙烯酯
≈120	低乙酸根含量的聚乙酸乙烯酯
120~324	一般乙酸根含量的聚乙酸乙烯酯
140~224	油改性醇酸树脂
150~375	纯醇酸树脂
>200	赛璐珞 乙酸丁酸纤维素 乙酸丙酸纤维素 三乙酸纤维素 三丁酸纤维素 三丙酸纤维素 硝酸纤维素
>200	聚偏二氯乙烯粉 马来酸酯 乙酸乙烯-富马酸（或马来酸）酯共聚物 粉状氯乙烯-乙酸乙烯共聚物 聚丙烯酸酯 聚碳酸酯（双酚 A 型） 聚酯 醇酸树脂和邻苯地二甲酸二烯丙酯，苯乙烯或三聚氰酸丙酯的聚酯 多硫化物
300~600	聚丙烯酸甲酯
324~540	高乙酸根含量的聚乙酸乙烯酯
>500	交联聚氨酯

一、易皂化酯类试样的测定

易皂化酯类试样的测定参照 GB/T 9104—2008。

1. 方法与原理

试样用过量的氢氧化钾-乙醇溶液在沸腾回流的情况下水解，剩余的氢氧化钾用盐酸标准滴定溶液滴定，同时进行空白试验，以滴定空白和试样时所消耗盐酸标准滴定溶液体积的差值计算试样的皂化值，有关的反应式为

$$RCOOR'+KOH=RCOOK+R'OH$$

$$KOH+HCl=KCl+H_2O$$

2. 试剂与仪器

1）0.5mol/L 氢氧化钾-乙醇溶液：称取 28g KOH 溶于 100mL 蒸馏水中，待完全溶解后，将其倒入 900mL 质量分数为 95%的乙醇中，摇匀即可。

2）盐酸标准滴定溶液：$c(HCl)=0.5mol/L$。

3）质量分数为 1%的酚酞指示剂乙醇溶液。

4）250mL 锥形瓶，具标准磨口。

5）400mm 球形冷凝器，下端接口的标准磨口与锥形相同。

6）多孔水浴。

3. 操作步骤

在 250mL 锥形瓶中称取 2g 试样（精确至 0.0001g），准确加入 50mL 0.5mol/L 氢氧化钾-乙醇溶液，装上冷凝器，于沸腾的水浴中回流（1~4)h，直至皂化作用完全，反应完毕后用少量（10mL 左右）无 CO_2 蒸馏水冲洗冷凝管壁，趁热取下锥形瓶，在溶液还温和时，加入酚酞指示剂溶液，用 0.5mol/L 盐酸标准滴定溶液滴定到红色恰消失为终点。同时进行空白试验，试样的酸值须单独测定。

4. 计算

试样皂化值（SV）按式（4-3）计算，以 mgKOH/g 表示。

$$SV=\frac{56.1\text{g/mol}(V_0-V)c}{m}-\text{酸值} \tag{4-3}$$

式中 V——试样消耗盐酸标准滴定溶液的体积（mL）；

V_0——空白消耗盐酸标准滴定溶液的体积（mL）；

c——盐酸标准滴定溶液的浓度（mol/L）；

m——试样的质量（g）。

56.1——KOH 的摩尔质量。

二、难皂化酯类试样的测定

难皂化酯类试样的测定参照 GB/T 8021—2003。

1. 方法与要点

难皂化的酯类试样可用氢氧化钾在乙二醇的溶液或氢氧化钾在乙二醇单乙醚的溶液中，在加热回流的情况下皂化，剩余的氢氧化钾再用盐酸标准滴定溶液滴定。

2. 试剂与仪器

1）1mol/L 氢氧化钾-乙二醇溶液、质量分数为 1%的酚酞指示剂乙醇溶液。

2）盐酸标准滴定溶液：$c(HCl)=0.25mol/L$。

3）500mL 具塞锥形瓶、10mL 移液管、油浴。

3. 操作步骤

称取（0.4~0.6）g 试样（精确至 0.0001g）于 500mL 锥形瓶中，用移液管准确加入 10mL 1mol/L 氢氧化钾-乙二醇溶液，盖上瓶塞，置于油浴中加热，当温度升到（70~80）℃时保持（2~3）min。将锥形瓶从油浴中取出，剧烈振摇，然后打开瓶塞，稍等片刻再重新塞上，放回油浴中加热至（120~130）℃，保持 3min 后再将锥形瓶冷却至（80~90）℃，打开瓶塞并用蒸馏水冲洗瓶塞。加入约 15mL 水，再振摇锥形瓶，加入适量酚酞指示剂，用 0.25mol/L 盐酸标准滴定溶液滴定至红色恰消失为终点。

同时做一空白试验，计算公式同易皂化酯的测定。

第三节　碘值的测定

碘值是指与 100g 试样反应所消耗碘的克数，实际上是材料中不饱和键的量度。

碘值的大小与许多因素有关。首先，取决于聚合物分子中双键的活泼性，而这种活泼性又受到双键所在的分子体系和它邻近基团的影响。其次，还取决于所用的碘化试剂、碘化反应的温度和时间、所用溶剂的种类及是否存在能与碘进行反应的其他基团等。

碘值在橡胶工业中用得比较多，常称为“不饱和度”。它对橡胶的拉伸强度、伸长率、耐热性、耐寒性、耐臭氧性和硬度等性能影响较大，和橡胶的硫化工艺有密切的关系。高聚物的碘值常以韦氏法测定，韦氏试剂中的氯化碘可以与乙烯和烯丙基酯的烯烃双键、烯丙基和苯乙烯双键以及不饱和脂肪酸的孤立双键或共轭双键发生反应，但是与马来酸，富马酸及其酯类，以及丙烯酸、甲基丙烯酸的双键不发生反应。

除韦氏法外，考夫曼（Kaufmawn）法和哈纽司（Hanus）法也可用来测定碘值。考夫曼法所用的试剂是三溴化合物，即溴和溴化钠在甲醇的溶液中；哈纽司是以 BrI 在冰乙酸的溶液中作为碘化剂，但这个方法所得的结果要比韦氏法低 4%~5%。一些常用高聚物的碘值见表 4-3。

表 4-3　高聚物的碘值

碘值	高聚物	碘值	高聚物
<1	聚异丁酯	340~360	苯乙烯-丁二烯共聚物(21/79)
<5	丁基橡胶	345~375	天然橡胶
140 左右	苯乙烯-丁二烯共聚物(66/34)	385~440	聚丁二烯
290 左右	苯乙烯-丁二烯共聚物(36/64)		

一、韦氏法

韦氏法参照 GB/T 9104—2008。

1. 方法与原理

不饱和双键与韦氏试剂中的氯化碘发生加成反应，双键被打开。过量的氯化碘再与加入的碘化钾反应生成碘，然后以硫代硫酸钠标准滴定溶液滴定生成的碘。

$$RCH \cdot CHR_2 + ICl \longrightarrow RCHI \cdot CHClR_2$$

$$ICl + KI \longrightarrow I_2 + KCl$$

$$I_2 + 2Na_2S_2O_3 \longrightarrow Na_2S_4O_6 + 2NaI$$

同时做空白试验，由滴定空白和试样所消耗的硫代硫酸钠标准滴定溶液体积的差值即可计算试样的碘值。

2. 试剂与仪器

1）韦氏试剂（0.2mol/L）：将 9g 碘和 8g 三氯化碘溶于 1L 冰乙酸中，溶液过滤至一棕色瓶中，并于暗处存放（试剂的有效期为 30 天）。

2）硫代硫酸钠标准滴定溶液：$c(Na_2S_2O_3)=0.1mol/L$。

3）三氯甲烷、四氯化碳、对二氯苯、质量分数为 20%的 KI 溶液、质量分数为 0.5%的淀粉指示剂溶液。

4）25mL 移液管、500mL 碘量瓶。

3. 操作步骤

按照试样的近似碘值，称取（2~3）g 试样（精确至 0.0001g）于 500mL 的碘量瓶中，加入（20~50）mL 适当的溶剂（如三氯甲烷、四氯化碳或对二氯苯）溶解。用移液管准确加入 25mL 韦氏试剂，盖上塞子，置于暗处 30min。然后加入 20mL 质量分数为 20%的 KI 溶液和 100mL 蒸馏水，以 0.1mol/L 硫代硫酸钠标准溶液滴定，滴定至溶液呈淡黄色时，加入 3mL 质量分数为 0.5%的淀粉溶液，振摇后继续滴定至蓝色消失为止，即为终点。

同时做一空白试验。

4. 计算

试样的碘值（IV）可按式（4-4）计算，以 g/100g 表示。

$$IV=\frac{c(V_0-V)\times 0.1269\text{g/mmol}}{m}\times 100 \tag{4-4}$$

式中 V——试样消耗硫代硫酸钠标准滴定溶液的体积（mL）；

V_0——空白消耗硫代硫酸钠标准滴定溶液的体积（mL）；

c——硫代硫酸钠标准滴定溶液的浓度（mol/L）；

m——试样的质量（g）；

0.1269——碘原子的毫摩尔质量。

5. 方法说明

1）试样的取样量由碘值的大小决定，表 4-4 为碘值和试样的参考质量。

表 4-4 碘值和试样的参考质量

碘 值	试样的参考质量/g	碘 值	试样的参考质量/g
<10	1	200~300	0.12~0.16
10~100	0.30~1.0	300~400	0.10~0.12
100~200	0.16~0.30		

2）用三氯化碘的乙醇溶液也可测定碘值，但与其相比，韦氏试剂（三氯化碘的冰乙酸溶液）具有试剂较稳定（可使用30天左右）、反应速度快的优点。

3）用本法测定碘值时，虽然重现性可能较好，但准确度还是不够高，测定结果还不能代表试样真实的不饱和度。一般认为高聚物中的双键与三氯化碘在室温进行反应时，开始数分钟内就有90%～95%发生反应，但在此以后，其余的双键反应速度就很慢。

二、考夫曼法

1. 方法原理

本法是一种溴化法，一定量的考夫曼溶液（溴-溴化钠试剂）与试样的不饱和双键发生定量加成反应，剩余的考夫曼试剂用碘量法滴定，由滴定空白和试样时硫代硫酸钠标准滴定溶液消耗体积的差值来计算试样的碘值。

2. 试剂与仪器

1）考夫曼溶液：将750mL甲醇与75g溴化钠（在130℃干燥过）混合，倾出溶液，并将溶液与3.1mL溴再混合，贮于棕色的磨口试剂瓶中。

2）硫代硫酸钠标准滴定溶液；$c(Na_2S_2O_3)=0.05mol/L$。

3）三氯甲烷、质量分数为20%的KI溶液、质量分数为0.5%的淀粉指示剂溶液。

4）25mL移液管、250mL具塞锥形瓶。

3. 操作步骤

按照试样近似值大小（并要求溴的消耗过量，质量分数为50%）称取（0.1～0.5）g试样（精确至0.0001g）于250mL具塞锥形瓶中，加入20mL三氯甲烷，摇动，使试样完全溶解。然后用移液管准确加入25mL考夫曼溶液，将锥形瓶在暗处静置5h。加入10mL质量分数为20%的碘化钾溶液，以淀粉为指示剂，用0.05mol/L的硫代硫酸钠标准滴定溶液返滴由过量的溴所置换出的游离碘，当滴定至溶液的蓝色刚消失时，即为终点。同时做一空白试验。

计算同韦氏法。

第四节 羟值的测定

羟值是指1g试样中所含的羟基相当于氢氧化钾毫克数，根据羟值可确定高聚物中游离的羟基含量。

羟值通常都是用酰化法测定，其中以醋酐吡啶溶液为酰化剂较为多见，但这种方法在有醛或醚键存在时会有干扰。此时可用苯酐代替醋酐来避免这一影响。使用苯酐的缺点是反应比醋酐更慢，因它只与醇羟基反应，所以适用于有酚羟基存在的情况下单独测定醇羟基的场合。

常用的醋酐和苯酐吡啶酰化法是两种经典的方法，反应都是在加热回流的情况下进行的。这两种方法的主要缺点是操作时间较长，而且长时间的回流也容易引起误差。其次吡啶有毒，配制好的醋酐吡啶试剂也不够稳定，需现用现配。

弗雷茨（Fritz）等人曾采用以乙酸乙酯、二氯乙烷等为溶剂的酸催化酰化法来克服上述缺点。盐酸、硫酸、对甲苯磺酸、高氯酸和三氯乙酸等许多酸曾被用作催化剂，其中以高氯

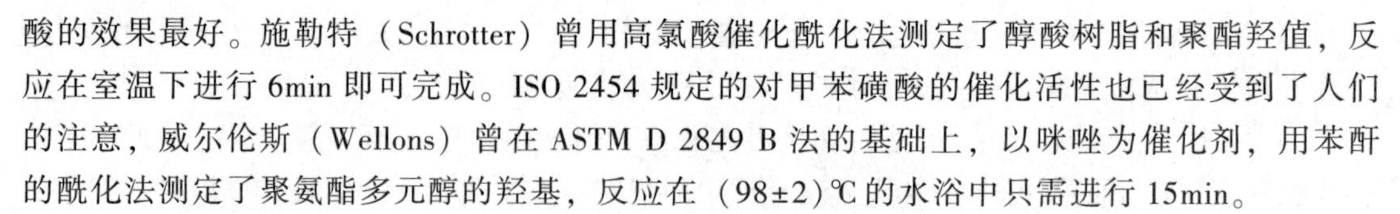

酸的效果最好。施勒特（Schrotter）曾用高氯酸催化酰化法测定了醇酸树脂和聚酯羟值，反应在室温下进行 6min 即可完成。ISO 2454 规定的对甲苯磺酸的催化活性也已经受到了人们的注意，威尔伦斯（Wellons）曾在 ASTM D 2849 B 法的基础上，以咪唑为催化剂，用苯酐的酰化法测定了聚氨酯多元醇的羟基，反应在（98±2）℃的水浴中只需进行 15min。

至于其他酰化剂，也有报道采用磺基苯甲酸酐和 3,5-二硝基苯甲酰氯的方法以及用光气酰化的高准确度方法。

除酰化法外，利用与苯基异氰酸酯的反应和氢化铝锂试剂的反应，以及测定酰化反应生成水的方法都可用来测定高聚物中的羟基，但是有的方法不能得到较高的准确度。

一些常用高聚物的羟值见表 4-5。

表 4-5　高聚物的羟值

羟值	高　聚　物
0	酚醛树脂 三聚氰胺甲醛树脂 硫脲甲醛树脂 三乙酸纤维素 三丁酸纤维素 三硝酸纤维素 聚氯乙烯 苯并呋喃和苯并呋喃-茚树脂 马来酸酯 苯乙烯-丁二烯共聚物 氯乙烯-乙酸乙烯共聚物 偏氯乙烯-氯乙烯共聚物 聚甲基丙烯酸甲酯 聚茚 聚异丁烯 聚苯乙烯 聚乙酸乙烯酯
0～350	聚酯
10～70	油改性醇酸树脂
20～100	纯醇酸树脂
20～240	硝酸纤维素
40～215	聚氧化乙烯(聚乙二醇)
65～250	乙基纤维素
65～250	聚乙烯醇缩醛类
100	苄基纤维素
105	纤维素二乙酸酯
120	甲基纤维素
124～450	苯酚甲醛树脂
200～300	再生纤维素(碱溶性)
1000～1270	聚乙烯醇
1038	纤维素
1080～1270	低乙酸根含量的聚乙酸乙烯酯

一、醋酐吡啶回流法

醋酐吡啶回流法参照 ASTM D 2849—1969（1980）、ASTM E 222—2017 和 HG/T 2709—1995。

1. 方法原理

取一定量的醋酐，在吡啶下于沸腾的水浴中与试样的羟基发生乙酰化反应（吡啶既是反应的催化剂又是溶剂），反应完成后，剩余的醋酐用水分解。水解和乙酰化反应所生成的乙酸，以标准碱溶液滴定，从滴定空白和试样所消耗的碱标准滴定溶液体积之差计算出羟值。有关的反应式如下：

$$ROH+(CH_3CO)_2O \longrightarrow CH_3COOR+CH_3COOH$$

$$(CH_3CO)_2O+H_2O \longrightarrow 2CH_3COOH$$

$$CH_3COOH+NaOH \longrightarrow CH_3COONa+H_2O$$

2. 试样与仪器

1）乙酰化试剂：将 10mL 醋酐与 100mL 吡啶混合，摇匀。

2）氢氧化钠标准滴定溶液：$c(NaOH)=0.5mol/L$。

3）醋酐、吡啶、质量分数为 1%的酚酞指示剂乙醇溶液。

4）250mL 锥形瓶，具标准磨口。

5）400mm 球形冷凝器，下端接口的标准磨口与锥形瓶相同。

6）多孔水浴、10mL 移液管。

3. 操作步骤

称取适量的高聚物试样于一干燥、洁净的锥形瓶中，用移液管准确加入 10mL 乙酰化试剂，盖好塞子，摇动锥形瓶，使试样完全溶解。连接锥形瓶和冷凝器，并在其磨口连接处滴加（1~2）滴吡啶密封，然后将锥形瓶放入沸腾的水浴中加热约 2h，水浴中的水应高于瓶内的液面。

反应结束后，将锥形瓶从水浴中取出，稍冷却后以 25mL 蒸馏水淋洗冷凝器，取下冷凝器，再用适量蒸馏水冲洗它与锥形瓶的磨口接合处和锥形瓶内壁，洗液并入锥形瓶中，加入（3~5）滴酚酞指示剂溶液，以 0.5mol/L 氢氧化钠标准滴定溶液滴定至淡粉红色，并保持 15s 不褪色为终点。接近终点时，应该剧烈振摇瓶中的溶液。

同时做一空白试验。

4. 计算

试样的羟值（HV）可按式（4-5）计算，以 mgKOH/g 表示。

$$HV=\frac{56.1g/mol(V_0-V)c}{m} \tag{4-5}$$

式中　V——试样所消耗氢氧化钠标准滴定溶液的体积（mL）；

V_0——空白所消耗氢氧化钠标准滴定溶液的体积（mL）；

c——氢氧化钠标准滴定溶液的浓度（mol/L）；

m——试样的质量（g）；

56.1——KOH 的摩尔质量。

如试样含有酸性或碱性的其他物质时，须单独再测定试样的酸值或碱值，操作可按测酸值的方法进行，溶剂使用75mL吡啶和75mL蒸馏水。此时试样校正后的羟值需按下面两式计算：

$$羟值(校正后)=羟值+酸值$$

$$羟值(校正后)=羟值-碱值$$

5. 方法说明

1）本法适用于高聚物中连接伯碳和仲碳原子的醇羟基和酚羟基的测定，但环氧基、硫醇、伯胺和仲胺干扰测定。酰胺、某些醚类和羰基化合物及五价氮化合物也会影响测定的精度。

2）试样的称取量取决于试样的近似羟值，一般可由下式来估计：

$$试样称取量(g)=56.1\times0.98/近似羟值$$

由于所计算的试样质量是在方法所能允许的最大值附近，所以称量时必须严格遵守。试样的质量通常应使滴定试样消耗的氢氧化钠标准滴定溶液体积不少于滴定空白消耗体积的80%。

3）如果试样中水分质量分数大于0.2%时，应将试样先脱水干燥后再进行测定。因在反应中水比试样的羟基会生成更多的乙酸，导致测定结果偏低。

4）乙酰化试剂最好现用现配，如果发现试剂的颜色已呈黄色，则不能再用，否则会导致测定结果偏低。如果反应时间不足，乙酰化不完全，同样也使结果偏低。

5）对一些易水解或不够稳定的试样，宜用吡啶代替水来淋洗冷凝管，并且在滴定前用冰水浴冷却烧瓶。

二、苯酐吡啶回流法

苯酐吡啶回流法参照ASTM D 2849—1969（1980）和GB/T 12008.3—2009。

1. 方法原理

在吡啶存在下，以一定量的邻苯二甲酸酐为酰化剂，在115℃的油浴中与试样的羟基发生酰化反应，剩余的苯酐用0.25mol/L氢氧化钠标准滴定溶液滴定，由滴定空白和试样消耗的氢氧化钠标准滴定溶液体积的差值计算出羟值。

2. 试剂与仪器

1）苯酐酰化试剂：称取42g邻苯二甲酸酐置于一棕色瓶中，加300mL吡啶，剧烈摇动，使苯酐完全溶解，使用前应放置过夜。如试剂出现颜色，则应停止使用。

2）质量分数为1%的酚酞指示剂溶液。

3）氢氧化钠标准滴定溶液；$c(NaOH)=0.25mol/L$。

4）250mL锥形瓶，具有磨口接头的60cm空气冷凝管。

5）油浴：保持在（115±2）℃。

6）25mL移液管。

3. 操作步骤

按照试样的近似羟值，称取适量试样（试样克数=56.1×0.98/近似羟值）于锥形瓶中，用移液管准确吸取25mL苯酐酰化试剂于锥形瓶中，具塞摇动，使试样溶解。接上空气冷凝器，置于（115±2）℃的油浴加热1h，油浴的液面应达到锥形瓶的一半之高度。取出锥形瓶，冷却至室温，用20mL吡啶冲洗冷凝器。移去冷凝器，加入（3~5）滴质量分数为1%的酚酞指示剂溶液，以 0.25mol/L 氢氧化钠标准滴定溶液滴定至淡粉红色，保持 15s 不褪色为终点。同时做一空白试验，羟值的计算同本节中的醋酐吡啶回流法。

如果试样含有其他酸性或碱性物质时，对测定的羟值应予以校正，校正的方法见醋酐吡啶回流法。

4. 方法说明

1）本法仅适用于高聚物中连接伯碳和仲碳原子的醇羟基的测定，酚羟基和有空间位阻的羟基不与试剂反应，故不能测定。某些不适合醋酐吡啶测定的试样，如含有醚和羰基化合物的试样可用本法测定。

2）试样质量的计算已在本法所允许的最大值附近，故称量时应严格遵守，尽量接近计算值。滴定时，空白减试样的滴定体积应在（18~22）mL 之间，否则，就必须调整试样的质量重新测定。

3）试样中过量的水对本法有干扰，如果水分质量分数大于 0.2%，试样应进行干燥处理。

4）环氧基、硫醇、伯醇、伯胺、仲胺也会与酰化试剂反应而干扰测定。

三、对甲苯磺酸催化乙酰化法

对甲苯磺酸催化乙酰化法参照 GB/T 7193—2008。

1. 方法原理

在对甲苯磺酸催化剂的存在下，以醋酐的乙酸乙酯溶液为酰化试剂，在 50℃下与试样中的羟基快速反应，剩余的醋酐用吡啶/水混合物水解，然后以氢氧化钾-甲醇标准滴定溶液滴定。

2. 试剂与仪器

1）乙酰化试剂——将 1.4g 干燥的对甲苯磺酸溶于 111mL 无水乙酸乙酯中，缓慢加入 12mL 醋酐，混合均匀，并在干燥处保存备用。

2）吡啶和水的混合液（体积比为 3∶2）、正丁醇和甲苯的混合液（体积比为 2∶1）。

3）混合指示剂溶液：将质量分数为 0.1%的百里香酚蓝乙醇溶液和质量分数为 0.1%的甲酚红溶液以体积比 3∶1 混合。

4）氢氧化钾-甲醇标准滴定溶液，$c(KOH\text{-}CH_3OH)=0.5mol/L$。

5）250mL 具塞锥形瓶、磁力搅拌器（带搅拌棒）、(50±1)℃水浴、电位滴定仪（如果需要）。

3. 操作步骤

在 250mL 锥形瓶中称取约含 5mmol 羟基的试样（或试样克数=280/近似羟值），用移液管准确加入 10mL 乙酰化试剂，再将搅拌棒放入瓶中电磁搅拌溶解。如试样不能完全溶解，再加 5mL 乙酰化试剂。将锥形瓶置于（50±1）℃的水浴中，浸入深度 10mm，保持 45min 左右，取出冷却。

将锥形瓶再次放到磁力搅拌器上，加入 2mL 蒸馏水，混匀，再加入 10mL 吡啶和水的混合液，并且搅拌 5min。用 60mL 正丁醇-甲苯的混合液冲洗瓶塞和瓶的内壁。

在瓶中加入 5 滴混合指示剂溶液，继续搅拌，并用 0.5mol/L 氢氧化钾-甲醇标准滴定溶液滴定，当溶液变色时，再加（1~2）滴指示剂，如这时溶液从黄色变清澈，即记下所用氢氧化钾-甲醇标准滴定溶液毫升数 V，再加 1 滴混合指示剂，瓶中溶液应该变蓝。

在相同的条件下进行空白试验。羟值的计算方法同本节中的醋酐吡啶回流法。

4. 方法说明

1）本法适用于聚酯树脂和某些醇酸树脂的羟值测定。

2）计算时所用的 V 值是在加 1 滴氢氧化钾-甲醇标准滴定溶液后能生成蓝色以前记下的体积，如果不生成蓝色，则再记下滴定管读数，再加 1 滴混合指示剂，如此反复直至生成蓝色为止。

3）在分析终点变色不敏锐的试样时，可用电位滴定代替目视法，使用带氯化钾甲醇饱和溶液盐桥的甘汞参比电极和与酸度计连接的玻璃电极进行测定。

第五节　环氧当量的测定

环氧当量（环氧值）是指 1 摩尔环氧基的树脂质量（环氧值是指 100g 树脂中环氧基的摩尔数）。环氧当量的测定尤其在环氧树脂的使用工艺中有着重要的意义。

环氧基的结构中含有醚键。一般醚键对许多化学试剂是惰性的，因而比较稳定。而环氧基则不然，它是一个三员环的结构，有张力，所以有较大的化学活性，能与许多试剂发生反应而导致环的破裂，形成加成产物。环氧基就是根据这一性质进行测定的。

测定环氧基最常用的方法是利用环氧基和卤化氢的加成反应，主要与氯化氢或溴化氢的反应。在以氯化氢为加成试剂的方法中，最经典的一种是盐酸吡啶法，通常反应要在加热回流的情况下进行，操作较麻烦，但适用范围较广，方法经过适当修正，可以用于一些难以开环的环氧树脂（如 300 * 和 400 * ）的测定。此法的另一缺点是使用刺激味较大的吡啶。目前已广泛用于二酚基丙烷环氧树脂的盐酸-丙酮法具有许多优点，所用试剂价格便宜，避免使用毒性大的吡啶，而且操作简单，终点敏锐。但该法的反应时间较长，适用范围较窄，难以测定高相对分子质量的固体环氧树脂。

盐酸二氧六环法是较为理想的方法，试剂与环氧基反应只需 15min 便可完成，反应也是在室温下进行，操作方便，特别是二氧六环是环氧树脂极好的溶剂，测定范围较宽。但是它的不足之处是商品二氧六环价格较高，有时质量不够稳定，需脱水处理后才能使用。

溴化氢乙酸溶液的直接滴定法是一种快速而简便的方法，因为溴化氢是更强的环氧开环试剂，但是另一方面，由于溴化氢的挥发性更大，配制的标准不太稳定，需逐日标定，所以也有不足之处。该法已被制订为 ASTM D 1624 标准试验方法。

1964 年，由 R. R 杰伊（R. R Jay）创立的高氯酸——四乙基溴化铵非水滴定法是目前测定环氧基最理想的方法。它利用高氯酸滴定时和四乙基溴化铵反应产生的新生态溴化氢开环，所以反应在室温下进行，具有上述各法的优点，试剂也易于制备，因此此法制定为国际标准 ISO 3001。

除上述方法外，利用 α 环氧基在近红外区（1.668，2.205μm）特征吸收进行定量分析的方法也曾有报道，可用于高聚物或混合物中环氧基的测定。高聚物中微量的环氧基可用 2、4-二硝基苯磺酸作加成试剂，用比色法进行测定。

一、盐酸-丙酮法

盐酸-丙酮法参照 GB/T 1677—2008。

1. 方法原理

试样与一定量的过量盐酸丙酮溶液反应时，环氧基开环生成氯醇，剩余的盐酸以甲基红为指示剂，用氢氧化钠标准滴定溶液滴定。

由滴定空白和试样时消耗的氢氧化钠标准滴定溶液体积的差值即可计算出环氧值。

2. 试剂与仪器

1）盐酸丙酮溶液——将浓盐酸和丙酮以体积比为 1∶40 均匀混合。

2）0.1g 甲基红溶于 100mL 乙醇的溶液。

3）氢氧化钠标准滴定溶液：$c(NaOH)=0.1mol/L$。

4）250mL 具塞锥形瓶、20mL 移液管。

3. 操作步骤

按照试样环氧值的大小，称取适量试样于 250mL 具塞形瓶中，用移液管准确加入 20mL 盐酸-丙酮溶液，盖上瓶塞，摇动，待试样完全溶解后，在阴凉处（15℃左右）放置 1h。然后加入 0.1%甲基红指示剂（2~3）滴，用 0.1mol/L 氢氧化钠标准滴定溶液滴定到红色变成黄色为终点。

同时做一空白试验。

4. 计算

试样的环氧值（EV）按式（4-6）计算，以 mol/100g 表示：

$$EV=\frac{(V_0-V)c}{10m} \tag{4-6}$$

式中　V——试样消耗的氢氧化钠标准滴定溶液的体积（mL）；

V_0——空白消耗的氢氧化钠标准滴定溶液的体积（mL）；

c——氢氧化钠标准滴定溶液的浓度（mol/L）；

m——试样的质量（g）。

5. 方法说明

1）本法适用于二酚基丙烷型（E 型）环氧树脂环氧值的测定。但对其中某些高相对分子质量（2000 以上）的固体环氧树脂（如 E-03 树脂，环氧值低达 0.03 左右）不适用，原因是高相对分子质量环氧树脂在丙酮中的溶解性差，并且在滴定过程中有大量乳白色的氯代醇胶状物析出，部分盐酸被包在其中，致使终点不敏锐而产生误差。

2）所称的试样量大致可以这样确定：

E-51	约 0.5g
E-44	约 0.5g
E-42	约 0.5g
E-20	约 1.0g
E-12	约 1.5g

3）盐酸丙酮溶液要现用现配。

二、高氯酸滴定法

高氯酸滴定法参照 ISO 3001：1999 和 GB/T 4612—2008。

1. 方法原理

在三氯甲烷-冰乙酸溶液中，先将试样与溴化四乙铵混合，然后逐滴加入高氯酸标准滴定溶液，高氯酸与溴化四乙铵作用生成初生态溴化氢立即与环氧基反应，待到等当点时，过量的高氯酸使结晶紫指示剂由紫色变为绿色。电位滴定法根据电位变化判断终点。

由高氯酸滴定空白和试样时所消耗的高氯酸标准滴定溶液体积的差值来计算环氧当量。

2. 试剂与仪器

1）三氯甲烷。

2）溴化四乙铵试剂：溶解 100g 溴化四乙铵于 400mL 冰乙酸中，加入几滴结晶紫指示剂溶液，如果溶液变色，则用高氯酸标准滴定溶液滴定到原来的颜色。

3）高氯酸标准滴定溶液：$c(HClO_4)=0.1mol/L$。

4）质量分数为 0.2%的结晶紫指示剂溶液：溶解 0.1g 结晶紫于 100mL 冰乙酸中。

5）250mL 具塞锥形瓶、10mL 移液管、电位滴定仪（配有银电极和氯化银电极）。

3. 操作步骤

称取（0.6~0.9）mmol 环氧基的试样于 250mL 锥形瓶中，加 10mL 三氯甲烷，溶解试样。如试样难溶，可在水浴上温热溶解。然后冷却至室温，加入 20mL 冰乙酸，用移液管准确加入 10mL 溴化四乙铵试剂，并加入（2~3）滴结晶紫指示剂溶液，立即用 0.1mol/L 高氯酸的标准滴定溶液滴定，当溶液出现稳定的绿色时，即为终点。如果用电位滴定法把电极放在试样中，调整磁力搅拌器的速度，用 0.1mol/L 高氯酸的标准滴定溶液滴定。记录高氯酸标准滴定溶液的温度 t，以便进行浓度修正。

同时做一空白试验。

4. 计算

环氧当量（EE）按式（4-7）计算，以 g/mol 表示。

$$EE=\frac{1000m}{(V-V_0)\left(1-\frac{t-t_s}{1000}\right)c} \tag{4-7}$$

式中 V——试样消耗高氯酸标准滴定溶液的体积（mL）；

V_0——空白消耗高氯酸标准滴定溶液的体积（mL）；

c——标定时高氯酸标准滴定溶液的浓度（mol/L）；

t——滴定试样和空白时高氯酸标准滴定溶液的温度（℃）；

t_s——标定时高氯酸标准滴定溶液的温度（℃）；

m——试样的质量（g）。

测定结果有时以环氧指数表示，环氧指数是指每千克树脂中环氧基的摩尔数。此时，环氧指数（EI）与环氧当量有如下关系：

$$EI=\frac{1000}{\text{环氧当量}} \tag{4-8}$$

5. 方法说明

1）本方法适用于除氮环氧树脂外所有环氧树脂和环氧化合物的环氧当量的测定，对活性较小的环氧化合物来说，宜用碘化四丁铵，可用固体，也可用质量分数为 10%的三氯甲烷溶液，但此时应注意尽可能避光，碘化四丁铵的三氯甲烷溶液不太稳定，必须现用现配。

在测定含氮环氧树脂时（由于高氯酸和氨基氮反应，生成一种盐），本法经过修正后也能适用，修正的方法是再做第二个空白值，此时不加溴化四乙铵试剂，以高氯酸标准滴定溶液滴定树脂试样中的氨基氮。修正后环氧值和环氧当量的计算公式改为

$$\text{环氧当量}=\frac{1000m}{\left(V-V_0-V_0'\times\frac{m}{m'}\right)c} \tag{4-9}$$

式中　V——样品滴定消耗高氯酸的体积（mL）；

V_0——空白试验时高氯酸溶液消耗的体积（mL）；

V_0'——第二个空白试验时高氯酸溶液消耗的体积（mL）；

m——空白试验时所用的试样的质量（g）；

m'——第二个空白试验时所用的试样的质量（g）。

2）由于高氯酸溶液的线胀系数较大（1.07×10^{-3}/℃），即每度的体积变化达 0.1%，故滴定时标准溶液浓度必须温度校正才能进行结果的计算，校正的公式如下：

$$c=c_s\left(1-\frac{t-t_s}{1000}\right) \tag{4-10}$$

式中　c_s——标定时高氯酸标准滴定溶液的浓度（mol/L）；

t——滴定试样和空白时高氯酸标准滴定溶液的温度（℃）；

t_s——标定时高氯酸标准滴定溶液的温度（℃）。

三、盐酸-二氧六环法

1. 试剂与仪器

1）0.2mol/L 二氧六环溶液：将 1.6mL 浓盐酸加入到 100mL 经纯化过的二氧六环中，小心混匀，现用现配。

2）二氧六环的纯化：将二氧六环和相当于二氧六环质量的 3%的固体 KOH 一起回流 3h，然后在常压下蒸馏，收集 98℃以后的馏分并储存在有氮气保护的棕色玻璃瓶中。

3）甲酚红指示剂溶液：将 0.1g 甲酚红的钠盐溶于 100mL 质量分数为 50%的乙醇中作为储液。取 1mL 该溶液注入 100mL 质量分数为 95%的乙醇中，然后以 0.1mol/L 氢氧化钠-甲醇标准滴定溶液中和至溶液变成紫色为止，此溶液应现用现配。

4）氢氧化钠-甲醇标准滴定溶液：$c(\mathrm{NaOH})=0.2$mol/L。

5）250mL 具塞锥形瓶、25mL 移液管。

2. 操作步骤

称取（2~4）mmol 环氧基的试样于一已盛有 25mL 纯化二氧六环的 250mL 锥形瓶中，将瓶温热至 40℃，并不时摇动，使试样完全溶解。

然后使锥形瓶冷却至室温，用移液管加入 25mL 0.2mol/L 盐酸二氧六环溶液，盖好瓶塞，摇匀，在室温下静置 15min。加入（3~5）滴中和过的指示剂溶液，以 0.1mol/L 氢氧化钠-甲醇标准滴定溶液滴定出现紫色为止。同时做一空白试验。计算同盐酸丙酮法。

如果试样中还有酸性或碱性化合物时，称取相同克数的试样溶于 25mL 纯化二氧六环溶液，加入（3~5）滴中和过的指示剂溶液，然后以标准酸或碱的甲醇标准滴定溶液滴定至溶液由黄色变紫色为终点。这时，试样的环氧值（EV）按式（4-11）计算，以 mol/100g

表示。

$$EV=\frac{(V_0-V)c}{10m}+A \tag{4-11}$$

式中　A——试样中的酸含量（正值）或碱含量（负值）（mol/100g）；

V、V_0、c 和 m 的意义同盐酸丙酮法。

3. 方法说明

1）本法和盐酸丙酮法比较具有反应迅速、适用于各种相对分子质量的流体和固体环氧树脂的优点。在滴定过程中虽有白色胶状物产生，但并不影响终点的判断和测量的精度。

2）因二氧六环不稳定，使用前需纯化。

3）如果试样易溶，事先可不加 25mL 二氧六环，而直接用移液管加入 0.2mol/L 盐酸二氧六环试剂。

4）滴定近终点时，溶液先从粉红色变为黄色，然后由黄色很快变成紫色即为终点。

四、盐酸吡啶法

盐酸吡啶法参照 GB/T 1677—2008。

1. 试剂与仪器

1）盐酸吡啶溶液：取 16mL 盐酸加入 984mL 吡啶，混合均匀。

2）氢氧化钠标准滴定溶液：$c(NaOH)=0.2mol/L$。

3）质量分数为 1%的酚酞指示剂甲醇溶液。

4）250mL 锥形瓶，具标准磨口塞。

5）回流冷凝器：下端的标准磨口与锥形瓶相同。

6）25mL 单标线吸管、电热恒温水浴。

2. 操作步骤

在 250mL 具磨口的锥形瓶中，精确称取（0.5~1.0）g 试样（精确至 0.0001g），用移液管精确加入 20mL 盐酸吡啶溶液，使试样溶解，然后装上回流冷凝器，置于油浴中，加热回流 20min（油浴温度 128℃左右），冷却至室温，用 15mL 中性丙酮冲洗冷凝器，取下锥形瓶，加入（4~5）滴酚酞指示剂，用 0.2mol/L 氢氧化钠标准滴定溶液滴定至粉红色。同时做一空白试验。

3. 计算

试样的环氧值（EV）计算同盐酸丙酮法。

式中的 V、V_0、c 和 m 的意义同盐酸丙酮法。

4. 方法说明

用丙酮或丁酮冲洗冷凝器，使试样不致变为大量胶状物析出，但测定高相对分子质量固体树脂时仍有溶液混浊现象，因而使终点不易判断。

第六节　羰值的测定

羰值是指肟化 1g 试样所用的羟胺相当于氢氧化钾的毫克数，实质上表明了试样中羰基的含量。

测定羰基的方法很多，如利用羰基与羟胺之间发生缩合反应的羟胺法（或称肟化法）与亚硫酸钠之间发生加成反应的方法；利用氧化剂的氧化法以及用费歇尔试剂测定肟化反应放出的测水法。其中使用较普遍的是羟胺法，这个方法对醛和酮都适用。

以羟胺法测定羰值的原理和操作要点进行介绍（参照 GB/T 6324.5—2008）。

一、方法原理

羰基与盐酸羟胺发生缩合反应生成肟，反应是在沸腾的情况下进行的，从羟胺的消耗量可以计算出试样的羰值。测定羟胺消耗的方法是在配制羟胺溶液时加入过量的氢氧化钾乙醇溶液，用以中和缩合反应所放出的盐酸，剩余的氢氧化钾再以盐酸标准滴定溶液滴定。

$$HCl+KOH \rightarrow KCl+H_2O$$

$$KOH(\text{剩余})+HCl(\text{标准溶液}) \rightarrow KCl+H_2O$$

为了使反应向生成肟的方向进行，盐酸羟胺必须过量。由滴定试样和空白时消耗盐酸标准滴定溶液体积的差值可以知道综合反应生成盐酸的量，即与羰基反应的盐酸羟胺的消耗量。

二、试剂与仪器

1）0.5mol/L KOH 乙醇溶液。

2）羟胺试剂：4g 盐酸羟胺溶解于 8mL 蒸馏水中，然后用 80mL 乙醇稀释，并在搅拌下加入 60mL 0.5mol/L KOH 乙醇溶液。

3）盐酸标准滴定溶液：$c(HCl)=0.1mol/L$。

4）质量分数为 0.4%的溴酚蓝指示剂溶液：将 0.4 g 溴酚蓝与 12mL 0.05mol/L NaOH 溶液混合碾细，并用蒸馏水稀释到 100mL。

5）250mL 锥形瓶、50mL 移液管、水浴、酸度计。

三、操作步骤

按照近似的羰基含量，称取（0.2~2.0）g 试样（精确至 0.0001g）于 250mL 锥形瓶中，如果需要，可用少量乙醇或其他与水互溶但不含羰基的试剂溶解试样。用移液管准确加入 50mL 羟胺试剂和 1mL 指示剂溶液，摇匀。将锥形瓶置于沸腾水浴上加热回流 1h，待瓶中溶液冷却至室温后，以 0.2mol/L 盐酸标准滴定溶液滴定剩余的 KOH，当指示剂由紫色变为黄色时即为终点，或者以电位滴定到 pH 值为 4.5。

同时进行空白试验。如试样还含有酸性物质，则必须再单独测定酸值。

四、计算

试样的羰值按式（4-12）计算，以 mgKOH/g 表示。

$$\text{羰值}=\frac{56.1\text{g/mol}\times(V_0-V)c}{m}-\text{酸值} \tag{4-12}$$

式中　V——试样消耗盐酸标准滴定溶液的体积（mL）；

V_0——空白消耗盐酸标准滴定溶液的体积（mL）；

c——盐酸标准滴定溶液的浓度（mol/L）；

m——试样的质量（g）；

56.1——KOH 的摩尔质量。

第七节　游离苯酚的测定

酚醛树脂是酚类和醛类化合物在酸性或碱性催化剂中进行缩合反应的产物，其中以苯酚与甲醛缩聚而得的酚醛树脂最为重要。常用的酚类单体是苯酚，其次是甲酚、对叔丁基酚、二甲酚等。醛类中以甲醛最为常用，有时也用乙醛、糠醛或丙烯醛。

游离苯酚是指酚醛树脂反应系统中，未参与反应的酚或反应终止时仍残留的苯酚。测定酚醛树脂和模塑料中的游离苯酚含量可以控制树脂的缩聚反应，了解制品中树脂的固化程度，对确定最佳成型工艺有重要的参考价值。此外，当酚醛模制品与食品或其他物品接触游离苯酚可能引起食品或其他物品污染或腐蚀时，也必需测定游离苯酚含量。

酚醛树脂中游离苯酚含量的测定有溴化法、气相色谱法和比色法三种。

溴化法原理是先将树脂溶于无水乙醇中，苯酚、苯胺、低级缩聚物等可溴化物均游离在乙醇溶液中，然后用水蒸气蒸馏法将它们和树脂分离，再以溴化法从馏出液中测定它们的总含量。因此，本法实际测得的是酚醛树脂中游离苯酚或包括苯胺、叔丁基酚及低级缩聚物等在内的所有可溴化的物质，测定结果均以苯酚含量表示，比实际残余苯酚含量值高。

气相色谱法原理是将树脂溶于丙酮中，用气相色谱法测定其残余苯酚含量。测定微量苯酚（含量小于 0.5%）时，须改进色谱条件。该法操作简便，测量结果准确。

比色法是在苯酚含量很低时，由溶液的蒸汽蒸馏所得的苯酚，先加对硝基苯胺和亚硝酸钠溶液反应，生成一种偶氮染料，然后用丁醇萃取后，再用 4-氨基-安替吡啉法比色测定。

一、溴化法

溴化法参照 GJB 1059.3—1990。

1. 方法原理

先将树脂溶于无水乙醇中，用水蒸气蒸馏方法将游离苯酚、苯胺、低级缩聚物等可溴化物从树脂基体中分离出来，苯酚等可溴化物在酸性溶液中与已知过量的溴反应，定量生成三溴苯酚，剩余的溴和碘化钾反应析出等摩尔的碘，再用硫代硫酸钠标准滴定溶液滴定所析出的碘，从而计算出游离苯酚（可溴化物）的含量。

$$5KBr+KBrO_3+6HCl \longrightarrow 3Br_2+6KCl+3H_2O$$

$$C_6H_5OH+3Br_2 \longrightarrow C_6H_2OHBr_3+3HBr$$

$$KI+HCl \longrightarrow HI+KCl$$

$$Br_2+2HI \longrightarrow I_2+2HBr$$

$$I_2+2Na_2S_2O_3 \longrightarrow 2NaI+Na_2S_4O_6$$

2. 试剂与仪器

1）无水乙醇：分析纯。

2）1∶4 硫酸溶液。

3）溴溶液：$c(1/5KBrO_3)=0.1mol/L$。

4）碘化钾溶液：10g 碘化钾溶于 100mL 水中，摇匀，置于棕色瓶中。

5）淀粉指示剂溶液：0.5g 可溶性淀粉加入 10mL 水调成糊状，在搅拌下注入 100mL 沸水中，微沸 2min。此溶液使用前制备。

6）硫代硫酸钠标准滴定溶液：$c(Na_2S_2O_3)=0.1mol/L$。

7）水蒸气发生器、1000mL 容量瓶、1000mL 凯氏烧瓶、60cm 直形冷凝管、25mL 单标线移液管 2 支、50mL 碱式滴定管、量筒（10mL、50mL、100mL）、500mL 碘量瓶。

8）分析天平：分度值 0.1mg。

3. 操作步骤

称取试样（1~2）g，精确至 0.0001g，放入凯氏烧瓶中，加入 20mL 无水乙醇，振荡溶解后，加入 100mL 蒸馏水，与水蒸气发生器连接，进行蒸馏，蒸馏速度以（16~17）mL/min 为宜。当馏出液达到容量瓶体积的 3/4 时，停止蒸馏（一般情况下此时酚应全部逸出，必要时可用饱和溴水检查馏出液）。

将容量瓶冷却至室温，用蒸馏水稀释至刻度，摇匀，为溶液 A。

用移液管分别吸取 25mL 溴溶液和 25mL 溶液 A 于碘量瓶中，加入 10mL 1∶4 的硫酸溶液，立即塞紧瓶塞，用蒸馏水封口，摇匀，置于暗处 15min。小心开启瓶塞，沿瓶塞与瓶口之间的缝隙缓缓注入 10mL 的碘化钾溶液（100g/L），塞好瓶塞，充分振荡，于暗处放置 10min。用蒸馏水冲洗瓶塞及瓶壁，再用硫代硫酸钠标准滴定溶液滴定至淡黄色，加入 3mL 质量分数为 0.5%的淀粉指示剂溶液，继续滴定至溶液蓝色消失即为终点，同时进行空白试验。

4. 计算

游离苯酚含量 X 按式（4-13）计算。

$$X=\frac{(V_0-V)c\times 0.01568\text{g/mol}}{m\dfrac{25\text{mL}}{1000\text{mL}}s_c}\times 100\%=\frac{(V_0-V)c\times 0.6272\text{g/mol}}{ms_c}\times 100\% \tag{4-13}$$

式中　V_0——空白消耗的硫代硫酸钠标准滴定溶液的体积（mL）；

V——试样消耗的硫代硫酸钠标准滴定溶液的体积（mL）；

c——硫代硫酸钠标准滴定溶液的浓度（mol/L）；

m——试样的质量（g）；

s_c——试样的固体的质量分数（%）；

0.01568——与硫代硫酸钠溶液相当的苯酚的摩尔质量（g/mol）。

二、气相色谱法

气相色谱法参照 GB/T 30773—2014《气相色谱法测定　酚醛树脂中游离苯酚含量》。

1. 方法原理

将酚醛树脂溶解于适当的溶剂中，用气相色谱法测定游离苯酚含量。

2. 试剂与仪器

1）内标物：不含苯酚的间甲酚或不含苯酚的苯甲醚；在可能出现干扰的情况下，如树脂中存在甲酚，应使用苯甲醚作内标物。

2）色谱仪：备有火焰离子化检测器的气相色谱仪。

3）1μL 微量注射器。

4）色谱柱：任何能够确保挥发组分适当分离的色谱柱。

5）填料：Chromosorb W/AW/DMCS，粒度（150～180）μm。

6）固定液：对于无水产品，每 100g 干燥载体中含 10g Carbowax 20M。对于含水产品或水溶液产品，推荐使用非极性固定液，如硅橡胶 OV 1701。

7）色谱柱的老化：150℃下通氮气 15h。

3. 操作步骤

（1）操作条件　进样器温度：200℃；色谱柱温度：150℃；载气流速：30mL/min；检测器中氢气流速：30mL/min；空气流速：250mL/min；记录器满刻度 1mV。

（2）校准　相对校正因子用苯酚相对于间甲酚或苯甲醚的质量来测定。校正因子的测定应使用比例近似于被分析溶液的标准混合物。在检测器的动态线性范围内操作时，该校正因子对所有浓度都是有效的。

$$F(2/1)=\frac{c_2}{c_1}\times\frac{A_1}{A_2} \tag{4-14}$$

式中　$F(2/1)$——相对校正因子，用苯酚相对于间甲酚或苯甲醚的质量表示；

c_1——间甲酚或苯甲醚的质量浓度；

c_2——苯酚的质量浓度；

A_1——间甲酚或苯甲醚的峰面积；

A_2——苯酚的峰面积。

（3）测定

1）试样的制备：最好使用丙酮作溶剂溶解样品。在某些情况下，可使用不影响色谱分离的甲醇、甲苯或体积分数为 50% 的甲苯/丙酮混合液作溶剂。使用无苯酚的间甲酚作内标物，若树脂中含有其他物质，特别是间甲酚时，就会干扰间甲酚作内标物使用。此种情况应使用不含酚的苯甲醚作内标物。是否需要稀释，取决于所需要的浓度。例如，浓度为 0.5%～5%（质量分数）时，称取 3g 树脂（m_0）、0.25g 间甲酚或苯甲醚（m_1），共溶于 10.00mL 丙酮中。

2）进样：用微量注射器注入约 1μL 制备的试样溶液。

3）记录：记录色谱图，用求积仪或积分仪测量峰面积。

4. 计算

游离苯酚含量 X 按式（4-15）计算。

$$X=\frac{m_1}{m_0}F(2/1)\frac{A_2}{A_1}\times 100\% \tag{4-15}$$

式中　m_0——试样质量（g）；

m_1——内标物（间甲酚或苯甲醚）质量（g）；

$F(2/1)$、A_1、A_2——同上。

第八节　凝胶时间的测定

凝胶时间是指在规定的温度条件下，液态物料形成凝胶所需要的时间。凝胶时间是衡量热固性树脂反应活性的主要方法之一。它对合成工艺条件的控制、成型条件的选择均具有重要的指导意义，是热固性树脂的主要性能之一。凝胶时间的测试方法较多，以旋转式自动仪测定法、垂直往复式自动仪测试法和手工法为主。

旋转式或垂直往复式自动仪测定凝胶时间是在规定温度下，利用电动机驱动玻璃棒或者圆盘活塞，使之做旋转或垂直往复运动，测定试样变为凝胶状态所需要的时间。旋转式自动仪测定法适用于液体甲阶酚醛树脂和含六亚甲基四胺的线性酚醛树脂溶液及不饱和聚酯；垂直往复式自动仪适用于液体甲阶酚醛树脂和固体甲阶酚醛树脂及以苯乙烯为交联剂的不饱和聚酯的25℃凝胶时间。

示例：手工法测定酚醛树脂和不饱和聚酯树脂的凝胶时间。

一、酚醛树脂凝胶时间的测定

酚醛树脂凝胶时间的测定参照 GJB 1059.4—1990。

1. 方法原理

将试样放入已加热到规定温度的试样凹槽内。用玻璃棒搅拌试样，记录试样从开始加热到出现凝胶状态所经过的时间即凝胶时间。

2. 仪器

1）凝胶加热板：φ25mm、深 2mm 的凹面板，面板中心有温度计插孔。

2）秒表：分度值为 0.1s。

3）温度计：(0~200)℃，分度值为 0.5℃。

4）玻璃棒：φ 为 (5~6)mm，一端拉制成长为（10~15)nm 的锥体，尖端直径 φ 为（2~3)mm。

5）电热板、注射器、天平（分度值为 0.1mg)。

3. 操作步骤

称取（1±0.1)g 试样，对黏稠试样直接称于玻璃棒尖端上；对液体试样［50%（m/m）酚醛树脂乙醇溶液］用注射器吸取 1mL。将试样置于已恒温至（150±1)℃的加热板表面凹槽内，立即开动秒表。用玻璃棒尖端将试样均匀地涂在凹槽内，以（2~3)r/s 的速度连续搅拌试样。当试样变黏稠接近橡胶态时，搅拌、拉丝交替进行。拉丝高度为（10~25)mm，直至断丝时，停止计时。记录所需的时间即凝胶时间。

4. 方法说明

1）固体热熔线型酚醛树脂：将树脂和六亚甲基四胺按 9∶1（质量比）混合，并研成粉末，再按上述方法测定其凝胶时间。

2）温度与搅拌速度对凝胶时间影响较大，需严格控制温度与搅拌速度。

二、不饱和聚酯树脂凝胶时间的测定

不饱和聚酯树脂凝胶时间的测定参照 GB/T 7193—2008。

1. 方法原理

用玻璃棒搅拌试样，随时间延长，试样黏度增加，用玻璃棒试验试样的流动情况，当试样呈现拉丝状态时，达到凝胶状态，停止计时，记录所需的时间即凝胶时间。

2. 试剂与仪器

1）引发剂：过氧化环己酮邻苯二甲酸二丁酯糊或过氧化甲乙酮。

2）促进剂：环烷酸钴苯乙烯溶液或奈酸钴溶液。

3）恒温水浴：(0~50)℃，控温精度为0.1℃。

4）200mL烧杯、秒表（分度值为0.1s）、玻璃棒。

3. 操作步骤

在烧杯中称取100g树脂和规定量的引发剂，将烧杯放入（25±0.5)℃的恒温水浴中，试样液面应低于水面2mm，小心搅拌试样。用移液管准确加入规定量、已在（25±0.5)℃恒温的促进剂。当加入最后一滴时，启动秒表。每隔30s用玻璃棒试验试样的流动情况，直至出现拉丝状态时，停止计时，记录所需的时间即凝胶时间。

4. 方法说明

1）不饱和聚酯树脂室温固化的典型引发体系采用过氧化环己酮-环烷酸钴。这种固化剂在较低温度下，有适宜的凝胶速度、合适的固化周期及较高的活性。

2）当固定环烷酸钴用量质量分数为0.1%时，凝胶时间随过氧化环己酮用量减少而延长；当固定过氧化环己酮用量质量分数为0.1%时，凝胶时间随环烷酸钴用量减少而增长。

3）按标准推荐采用的引发体系和用量。

三、酚醛树脂在乙阶转变试板上反应活性的测定

酚醛树脂在乙阶转变试板上反应活性的测定参照GB/T 33316—2016。

1. 方法原理

由苯酚和甲醛缩聚制备的酚醛树脂，可从热塑性的线性树脂转变为不溶不熔的体型树脂，固化的历程可分为三个阶段：

甲阶段——线性树脂，可溶于乙醇、丙酮及碱液中，加热后转变成乙、丙阶段。

乙阶段——不溶于碱液中，可部分地或全部地溶于丙酮、乙醇中，加热后转变成丙阶段。

丙阶段——不溶不熔的体型树脂，不含或很少含有能被丙酮抽提出来的低分子物。

树脂由甲阶段转变成乙阶段所需要的时间，可表征树脂的反应活性。对于选择树脂的组分和用量，确定合适的成型方法、成型条件及用途，具有十分重要的意义。

方法原理：将试样放入规定温度的试板（凹面板或平面板）上，按要求的方式搅拌试样，记录试样缩聚至乙阶段所需的时间。

2. 仪器

1）凝胶加热板：φ12.5mm、深2mm的凹面板，面板中心有温度计插孔。

2）玻璃棒：φ为（5~6)mm，一端拉制成长为（10~15)nm的锥体，尖端直径φ为（2~3)mm。

3）温度计：(0~200)℃，分度值为0.5℃。

4）秒表（分度值为0.1s）、电热板、天平（分度值为0.1mg）、注射器。

3. 操作步骤

将试板加热到规定的温度，称取约0.5g试样放在试板上，如果是液体树脂或树脂溶液，可用注射器注在试板上，立即开始计时。用玻璃棒或刮刀搅拌试样，当树脂变黏稠时，不时

提起玻璃棒，观察试样是否呈纤维状。当纤维中断，试样突然变硬或呈橡胶状时，停止计时，记录所需的时间。

4. 方法说明

（1）温度　酚醛树脂的反应活性与温度有关，其反应活性随温度的升高而提高，乙阶转变时间变短。因此，应严格控制温度变化范围在±0.5℃以内。根据树脂的种类、不同的反应活性，选择试验温度，建议采用150℃、180℃较适宜。

（2）试样用量　试样多时会溢出凹槽，影响试验结果，因此规定试样量为（0.5±0.05）g。

（3）搅拌速度　搅拌速度对凹面板测试结果影响不大，但对平面板影响较大。因此要按规定每3s一次的速度搅拌试样。

第九节　异氰酸酯基含量的测定

异氰酸酯基含量是指聚合多元醇与过量的二异氰酸酯反应生成的聚氨酯预聚体或中间产物中所含的异氰酸酯基。聚氨酯树脂是指分子主链上含有重复的氨基甲酸酯基团的一类高聚物，是由多官能团的异氰酸酯和多元羟基化合物通过加聚反应而成的。根据多元羟基化合物单体中官能团的多少可以制成线型的热塑性树脂和体型的热固性树脂。聚氨酯有着广泛的用途，目前最主要的用途是制造硬、软泡沫塑料和泡沫橡胶，其次还可用于制造胶黏剂、涂料、弹性体、合成橡胶和合成革等制品。在合成聚氨酯的生产中，预聚物中的异氰酸酯基（-NCO）含量和其黏度、分子量及固化时的交联度均有密切关系，对制品的外观和强度也有重要影响。因此，异氰酸酯基含量的测定几乎是聚氨酯材料的必检项目，其测定方法通常采用甲苯-正二丁胺法和六氢吡啶-氯苯法。

示例：甲苯-正二丁胺法测定聚氨酯预聚体中异氰酸酯基含量［参照HG/T 2409—1992、GB/T 12009.4—2016、ASTM D 2572—1990（2010）］。

一、方法原理

聚氨酯预聚体或中间产物中的异氰酸酯基与过量的二正丁胺在甲苯中发生加成反应生成脲，反应十分迅速，待反应完成后，用盐酸标准滴定溶液滴定过量的二正丁胺，由盐酸标准溶液消耗的体积计算异氰酸酯基的含量。反应式如下：

$$R\text{-}NCO+(C_4H_9)_2NH \longrightarrow RNHCON(C_4H_9)_2$$

$$(C_4H_9)_2NH+HCl \longrightarrow (C_4H_9)_2NH \cdot HCl$$

二、试剂和仪器

1）甲苯：无水或经分子筛小球干燥。

2）异丙醇。

3）二正丁胺无水甲苯溶液：1.7mL二正丁胺溶于100mL无水甲苯。

4）盐酸标准滴定溶液：$c(HCl)=0.1mol/L$。

5）溴酚蓝指示剂：1g/L，将0.1g酸性非水溶性溴酚蓝溶于1.5mL $c(NaOH)=0.1mol/L$。氢氧化钠溶液中，用蒸馏水稀释至100mL。

6）50mL 酸式滴定管、25mL 移液管、分析天平（分度值为 0.1mg）、250mL 具塞锥形瓶、电热板。

三、操作步骤

称取预聚体试样约 0.5g（精确至 0.0001g）（如-NCO 的质量分数小于 5%则称取 1g 试样）于 250mL 干燥的具塞锥形瓶中，加入 25mL 无水甲苯，盖上瓶塞，摇动锥形瓶使试样完全溶解，也可在电热板上温热加速溶解。用移液管准确吸取 25mL 二正丁胺无水甲苯溶液于锥形瓶中，盖上瓶塞在室温下放置 15min，然后加入 50mL 异丙醇，滴入溴酚蓝指示剂（4~6）滴，用盐酸标准滴定溶液滴定至溶液由蓝色变成黄色为终点。同时做一空白试验。

样品如不溶，在甲苯中加入 10mL 无水丙酮。

四、计算

异氰酸酯基含量 X 按式（4-16）计算。

$$X=\frac{(V_1-V_2)c\times0.04202\text{g/mol}}{m}\times100\% \tag{4-16}$$

式中 V_1——空白试验所消耗盐酸标准滴定溶液的体积（mL）；

V_2——试样所消耗盐酸标准滴定溶液的体积（mL）；

c——盐酸标准滴定溶液的浓度（mol/L）；

m——试样的质量（g）；

0.04202——异氰酸酯基的摩尔质量。

五、方法说明

1）本法仅适用于聚氨酯预聚物或中间体的异氰酸酯基含量的测定，对异氰酸酯原材料不适用，改加 10mL 二正丁胺无水甲苯溶液（二正丁胺：无水甲苯=26mL：100mL），用 $c(\text{HCl})$= 0.5mol/L 的盐酸标准滴定溶液滴定。

2）在某些情况下，二正丁胺可用无水二甲基甲酰胺为溶剂制备溶液。试样如不溶于甲苯，可以再加 10mL 干燥的丙酮。滴定时作为溶剂的异丙醇也可以用无水乙醇代替。

3）存在于异氰酸酯中的微量光气、氨基甲酰氯和其他有足够强度的酸性或碱性杂质对测定有干扰，应予校正。

第十节　胺值的测定

有的胶黏剂须加入一定量的固化剂使其发生化学反应才能使之固化，如环氧树脂胶黏剂、线性酚醛树脂胶黏剂和聚氨酯胶黏剂等。用作环氧树脂胶黏剂的固化剂主要有脂肪族和芳香胺、酸酐类、咪唑类、双氰胺、低分子聚酰胺等。当采用聚酰胺树脂为固化剂时，其分子结构内含有活泼的胺基，可在常温下与环氧树脂中的环氧基反应，交联而成网状结构。确定聚酰胺树脂与环氧树脂的配比，必须考虑胺值的大小，而表征聚酰胺树脂中胺基的含量常以胺值来表示，即每中和 1g 样品所需的标准酸相当于氢氧化钾的毫克数，测定方法为盐酸-乙醇或高氯酸非水滴定法；乙烯胺类固化剂的胺值一般以其含量计算，测定方法多为盐酸滴定法；高沸点的多乙烯多胺类固化剂一般测定其总氮量来表征它的胺值。

胺值的测定方法通常有两种：一是盐酸滴定法；二是高氯酸滴定法。

一、盐酸滴定法

（一）T31 环氧固化剂胺值的测定

T31 环氧固化剂胺值的测定参照 Q/320282NGB007—2018。

T31 环氧树脂固化剂，无毒，具有通常胺类的活泼氢，能促进环氧树脂固化的基团，能在大于-5℃及室温下固化各种型号环氧树脂，使用广泛。

1. 方法原理

T31 固化剂是芳香胺类的碱性化合物，其胺值的测定采用样品溶解在无水乙醇中，用盐酸标准溶液进行酸碱滴定。

2. 试剂与仪器

1）盐酸标准滴定溶液：$c(HCl)=0.1mol/L$。

2）溴酚蓝指示剂溶液：0.1g 溴酚蓝，溶于 100mL 乙醇。

3）无水乙醇。

4）250mL 锥形瓶、25mL 酸式滴定管、天平（分度值为 0.1mg）。

3. 操作步骤

称取试样约 0.1g（精确至 0.0001g）于锥形瓶中，加入 20mL 无水乙醇，摇动锥形瓶使试样完全溶解。加入（2~3）滴溴酚蓝指示剂溶液，用 0.1mol/L 的盐酸标准滴定溶液滴定至黄色为终点。

4. 计算

胺值 X 按式（4-17）计算，以 mgKOH/g 表示。

$$X=\frac{cV\times 56.1\text{g/mol}}{m} \tag{4-17}$$

式中 V——消耗盐酸标准滴定溶液的体积（mL）；

c——盐酸标准滴定溶液的浓度（mol/L）；

m——试样的质量（g）；

56.1——KOH 的摩尔质量。

（二）低分子量聚酰胺树脂胺值的测定

低分子量聚酰胺树脂是由植物油经过酯化、聚合等几道工序之后，与多乙撑多胺缩合而成的系列产品。其中包括 650 与 651 等不同牌号，是环氧树脂的优良固化剂。

1. 方法原理

650 和 651 聚酰胺树脂是一种多元胺，分子中含有仲氨基、酰胺基和羰基等极性基团。其胺值的测定采用样品溶解在无水乙醇中，用盐酸-乙醇标准溶液进行酸碱非水滴定。

2. 试剂与仪器

1）盐酸-乙醇标准滴定溶液：$c(HCl\text{-}C_2H_5OH)=0.1mol/L$。

2）溴酚蓝指示剂溶液：0.1g 溴酚蓝，溶于 100mL 乙醇。

3）无水乙醇。

4）250mL 锥形瓶、25mL 酸式滴定管、天平（分度值为 0.1mg）。

3. 操作步骤

称取试样约 0.1g（精确至 0.0001g）于锥形瓶中，加入 40mL 无水乙醇（AR），摇动锥形瓶使试样完全溶解。加入（4~5）滴溴酚蓝指示剂溶液，用 0.1mol/L 的盐酸-乙醇标准滴定溶液滴定至黄色为终点。

4. 计算

胺值的计算方法同 T-31 环氧固化剂。

二、高氯酸非水滴定法

示例：650 和 651 聚酰胺树脂中胺值的测定。

1. 方法原理

其胺值的测定采用样品溶解在苯-冰乙酸中，用高氯酸标准溶液进行酸碱非水滴定。

2. 试剂和仪器

1）苯-冰乙酸混合溶剂，体积比 2∶1。

2）质量分数为 0.1%的甲基紫指示剂冰乙酸溶液。

3）高氯酸标准滴定溶液：$c(HClO_4)=0.1mol/L$。

4）250mL 锥形瓶。

3. 操作步骤

称取 650 聚酰胺树脂 0.3g 或 651 聚酰胺树脂 0.2g（精确至 0.0001g）于锥形瓶中，加入约 25mL 冰乙酸-苯混合溶剂，摇动使之溶解，加入甲基紫指示剂（3~4）滴，用高氯酸标准滴定溶液滴定至纯蓝色为终点。

4. 计算

胺值的计算同 T-31 环氧固化剂。

5. 方法说明

1）较早的测试方法是在苯-丁醇混合溶剂中以溴甲酚绿-甲基红混合物为指示剂，用盐酸-乙醇标准溶液滴定，但终点不敏锐，不易掌握，误差较大。改用高氯酸非水滴定法可得到比较清晰的终点，提高了分析结果的准确性。

2）高氯酸溶液的膨胀系数较大（$1.07\times10^{-3}/℃$）。如果高氯酸标准溶液标定和试样滴定时温度不同，应对高氯酸标准滴定溶液的标定浓度进行温度校正。校正按式（4-18）计算。

$$c=\left(1-\frac{t-t_s}{1000}\right)c_s \tag{4-18}$$

式中 t——滴定试样时高氯酸标准滴定溶液的温度；

t_s——标定时高氯酸标准滴定溶液的温度；

c_s——在 t_s 温度标定高氯酸标准滴定溶液的浓度。

思 考 题

1. 简述酸值的含义及测量方法。

2. 简述易皂化的酯类和难皂化的酯类测量皂化值的方法有什么区别。

3. 简述碘值的含义及常用测量方法。
4. 简述羟值测量常用方法及所用试剂。
5. 简述环氧当量和环氧值的含义及相互关系。
6. 简述羰值测量原理。
7. 简述游离酚的测量方法。
8. 简述凝胶时间有哪些测量方法。
9. 简述异氰酸根含量测量的方法原理。

第五章

水分的测定

水分存在于各种无机材料和有机材料之中，是一种有害的杂质。

首先，水分对高聚物的各种物理性质，如强度、电学或光学特性，以及加工行为都会产生有害的影响。聚碳酸酯是一种性能良好的工程塑料，若有微量的水分存在，可使聚碳酸酯在加工成型过程中发生降解，相对分子质量降低，力学性能变差。同时，水分在高温下汽化后形成的气泡混在物料中，会导致制件表面产生银丝，外观变差，所以必须将水分从物料中以及加工所用的助剂中除去。为此，需通过水分的分析来严格控制材料的干燥工艺。

其次，水分的存在对某些高聚物的合成工艺和定量分析也会产生干扰。例如在聚氨酯的合成反应中必须考虑多元醇材料中少量水分会增加异氰酸酯的消耗，通过水分的测定方法可计算异氰酸酯的准确加入量。又如在羟值的测定中，如果试样含有可观数量的水分，就会增加乙酰化试剂反应所生成的乙酸量，使测定结果产生误差。此时试样要进行脱水干燥处理后，再测定其羟值。

第三，可以借助于水的分析来测定高聚物的某些官能团。例如可以利用酯化反应所生成的水的分析来测定羟基，也可以通过肟化反应生成的水的分析来测定羰基等。因此，水分的准确测定和控制尤为重要。

目前，高聚物材料中的水分的测定方法大体有以下几种：干燥法、共沸蒸馏法、卡尔·费休法、气相色谱法等。干燥法和共沸蒸馏水都是利用水在常压下蒸发的原理使水和试样分离后进行测定，前者是测定水的质量，后者是测定体积。卡尔·费休法和气相色谱法的测量精度较高，前者是化学法，是目前应用广泛、最重要的方法；后者为仪器法，具有快速、简便的优点。其他仪器分析法，如红外光谱和核磁共振波谱法，也都具有其优点和特殊的使用价值。对一些难溶的高聚物，或者采用卡尔·费休试剂会发生副反应而干扰分析时，或者在高温下会出现干扰性的化学反应时，红外光谱是一种比较理想的方法，但是它往往需要复杂的数学处理来计算结果。核磁共振波谱法具有其他方法所没有的可连续测定高聚物材料中水分的特点。此外，库仑分析法、醋酐电导滴定法等电化学分析法，以及介电常数测定法，都可用于测定高聚物中水分含量。下面将主要介绍几种常用的水分测定方法。

第一节 干 燥 法

干燥法是使试样在一定的温度下干燥到恒重，根据试样在干燥前后的失重来计算水分含量的简便方法。干燥一般是在常压于电热干燥箱中进行的。近年来已经越来越多采用红外辐射达到干燥的目的，干燥可以在红外干燥箱中进行，或者直接用500W 的红外灯泡加热。红外线的波长为（1~16）μm，干燥的时间一般比较短（几分钟到十几分钟）。

干燥法虽然比较简便，又不需要复杂仪器，但应用范围不广，只有少数高聚物，如纤维素醚和醚、氟乙烯衍生物、聚丙烯腈、乳液、聚合的聚氯乙烯和氨基树脂等能够适用。干燥法对许多高聚物常常会得到偏高的结果，原因如下：

1）高聚物中的水分并非是唯一的挥发性物质。首先，它总会有一定量的残余单体，如悬浮聚合的聚氯乙烯、聚苯乙烯、聚丙烯酸酯及其衍生物等，加热时它们的单体会随同水分一起挥发。其次，还可能有其他挥发性组分存在，因而导致测定结果有误。

2）由于干燥通常都在高温下进行，所以对一些耐热性差的高聚物来说，很容易热分解，产生低分子的挥发性物质，或者发生缩合反应而放出水分，使结果偏高。如甲基酚醛树脂和氨基树脂在干燥箱内进行常规干燥无法达到恒重，以致测量结果偏高，用减压干燥的方法虽可避免较高的干燥温度，抑制缩合反应，但测定的时间太长。

3）干燥法容易除去试样表面吸附的水分，对于多孔性材料，由于水的渗透压使水渗入到微孔深处，干燥时不易逸出。温度高，水分解吸和逸出的速度就快，反之则慢。虽然温度高有利于缩短干燥时间，但容易引起试样分解（包括失去结晶水和试样本身的化学变化）。

由于干燥法的上述缺点，所以在选用该法时一定要特别注意试样的性质：①挥发的只是水分；②不发生化学变化，或虽发生了化学变化，但不伴随有质量变化；③水分可以完全除去。操作条件的选择中，在兼顾干燥时间的同时，必须小心控制适宜的温度和适当的压力。

示例：硫酸钠中水分的测定（参照 GB/T 6284—2006）。

操作步骤：称取约 10g 试样（精准至 0.0001g）于一已恒重的称量瓶中，然后置于（105±2）℃的干燥箱中加热干燥（2~4）h 后，取出，放入干燥器冷却至室温后称量，精准至 0.0001g。重复操作至恒重，重复干燥时间约 1h。试样中的水分以 X 计，按式（5-1）计算。

$$X=\frac{m_1-m_2}{m_1-m_0}\times 100\% \tag{5-1}$$

式中　m_0——称量瓶的质量（g）；

m_1——试样和称量瓶的质量（g）；

m_2——干燥后试样和称量瓶的质量（g）。

第二节　共沸蒸馏法

共沸蒸馏法又称为 Dean-Stark 法，是常用的测水法，通常为常量法测定。其原理是利用试样和与水不互溶的有机溶剂一起蒸馏时形成了溶剂和水的共沸物，而将水一起蒸出。常用的溶剂有甲苯、二甲苯，有时也可用苯（苯与水的共沸点为 69.13℃），或者苯和乙醇的混合溶剂（与水的共沸点为 64.9℃），或者四氯化碳和乙醇的混合溶剂（与水的共沸点为 61.8℃）。

蒸馏时，试样和溶剂放入测定器的圆底烧瓶中，瓶口接一个回流冷凝器和一个有刻度的接收管，与溶剂共沸蒸出的水冷凝后落入接收管的下层，待水层不再增高时，表明试样中的水分已经全部蒸出，蒸馏即可停止。由接收管的读数所表示出的水层体积来计算试样中水分的含量。

共沸蒸馏法一般适用于测定含水量高于2%的高聚物材料中的水分，对呋喃树脂、丁苯共聚物以及可溶于溶剂的酚醛树脂尤其适用，对氨基树脂不适用，原因如同干燥法。

示例：酚醛树脂中水分的测定（参照GB/T 260—2016）。

（1）试剂和仪器　无水苯（经$CaCl_2$干燥）、丁斯达尔水分测定器、水浴。

（2）操作步骤　称取酚醛树脂试样5g，置于洁净的测定器的圆底烧瓶中，加入无水苯约100mL，为防止蒸馏时剧烈震动，瓶中放入一些无釉瓷片、沸石或毛细管，连接好丁斯达尔水分测定器。

加热烧瓶，调节蒸馏速度，使冷凝液每秒滴下（3~4）滴。蒸馏至接收管中水分不再增加时停止蒸馏（约2h），测定装置冷却至室温后读出接收管中水的体积。当接收管中溶剂呈现浑浊，且管底收集的水不超过0.3mL时，将接收管放入热水中浸（20~30）min，使溶剂澄清，再将接收管冷却至室温，读出管底水的体积。

试样中水分以X计，按式（5-2）计算。

$$X=\frac{V\rho}{m}\times100\% \tag{5-2}$$

式中　m——试样的质量（g）；

ρ——水的密度（g/cm^3）；

V——接收管中水的体积（mL）。

在一般工业分析中，可认为水的密度近似为$1g/cm^3$，则式（5-2）可简化为

$$X=\frac{V}{m}\times100\% \tag{5-3}$$

第三节　卡尔·费休法

卡尔·费休法是利用水和卡尔·费休试剂（KF试剂）发生定量反应的化学测水法。该法虽早已建立，但仍是迄今使用最广泛的测水方法。它适用于固体、流体、黏稠性半固体和气体中水分的测定，以及许多有机、无机物和高聚物的水量测定。测量精度高和准确度高是该方法的一大特点。另一特点是，KF试剂本身能溶解或溶胀很多高聚物，从而间接测量出高聚物中的水分。因此，许多国家和专业机构把它作为法定的标准方法，用于测定液体、固体和气体中的含水量。

卡尔·费休法的反应原理即KF试剂与水发生化学反应的总反应式为

$$H_2O+I_2+SO_2+CH_3OH+3RN\rightarrow(RNH)SO_4CH_3+2(RNH)I$$

式中　RN或RNH——代表一种本底。

本来是用吡啶作为本底的，因吡啶（C_5H_5N）有毒，现已被无毒的咪唑（$C_3H_4N_2$）取代。CH_3OH作为滴定中的一种溶剂被普遍采用。甲醇还可以由其他醇类代替，如乙二醇单甲醚、乙醇、异丙醇等，乙二醇单甲醚配成的KF试剂比较稳定，不易挥发，副反应少，尤其在测定气体中的水分时有突出的优越性，可以提高KF试剂滴定度的稳定性。

KF试剂的组成为碘、二氧化硫、吡啶（或咪唑）和甲醇（或乙二醇单甲醚）的混合溶液。传统的KF试剂比较常用的配方：碘133g，二氧化硫70mL，吡啶424mL，甲醇或乙二醇单甲醚424mL。1mL该配方的KF试剂相当于6mg的水。含有活泼羰基的醛、酮类及氨基

氮上连接的羟甲基（如氨基甲醛树脂）都能与甲醇反应生成水，干扰测定，现已有专用于此类试剂的 KF 试剂。

卡尔·费休法终点的确定可以采用目测或电位法，因此卡尔·费休法分为容量法和库仑法两种。容量法适用于水分的常量分析，库仑法适用于水分的微量分析。容量法的测量原理是通过标样标定 KF 试剂的滴定度来实现水分的测量；库仑法的测量原理是通过测量电解反应的电量或通过测量电解电流和时间来确定水分含量。

根据高聚物的特点，利用卡尔·费休法测定高聚物材料中的水时可分为直接法和间接法两种。

直接法就是用 KF 试剂直接滴定，它适用于所测试样能与 KF 试剂互溶并不干扰分析的情况。液体化学试剂和聚醚多元醇中水分的测定都是用该法。

间接法就是脱水法，它先以一定的方法使水从高聚物中分离出来，然后再用 KF 试剂滴定分离出来的水。一般采用甲醇（或其他溶剂及混合溶剂）将试样回流萃取，冷却到室温后，再用 KF 试剂滴定混合液中的水分。间接法适合于测定坚实的颗粒状的高聚物材料本体中的水。这些高聚物一般难溶或实际上不溶于任何溶剂。起初的脱水法是将样品加热后放出的水收集在一个冷阱里，然后以 KF 试剂滴定，这种方法尤其是在含水量很低的情况下难以得到准确的结果。莱德（Reid）和坦纳（Turner）在此法的基础上作了改进，开始时在整个测定装置中通入了干燥的氮气，以除去其中所附的水分，此后再加热样品，试样中释放出的水汽立即被氮气带到一个吸收器中被吸收，最后对所收集的水进行滴定，现已有这种联用干燥炉的水分滴定仪。

目前，萃取脱水法被认为是测定各种高聚物材料中水分的通用方法。在测定聚对苯二甲酸乙二醇酯、尼龙 66、聚碳酸酯和聚烯烃中的水分时，可用 1∶1 的甲醇-乙二醇混合液作吸收液。有人在测定聚对苯二甲酸乙二醇酯的水时，又将萃取的方式作了以下的改进：先用苯酚-四氯乙烷的混合溶液萃取试样中的水，然后用氮气将水从萃取溶液中赶出，并用甲醇吸收水，再以 KF 试剂滴定。

此外，还可以利用共沸蒸馏萃取技术分离出高聚物中的水，冷凝在蒸出液中的水以 KF 试剂滴定。拉迪拉（Lardera）就是用这种脱水法测定了聚对苯二甲酸乙二醇酯的含水量，而该聚合物若溶于热的硝基苯中，以直接法测定则会导致很大的误差。

一、化学试剂中水分的测定

化学试剂中水分的测定参照 GB/T 606—2003。

1. 方法要点

存在于试剂中的水分与已知滴定度的 KF 试剂（碘、吡啶、二氧化硫及甲醇的混合溶液）进行定量反应。

2. 试剂和仪器

KF 试剂、卡尔·费休水分测定仪。

3. 操作步骤

（1）KF 试剂滴定度的标定　于反应瓶中加一定体积的甲醇（浸没铂电极），在搅拌下用 KF 试剂滴定至终点。加入 0.01g 的蒸馏水（或 0.2g 微量水标准物质），精确至 0.0001g，用 KF 试剂滴定至终点，并记录 KF 试剂的用量（V）。

KF 试剂的滴定度 T 按式（5-4）计算，以 g/mL 为单位。

$$T=\frac{m}{V} \tag{5-4}$$

式中 V——滴定 0.01g 水（或 0.2g 微量水标准物质）时消耗 KF 试剂的体积（mL）；

m——加入水（或微量水标准物质）的质量（g）。

（2）试样中水的测定　于反应瓶中加一定体积的甲醇（或产品标准中规定的溶剂）（浸没铂电极），在搅拌下用 KF 试剂滴定至终点。迅速加入产品标准中规定量的试样，精确至 0.0001g，用 KF 试剂滴定至终点，并记录 KF 试剂的用量（V_1）。

试样中含水量 X 按式（5-5）计算。

$$X=\frac{TV_1}{m}\times100\% \tag{5-5}$$

式中 V_1——滴定试样时消耗 KF 试剂的体积（mL）；

T——KF 试剂的滴定度（g/mL）；

m——试样的质量（g）。

4. 方法说明和注意事项

1）本法适用于某些化学试剂（如醇类、饱和烃、苯、三氯甲烷、吡啶）中微量水分的测定，不适用能与 KF 试剂的主要成分反应并生成水的样品以及能还原碘或氧化碘化物的样品中水分的测定。

2）滴定终点的确定方法。如果用目测法，滴定终点时，因有过量碘存在，溶液由浅黄色变为棕黄色。应用“永停”电位法，在浸入溶液中的两铂电极间加一电压，若溶液中有水存在，则阴极极化，两电极间无电流通过。滴定至终点时，溶液中有碘及碘化物存在，电流突然增至一最大值，并稳定 1min 以上，此时即为终点。

3）测定使用的仪器均应预先干燥，滴定装置应密封，与空气相通处应以硅胶干燥管连接。

二、聚酰胺中水分的测定

聚酰胺中水分的测定参照 ISO 960：1988(E)。

1. 方法要点

聚酰胺用无水甲醇萃取，萃取出来的水用 KF 试剂滴定。

2. 试剂和仪器

1）无水甲醇：含水量<0.1%。

2）KF 试剂（相当于 6mg H_2O/mL）：制备和标定方法按 GB/T 6283—2008 的规定进行。

3）250mL 锥形瓶，具标准磨口塞。

4）回流冷凝器：其标准磨口与锥形瓶及氯化钙干燥相配。

5）氯化钙干燥管（磨口）、50mL 单标线吸管、电热板或密闭电炉、卡尔·费休水分测定仪。

3. 操作步骤

1）KF 试剂的标定：标定方法按 GB/T 6283—2008 的规定进行，KF 试剂的浓度以滴定度 T 表示。

2）试样的测定。称取（10~15）g 试样（精确至 0.0001g）置于 250mL 锥形瓶中，用单标线吸管吸取 50mL 无水甲醇，加入到装有试样的锥形瓶中，同时再量取 50mL 无水甲醇加入另一锥形瓶中做空白试验。塞上瓶塞，将两个锥形瓶均放入干燥器中待用。打开瓶塞，迅速与顶端装有氯化钙干燥管的回流冷凝器连接。用电热板或密闭电炉加热锥形瓶，让瓶内的混合物回流煮沸 3h，然后放置 45min，冷却到室温。

3）将锥形瓶从冷凝器上拿下，并迅速塞上塞子，放入干燥器中。

4）每个锥形瓶内的混合物都按 GB/T 6283—2008 用 KF 试剂滴定，测定其含水量。

4. 计算

试样的含水量 X 按式（5-6）计算。

$$X=\frac{(V-V_0)T}{10m}\times 100\% \tag{5-6}$$

式中　V——滴定管试样所消耗的 KF 试剂的体积（mL）；

V_0——滴定空白所消耗的 KF 试剂的体积（mL）；

T——KF 试剂的滴定度（mgH_2O/mL）；

m——试样的质量（g）。

5. 注意事项

1）测定仪器事先应充分干燥。

2）为避免测定时有湿空气进入仪器，所以加热时不能使用水浴。

三、脱水法

1. 方法要点

脱水法（间接法）为莱德（Reid）和坦纳（Turner）改进的测水法。在含有高聚物试样的测定装置中通入干燥的氮气，试样加热到 120℃ 从试样中挥发出来的水汽被氮气带入一个含有吸收液的吸收器中，被吸收水的水分，立即用 KF 试剂滴定。

终点采用“死停”电位法。所用的 KF 试剂也采用乙二醇甲醚为溶剂，其浓度相当于 $3mgH_2O/mL$。

2. 试剂和仪器

1）KF 试剂：先配成浓度相当于 $6mgH_2O/mL$ 的溶液，制备和标定方法按 GB/T 6283—2008 的规定进行，然后用等体积无水乙二醇单甲醚稀释到浓度相当于 $3mgH_2O$。

2）氮气：经无水高氯酸镁干燥。

3）KF（卡尔·费休）法水分测定仪。

3. 操作步骤

先接通加热油浴，然后使油浴保持在 120℃。用 KF 试剂滴到吸收器可调至“死停”终点时，将氮气通入仪器，在这期间浸在油浴中的玻璃管先不放试样。调节氮气的流速，使其保持在 0.5L/min。

加 0.1mL KF 试剂到吸收器（滴定容器）中，此时“死停”终点指示器会偏转至“干燥”一侧，在仪器干燥过程中，随着痕量的水分进入吸收器，指示会慢慢返回到“死停”终点，指示器一到终点就再加入 0.1mL KF 试剂，而指示器又将偏至“干燥”一侧。如此反复，直到氮气通入 15min 后指示器不再从“干燥”一侧向“死停”终点返回。此时，测定的仪器方可被认为是干燥的。

仪器干燥后，指示器仍会慢慢回到“死停”终点去，一到终点，立即拿去试样管支管上的塞子，迅速将一称量好的高聚物试样（约 20g）移入试样管中，重新塞上塞子，记录滴定读数并加 0.1mL 试剂。从试样中释放出的水进入吸收器中会使指示器重新返回“死停”终点，在每次指示器回到该点时，就再加入 0.1mL KF 试剂。当试样中全部水分都挥发完时，氮气仍继续通入一段时间，而“死停”指示器则停留在“干燥”一侧不再返回。当加入 0.1mL KF 试剂能使指示器在“干燥”一侧停留 15min 时，即为终点。记录滴定管的读数。

4. 计算

试样的含水量 X 按式（5-7）计算。

$$X=\frac{TV}{10m}\times 100\% \tag{5-7}$$

式中　V——从加入试样时算起滴定消耗的 KF 试剂的体积（mL）；

T——KF 试剂的滴定度（mgH_2O/mL）；

m——试样的质量（g）。

5. 方法说明和注意事项

1）脱水法是一种通用的水分测定法，它适用于测定那些坚实的颗粒状的高聚物材料中的水。这些材料难溶于一般的溶剂，甚至不溶于任何溶剂，如果用直接法测定，会产生很大的误差。本法测定条件尤其适合于含有炭黑的聚乙烯中的水分的测定。在测定其他高聚物时也可酌情作些修改，使方法更加切合实际。

2）“死停”终点指示器包括一个简单的电位计线路，它可以在滴定容器的电极间施加 100mV 的电压，线路中的电流可以用一个与吸收器相连接的毫安计指示。

第四节　气相色谱法

用气相色谱法测定有机和高聚物中的水分，操作简便，分析快速，灵敏度和精度也高，并且易于推广，因而有很重要的实用价值。用气相色谱法测定水分，有直接测定法和间接测定法两种。直接测定法无须处理样品，直接用气相色谱法测定；间接测定法就是先使试样中的水和一定的化合物反应，其反应产物再用气相色谱法测定。本章将主要介绍直接测定法。

直接测定法一般没有副反应，而且操作简便、快速，已被广泛使用。但这种方法也有一定的缺点：必须根据分析的要求选择适当的操作条件才能得到满意的结果。首先，由于水在氢焰离子化检测器上无响应信号，故直接测定必须用热导池检测器。而热导池检测器灵敏度低，所用的试样就相对要多些，甚至还需要预先富集，此外由于存在水峰拖尾和记忆效应，从而给选择为数不多的适用的分离柱带来困难。直接法中检出限度还随固定相的不同而不同。当用聚四氟乙烯粉末作载体涂以乙二醇 1500 时，仅能检出 100mg/kg。若预先富集，检出限度可达 1mg/kg，如果将四羟基乙烯基二胺涂在聚四氟乙烯粉末上，则可检出 20mg/kg。直接法的另一个缺点是由于吸附作用造成保留时间过长，所以载体的选择也非常重要。例如，聚四氟乙烯是一种很好的惰性载体，但由于静电效应而不易涂渍。对于一般常用的载体，在涂渍固定前，都必须表面钝化。

用 PorapakR 柱进行气体或液体中水分的直接测量法可得到满意的结果，此时若用热导检测可以检出 1mg/kg 的水分，气体与液体中的水的浓度与峰高呈直线关系。

在用 PorapakQ 柱测定水分时，如含水量在 100mg/kg 左右，相对不确定度约为 8%；在 10mg/kg 左右时，相对不确定度约为 20%。

以气相色谱法测定水分时，试样溶液一定要储存在密闭性极好的小玻璃瓶内，瓶口最好用聚四氟乙烯塞子塞紧。例如，当分析苯中微量水时内标为丙酮，若瓶塞不严密，水的浓度就会连续不断地变化。所以，在色谱分析时，如果制备的标样容易挥发或吸收空气中的某种组分，则使用的容器的气密性一定要好，只有这样才能得到准确的结果。

在用 PorapakQ 柱测定水分时，用甲醇作内标比较合适。经试验证明，用甲醇作内标，测定的含水量为 10mg/kg 时，标准偏差为±0.6mg/kg；含水量为 50mg/kg 时，标准偏差为±4mg/kg。

为了消除记忆效应，所用的高分子微球在使用前应进行预处理。如用 PorapakQ 和 Porapak R 柱，则须甲醇、1∶4（盐酸与水体积比）盐酸溶液和丙酮进行洗涤。测定微量水时，用分子筛效果更佳，这是因为分子筛极性很小，故水的峰尖细又对称，且保留时间短，用它可以直接测定空气中 20mg/kg 的水、液体和可溶固体材料中 0.2mg/kg 的水分。

1. 方法要点

用气相色谱法测定水性涂料中含水量，是采用异丙醇为内标物，以二甲基甲酰胺稀释试样，然后直接进样。色谱柱可采用填充高分子微球，使水与其他成分完全分离，从内标物与水的峰面积计算试样中含水量。

2. 仪器与试剂

1）气相色谱仪：配有热导池检测器及程序升温控制器。

2）10μL 微量注射器。

3）色谱柱：填装高分子多孔微球的不锈钢柱。

4）进样瓶：约 10mL 的玻璃瓶，具有可密封的瓶盖。

5）天平（精度 0.1mg）。

6）稀释溶剂：无水二甲基甲酰胺（DMF），分析纯。

7）内标物：无水异丙醇，分析纯。

8）载气：高纯氢气或氮气。

3. 测定条件

1）色谱柱：柱长为（1~3）m，内径为（3~4）mm，填装（177~250）μm 高分子多孔微球的不锈钢柱。

2）检测室温度为 240℃，电流为 150mA；汽化室温度为 200℃。

3）柱温：对于程序升温，80℃保持 5min，然后以 30℃/min 升至 170℃保持 5min，对于恒温，柱温为 90℃，在异丙醇完全流出后，将柱温升至 170℃，待 DMF 出完。若继续测试，再把柱温降到 90℃。

也可根据所用气相色谱仪的性能及待测试样的实际情况选择最佳的气相色谱条件。

4. 操作步骤

（1）色谱柱的老化　为了避免检测器的污染，将填有高分子微球的色谱柱与进样口连接起来，另一端暂不和检测器连接，载气 H_2 的流量控制在（20~30）mL/min，然后以 5℃/h 的升温速度从室温升至 200℃，并在此温度至少 12h。此后，将柱温升至 240℃，在此温度下保持数小时后，冷却，将柱子与检测器相接仔细检查是否漏气，然后再升温至

240℃，1h后降至使用温度，这样处理的柱子可使基线达到最佳状态。

（2）校正因子的测定

1）在测定校正因子之前，应在200℃的柱温通载气1h，然后降至室温。

2）在同一配样瓶中称取0.2g水和0.2g异丙醇（精确至0.0001g），再加入2mL的无水甲基甲酰胺，密封配样瓶并摇匀备用。

3）用微量注射器吸取试液1μL，注入进样室内，进行测定。

4）当二甲基甲酰胺中含水时，可另用卡尔·费休法测定二甲基酰胺中的含水量。再根据式（5-8）计算校正因子f。

$$f=\frac{m_s A_w}{(m_w+Pm_d)A_s} \tag{5-8}$$

式中　m_s——异丙醇的质量（g）；

m_w——加入水的质量（g）；

m_d——二甲基甲酰胺的质量（g）；

A_w——水的峰面积（mm^2）；

A_s——异丙醇的峰面积（mm^2）；

P——二甲基甲酰胺中水的质量分数。

当不采用KF法测定二甲基甲酰胺中的含水量时，应以相同量的二甲基甲酰胺与异丙醇的混合试液作为空白，注入柱内，测量其空白的水峰面积，这样可按式（5-9）计算水的校正因子

$$f=\frac{m_s(A_w-B)}{m_w A_s} \tag{5-9}$$

式中　A_w、A_s、m_w、m_s——同式（5-8）；

B——空白的水的峰面积（mm^2）。

（3）试样的测定

1）测定条件同校正因子的测定，所用仪器和试剂同校正因子的测定。

2）称取水性涂料0.6g（精确至0.0001g），置于配样瓶中，再称取异丙醇0.2g（精确至0.0001g），放入上述小瓶中，瓶中再加入2mL二甲基甲酰胺，将小瓶用塞子密封。在同样条件下，准备一个仅含有异丙醇和二甲基甲酰胺的空白溶液。

3）将小瓶放在一振荡器上，或用人工方法振摇15min，然后静置5min。用微量注射器吸取试样溶液1μL注入进样器内，记录它的色谱图。

4）试样中水分含量X按式（5-10）计算。

$$X=\frac{A_w m_s}{A_s m f}\times 100\% \tag{5-10}$$

式中　A_w——水的峰面积（mm^2）；

A_s——内标物异丙醇的峰面积（mm^2）；

m_s——加入异丙醇的质量（g）；

m——试样的质量（g）；

f——按前述方法测定的校正因子。

（4）溶剂中含水量的校正　在同样条件下用空白溶液进样记录溶剂二甲基甲酰胺的水峰，通过计算，对试样中含水量加以校正，应该指出，溶剂中的水最好用卡尔·费休法测定。

计算时溶剂中的含水量应按下式折算为试样中的含水量。

$$X_t = \frac{m_d P}{m} \times 100\% \tag{5-11}$$

式中　m_d——二甲基甲酰胺（g）；

m——试样的质量（g）；

P——二甲基甲酰胺中水的质量分数。

5. 注意事项

1）二甲基甲酰胺有毒，应在通风橱内或通风良好的条件下使用。应避免与皮肤、眼睛接触，一旦接触，需马上用大量水冲洗。

2）异丙醇和二甲基甲酰胺应事先进行脱水，脱水后再用气相色谱法和卡尔·费休法测定，异丙醇必须用无水试剂。

思　考　题

1. 测量水分的方法主要有哪些？
2. 干燥法适合测量什么样品？
3. 简述共沸蒸馏法的装置组成。
4. 简述卡尔·费休的原理。
5. 简述KF试剂的组成。
6. 简述气象色谱法测量水分的原理及计算方法。

第六章

红外光谱法

太阳光透过三棱镜能够分解成红、橙、黄、绿、青、蓝、紫的光谱带。1800 年人们发现把温度计放在光谱带的红光外区，温度会升高，这就发现了人眼看不见但具有热效应的红外线。它和可见光一样，有反射、衍射、偏振等性质。它的传播速度和可见光相同，但波长不同。红外区是电磁波谱中的一部分，波长为 (0.7~1000)μm。红外区又可进一步分成三个区，通常的红外光谱测定范围是基频红外区 [(2~25)μm]。电磁波谱中的各区都对应有光谱法。划分成光谱区的电磁波总谱见表 6-1。

表 6-1　划分成光谱区的电磁波总谱

波长及其分区		2×10^5μm	1000μm	25μm	2μm	750nm	400nm	10nm	0.01nm
	无线电波区	微波区	远红外区	基频红外区	近红外区	可见区	紫外区	X 射线区	γ 射线区
运动形式	核自旋	电子自旋	分子转动及晶体的晶格转动	分子基频振动	主要涉及 O—H、N—H、C—H 键振动的倍频及合频吸收	外层电子跃迁		内层电子跃迁	核反应
光谱法	核磁共振谱法	微波光谱法	远红外光谱法	红外光谱法	近红外光谱法	紫外-可见光谱法		X 射线光谱法	γ 射线光谱法

红外光谱法的优点是特征性好，甚至可以用来分析同分异构体、立体异构体等，主要用于定性鉴别，适用于红外光谱法的样品范围很广。局限性是灵敏度欠缺，痕量分析有困难；定量也不如紫外-可见光谱法好；谱图解释主要靠经验。红外光谱不宜分析含水样品，但此时可以用激光拉曼光谱法，因而这两种技术能很好地相互补充。

第一节　红外光谱法的基本原理

一、红外吸收的本质

物质分子总是处于不停的运动状态之中，当分子经光照射吸收了光能后，运动状态将从基态跃迁到高能量的激发态。分子运动的能量是量子化的，它不能占有任意的能量。被分子吸收的光子，其能量必须等于分子动能的两个能量级之差，否则不能被吸收。

分子所吸收的能量为

$$E=h\nu=hc/\lambda \tag{6-1}$$

式中　E——光子的能量；

h——普朗克（P1anck）常数；

ν——光子频率；

c——光速；

λ——波长。

由式（6-1）可见，光子的能量与频率成正比，而与波长成反比。分子吸收光子后，依光子能量的大小可引起转动、振动和电子能级的跃迁等。红外光谱就是由分子的振动和转动引起的，因而又称为振-转光谱。

1. 振动模式

分子吸收能量后引起的基本振动模式有六种（以亚甲基为例，见表6-2）。

表 6-2　亚甲基的基本振动模式

振动模式		代号		示意图	亚甲基键的变化
伸缩	对称伸缩	ν	ν_s		改变键长
	不对称伸缩		ν_{as}		
弯曲（变形）	面内弯曲（剪式）	b 或 δ	δ 或 β		改变键角
	面外弯曲（扭绞）		r 或 t	+ −	
摇摆	面内摇摆	r	r 或 ρ		键长和键角都不变
	面外摇摆		w	+ +	

除了以上基频振动外，还可能得到其他频率的吸收，它们来自：

1）倍频振动频率：把两个原子核之间的振动看成质量为 μ 的单个质点运动，并把这个质点看作是一个谐振子，得到谐振子总能量公式

$$E_{振}=hc\nu\left(n-\frac{1}{2}\right) \tag{6-2}$$

式中　ν——谐振子的基频振动频率（cm^{-1}），根据谐振子选择定则。

$\Delta n=\pm1$，也就是说，谐振子只能在相邻两个振动能级之间跃迁，而且各个振动能级之间的间隔都是相等的，都等于 $hc\nu$。

但是实际分子不可能是一个谐振子，量子力学证明，非谐振子的选择定则不再局限于 $\Delta n=\pm1$，Δn 可以等于其他整数，即 $\Delta n=\pm1$，±2，±3，…，也就是说，对于非谐振子，可以从振动能级 $n=0$ 向 $n=2$，$n=3$ 或更高的振动能级跃迁，非谐振子的这种振动跃迁称为倍频振动。

倍频振动频率称为倍频吸收峰，倍频吸收峰又分为一级倍频吸收峰、二级倍频吸收峰。当非谐振子从 $n=0$ 向 $n=2$ 振动能级跃迁时所吸收光的频率称为一级倍频吸收峰，从 $n=0$ 向 $n=3$ 振动能级跃迁时所吸收光的频率称为二级倍频吸收峰。

由于绝大多数非谐振子都是从 $n=0$ 向 $n=1$ 振动能级跃迁，只有极少数非谐振子是从 $n=0$ 向 $n=2$ 振动能级跃迁，从 $n=0$ 向 $n=3$ 振动能级跃迁的非谐振子数就更少了。所以非谐振子的基频振动谱带的吸光度最强，一级倍频谱带很弱，二级倍频谱带就更弱了。

在中红外区，倍频吸收峰的重要性远不及基频吸收峰。但是在近红外区，观察到的都是倍频吸收峰。由于倍频吸收峰的吸光度远远低于基频吸收峰的吸光度，为了使倍频吸收峰的吸光度足够高，测量光谱时必须增大样品的厚度或浓度。表 6-3 列出了一些基团的基频、一级倍频吸收峰和二级倍频吸收峰的位置。

表 6-3　一些基团的基频、一级倍频吸收峰和二级倍频吸收峰的位置

振动模式	基频吸收峰/cm^{-1}	一级倍频吸收峰/cm^{-1}	二级倍频吸收峰/cm^{-1}
$\nu_{as}CH_2$	2635	5700	8700
νCH_4	3350	6600	10000
νCH	3650	7000	10500

由表 6-3 可以看出，一级倍频吸收峰大约在基频吸收峰位置的 2 倍处，二级倍频吸收峰大约在基频吸收峰位置的 3 倍处。

2）合频峰：合频峰也叫组频峰，合频峰又分为和频峰和差频峰。和频峰由两个基频吸收峰相加得到，它出现在两个基频之和附近。例如，两个基频分别为 X cm^{-1} 和 Y cm^{-1}，它们的和频峰出现在（$X+Y$）cm^{-1} 附近。差频峰是两个基频之差。在红外光谱中，和频峰与差频峰相比较，和频峰显得更重要。

由于合频峰只在非谐振子中出现，所以合频峰的频率一定小于两个基频之和。产生合频峰的原因是一个光子同时激发两种基频跃迁。在红外光谱中，和频峰是弱峰，不如基频吸收峰那么重要。但是当样品的厚度非常厚时，在光谱中会出现许多合频峰。

在水中的中红外和近红外光谱中，出现两个合频峰：

$3240cm^{-1}$（OH 伸缩振动）$+1640cm^{-1}$（H_2O 变角振动）$=5060cm^{-1}$（和频峰）

$1640cm^{-1}$（H_2O 变角振动）$+550cm^{-1}$（H_2O 摆动振动）$= 2070cm^{-1}$（和频峰）

合频和倍频属同一数量级，出现在高频区；而差频很弱，不易观察。每种分子可能有几种不同的振动方式，当入射光的频率与分子的振动频率一致，且分子的振动能引起分子的瞬间偶极矩变化时，分子即吸收红外光，即可产生红外光谱。

2. 影响基团频率位移的因素

（1）振动耦合　当分子中两个基团共用一个原子时，如果这两个基团的基频振动频率相同或相近，就会发生相互作用，使原来的两个基团基频振动频率距离加大，形成两个独立的吸收峰，这种现象称为振动耦合。耦合效应越强，耦合所产生的两个振动频率的距离越大。振动耦合形成的两个吸收峰都包含两种振动成分，但有主次之分。耦合程度越强，主次差别越大。红外活性的振动也可以与拉曼活性的振动发生耦合作用。

振动耦合现象在红外光谱中很常见。振动耦合主要存在三种方式：伸缩振动之间的耦合，伸缩振动和弯曲振动之间的耦合，弯曲振动之间的耦合。

（2）费米共振　当分子中的一个基团有两种或两种以上振动模式时，若一种振动模式的倍频或合频与另一种振动模式的基频相近，就会发生费米共振。费米共振的结果使基频或合频的距离加大，形成两个吸收谱带。费米共振还会使基频振动强度降低，而原来很弱的倍频或合频振动强度明显增大或发生分裂。

醛类化合物中的醛基—CHO 的 CH 伸缩振动频率和 CH 面内弯曲振动的倍频相近，因而发生费米共振，生成两个吸收谱带。如苯甲醛光谱中出现的两个吸收谱带 $2820cm^{-1}$ 和 $2738cm^{-1}$ 是费米共振作用的结果。

（3）诱导效应　两个原子之间的伸缩振动频率与折合质量的平方根成反比，与振动力常数的平方根成正比。当折合质量不变时，振动力常数越大，振动频率越高。振动力常数与两个原子之间的电子云密度分布有关。电子云的密度分布不是固定不变的，它会受到邻近取代基或周围环境的影响。当两个原子之间的电子云密度分布发生移动时，引起振动力常数的变化，从而引起振动频率的变化，这种效应称为诱导效应。

在红外光谱中，诱导效应普遍存在，许多基团频率的位移都可以用诱导效应得到合理解析。

（4）共轭效应　许多有机化合物分子中存在着共轭体系，电子云可以在整个共轭体系中运动。共轭体系使原子间的化学键键级发生变化，即振动力常数发生了变化，使红外谱带发生位移。共轭体系导致红外谱带发生位移的现象称为共轭效应。共轭效应分为 π-π 共轭效应，p-π 共轭效应和超共轭效应。

（5）氢键效应　在许多有机物、无机物和聚合物分子中，存在—OH、—COOH、—NH 和—NH_2 基团，在这些化合物中存在着分子间氢键或分子内氢键。氢键的存在使红外光谱发生变化的现象称为氢键效应。

（6）稀释效应　当液体样品或固体样品溶于有机溶剂中时，样品分子和溶剂分子之间会发生相互作用，导致样品分子的红外振动频率发生变化。如果溶剂是非极性溶剂，且样品分子中不存在极性基团，样品的红外光谱基本上不受影响。如果溶剂是极性溶剂，且样品分子中含有极性基团，那么样品的光谱肯定会发生变化。溶剂的极性越强，光谱的变化越大。所以在报告红外光谱时，必须说明测定光谱时所使用的溶剂。

二、红外光谱

目前红外光谱是通过红外光谱仪得到的，光谱图是由数据点连线组成的。每一个数据点由两个数组成，对应于 x 轴（横坐标）和 y 轴（纵坐标）。对于同一个数据点，x 值和 y 值决定于光谱图的表示方式，即决定于横坐标和纵坐标的单位。坐标的单位不同，这两个数的数值是不相同的。

1. 纵坐标的变换

采用透射法测定样品的透射光谱，光谱图的纵坐标只有两种表示方法，即透射率 T（Transmitrance）和吸光度 A（Absorbance）。

透射率 T 是红外光透过样品的光强 I 和红外光透过背景（通常是空光路）的光强 I_0 的比值，通常采用百分数（%）表示。

$$T=\frac{I}{I_0}\times 100\% \tag{6-3}$$

吸光度 A 是透射率 T 倒数的对数。

$$A=\lg\frac{1}{T} \tag{6-4}$$

透射率光谱和吸光度光谱之间可以互相转换，在计算机应用于红外光谱仪之前，仪器输出的光谱图为透射率光谱。由于没有计算机，不能将透射率光谱转换成吸光度光谱，所以在20世纪70年代以前发表的红外光谱文章中，红外光谱图纵坐标只能以透射率表示。

透射率光谱虽然能直观地看出样品对红外光的吸收情况，但是透射率光谱的透射率与样品的质量不成正比关系，即透射率光谱不能用于红外光谱的定量分析。而吸光度光谱的吸光度值 A 在一定范围内与样品的厚度和样品的浓度成正比关系，所以现在的红外光谱图大多以吸光度光谱表示。

2. 横坐标的变换

红外光谱图的横坐标单位有两种表示法，波数（cm^{-1}）和波长（μm）。二者之间的关系为

$$波数\times波长=10000$$

横坐标波数（cm^{-1}）和波长（μm）两个单位之间的变换可以通过红外窗口显示菜单来实现。

（1）横坐标以波数（cm^{-1}）为单位　在绘制中红外和远红外光谱图时，横坐标的单位通常采用波数（cm^{-1}）表示。中红外光谱图以波数为单位有等分法和裂分法两种表示方法。

1）等分法　光谱图的横坐标以波数为单位等间隔分布，这是常用的表示方法。

2）裂分法是在 $2000cm^{-1}$ 处裂分，在中红外区，$(2000\sim400)cm^{-1}$ 之间的吸收峰比 $(4000\sim2000)cm^{-1}$ 之间的吸收峰多得多，有机化合物更是如此。在一张中红外光谱图中，为了看清楚 $(2000\sim400)cm^{-1}$ 之间的吸收峰，将这一期间的光谱放大，而将 $(4000\sim2000)cm^{-1}$ 之间的光谱压缩。

（2）横坐标以波长（μm）为单位　在绘制近红外光谱图时，横坐标的单位习惯采用波长（μm）表示。这是因为近红外区靠近可见光和紫外线区，而紫外-可见光谱图的横坐标是

以波长（μm）表示的，中红外光谱图有时也采用波长（μm）表示。

三、红外光谱提供的主要信息

在红外光谱图中会有许多峰（又称谱带），它们分别对应于分子中某个或某些基团的吸收，因而红外光谱主要提供基团的信息。在获得一个红外光谱图后，首先要审核的是谱带的位置，其次是谱带的强度（峰的高度或面积），然后是谱带的宽度。这三个方面都能提供分子结构的信息。

1. 谱带位置

基团（或化学键）的特征吸收频率是红外光谱法最重要的数据，是定性鉴别和结构分析的依据。重要的官能团如 OH、NH、C═O 等的强特征吸收出现在（1300～4000）cm^{-1} 区域，该区域称为官能团吸收区；而（903～1300）cm^{-1} 区域称为指纹区，因为这部分的吸收常是相互作用的振动引起的，对不同试样可能都是独特的。要注意的是，基团的特征吸收频率会因分子中基团所处的不同状态以及分子间的相互作用而有所变动，比如氢键的形成会使吸收频率位移，结晶的吸收频率与无定形吸收频率不一样等。

2. 谱带强度

谱带强度常用来做定量计算，有时也可以用来指示某个官能团的存在。例如含有氯原子时，强度增加。谱带强度与分子振动的对称性有关，对称性越高，振动中分子偶极矩变化越小，谱带强度也就越弱。比如苯在 1600cm^{-1} 的谱带比较弱，是由于它的振动是对称的，但取代苯在 1600cm^{-1} 附近有较强的谱带。一般来说，极性较强的基团在振动时偶极矩的变化大，都有很强的吸收。

3. 谱带形状

峰的形状有时也很有用，比如酰胺的 γ(C═O) 和烯的 γ(C═C) 均在 1650cm^{-1} 附近有吸收，但由于酰胺基团的羰基大都形成氢键，其峰较宽，很容易和烯类相区别。

第二节　红外光谱仪的结构

傅里叶变换红外光谱仪的测量原理与色散型红外分光光度计不同，傅里叶变换红外光谱仪中首先把光源发出的光经迈克尔逊干涉仪变成干涉光，再让干涉光照射样品，检测器仅获得干涉图，而红外光谱图实际上是由计算机把干涉图进行傅里叶数学变换后得到的。傅里叶变换红外光谱仪的工作原理如图 6-1 所示。

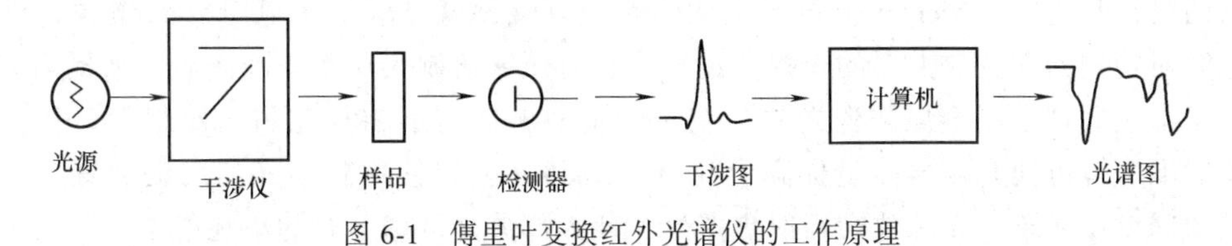

图 6-1　傅里叶变换红外光谱仪的工作原理

一、迈克尔逊干涉仪

傅里叶变换红外光谱仪的主要光学部件是迈克尔逊干涉仪，其原理如图 6-2 所示。

干涉仪包括两个互成 90°角的平面镜、光学分束器、光源和检测器。平面镜中一个固定不动的称为定镜，一个沿图示方向平行移动的称为动镜。动镜在平稳的移动中要时时与定镜保持 90°角。为了减小摩擦、防止振动，通常把动镜固定在空气轴承上移动。光学分束器具有半透明性质，放于动镜和定镜之间并和它们呈 45°角。它使入射的单色光 50%通过，50%反射，因而从光源来的一束光到达分束器时即被它分为两束，Ⅰ为反射光，Ⅱ为透射光。反射光垂直射到定镜上，在那里又被反射，沿原光路返回分束器，其中一半又透过分束器射到检测器，而另一半则被反射回光源。透射光Ⅱ也以相同经历穿过分束器射到动镜上，在那里被反射，沿原光路回到分束器，再被分束器反射，与Ⅰ光束一样射向检测器，Ⅱ光束的另一半则透过分束器返回光源。射向检测器的Ⅰ、Ⅱ两光束实际又会汇合在一起，但此时已具有干涉特性，当动镜移动不同位置时，即能得到不同光程差的干涉光强。

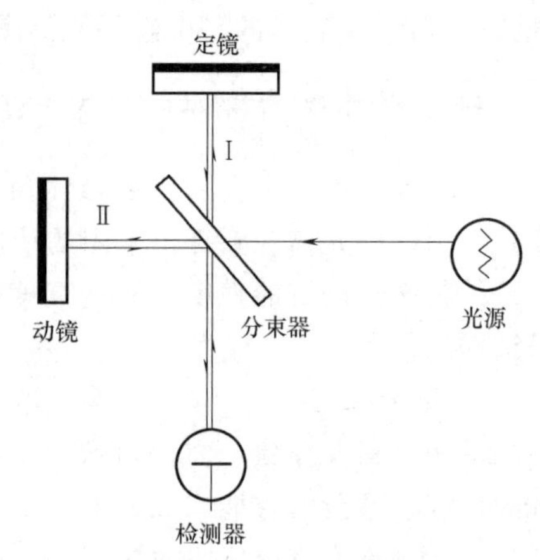

图 6-2　迈克尔逊干涉仪原理

迈克尔逊干涉仪把高频振动的红外光（频率约为 1014Hz）通过动镜不断移动调制成低频的音频频率（频率约为 102Hz）。例如动镜移动速度为 0.46cm/s，(4000~400)cm^{-1} 波数调制频率约为 128Hz。由此可见，傅里叶变换红外光谱仪在进行测量时，检测器上接收的实际是音频信号，这就是傅里叶变换红外光。

二、傅里叶变换红外光谱仪的光源、分束器和检测器

1. 光源的种类和性能

由于傅里叶变换红外光谱仪的波数覆盖范围很宽，而每种光源又只能发射一定强度的某一波段的辐射光，因此在测量不同红外区域时，需换用不同光源。

可见、近红外区（30000~4000)cm^{-1} 采用卤钨灯，中红外区（7800~400)cm^{-1} 采用炽热镍铬丝灯、金属陶瓷灯、硅碳棒，远红外区（400~50)cm^{-1} 采用硅碳棒，在（100~10)cm^{-1} 采用高压汞灯。

中红外测量中，小型仪器多用风冷热丝灯，大型仪器使用大功率的水冷硅碳棒灯。在远红外区 100cm^{-1} 以上采用硅碳棒灯，100cm^{-1} 以下则用汞灯最好。

傅里叶变换红外光谱仪的光源通常采用水冷和空冷两种方式，水冷效果较好，可以使用能量高的光源且稳定。Nicolet 公司开发的闭路循环液冷装置设有屏蔽分体式电源，可完全消除电源对检测器前置放大器的干扰。近年来也有厂家研制大功率空冷光源，来提高光源能量，Digilab 公司研制了金属陶瓷光源，使光能量输出提高了 30%左右；使用大口径短焦距光源反射准直镜可使光输出能量提高十几倍；Analect 公司使用新型光源反射装置，使用内层镀金的球型反光罩，光源放在辐射焦点处，使大部分光从球上开的小孔射出，不但加大了输出能量，而且还能使罩体自身温度不过热。

2. 分束器

分束器是用来分裂光束使之产生干涉的重要部件，实际上它是一个半透膜，能让光透过一半，反射一半。到目前为止，还未找到一种半透膜在红外光的各波段（近红外、中红外、

远红外）都具有半透性质，因此在不同的红外光谱区，需要选用不同材料的膜。这种膜一般很薄，厚度仅有几十纳米，只能镀在能透过红外光的特殊材料上。由于被镀的衬板会使光路不平衡，需要再增加一块同样材料的补偿板。采用先进的多次镀膜技术可使中红外区范围宽达（7800~400）cm^{-1}。分束器不好或镀膜有缺陷，其光谱范围比较小［（4000~400）cm^{-1}］，并可在本底能量图上观察到凹陷现象。

远红外分束器一般仅用薄薄的聚酯膜，但需要不同厚度的四个分束器才能覆盖（400~10）cm^{-1} 波段。因薄膜状分束器易受外界振动影响，噪声很大，给远红外材料测量造成困难，所以为取得较好的效果，需采用长时多次扫描累加技术，以便提高信噪比。Nicolet 公司研制的固体远红外分束器，抗振性强，而且仅用一个就可以覆盖（650~10）cm^{-1} 的远红外波段。

常用傅里叶变换红外光谱仪分束器见表 6-4。

表 6-4　常用傅里叶变换红外光谱仪分束器

类　型	波数范围/cm^{-1}	类　型	波数范围/cm^{-1}
石英	25000~3300	聚酯树脂膜 6.5μm	500~100
	9000~1200		
BaF2(镀 Si)	9000~900	聚酯树脂膜 12.5μm	240~70
ZnSe(镀 Ge)	3400~700	聚酯树脂膜 25μm	135~40
KBr(镀 Ge)	7800~400	聚酯树脂膜 50μm	90~25
CsI(镀 Ge)	6000~225	聚酯树脂膜 100μm	40~10
聚酯树脂膜 3μm	700~125	固体远红外分束器	650~20

3. 检测器

傅里叶变换红外光谱仪中的检测器不但要响应入射光的强度，而且要能响应其频率，因此它应是响应速度快、灵敏度高、测量波段较宽的一类检测器。但到目前为止，还没有一个检测器能覆盖红外光谱的全波段，一般仅能检测一定范围。它们有热电型和光电导型两种。

热电型检测器的波长特性曲线平坦，对各种频率响应几乎一样。在室温下可以使用，价格便宜，其缺点是响应速度快，灵敏度低，调制频率时信号减弱。光电导型检测器具有较高的灵敏度，一般比热电型高 10 倍左右。它的响应速度快，适用于高速测量，但需要液氮冷却，在低于 650cm^{-1} 的低频区，灵敏度下降。傅里叶变换红外光谱仪中常用的检测器见表 6-5。

表 6-5　傅里叶变换红外光谱仪中常用的检测器

名　称	类　型	工作温度/K	使用波数/cm^{-1}
DTGS(带 KBr 窗口)	热电型	295	5000~400
DTGS(带 CsI 窗口)	热电型	295	5000~200
DTGS(带 KRS-5 窗口)	热电型	295	5000~200
DTGS(带 PS 窗口)	热电型	295	400~10
MCT-A	光电导型	77(液氮)	5000~720

（续）

名　称	类　型	工作温度/K	使用波数/cm^{-1}
MCT-B	光电导型	77(液氮)	5000～400
InSb	光电型	77(液氮)	10000～1850
PbSe	光伏型	195 或 77	10000～2000
InSe	光电导型	77(液氮)	10000～3500
Si	P-N 结	259	25000～8000
氦冷电阻式测热辐射计	电阻式	4(液氦)	500～10
InSb/MCT	复合式	—	—

三、傅里叶变换红外光谱仪的计算机系统

傅里叶变换红外光谱仪的数据处理系统，是由大容量计算机和各种外围设备组成的。计算机通过接口与光学测量系统相连，可实现以下功能：

1）数据处理：①坐标变换，包括吸收率和透过率互换、波数和波长互换；②基线校正；③空白谱图某一区域的直线生成；④平滑曲线；⑤拟合曲线；⑥坐标扩展；⑦谱图放大缩小；⑧谱图微分处理。

2）定性分析：①差谱；②谱库自动检索；③计算机推定结构。

3）定量分析：①峰高法或面积法定量；②微分光谱定量；③多组分定量分析；④局部最小二次方定量分析；⑤曲线分析软件。

4）联机检测：①气相色谱/傅里叶变换红外光谱；②气相色谱/傅里叶变换红外光谱/质谱；③热重分析/傅里叶变换红外光谱；④显微成像/傅里叶变换红外光谱。

5）动态光谱数据处理及快速扫描。

6）仪器故障自检程序。

第三节　红外光谱法的应用

红外光谱法是鉴别聚合物最常用、最普遍和最有效的方法。红外光谱法的主要特点：

1）分析速度快，效率高。

2）不破坏被分析样品。

3）可以分析具有各种物理状态和各种外观形态的有机化合物和无机化合物。

4）测试重现性好。由于光谱测量的稳定性，测试结果很少受人为因素的影响。

5）红外光谱的基础（分子振动光谱学）已较成熟，因而对化合物的红外光谱解释比较容易掌握。

一、定性鉴别高聚物

对一张未知高分子的红外光谱进行定性鉴别的主要方法可归纳为以下四种。

1）将整个谱图当作“分子指纹”，与标准谱图对照。

2）按高分子的元素组成分组分析。

3）以最强峰为线索分组分析。

4）按流程图分析。

以下介绍其方法：

（一）分子指纹图法

一个分子的红外光谱是由各原子基团的吸收峰组成的，反过来通过这些吸收峰确定原子基团，可以分析出分子的化学组成。对每个吸收峰进行归属常常是烦琐和困难的，尤其对高分子材料更是如此。一种简单的方法是将测得的未知物红外光谱整个地与已知红外光谱对照，如果完全吻合，就可直接确定分子的归属。理论上峰的位置和强度都必须吻合，但实际上主要看峰的位置。而峰强度常难以一致，它与样品的厚度有关，在某种程度上还取决于所用仪器的种类。所以红外光谱不太适合于定量分析，仅能作为一种参考。

目前已出版了许多种有关高分子材料剖析方面的红外光谱书籍和谱图集，常用的有以下两种：

1）《萨特勒（Sadtler）谱图集》，为美国费城萨特勒研究室所编制。它分两大类，一类为纯度在98%以上的化合物红外光谱，另一类为商品光谱，其中包括单体和聚合物、橡胶、纤维、天然树脂、增塑剂、颜料等与高分子有关的光谱，还包括了聚合物裂解光谱。萨特勒标准谱图备有三种索引：对于已知物，可查阅分子式索引和字母顺序索引；对于已知大概类型和可能的官能团，可按化学分类索引查找，该索引以官能团类别为序；对于未知物，依据谱线索引检索，该索引以第一强峰为序。

2）赫梅尔（Hummel）和肖勒（Scholl）等著的《聚合物、树脂和添加剂的红外光谱分析》（*Infrared Analysis of Polymers, Resins and Additives, An Atlas*）一书，该书分为三册，第一册为《聚合物的结构与红外光谱图》，第二册为《塑料、橡胶、纤维及树脂的红外光谱图和鉴定方法》，第三册为《助剂的红外光谱图和鉴定方法》。

随着计算机技术的进步，当代的一些红外光谱仪软件已提供计算机检索功能，如珀金-埃尔默（Perkin-Elmer）红外工作站的软件就提供了大量高分子红外光谱图作为对照。如果身边既没有软件又没有谱图集，有效的办法是自己保存一些典型高分子的谱图，利用购买来的高分子标准样品或各方收集到的已知高分子样品，做出一批标准谱图备用。

在利用分子指纹图法进行对照时要注意由于高分子结构的复杂性，即使是简单的均聚物，也不能期望它们有完全相同的指纹图。高分子的不均一性表现在以下几方面：

1）分子长短不一。即使是规则的线性分子（不用说支化或网状分子）也存在分子长短的分布，从而端基的数量（甚至结构）就会有差别，而端基的化学结构与链的结构单元是不同的。

2）高分子不同的构型会引起不同的指纹图。如二烯烃有1,2加成，顺1,4加成和反1,4加成等不同的加成方式，单烯烃则可能有全同、间同和无规则等不同的立体结构。

3）分子的不同构象也对谱图有影响。无定形态和结晶态高分子可能就有不同的特征峰。由于高分子总是处于半结晶状态，因而结晶高分子的红外光谱应是无定形和结晶两部分光谱的叠加，它们的比例取决于样品过去的热处理和物理处理（如取向）。有时不同晶型也反映到红外光谱上（如尼龙66）。

对于共聚物，由于序列分布引起的分子结构差异以及分子堆砌方式或分子形状的影响等多种因素叠加在一起，将使谱图解析更为困难。因此在高分子谱图对照时，难以做到像小分子谱图对照那样精细。高分子品种繁多，记住全部谱图是不可能的，但熟悉常见品种的红外光谱却很有必要，对于鉴别会有很大帮助。

尼龙 66 的红外光谱如图 6-3 所示。

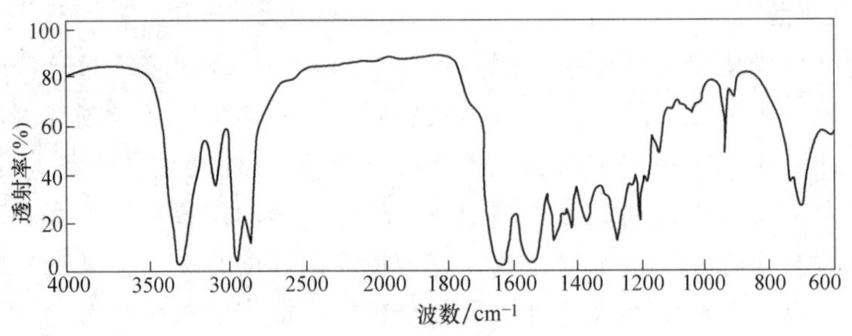

图 6-3　尼龙 66 的红外光谱

$1640cm^{-1}$（酰胺Ⅰ谱带）：羰基伸缩振动。

$1550cm^{-1}$（酰胺Ⅱ谱带）：N—H 弯曲和 C—N 伸缩振动的组合吸收。

$1260cm^{-1}$（酰胺Ⅲ谱带）：也是 C—N—H 的组合吸收。

$690cm^{-1}$：N—H 的面外摇摆。

$3090cm^{-1}$：$1550cm^{-1}$ 的倍频。

$3300cm^{-1}$：成氢键的 N—H 伸缩振动。

不同尼龙品种的区分主要依据（800~1400）cm^{-1} 间弱峰的差别，这些峰与结晶结构有关。因为不同的制备方法会得到不同结晶度的样品，所以未知物和标准物的测定都必须用同样的制备方法。

（二）按高分子的元素组成分组分析

如果从化学分析已经初步知道未知高分子所含的元素，就可以根据这个线索将高分子分成 5 组，分别是无可鉴别元素，含氮，含氯，含硫、磷或硅，含金属。

1. 无可鉴别元素的高分子

属于这种情况的有含 C、H 或含 C、H、O 两种高分子。首先要判断未知物是否含氧。除了简单的过氧基团—O—O—C—没有吸收外，其他含氧基团都产生至少中等强度的吸收峰。因而在 O—H 或 C═O 区域内有一个或更多个中等以上强度的吸收峰存在，可以说明未知物含氧。另一方面从 C—O 峰也能判断，C—O 峰总是很强，若（900~1350）cm^{-1} 出现的峰强度超过 $2900cm^{-1}$ 或 $1400cm^{-1}$ 附近 CH 峰的强度，则表明有氧存在。C、H、O 化合物中含氧基团的吸收峰见表 6-6。

表 6-6　C、H、O 化合物中含氧基团的吸收峰

基　团	谱带位置/cm^{-1}	备　注
—OH	3150~3550 或 3550~3700	弱，锐
>C═O	1550~1825	强，宽
—C—O—（C 另有两个键）	900~1350	强，宽度有变化，通常多峰

（1）只含碳和氢的高分子　所有饱和烃高分子都在 2940cm^{-1} 左右和（1430～1470）cm^{-1} 出峰（经常是多峰），大多数烃还含有甲基，在 1370cm^{-1} 左右有吸收。环烷烃没有特殊的规律，只是在（770～1430）cm^{-1} 范围内有几个中等强度的锐峰。

不饱和烃除 $R_1R_2C=CR_3R_4$ 外，都在（670～1000）cm^{-1} 有特征峰可用于鉴别。这些谱带可用来区别聚烯烃和聚二烯烃。但由于这些谱带受邻近基团的影响很大，所以利用价值有限。

芳烃在（670～900）cm^{-1} 有一些相对较强的峰，可表征苯环及各种取代苯环，它们用于鉴定烃基苯、氯代苯和酚都很可靠，但对另一些化合物，特别是苯环与羰基共轭时，这些峰会有些变化而失去可靠性。多数芳烃在（1430～1670）cm^{-1} 有若干弱的锐峰，是苯环骨架振动的吸收。在（1600～2000）cm^{-1} 内，对应于不同的取代苯类型会出现一系列弱的特征谱带，归属于苯环上 C—H 面外弯曲振动的倍频与合频。

饱和烃基团的谱带见表 6-7，不饱和烃和芳烃基团的谱带见表 6-8。

表 6-7　饱和烃基团的谱带

基　团	振动模式	谱带位/cm^{-1}	备　注
$—CH_2—$	$\nu_s(CH_2)$ $\nu_{as}(CH_2)$	2850 2925	可靠，强
$—CH_3$	$\nu_s(CH_3)$ $\nu_{as}(CH_3)$	2870 2970	难以观察，除非 CH_3 浓度高
$>C—H$（叔碳）	$\nu(CH)$	2890	很难观察
$—C(=O)—H$	$\nu(CH)$	2720	对鉴定醛类很有用
$—CH_2—$	$\delta(CH_2)$	1465	可靠，当邻近有氯或氧时移向低频
$—CH_3$	$\delta_{as}(CH_3)$	1450	难以和 CH_2 区分
$>C—CH_3$	$\delta_s(CH_3)$	1375	—
$>C(CH_3)_2$	$\delta_s(CH_3)$	1365，1380	很有用，鉴定复杂结构的甲基很可靠
$—C(CH_3)_3$	$\delta_s(CH_3)$	1365，1390	—
$>C—H$（叔碳）	$\delta(CH)$	1320	偶尔有用

（续）

基　　团	振动模式	谱带位/cm^{-1}	备　　注
$-CH(CH_3)_2$	$\nu(CC)$ $\delta(CH_3)$	1155,1170	于烃类很有用,当有其他元素时用途有限
$-C(CH_3)_3$	$\nu(CC)$ $\delta(CH_3)$	1225	
$>C(CH_3)_2$	$\nu(CC)$ $\delta(CH_3)$	1205	
$>CH(CH_3)$	$\nu(CC)$ $\delta(CH_3)$	1155	
$-CH(CH_3)-CH(CH_3)-$	$\nu(CC)$ $\delta(CH_3)$	1072,1125,1157	
$\geq C-(CH_2)_n-CH_3$	$r(CH_3)$	$n=0$　971 $n=1$　926 $n=2$　909 $n>3$　890	主要用于支化聚乙烯
$>CH-(CH_2)_n-CH_3$	$r(CH_2)$	$n=1$　770 $n=2$　740 $n=3$　725 $n>3$　721	用于碳数较高的α-烯烃和支化的聚乙烯
$\geq C-(CH_2)_n-C\leq$	$r(CH_2)$	$n=1$　770 $n=2$　752 $n=3$　733 $n=4$　730 $n=5$　727 $n>5$　无定形 720 结晶 720,730	用于聚烯烃及其共聚物

表 6-8　不饱和烃和芳烃基团的谱带

基　　团	$\nu(CH)$	$\nu(C=C)$	$\beta(CH)$	$\gamma(CH)$
$-CH=CH_2$	3030,3085	1643	1300,1410	910,990
$>C=CH_2$	3080	1650	1410	888

（续）

基　团	ν(CH)	ν(C=C)	β(CH)	γ(CH)
$_{H}\rangle C{=}C\langle^{H}$	3030	1660	1300	965
$_{H}\rangle C{=}C\langle_{H}$	3030	1653	≈1410	≈690
$\rangle C{=}C\langle_{H}$	3030	1675	1350	830
$\rangle C{=}\overset{\vert}{C}{-}\underset{\vert}{C}{=}C\langle$	3000,3085	1600	1310,1370	910,1010
—C≡C—H	3030	≈2200	—	≈650
苯 单取代 邻位双取代 间位双取代 对位双取代 1,2,3—三取代	3030 3030 3030 3030 3030 3030	1550~1600 1550~1600 1550~1600 1550~1600 1550~1600 1550~1600	1490 1490 1490 1490 1490 1490	690 690,750 750 775 810 750

（2）含碳、氢、氧的高分子

1）含羰基的高分子：虽然在（1550~1825）cm^{-1} 内的 C═O 伸缩振动峰可作为含羰基高分子的主要判据，但其他波数的证据也是必需的，含羰基化合物的谱带见表 6-9。

脂肪酯与醛、酮难以区分，它们的羰基吸收峰位置差别很小。许多醛和酮在（910~1330）cm^{-1} 有强的吸收峰，但易与酯的 C═O 吸收峰相混淆。大多数醛在 $2720cm^{-1}$ 有 C—H 的吸收峰，可以凭此区别开来，幸运的是在高分子中很少遇到脂肪醛和酮。

在酸中由于羧基与羟基形成很强的氢键，使得羟基在 $3330cm^{-1}$ 的吸收峰难以观察。酸的证据只有 C—H 在 $2900cm^{-1}$ 的吸收峰加宽，以及 C═O 的吸收峰向低波数位移。

表 6-9　含羰基化合物的谱带

化　合　物	基　　团	羰基谱带的位置/cm^{-1}	证实谱带/cm^{-1}
芳香酸酐	C_6H_5—CO—O—CO—C_6H_5	1785,1800	芳香结构
	$C_6H_4(CO)_2O$	1740,1795	C—O 1050~1150
酰氯	R—CO—Cl	1780	—

（续）

化合物	基团	羰基谱带的位置/cm^{-1}	证实谱带/cm^{-1}
芳香酰亚胺	邻苯二甲酰亚胺基（$C_6H_4(CO)_2N—$）	1718,1780	芳香结构
脂肪酸的芳香酯	$R—COO—C_6H_5$	1770	C—O 1150,1220
芳香酸的芳香酯	$C_6H_5—COO—C_6H_5$	1745	C—O 1100～1300 多峰
脂肪酸的脂肪酯	$R_1—COO—R_2$	1735	C—O 1170
脂肪醛	R—CO—H	1730	C—H 2720
芳香酸的脂肪酯	$C_6H_5—COO—R$	1720	C—O 1120,1260
脂肪酮	$R_1—CO—R_2$	1715	C—O 1215～1325
脂肪酸(二缔体)	R—COOH	1710	C—O ～1300,OH～930
芳香酸(二缔体)	$C_6H_5—COOH$	1690	芳香结构
二芳香酮	$C_6H_5—CO—C_6H_5$	1665	芳香结构
邻羟基二芳香酮	$HO—C_6H_4—CO—C_6H_5$（OH 在邻位）	1645	芳香结构
羧酸盐	$[R—CO_2]^-$	1400,1540	—

2）含羟基的高分子：羟基吸收峰在（3130～3700）cm^{-1} 区域内。对于任何情况下都不形成氢键的“自由”状态羟基（如酚羟基附近有大的取代基时），在（3570～3700）cm^{-1} 有宽峰。多数羟基化合物的分子间会形成氢键，从而在（3130～3570）cm^{-1} 出现强的宽峰。这类化合物若在惰性溶剂的稀溶液中测定，羟基吸收峰变得很锐利，且落入（3570～3700）cm^{-1} 范围。如果在稀溶液中测定也没有变化，说明羟基与分子的其他极性基团形成氢键，羟基间不存在氢键。形成分子内氢键时羟基吸收峰是（3130～3570）cm^{-1} 的锐峰。含羟基高分子的谱带见表 6-10。

（3130～3700）cm^{-1} 区域的谱带对于指示羟基的存在是很可靠的，尤其是酚。但要注意水的干扰，以及 N-H 基团和羰基伸缩振动的倍频的干扰。

表 6-10 含羟基高分子的谱带

化合物	振动模式	谱带的位置/cm^{-1}	备注
醇、酚、酸、氢过氧化物	ν(O—H)	3150~3700	—
脂肪酸(二缔体)	ν(C=O)	1710	在稀溶液中移向高波数
芳香酸(二缔体)	ν(C=O)	1690	
酸	ν(C—O)	1280	常见有多峰,芳香醚也在此波数有吸收
酚	ν(C—O)	1220	
三级醇	ν(C—O)	1150	不可靠
二级醇	ν(C—O)	1100	—
一级醇	ν(C—O)	1050	—
酸	γ(O—H)	930	只存在于二缔体中

3）醚类高分子：在（910~1330）cm^{-1} 范围出现最强吸收峰的化合物可能是醚。但脂肪醚易与醇混淆，芳香醚类似于酚或某些芳香酯，在确定醚之前必须证实是否有羰基和羟基存在。

4）酯类：酯类由于具有 $\nu_{C=O}$ 及 ν_{C-O-} 两个特征频率，且吸收强度一般较强，所以比较容易与其他羰基化合物区分开。故用红外光谱法鉴识酯类，多数情况下不会有什么困难。

2. 含氮高分子

许多含氮基团有特征峰，但以下结构没有特征吸收：

—N=N—和 $-\overset{|}{\underset{|}{C}}-N\begin{matrix}C\equiv\\C\equiv\end{matrix}$

从而使偶氮化合物和叔胺（包括季铵）的谱图分析产生困难。

（1）酰胺基团 二级酰胺在（1560~1640）cm^{-1} 有两个强度相等的吸收峰，是谱图中的主峰。(830~1670）cm^{-1} 间的峰是复杂的，一般聚酰胺在这个区域有很多吸收峰，峰的位置和强度受结晶态的影响较大。而脲醛树脂和天然蛋白质的酰胺吸收峰则通常较宽而且不确定。一级酰胺只在 1640cm^{-1} 附近有一个吸收峰，通常形状复杂但非常强。

（2）聚酰亚胺 聚酰亚胺最有用的吸收峰是酰亚胺环上羰基的 1720cm^{-1} 和 1780cm^{-1} 双峰，1780cm^{-1} 是弱的锐峰，而 1720cm^{-1} 的吸收峰则较宽和较强。

（3）聚酰胺酰亚胺 它的谱图中酰胺和酰亚胺的吸收峰并存，因而在 1670cm^{-1} 附近有 4 个强吸收峰，表明未知物是聚酰胺酰亚胺，很可靠。

（4）聚氨酯 存在二级酰胺的一对峰，但位置在 1540cm^{-1} 和 1690cm^{-1}。

（5）腈类和异氰酸酯 这两类基团都在 2270cm^{-1} 附近有一个特征峰，由于此峰离其他峰较远，较易识别。但这两类基团间的区别是困难的，差别表现在异氰酸酯的峰很强，约是腈类的 100 倍，形状也经常是双重的和不规则的。

（6）其他含氮高分子 共价硝酸酯和硝基化合物产生易识别的峰，1,3,5-三嗪（如在三聚氰胺甲醛树脂中）在 1540cm^{-1} 和 1560cm^{-1} 有强峰，同时在 830cm^{-1} 有弱峰。含氮高分子的主要谱带见表 6-11。

表 6-11 含氮高分子的主要谱带

化合物	谱带位置/cm^{-1}	备注
脂肪族胺	1550~1650,3300~3500	3330 的峰在一级胺中分裂为双峰，三级胺不分裂，芳香族强，脂肪族弱；二级胺在 715 和 770 左右有两个宽峰
芳香族胺	1250~1350,1550~1650,3300~3500	
一级和三级酰胺	1620~1660(双峰),3180~3220,3320~3360	三级酰胺在 3330 附近没有峰
二级酰胺	1515~1570,1630~1670,3140~3330	在 715 和 770 左右有两个宽峰，内酰胺在 1560 附近没有峰
聚氨酯	1520~1550,1690~1735,3200~3330	与二级酰胺的主要区别是 1690~1735 峰的位置
聚酰亚胺	1680~1800(两个峰)	低波数的峰较强
聚酰胺酰亚胺	1600~1800(四个峰)	两个是酰亚胺峰，两个是酰胺峰
铵盐 NH_4^+	~1400,~1600,3200~3330	
取代的铵 NH_2^+ 和 NH_3^+	2000~2800,3330~3350	在 2000~2800 间有一系列弱的锐峰
腈类、异腈酸酯	2200~2280	腈类的峰弱而锐，异氰酸酯则强而宽
磺酰胺	1140~1180,1300~1370,3250~3400	3300 对带 NH_2 者为双峰，对带 NH 者为单峰
共价硝酸酯	1250~1300,1600~1650	吸收很强
硝酸根	1370~1400	在 820~840 还有弱的锐峰
硝基化合物	1335~1385,1510~1570	很强的锐峰
1,3,5-三嗪化合物	1520~1560	很强的宽峰，还在 815 有弱峰

3. 含氯高分子

C—Cl 基团常常产生较宽的中强峰，但位置变化太大而用处有限。聚偏二氯乙烯的 CCl_2 基团在 1060cm^{-1} 的强峰很有用，在结晶聚合物中分裂成锐利的双峰，是很有意义的特征峰。含氯高分子的谱带见表 6-12。

表 6-12 含氯高分子的谱带

基团	振动模式	谱带位置/cm^{-1}	备注
$—CHCl—CH_2—CH_2—$	$\delta(CH_2)$	1440	乙烯类聚合物中$—CH_2—$峰出现在 1430cm^{-1} 附近
$—CHCl—CH_2—CHCl—$	$\delta(CH_2)$	1430	
$—CCl_2—CH_2—CHCl—$	$\delta(CH_2)$	1420	
$—CCl_2—CH_2—CCl_2—$	$\delta(CH_2)$	1400	
$—CH_2—CHCl—CH_2—$	$\delta(CH)$	1254,1333	单 C—H 基团的弯曲振动
$—CHCl—CHCl—CHCl—$	$\delta(CH)$	1273	
$—CH_2—CCl_2—CH_2—$	$\nu(CC)$	1060	在聚偏二氯乙烯及其共聚物中
—C—Cl	$\nu(CCl)$	620~830	位置变化很大

4. 含硫、磷或硅的高分子

S—S、S—C 没有特征峰，S—H 峰也很弱，但是 S=O 峰很强，如在高聚物中遇到的硫酸盐、二芳砜、磺酸酯和磺酰胺等的峰都是很强的。(1110~1250) cm^{-1} 间的强峰可以说明硫的存在。如果化学试验中发现有氮，则在 1320cm^{-1} 处应有吸收峰，表明是磺酰胺。

和硫相似，磷的有用吸收峰来自 P=O 键。P—H 基团是例外，在 2380cm^{-1} 附近有中强的特征峰。磷在高分子中常以磷酸酯的形式存在，其 P—O—C 基团在 970cm^{-1} 有吸收，在 1030cm^{-1} 有一个更强且宽的峰。

Si—H 峰在 2170cm^{-1} 非常突出很易识别。Si—O 在 (1000~1110) cm^{-1} 之间有强的复杂的宽峰。Si 甲基和 Si 苯基分别在 1250cm^{-1} 和 1430cm^{-1} 出现尖锐的峰。Si—OH 的吸收峰类似于醇的 OH 基频吸收峰。

5. 含金属的高分子

这类高分子主要是羧酸盐，在 (1540~1590) cm^{-1} 有非常强的吸收，其位置更多地取决于金属阳离子而不是羧酸。该峰十分尖锐，有时有双峰。在低浓度时羧酸盐的峰与芳环的峰有些相混淆。

（三）以最强峰为线索分组分析

较强的谱带对应的基团浓度较大，所以在鉴定上特别重要。如果高分子中含有极性基团，对应于极性基团的谱带往往是最强的，能够很好地反映这种高分子的结构。

按高分子红外光谱的第一吸收，可将图从 (1800~600) cm^{-1} 分为六组，即六个区，含有相同极性基团的同类高分子的吸收峰大多在同一个区内。需要说明的是，有些高分子的第一吸收出现在此范围内。

1 区：(1700~1800) cm^{-1}，聚酯，聚羧酸，聚酰亚胺等。

2 区：(1500~1700) cm^{-1}，聚酰胺，脲醛树脂，密胺树脂等。

3 区：(1300~1500) cm^{-1}，聚烯烃，有氯、氰基等取代的聚烯烃，某些聚二烯烃（天然橡胶）等。

4 区：(1200~1300) cm^{-1}，聚芳醚，聚砜，一些含氯聚合物等。

5 区：(1000~1200) cm^{-1}，脂肪族聚醚，含羟基聚合物，含硅和氟的高分子等。

6 区：(600~1000) cm^{-1}，苯乙烯类高分子，聚丁二烯等含不饱和双键高分子，一些含氯聚合物等。

（四）按照流程图对高分子材料进行定性鉴别

图 6-4 所示为利用肯定或否定法鉴别高分子材料的流程图。

高分子材料红外光谱中主要谱带的波数与结构的关系如图 6-5 所示。

二、定量分析

（一）红外光谱法定量分析基础

光谱定量分析的基础是朗伯-比耳（Lambert-Beer）定律。

$$A = \lg I_0 / I = Klc \tag{6-5}$$

式中　A——吸光度或光密度；

I_0、I——入射光和透射光强度；

K——吸光系数或消光系数；

l——试样厚度；

c——物质浓度。

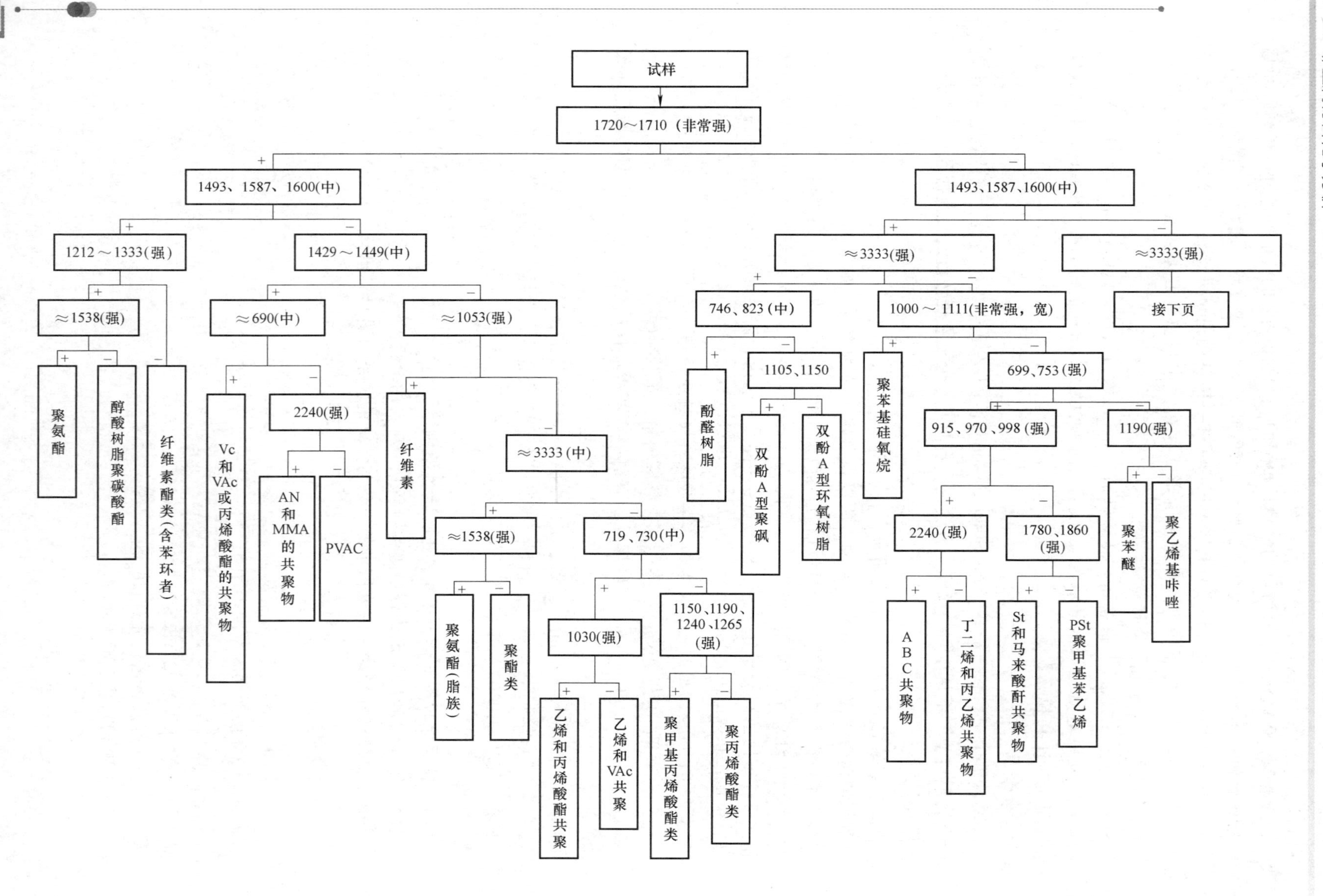

试样
1720～1710（非常强）
1493、1587、1600(中)
1493、1587、1600(中)
1212～1333(强)
1429～1449(中)
≈3333(强)
≈3333(强)
≈1538(强)
≈690(中)
≈1053(强)
746、823(中)
1000～1111(非常强，宽)
接下页
聚氨酯
醇酸树脂聚碳酸酯
纤维素酯类(含苯环者)
Vc和VAc或丙烯酸酯的共聚物
2240(强)
AN和MMA的共聚物
PVAC
纤维素
≈3333(中)
≈1538(强)
719、730(中)
聚氨酯(脂族)
聚酯类
1030(强)
1150、1190、1240、1265(强)
乙烯和丙烯酸酯共聚
乙烯和VAc共聚
聚甲基丙烯酸酯类
聚丙烯酸酯类
酚醛树脂
1105、1150
双酚A型聚砜
双酚A型环氧树脂
聚苯基硅氧烷
699、753(强)
915、970、998(强)
1190(强)
2240(强)
1780、1860(强)
ABC共聚物
丁二烯和丙乙烯共聚物
St和马来酸酐共聚物
PSt聚甲基苯乙烯
聚苯醚
聚乙烯基咔唑

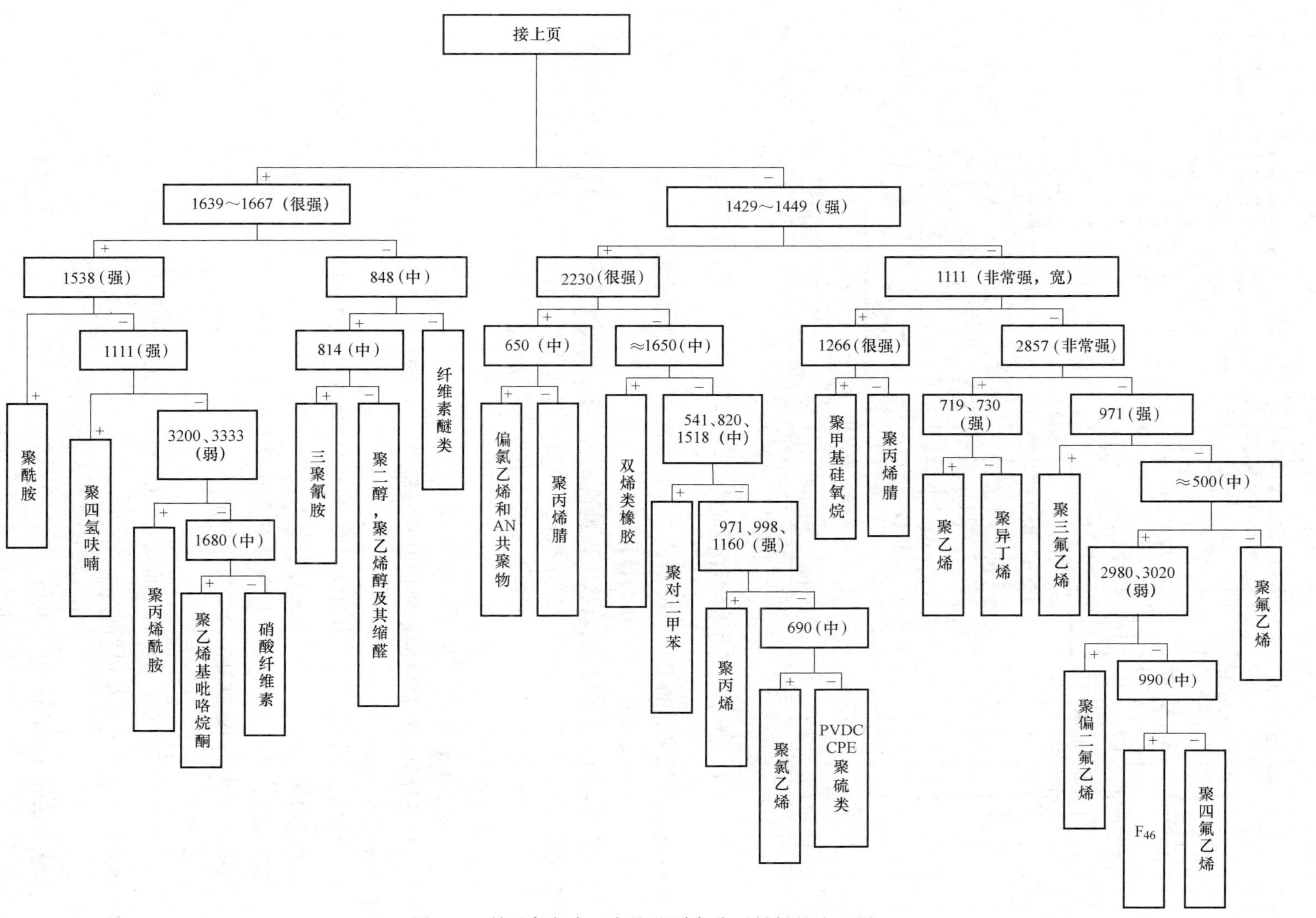

图 6-4　利用肯定或否定法鉴别高分子材料的流程图

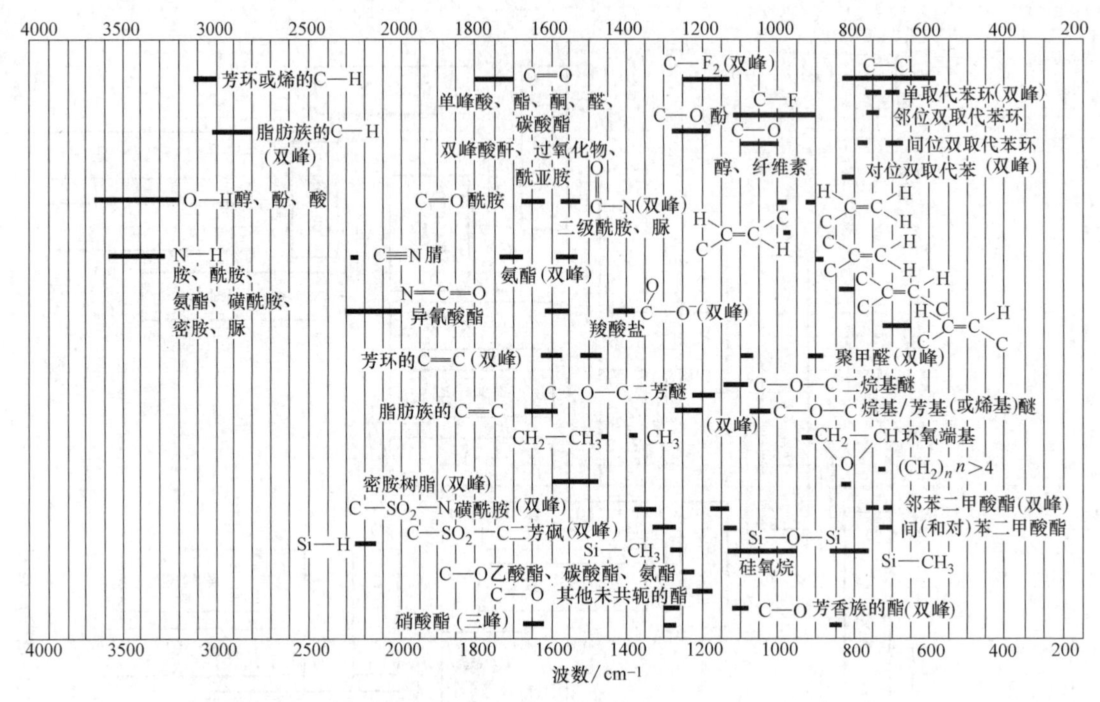

图 6-5 高分子材料红外光谱中主要谱带的波数与结构的关系

选择合适的分析谱带是定量分析的一个首要问题。要选择吸收强度大（透射率 25%～50%为主），且不受其他组分干扰的特征谱带。

吸光度的测定一般采用基线法（即峰高法）。峰高法虽然简便，但不能反映峰的宽窄（即吸收能量的差别），很多仪器操作条件因素都会导致定量误差。因而更准确的方法是用积分强度法（即峰面积法），所测数据能通用于各型号仪器。

计算方法主要有以下几种。

1. 直接应用朗伯-比耳定律

由于样品厚度是可准确测量的，因而只需用一个已知浓度的标准样品测定吸光度 A 就可求出吸光系数 K。

由于红外狭缝较宽，单色性较差，朗伯-比耳定律有时会有偏差。当浓度变化范围较大时，吸光度可能与浓度不呈线性关系，此时应当测定一系列已知浓度的标准样品的吸光度，画出工作曲线，然后在相同的试验条件下利用工作曲线分析未知物浓度。这种方法很可靠，但也费事，一般应用于重复性的常规分析中。

2. 比例法

这是利用吸光度的比值求出样品组分含量的方法。对二元体系，若两组分特征谱带不重叠，则根据朗伯-比耳定律得到

$$A_1=K_1lc_1, A_2=K_2lc_2, c_1+c_2=1$$

两谱带的吸光度比值为

$$R=A_1/A_2=K_1c_1/K_2c_2=Kc_1/c_2 \tag{6-6}$$

利用已知浓度比的样品求出 K 值，再反过来利用已知的 K 值计算未知样品的浓度 c_1 和

c_2。这种方法不需要测量样品厚度，对于高分子薄膜、涂膜或溴化钾压片等样品特别方便，因而在高分子共混物或共聚物等的定量分析中最常用。

类似地，当浓度变化范围较大，K 值不是常数时，可利用工作曲线。这个方法也可推广到三元体系，不过需要做两条工作曲线。

比例法也可用于测定多组分体系中的某一个组分，此时需要应用内标，所以又称为内标法。

方法是在未知样品内混入一定量的内标物质，根据朗伯-比耳定律有

$$A_{未}=K_{未}\ lc_{未},A_{标}=K_{标}\ lc_{标}$$

所以

$$A_{未}/A_{标}=Kc_{未}/c_{标} \tag{6-7}$$

因为未知样品与内标物质的浓度比是已知的，所以测定两者在各自分析谱带的吸光度就可求出 K 值。

同样，当 K 不恒定时内标法也可利用工作曲线。

常用的内标物质及特征谱带如下：

硫氰化钾	KSCN	$2100cm^{-1}$
硫氰化亚铁	$Fe(SCN)_2$	$1635cm^{-1}$，$2130cm^{-1}$
硫氰化铅	$Pb(SCN)_2$	$2045cm^{-1}$
六溴苯	C_6Br_6	$1255cm^{-1}$，$1300cm^{-1}$
叠氮化钠	NaN_3	$640cm^{-1}$，$2120cm^{-1}$

有时不必外加内标物质，而是利用样品中已有的与要分析的结构无关的另一特征谱带作为测量厚度的内标。详见后述的关于测定全同聚丙烯立体规整性的例子。

3. 联立方程法

在多组分体系中，若每一个组分的分析谱带受到其他组分谱带的干扰，应采用联立方程法。根据吸光度加和定律，当某一组分对一分析谱带有主要贡献，而在这个波数位置上其他组分的吸收也有贡献时，总吸收应等于各组分吸收的和。据此可列出联立方程式，详见后面的双烯高分子立体构型的鉴定实例。

由于解联立方程的计算工作量很大，现代的红外光谱仪器均带有功能良好的计算机，借助所配备的计算机，运用线性代数中矩阵法解联立方程成为十分实用的方法。

红外定量分析的准确度，若不考虑样品称量、溶液配制和槽厚在测定中所引起的误差，主要考虑吸光度的测定所引起的误差，±1%的误差是它的最佳极限值，实际上是比±1%大，因此红外光谱用得最多的还是定性分析。

（二）红外结构分析基础

高分子中官能团所处的环境以及官能团之间的相互作用都会引起谱带的位移、分裂或产生新的特征吸收。这种情况常在有序、有规的结构中表现得比较明显。总的来说，高分子的红外谱图在结构分析方面有以下四种谱带值得特别注意。

1. 构象谱带

如聚对苯二甲酸乙二醇酯中的—O—CH_2—CH_2—O—基团，反式构象 $\diagup^{O}\diagdown_{CH_2}\diagup^{CH_2}\diagdown_{O}\diagup$ 的特征峰是 $840cm^{-1}$ 和 $970cm^{-1}$，而左右式构象 —O—CH_2—CH_2—O— 的特征峰是 $890cm^{-1}$ 和 $1140cm^{-1}$。

2. 立构规整性谱带

如聚丁二烯的几何异构体，其不饱和双键上的 CH 的面外弯曲振动分别为

顺1,4　$\mathrm{C(R)(H)=C(R')(H)}$　738cm⁻¹

反1,4　$\mathrm{C(R)(H)=C(H)(R')}$　967cm⁻¹

1,2　$\mathrm{C(R)(R')=C(H)(H)}$　910cm⁻¹

3. 构象规整性谱带

如聚四氟乙烯，在 19℃时从 13/6 螺旋构象变为 15/7 螺旋构象，CF_2 面外摇摆振动从 $638cm^{-1}$ 变为 $625cm^{-1}$。

4. 结晶谱带

结晶中相邻分子互相偶合，使谱带产生分裂，分裂的谱带仅有一条是红外活性的。真正的结晶谱带在样品熔融时应消失。实际上，真正的结晶谱带较少遇到，常用以计算结晶度的所谓结晶谱带，是以上其他类型的规整性谱带在结晶中的反映。有时不同晶型能给出不同谱带，典型的情况如尼龙的 α 型和 γ 型结晶，但这种情况不多见。

（三）红外光谱法在高分子结构分析中的应用

1. 键接方式的测定

将聚氯乙烯与锌反应，头-头结构会生成不饱和双键，而头-尾结构不反应。

$$\mathrm{-\!\!\left(CH_2-\underset{Cl}{\underset{|}{CH}}-\underset{Cl}{\underset{|}{CH}}-CH_2\right)\!\!-\xrightarrow{Zn}-\!\!\left(CH_2-CH=CH-CH_2\right)\!\!-}$$

头 - 头结构

根据 C ═C 特征峰，可测定头-头结构的含量。

2. 全同聚丙烯立体规整性的测定

全同聚丙烯没有立体规整性谱带，但有 $975cm^{-1}$ 和 $998cm^{-1}$ 两条构象规整性谱带，由于 $998cm^{-1}$ 谱带与（11~13）个重复单元有关，可能受结晶的影响，因而多半用作结晶谱带计算结晶度。而 $975cm^{-1}$ 与较短的重复单元有关，可用来测定等规度。

$$等规度 = KA_{975}/A_{1460} \tag{6-8}$$

$1460cm^{-1}$ 是不受等规度影响的 CH_2 弯曲振动谱带，在这里用作测量薄膜厚度的内标。K 值可利用庚烷萃取的样品（等规度接近 100%）测得。

3. 双烯高分子立体构型的测定

用红外光谱可以测定聚丁二烯中各种几何异构体的含量。聚丁二烯各异构体谱带的吸收率见表 6-13。

表 6-13　聚丁二烯各异构体谱带的吸收率　　（单位：L/mol · m）

异构体	$910cm^{-1}$	$967cm^{-1}$	$738cm^{-1}$
纯 1,2	14400	447	125
纯反 1,4	0	12600	0
纯顺 1,4	57.8	329	3090

分别选择 $910cm^{-1}$、$967cm^{-1}$ 和 $738cm^{-1}$ 谱带作为1,2、反1,4和顺1,4-异构体的分析谱带。由于各组分的分析谱带互相干扰，所以采用联立方程法，即

$$\left.\begin{aligned} A_{910} &= (K_{11}c_1 - K_{12}c_2 - K_{13}c_3)l \\ A_{967} &= (K_{21}c_1 + K_{22}c_2 - K_{23}c_3)l \\ A_{738} &= (K_{31}c_1 - K_{32}c_2 + K_{33}c_3)l \end{aligned}\right\} \tag{6-9}$$

式中　c_1、c_2、c_3——依次代表各异构体的浓度，并有 $c_1+c_2+c_3=1$。

其中各分析谱带的吸收系数均预先用已知纯样求出。测定未知物时，前三个方程两两相除消去 l，实得两个方程，再与浓度方程联立，解出三个未知数 c_1、c_2 和 c_3。

4. 聚乙烯支化度的测定

只要测定聚乙烯端甲基的浓度就可以计算支化度。一般以 $1378cm^{-1}$ 甲基对称弯曲振动谱带作为分析谱带，但这个谱带受附近的 CH_2 面外摇摆（$1353cm^{-1}$ 和 $1368cm^{-1}$）的干扰。排除干扰的方法是差示光谱技术。聚乙烯样品放在测试光路上，而在参比光路上放入没有支化的线型聚乙烯或特别合成的聚亚甲基的楔型薄膜。调整楔型薄膜的厚度，使得 $1366cm^{-1}$ 和 $1400cm^{-1}$ 有相同的吸收（约70%透射率处）。由于在 $1400cm^{-1}$ 处两者都无吸收，因此可将 $1366cm^{-1}$ 调成基线，从而可以得到单一 CH_3 振动谱带的差示光谱，如图6-6所示。然而仍需用已知 CH_3 浓度的聚亚甲基标准样品来求得吸收系数 K。

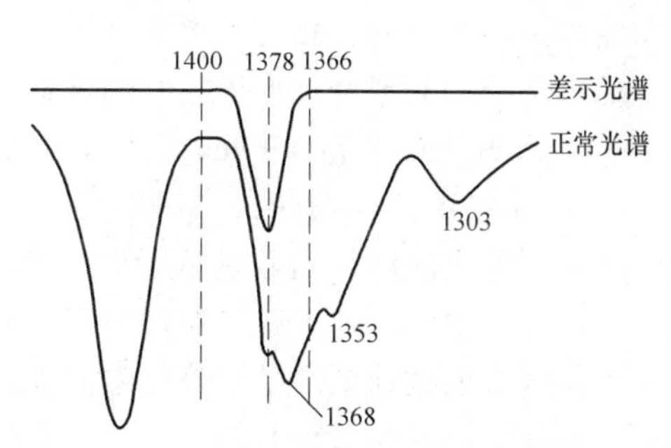

图6-6　利用差示光谱技术测定聚乙烯的支化度

另一种方法是测定相应 CH_3 和 CH_2 的两种谱带的吸收比。再根据两种基团中氢的比例就可以推算出支化度。

如果要进一步知道支链长度，比如高压聚乙烯中短支链的情况，可通过测定甲基、乙基和丁基的弯曲振动谱带（分别为 $1378cm^{-1}$、$770cm^{-1}$ 和 $725cm^{-1}$）得知。

5. 共聚物或共混物的组成测定

首先每一组分必须选择一条比较尖锐的特征谱带。例如乙丙共聚物中，可选择聚乙烯的 $720cm^{-1}$ 谱带和聚丙烯的 $1150cm^{-1}$ 谱带。EVA中对聚乙烯用 $720cm^{-1}$，对聚醋酸乙烯用 $1235cm^{-1}$ 或 $1740cm^{-1}$。ABS中苯乙烯用 $1600cm^{-1}$，丙烯腈用 $2240cm^{-1}$，丁二烯用 $967cm^{-1}$。样品厚度应调节到使吸收尽可能与浓度呈线性关系。以乙丙共聚物或共混物为例，计算公式如下：

$$\frac{\text{聚乙烯的比例(或质量)}}{\text{聚丙烯的比例(或质量)}} = K\frac{\text{在 } 720cm^{-1} \text{ 的吸收}}{\text{在 } 1150cm^{-1} \text{ 的吸收}} \tag{6-10}$$

为了更加准确，应当用溶液代替固体薄膜样品，因为溶液的测定重复性更好。

（1）先裂解再测定红外光谱　乙丙共聚物在450℃下进行预处理，产生的裂解物中富含乙烯基（$CH_2=CH-$）和亚乙烯基（$CH_2=C=$）。这些不饱基团在红外区有强烈吸收，乙烯基谱带约在 $909cm^{-1}$，而亚乙烯基谱带约在 $889cm^{-1}$。乙烯基和亚乙烯基的吸收比 R 随

乙丙共聚物中丙烯（C_3H_6）摩尔分数而变化（见图6-7），当其摩尔分数从0到100%时，R从9.977%变化到0.0290%。lgR与摩尔分数存在线性关系，从而可以定量分析共聚物组成。

（2）用绝对方法校准标准样品　测定共聚组成时必须有标准样品（已知组成）用于求K或做工作曲线。而标准样品的组成预先要用绝对方法（如元素分析、端基滴定、核磁共振法等）校准。

例如对于含少量1-丁烯（质量分数<10%）的乙烯-1-丁烯共聚物，测定共聚组成时，若直接用乙烯和1-丁烯的物理混合物为标准样品做工作曲线是不可行的，测定结果会有较大偏差。最好的方法是制备乙烯和放射性同位素^{14}C标记的1-丁烯的共聚物标准样，利用该标准样在769cm^{-1}的吸收，通过闪烁记数仪测定标准样中1-丁烯的准确含量。769cm^{-1}是支化乙基的吸收峰，它与丁烯-1的含量成正比。

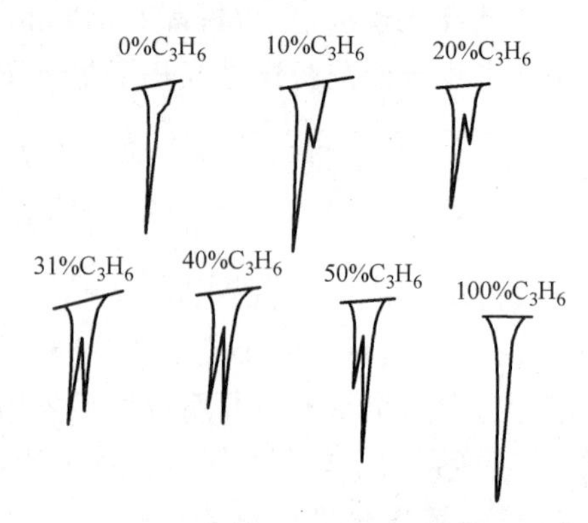

图6-7　乙丙共聚物裂解产物红外光谱中两个特征峰随丙烯摩尔分数的变化

6. 定量测定高聚物的链结构

当一定频率的红外光通过分子时，其能量就会被分子中具有相同振动频率的化学键吸收，如果分子中没有与入射光振动频率相同的化学键，则该频率的红外光就不会被吸收。而分子中化学键的振动频率是受该化学键周围原子的构成，空间位置等因素的影响，因此根据高聚物对连续红外光［波长为（0.7~1000）μm］产生吸收的谱图，可以分析出高分子所含化学基团及其吸收峰位移的情况，从而判断高分子的化学结构、高分子的链结构。另外，根据高分子红外吸收光谱图中反映某种链结构的吸收峰信号的强弱，结合合成中反应机理的推测，可以做出共聚高分子序列结构的简单半定量推测。

7. 研究高聚物的老化问题

对于高聚物的老化原因可分为两种，一种是热老化，一种是光老化。$R—CH=CH_2$是聚乙烯的端基，它的增强表示断链的增加。从红外光谱中可以看出$R—CH=CH_2$谱带因光老化而增强，热老化并不能使此谱带加强，因此可知，断链主要是氧化作用造成的。

第四节　红外光谱仪的维护与保养

虽然红外光谱仪是比较娇贵的仪器，但只要按照保养要求进行细心的日常维护，就能最大限度延长仪器的使用寿命。否则，仪器的元器件如检测器、分束器受损后，只能更换，不但影响正常工作，而且造成较大的经济损失，因此对红外光谱仪的维护与保养非常重要。

目前在用的红外光谱仪主要是傅里叶变换光谱仪，其最主要部分是光学台，光学台由光源、光阑、干涉仪、检测器、各种红外反射镜、氦-氖激光器及相关控制电路等组成，这些元器件均需在一定温度范围以及干燥环境下工作，特别是干涉仪、检测器的一些材料由溴化钾、碘化铯等晶片组成，极易受潮，因此要确保光学台一直处于干燥状态。目前生产的傅里叶变换红外光谱仪的光学台除样品室外基本上均设计为密闭体系，内部要求放置干燥剂以除湿，因此仪器管理人员应及时更换干燥剂，一般来说（2~3）周应更换一次。对于南方和沿海地区，更换的频率应更高些，除此之外，仪器室最好能配备2台除湿机，每天24h轮换开机除湿。

红外光本身有一定能量，开机时，红外光能量能把光学台内潮气驱除。因此，即使无样品检测，每周也至少应开机通电几小时，以驱除光学台内潮气。但另一方面，由于红外光源、氦-氖激光器等均有一定的使用寿命，若无样品测试时，长期开机对它们不利，因此仪器不使用时，最好关闭仪器电源。

光学台中的各平面红外反射镜及聚焦抛物镜上如附有灰尘，用洗耳球将其吹掉（最好请维修工程师处理），不能用有机溶剂清洗，也不能用擦镜纸或擦镜布擦洗，否则会损坏镜面，降低光学性能。

对于近、中、远红外全谱光谱仪，仪器设计时通常在光学台留有两个检测器位置，并可通过计算机自动转换。有些仪器除一个正常使用的分束器位置外，还留有一个存放不用的分束器的位置。如果仪器只有2个检测器和2个分束器，应将它们置于相应的位置，2个以上的检测器或分束器，不能置于仪器内部的，应将它们包装好并置于干燥器内，保持干净、干燥。更换分束器时应轻拿轻放，避免碰撞或较大的振动。

对于仪器的一些配件或元器件，如MCT/A检测器、红外显微镜（防尘）等的维护保养，应根据说明书要求进行。

对于一些采用空气轴承干涉仪的红外光谱仪，对推动空气轴承的气体有较高要求（干燥、无尘、无油），因此空气压缩机应是无油空气压缩机，而且气体要经过干燥处理。

应定期观察样品仓内的密封窗片。正常情况下窗片应完全透明。若出现不透明、有白点等异常现象，则需更换窗片。

从安装调试开始，做好每台红外光谱仪的建档工作，编写仪器档案册，并将相关资料收入档案盒；编写仪器操作说明书（作业指导书）以及维护保养规程，置于仪器旁方便查阅；建立仪器使用登记本，每次开机检测时，都应记录样品名称、样品编号、测试日期、使用时间、环境的温度和湿度等信息，登记本用完后应收入档案盒，同时启用新的使用登记本；改变仪器的测试条件或者更换仪器配件时，应记录其工作状态于仪器档案册，以备将来查对比较；仪器发生故障进行维修时，应将维修情况记录于仪器档案册。

红外光谱仪的使用者，一定要经过操作培训并考核合格后才能使用该仪器。如果在使用过程中发现异常现象，应及时向仪器管理员及实验室管理层报告，及时处理或排查。

有些仪器的使用说明书会给出仪器的常见故障及排查方法，有些仪器还有自诊断功能，当红外光谱仪不能正常工作时，可先启动仪器自诊断功能，检查仪器某些器件的工作状况，或者根据仪器的异常现象，参照仪器使用说明书进行排查。若发现是仪器硬件损坏，应请专业维修工程师来现场处理，若无法查出故障原因，也应及早与维修工程师沟通，及时传递仪器的故障信息，以便工程师来现场维修之前能大概判定故障原因并准备好所需的备品备件。如果故障原因不是硬件问题，可通过调整、重新设置仪器参数等技术操作解决的，可自行处理。下面为一些常见故障及排查方法，供参考。

1. 干涉图能量低，导致信噪比不理想

（1）可能的原因　①光路准直未调节好或非智能红外附件位置未调整到正确位置；②红外光源已损坏或能量已衰竭；③检测器已损坏或MCT检测器无液氮；④分束器损坏；

⑤各种红外反射镜或红外附件的镜面太脏；⑥光阑孔径太小或信号增益倍数太小；⑦光路中有衰减器。

（2）排除方法　①启动光路自动准直程序，如果正在使用非智能红外附件，则还需进行人工准直；②更换红外光源；③请维修工程师检查，必要时更换检测器（检测器损坏很有可能是由于受潮引起的，因此更换后应注意保持仪器室的干燥），对于MCT检测器可添加液氮再重新检查；④请维修工程师检查，必要时更换分束器（分束器损坏很可能是由于受潮引起的或更换时碰撞产生裂痕引起的，因此更换后应注意保持仪器室的干燥，从仪器上取出或装入时一定要非常小心）；⑤请维修工程师清洗；⑥重新设置光阑孔径或信号增益倍数，使之处于适当值；⑦取下光路中的衰减器。

2. 光学台未能工作，不能产生干涉图

（1）可能的原因　①分束器未固定好或已损坏；②计算机与光学台未能连接；③控制电路板损坏；④仪器输出电压不正常；⑤操作软件有问题；⑥仪器室温度过高或过低；⑦检测器已完全损坏；⑧He-Ne激光器不工作或能量已较大衰减。

（2）排除方法　①重新固定分束器，如分束器已损坏，请维修工程师检查，必要时更换分束器；②检查计算机与光学台连接口，锁紧接口，重新启动光学台和计算机；③与维修工程师联系，或请维修工程师检查，必要时更换控制电路板（更换后，要再次检查稳压电源工作效率和仪器室电源有无问题）；④检查仪器面板上指示灯，有自诊断程序可启动诊断，检查输出电源是否正常，排查故障原因，并与维修工程师联系处理方法；⑤重新安装操作软件；⑥通过空调调控室温；⑦更换检测器；⑧检查He-Ne激光器工作是否正常，及时请维修工程师维修。

3. 干涉图能量过高，导致溢出

（1）可能的原因　①光阑孔径太大或信号增益倍数太高；②动镜移动速度太慢。

（2）排除方法　①重新设置光阑孔径或信号增益倍数，使之处于适当值；②重新设置动镜移动速度。

4. 干涉图不稳定

（1）可能的原因　①控制电路板损伤或疲劳；②所使用的MCT检测器真空度降低或窗口有冷凝水；③测量远红外区时样品室气流不稳定。

（2）排除方法　①请维修工程师检查维修；②对MCT检测器重新抽真空；③待样品室气流稳定后再测试。

5. 空气背景有杂峰

（1）可能的原因　①光学台的样品室混有其他污染气体；②各种红外反射镜或红外附件的镜面有污染物；③液体池盐片未清洗干净。

（2）排除方法　①用干净氮气吹扫光学台的样品室；②请维修工程师清洗；③清洗干净液体池盐片。

6. 100%透过基线产生漂移

（1）可能的原因　仪器尚未稳定。

（2）排除方法　等稳定后再测试。

思 考 题

1. 红外光谱分析的原理是什么?
2. 红外光谱法定性分析方法是什么?
3. 红外光谱仪应怎样维护、保养?
4. 简述傅里叶红外光谱仪的结构、构造。
5. 简述红外光谱的三要素及其用途。

第七章

色 谱 法

第一节 色谱法的基本原理

一、色谱分离的基本原理

(一) 色谱分离实质

分配系数的差异是所有色谱分离的实质性的原因。分配系数是在一定温度下，溶质在互不混溶的两相间浓度之比。色谱的分配系数是被分离组分在固定相和流动相之间浓度之比，以 K 表示。

$$K=\frac{C_s}{C_m} \tag{7-1}$$

式中 C_s——每 1mL 固定相中溶解溶质的质量；

C_m——每 1mL 流动相中含有溶质的质量。

(二) 色谱分离的塔板理论

色谱理论始于 1941 年 Martin 和 Synge 建立的“塔板理论”模型，即把色谱柱看作一个有若干层塔板的分馏塔，通过物质在每层塔板中进行平衡的物理模型过程，而导引出一个描述色谱流出曲线的数学表达式：

$$C=\frac{m\sqrt{n}}{V_R\sqrt{2\pi}}\exp\frac{1}{2}n\left(\frac{V_R-V}{V_R}\right) \tag{7-2}$$

式中 C——色谱流出曲线上任意一点样品的浓度；

n——理论塔板数；

m——溶质的质量；

V_R——溶质的保留体积，即从进样到色谱峰极大点出现时通入色谱柱载气的体积；

V——在色谱流出曲线上任意一点的保留体积。

(三) 色谱分离的速率理论

色谱塔板理论，由于在建模过程中假定的条件（溶质在气液两相的分配是瞬间完成的，在塔板之间无纵向扩散）和实际的分配过程有较大的差别，所以这一理论只得到有限的成功，不能说明和解释更多的试验现象，也不能很好地指导色谱条件的选择。1956 年，荷兰 VanDeemt 等人在总结前人工作的基础上，推导出一个把理论板高（H）和载气流速联系在一起的公式，并在方程式中包括了在柱中纵向扩散和传质阻力对理论板高（H）影响的定量关系。这一关系叫范第姆特方程式，即速率理论。

$$H = A + \frac{B}{\bar{u}} + C\bar{u} \tag{7-3}$$

式中　A——涡流扩散项；

B——纵向扩散项，或叫分子扩散项；

C——传质阻力项；

$\bar{u}$——载气的平均流速。

二、色谱的分类

色谱的分类可按两相的状态及应用领域的不同分为两大类。

（一）按流动相和固定相的状态分类

1. 气相色谱

气相色谱又可分为气固色谱和气液色谱。气固色谱是以气体为流动相，以固体为固定相的色谱；气液色谱是以气体为流动相，以液体为固定相的色谱。

2. 液相色谱

液相色谱又可分为液固色谱和液液色谱。液固色谱是以液体作流动相，以固体作固定相的色谱；液液色谱是以一种液体作流动相，以另一种液体作固定相的色谱。在液相色谱中，液体流动相流过色谱柱中的固定相进行分配分离，这种形式的色谱叫柱色谱。一般柱色谱就不特别指明，常以液相色谱代替液相柱色谱。在液相柱色谱中还有多种模式，如正相液相色谱、反相液相色谱、离子色谱、离子对色谱、疏水作用色谱等。此外还有以下一些有别于柱色谱的液相色谱模式：

1）纸色谱和薄层色谱。如果是用滤纸或是涂在玻璃板（或铝箔）上的硅胶（或三氧化二铝等）作固定相，就叫纸色谱和薄层色谱，总称平面色谱。平面色谱是滤纸或硅胶层的毛细管作用把流动相（溶剂）从一端吸上来，使混合物得到分离。

2）体积排阻色谱。又称为凝胶色谱，是以一定尺寸的多孔固体作固定相，以液体作流动相，按分子尺寸大小进行分离的方法，多用于高聚物分子量大小和分布的测定。

3）超临界流体色谱是以超临界流体作流动相，以固体或液体作固定相的色谱。所谓超临界流体是指温度和压力在超临界温度和超临界压力之上的一种既不是气体也不是液体的流体。这种流体因其密度不同，对各种物质具有不同的溶解能力，因而它更类似于液相色谱。

4）电色谱这类色谱有多种模式，有用电压（电渗流）驱动的毛细管电泳、毛细管柱电色谱。而毛细管电泳又可分为五种模式：毛细管区带电泳、毛细管凝胶电泳、毛细管胶束电动色谱、毛细管等电聚焦、毛细管等速电泳。还有用电压和泵同时驱动的电色谱。

凡要完成上述的色谱过程，均使用了不同类型的色谱仪，如气相色谱仪、液相色谱仪、凝胶渗透色谱仪、薄层色谱扫描仪、超临界流体色谱仪。另外，液相色谱仪中还有专用的离子色谱仪和氨基酸分析仪等。

（二）按使用领域不同对色谱仪分类

1）分析用色谱仪又可分为实验室用色谱仪和便携式色谱仪。这类色谱仪主要用于各种样品的分析，其特点是色谱柱较细，分析的样品量少。

2）制备用色谱仪又可分为实验室用制备型色谱仪和工业用大型制造纯物质的制备色谱仪。制备型色谱仪可以完成一般分离方法难以完成的纯物质制备任务，如纯化学试剂的制备、蛋白质的纯化。

3）流程色谱仪在工业生产流程中为在线连续使用的色谱仪。目前主要是工业气相色谱仪，用于化肥、石油精炼、石油化工及冶金工业中。

三、色谱定性分析

（一）利用保留值定性

在色谱分析中利用保留值定性是最基本的定性方法，其基本依据是：两个相同的物质在相同的色谱条件下应该有相同的保留值。但是，相反的结论却不成立，即在相同的色谱条件下，具有相同的保留值的两个物质不一定是同一个物质，这就使得使用保留值定性时必须十分慎重。由于影响保留值的因素——色谱中的固定相和流动相在气相色谱和液相色谱中不完全相同，因此用保留值定性的方法在气相色谱和液相色谱中也不尽相同。

1. 气相色谱中用保留值定性的方法

（1）利用已知物直接对照进行定性分析　利用已知物直接对照法定性是一种最简单的定性方法，在具有已知标准物质的情况下常使用这一方法。将未知物和已知标准物在同一根色谱柱上，用相同的色谱操作条件进行分析，作出色谱图后进行对照比较，保留时间相同即可认为是同种物质。此时要求载气的流速、载气的温度和柱温度一定要恒定。载气流速的微小波动、载气温度和柱温度的微小变化，都会使保留值改变，从而对定性结果产生影响。为了避免载气流速和温度的微小变化而引起的保留时间的变化对定性分析结果带来的影响，可采用以下两个方法：

1）用相对保留值定性：由于相对保留值是被测组分与加入的参比组分（其保留值应与被测组分相近）的调整保留值之比，因此，当载气的流速和温度发生微小变化时，被测组分与参比组分的保留值同时发生变化，而它们的比值——相对保留值则不变。也就是说，相对保留值只受柱温和固定相性质的影响，而柱长、固定相的填充情况（即固定相的紧密情况）和载气的流速均不影响相对保留值。因此在柱温和固定相一定时，相对保留值为定值，可作为定性的较可靠参数。

2）用已知物增加峰高法定性：在得到未知样品的色谱图后，在未知样品中加入一定量的已知纯物质，然后在同样的色谱条件下，作已加纯物质的未知样品的色谱图。对比两张色谱图，哪个峰加高了，则该峰就是加入的已知纯物质的色谱峰。这一方法既可避免载气流速的微小变化对保留时间的影响而影响定性分析的结果，又可避免色谱图图形复杂时准确测定保留时间的困难。这是在确认某一复杂样品中是否含有某一组分的最好办法。

（2）利用文献值对照进行定性分析　1958 年匈牙利色谱学家 E. Kovats 首先提出用保留指数作为保留值的标准用于定性分析，这是使用最广泛并被国际上公认的定性指标。它具有重现性好、标准物统一及温度系数小等优点。保留指数仅与柱温和固定相性质有关，与色谱条件无关。不同的实验室测定的保留指数的重现性较好。所以，以保留指数定性是有一定的可靠性。

用保留指数定性时需要知道被测的未知物是属于哪一类化合物，然后查找分析该类化合物所用的固定相和柱温等色谱条件。一定要用色谱条件来分析未知物，并计算它的保留指数，然后再与文献中所给出的保留指数值进行对照，给出未知物的定性分析结果。

保留指数定性与用已知物直接对照定性相比，虽避免了寻找已知标准物质的困难，但它也有一定的局限性，对一些多官能团的化合物和结构比较复杂的天然产物是无法采用保留指数定性的。

（3）利用保留值规律进行定性分析　无论采用已知物直接对照定性，还是采用（保留指数）对照定性，其定性的准确度都不是很高的，往往还需要其他方法再加以确认。如果将已知物直接对照定性与保留值规律定性结合，则可以大大提高定性分析结果的准确度。

1）双柱定性：采用已知物直接对照定性，在同一根柱子上进行分析比较来进行定性分析。这种定性分析结果的准确度往往不高，特别对一些同分异构体往往区分不出来。如1-丁烯与异丁烯在阿皮松、硅油等非极性柱上有相同的保留值，这时如改用极性柱，1-丁烯与异丁烯将有不同的保留值，所以，可以在两根不同极性的柱子上，将未知物的保留值与已知物的保留值进行对比分析，这样就可以大大提高定性分析结果的准确度。

2）碳数规律定性：大量试验结果表明，同系物间，在一定温度下，调整保留值（也可采用比保留值、相对保留值）的对数与该分子的碳数呈线性关系。

利用碳数规律可以在已知同系物中几个组分保留值的情况下，推出同系物中其他组分的保留值，然后与未知物的色谱图进行对比分析。

3）沸点规律定性：大量试验表明，同族具有相同碳原子数目的碳链异构体的调整保留值（也可用比保留值或相对保留值）的对数值与沸点呈线性关系。

2. 液相色谱中用保留值定性的方法

与气相色谱相比，液相色谱的分离机理就复杂多了，不仅仅是吸附和分配，还有离子交换、体积排除、亲核作用、疏水作用等。组分的保留行为也不仅只与固定相有关，还与流动相的种类及组成有关（气相色谱中组分的保留行为只与固定相种类和柱温有关，而与流动相种类无关）。因此液相色谱中影响保留值的因素比气相色谱中要多很多。在气相色谱中的一些保留值的规律在液相色谱中就不适用了，也不能直接用保留指数定性。

在液相色谱中保留值定性的方法主要是用直接与已知标准物对照的方法。当未知峰的保留值与某一已知标准物完全相同时，则未知峰可能与此已知标准物是同一物质，特别是在改变色谱柱或改变洗脱液的组成时，未知峰的保留值与已知标准物的保留值仍能完全相同，则可以基本上认定未知峰与标准物是同一物质。

最简单的保留值定性方法是将已知标准物质加到样品中去，若使某一峰增高，而且在改变色谱柱或洗脱液的组成后，仍能使这个峰增高，则可基本认定这个峰所代表的组分与已知标准物质为同一物质。

在利用保留值数据进行比对和定性分析时要特别注意到：由于液相色谱柱的填柱技术较复杂，液相色谱所使用的色谱柱的重现性目前还很不理想。即使是同一批号的柱子，重现性也不一致，这就使得使用保留值数据进行分析受到限制。因此，目前保留值数据只能作为定性分析的参考。

目前一些仪器配备了三维图谱检测器，如二极管阵列检测器，在进行未知组分与已知标准物质比对时，除了比较保留时间外，还可以比较两个峰的立体图形。如在使用二极管阵列检测器时，除了比较未知组分与已知标准物质的保留时间外，还可比较两者的紫外光谱图，如果保留时间一样，两者的紫外光谱图也完全一样，则可基本上认定两者是同一物质；若保留时间虽一样，但两者的紫外光谱图有较大差别，则两者不是同一物质。这种利用三维图谱比较对照的方法大大提高了保留值比较定性方法的准确性。

（二）联机定性

色谱法具有很高的分离效能，但它不能对已分离的每一组分进行直接定性。利用保留值定性，也常因找不到对应的已知标准物质而发生困难，加之很多物质的保留值十分接近，甚至相同，常常影响定性结果的准确性。

通称“四大谱”的质谱法、红外光谱法、紫外光谱法和核磁共振波谱法对于有机化合物具有很强的定性能力，特别适用于单一组分（纯物质）的定性。因此，将色谱分析与这些仪器联用，就能发挥各自方法的长处，很好地解决组成复杂混合物的定性分析问题。

联用的方法有两种：一种方法是将色谱分离后需要进行定性分析的某些组分分别收集起来，然后再用上述“四大谱”的方法或其他的定性分析方法进行分析。这一方法繁琐，费时且容易污染样品。但当没有合适的联接技术或对某些仅靠一种仪器定性有困难，需要多种方法综合定性的组分来说，这一方法还是必要的（如某一组分需用核磁共振波谱进一步确定结构时，因色谱-核磁共振波谱的联接技术仍未完全成熟，只能将组分收集起来后再去作核磁共振波谱）。另一种方法是将色谱与上述几种仪器通过适当的联接技术——“接口”直接联接起来，将色谱分离后的每一组分，通过“接口”直接送到上述仪器中进行定性分析。这样，色谱和所联用的仪器成为一个整体——联用仪，这时作为定性分析的仪器，如质谱仪、红外光谱仪就成为色谱的一个专用检测器。

现在，技术上已经成熟，已商品化的联用仪有气相色谱-质谱联用仪（GC-MS）、气相色谱-傅里叶红外光谱联用仪（GC-FTIR）、高压液相色谱-质谱联用仪（LC-MS）等，而紫外光谱（UV）已作为液相色谱的常规检测器使用。高压液相色谱-傅里叶红外光谱联用仪（LC-FTIR）目前已有商品仪器出售，但技术上仍未完全成熟，使用有限。高压液相色谱-核磁共振波谱联用仪目前仍处于研究阶段。

四、色谱定量分析

（一）归一化法

把所有出峰的组分含量之和按100%计的定量方法，称为归一化法。当样品中所有组分均能流出色谱柱，并在检测器上都能产生信号的样品，可用归一化法定量，其中组分 i 的质量分数可按式（7-4）计算。

$$\omega_i = \frac{f'_i A_i}{\sum_i f'_i A_i} \times 100\% \tag{7-4}$$

式中　A_i——组分 i 的峰面积；

f'_i——i 组分的质量校正因子。

f'_i为摩尔校正因子或体积校正因子时，所得结果分别为 i 组分的摩尔分数或体积分数。

归一化法的优点是简便、准确，特别是进样量不容易准确控制时，进样量的变化对定量结果的影响很小。其他操作条件，如流速、柱温等变化对定量结果的影响也很小。

归一化法定量的主要问题是校正因子的测定较为麻烦，虽然一些校正因子可以从文献中查到或经过一些计算方法算出，但要得到准确的校正因子，还是需要用每一组分的基准物质直接测定。

归一化法主要用于 GC 的定量测定。GC 的一些主要检测器（如 FID 和 TCD）对某些组分（如同系物）的校正因子相近或有一定的规律，从文献中可以查到或进行计算。当校正因子相近时，可直接用峰面积归一化进行定量。对于 HPLC，由于经常使用的一些检测器（如 UV、荧光等），不仅对不同组分的响应值差别较大，不能忽略校正因子的影响，而且对于某些组分可能没有响应值（即不出峰），因此在 HPLC 中很少使用归一化法定量。

（二）标准曲线法

标准曲线法也称为外标法或直接比较法，这是在色谱定量分析中，特别是 HPLC 定量分析中比较常用的方法，是一种简便、快速的绝对定量方法（归一化法则是相对定量方法）。

首先用欲测组分的标准样品绘制标准工作曲线。具体作法：用标准样品配制成不同浓度的标准系列，在与欲测组分相同的色谱条件下，等体积准确量进样，测量各峰的峰面积或峰高，用峰面积或峰高对样品浓度绘制标准工作曲线。标准工作曲线的斜率即为绝对校正因子。在测定样品中的组分含量时，要用与绘制标准工作曲线完全相同的色谱条件作出色谱图，测量色谱峰的峰面积或峰高，然后根据峰面积和峰高在标准工作曲线上直接查出进入色谱柱中样品组分的浓度，已知进入色谱柱中样品组分的浓度后，就可根据样品处理条件及进样量来计算原样品中该组分的含量。

当欲测组分含量变化不大，并已知这一组分的大概含量时，也可以不必绘制标准工作曲线，而用单点校正法，即直接比较法定量。单点校正法实际上是利用原点作为标准工作曲线上的另一个点。因此，当方法存在系统误差时（即标准工作曲线不通过原点），单点校正法的误差较大。

标准曲线法的优点：绘制好标准工作曲线后测定工作就很简单了，计算时可直接从标准工作曲线上读出含量，这对大量样品分析十分合适。特别是标准工作曲线绘制后可以使用一段时间，在此段时间内可经常用一个标准样品对标准工作曲线进行单点校正，以确定该标准工作曲线是否还可使用。

标准曲线法的缺点：每次样品分析的色谱条件（检测器的响应性能、柱温度、流动相流速及组成、进样量、柱效等）很难完全相同，因此容易出现较大误差。另外，标准工作曲线绘制时，一般使用欲测组分的标准样品（或已知准确含量的样品），因此对样品前处理过程中欲测组分的变化无法进行补偿。

（三）内标法

选择适宜的物质作为欲测组分的参比物，定量加到样品中去，依据欲测组分和参比物在检测器上的响应值（峰面积或峰高）之比和参比物加入的量进行定量分析的方法称为内标法。它克服了标准曲线法中，每次样品分析时色谱条件很难完全相同而引起的定量误差。把参比物加到样品中去，使欲测组分和参比物在同一色谱条件下进行分析，可使定量的准确度提高，特别是内标法测定的欲测组分和参比物质在同一检测条件下响应值之比与进样量多少无关，这样就可以消除标准曲线定量法中由于进样量不准确产生的误差。

内标法的关键是选择合适的内标物。内标物应是原样品中不存在的纯物质，该物质的性质应尽可能与欲测组分相近，不与被测样品起化学反应，同时要能完全溶于被测样品中。内标物的峰应尽可能接近欲测组分的峰，或位于几个欲测组分的峰中间，但必须与样品中的所有峰不重叠，即完全分开。内标物的加入量应与欲测组分相近。

内标法的优点：进样量的变化，色谱条件的微小变化对内标法定量结果的影响不大，特别是在样品前处理（如浓缩、萃取，衍生化等）前加入内标物，然后再进行前处理时，可部分补偿欲测组分在样品前处理时的损失。若要获得很高精度的结果时，可以加入数种内标物，以提高定量分析的精度。

内标法的缺点：选择合适的内标物比较困难，内标物的称量要准确，操作较麻烦。

（四）标准加入法

标准加入法实质上是一种特殊的内标法，是在选择不到合适的内标物时，以欲测组分的纯物质为内标物，加入到待测样品中，然后在相同的色谱条件下，测定加入欲测组分纯物质前后欲测组分的峰面积（或峰高），从而计算欲测组分在样品中含量的方法。

标准加入法的优点：不需要另外的标准物质作内标物，只需欲测组分的纯物质，进样量不必十分准确，操作简单。若在样品的前处理之前就加入已知准确量的欲测组分，则可以完全补偿欲测组分在前处理过程中的损失，是色谱分析中较常用的定量分析方法。

标准加入法的缺点：要求加入欲测组分前后两次色谱测定的色谱条件完全相同，以保证两次测定时的校正因子完全相等，否则将引起分析测定的误差。

（五）峰高和峰面积的选择

在色谱定量分析数据计算中，选用峰高还是选用峰面积，主要决定在检测器的线性范围内，峰高和峰面积测量的准确性和重复性。在分离度较好、色谱峰形较好、峰面积可以准确测量时，以用峰面积定量为好。特别是在气相色谱使用程序升温和液相色谱使用多元梯度洗脱时，最好使用峰面积计算。但当分离度不好、色谱峰形不好（如严重拖尾）时，峰面积测量引起的误差较大，此时使用峰高计算较好。保留时间短的色谱峰峰形较尖（峰尾宽较小），此时峰高测定较峰面积测定准确，宜用峰高计算；而保留时间长的色谱峰峰形较宽（峰尾宽较大），此时峰面积计算较峰高测定准确。

第二节　色谱仪的结构

一、气相色谱仪

1. 气路系统

气路系统包括载气和检测器所用气体的气源（氮气或氦气、氢气、压缩空气等的钢瓶或气体发生器，气流管线）以及气流控制装置（压力表、针型阀，还可能有电磁阀、电子流量计）。

2. 进样系统

其作用是有效地将样品导入色谱柱进行分离，如自动进样器、进样阀、各种进样口（如填充柱进样口、分流/不分流进样口、冷柱上进样口、程序升温进样口），以及顶空进样器、吹扫-捕集进样器、裂解进样器等辅助进样装置。

3. 柱系统

柱系统包括柱加热箱、色谱柱以及与进样口和检测器的接头。其中色谱柱本身的性能是分离成败的关键。

4. 检测系统

用各种检测器检测色谱柱的流出物，如热导检测器（TCD）、氢火焰离子化检测器（FID）、电子俘获检测器（ECD）、氮磷检测器（NPD）、火焰光度检测器（FPD）、质谱检测器（MSD）、原子发射光谱检测器（ACD）等。

氢火焰离子化检测器、热导检测器、电子俘获检测器是最常用的三种检测器。

FID 检测器的离子是通过有机化合物在氢气-空气的扩散火焰中燃烧产生的。其特点是只对含碳有机物有明显的响应，而对非烃类、惰性气体或在火焰中难电离或不电离的物质，则信号较低或无信号，如一些氮的氧化物（NO、N_2O 等）、一些无机气体（SO_2、NH_3 等）、CO_2、CS_2 和 H_2O 等。甲酸因氧化态较高不易在火焰中形成离子也不产生显著的信号。在 FID 中产生具体离子的机理是复杂的，一般认为有两个步骤是重要的：①缺氧条件下自由基的形成；②激发的原子或分子态的氧所导致的有机物自由基的离子化。

TCD 检测器的原理是利用被检组分与载气的热导率不同来检测组分的浓度变化。由于它结构简单，性能稳定，对无机物和有机物都有响应，通用性好，而且线性范围宽，因此应用广泛。

ECD 检测池中的放射性同位素，通常是 63Ni，发射出射线。射线和载气分子碰撞而产生低能量的自由电子，在两电极间施加极化电压以捕集电子流。某些分子能够捕获低能量的自由电子而形成负离子。当此类化合物分子进入检测池时部分电子被捕获从而使得收集电流下降，信号经过处理后形成色谱图。ECD 广泛应用于环境分析领域，它对含卤素化合物有很高的灵敏度，包括大部分除草剂和农药。

以上三种检测器能够完成 GC 的大部分工作，其他一些检测器起互补作用，大多是元素专属性检测器或质量选择性检测器。如氮磷检测器，用于检测含磷含氮化合物；火焰光度检测器，用于检测含磷含硫化合物；原子发射检测器（AED），可用于多种元素的检测。

5. 数据处理系统

数据处理系统即对 GC 原始数据进行处理，画出色谱图，并获得相应的定性定量数据。

二、液相色谱仪

1. 输液系统

高压输液系统由溶剂贮存器、高压输液泵、梯度洗脱装置和压力表等组成。

（1）溶剂贮存器　溶剂贮存器一般由玻璃、不锈钢或氟塑料制成，容量为（1~2）L，用来贮存足够数量、符合要求的流动相。

（2）高压输液泵　高压输液泵是高效液相色谱仪中的关键部件之一，其功能是将溶剂贮存器中的流动相以高压形式连续不断地送入液路系统，使样品在色谱柱中完成分离过程。

由于液相色谱仪所用色谱柱径较细，所填固定相粒度很小，因此，对流动相的阻力较大，为了使流动相能较快地流过色谱柱，就需要高压泵注入流动相。对泵的要求：输出压力高、流量范围大、流量恒定、无脉动，流量精度和重复性为 0.5%左右。此外，还应耐腐蚀，密封性好。高压输液泵，按其性质可分为恒压泵和恒流泵两大类。恒流泵是能给出恒定流量的泵，其流量与流动相黏度和柱渗透无关。恒压泵是保持输出压力恒定，而流量随外界阻力变化而变化，如果系统阻力不发生变化，恒压泵就能提供恒定的流量。

（3）梯度洗脱装置　梯度洗脱就是在分离过程中使两种或两种以上不同极性的溶剂按

一定程序连续改变它们之间的比例，从而使流动相的强度、极性、pH 值或离子强度相应地变化，达到提高分离效果，缩短分析时间的目的。梯度洗脱装置分为两类：

一类是外梯度装置（又称为低压梯度），流动相在常温常压下混合，用高压泵压至柱系统，仅需一台泵即可。

另一类是内梯度装置（又称为高压梯度），将两种溶剂分别用泵增压后，按电器部件设置的程序，注入梯度混合室混合，再输至柱系统。

梯度洗脱的实质是通过不断地变化流动相的强度，来调整混合样品中各组分的 k 值，使所有谱带都以最佳平均 k 值通过色谱柱。它在液相色谱中所起的作用相当于气相色谱中的程序升温，所不同的是，在梯度洗脱中溶质 k 值的变化是通过溶质的极性、pH 值和离子强度来实现的，而不是借改变温度（温度程序）来达到。

2. 进样系统

进样系统包括进样口、注射器和进样阀等，它的作用是把分析试样有效地送入色谱柱上进行分离。六通进样阀是最理想的进样器。

3. 分离系统

分离系统包括色谱柱、恒温器和连接管等部件。色谱柱一般用内部抛光的不锈钢制成。其内径为（2~6）mm，柱长为（10~50）cm，柱形多为直形，内部充满微粒固定相，柱温一般为室温或接近室温。

4. 检测系统

最常用的检测器为紫外吸收检测器，它的典型结构如图 7-1 所示。

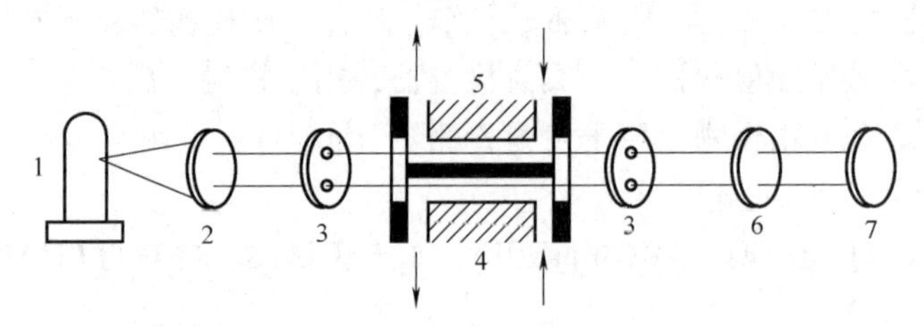

图 7-1 紫外吸收检测器光路图

1—低压汞灯 2—透镜 3—遮光板 4—测量池 5—参比池 6—紫外滤光片 7—双紫外光敏电阻

检测器是液相色谱仪的关键部件之一。对检测器的要求：灵敏度高、重复性好、线性范围宽、体积小以及对温度和流量的变化不敏感等。在液相色谱中，有两种类型的检测器：一类是溶质性检测器，即选择型检测器，仅对被分离组分的物理或物理化学特性有响应，属于此类检测器的有紫外吸收检测器、荧光检测器、电化学检测器等；另一类是通用型检测器，对试样和洗脱液总的物理和化学性质响应，属于此类检测器有示差折光检测器等。紫外吸收检测器、荧光检测器和示差检测器是最为常用的三类检测器。

紫外吸收检测器是一种选择性浓度型检测器，它不仅对那些在紫外波长下有吸收的物质有响应，并且还具有灵敏度高、噪声低等优点，在高效液相色谱中应用最广，约占 70%。紫外吸收检测器通常采用氘灯作光源，氘灯发射出紫外线并在可见区范围内可以进行连续的辐射，同时安装一个光栅型单色器，通过扫描获得所需的工作波长。检测器它有两个流通池，一个作参比用，一个作测量用。光源发出的紫外光照射到流通池上，若两流通池通过纯的均匀溶剂，它们在紫外波长下几乎无吸收，光电管上接收到的辐射强度则相等，无信号输出；当组分进入测量池时，吸收一定的紫外光，使两光电管接收到的辐射强度不等，这时有信号输出，输出信号的大小与组分浓度有关，紫外吸收检测器的灵敏度很高，许多功能团在紫外区具有很高的摩尔吸收系数，若采用可调波长的氘灯作光源，在组分的最大吸收波长处进行检测，其检测灵敏度可达 0.002AUFS（满刻度吸收单位），最小检测量为几个 ng。紫外吸收检测器适用于梯度洗脱，对流动相速度变化不敏感，流动相组成的变化对检测响应几乎无影响，但是只有在检测器所提供的波长下有较大吸收的分子才能进行检测，而且流动相的选择会受到一定限制，即具有一定紫外吸收的溶剂不能作流动相。每种溶剂都有紫外截止波长。当小于该截止波长的紫外光通过溶剂时，溶剂的透光率才能降到 10% 以下。因此检测器的工作波长不能小于溶剂的紫外截止波长。从氘灯发出的紫外-可见辐射穿过光闸，光闸是唯一可以移动的部件，它用于暗电流的测量和波长的校正，此辐射不经分光直接通过吸收池、狭缝至衍射光栅，经光栅分光的辐射分别投射到约千个二极管阵列的检测器上，约 10ms 可以测出一次信号，获得数据如此高速，可以使保留时间极短的色谱组分的光谱图不失真，固定光栅和二极管阵列可以消除因机械传动的不确定性而带来的误差，并且此数据的重现性好，灵敏度高，适用于痕量分析，这种检测器的最大优点是可以同时获得吸收值，其保留时间和波长函数图类似于等高线的三维图。由于可以同时获得多种信息，使每个组分在整个波长范围内的光谱信息将会增加，而且可以及时观察与每一组分的色谱图相应的光谱数据，从而迅速决定具有最佳选择性和灵敏度的波长，它可以与色谱工作站联用，通过评估程序可以从比较光谱图获得样品纯度的信息，而且可对每一个峰从程序库中进行检索来确定该化合物。

荧光检测器是一种最灵敏的高效液相色谱检测器。它属于选择性浓度型检测器，光源发出的光束通过透镜和激发滤光片，分离出特定波长的紫外光，此波长称为激光波长，再经聚焦透镜聚集于吸收池上，此时荧光组分被紫外光激发而产生荧光，在与光源垂直的方向上经聚焦透镜与荧光聚焦，再通过发射滤光片分离出发射波长，并投射到光电倍增管上，荧光强度与组分浓度成比例，荧光检测器的灵敏度比紫外吸收检测器约高二个数量级，因此特别适合于痕量分析，非荧光物质可通过与荧光试剂反应变成荧光物质后再进行检测，使荧光检测器扩大了该检测器的应用范围。

示差折光率检测器是一种通用性检测器，只要组分折光率与流动相折光率不同，就能进行检测。反射型示差折光率检测器根据 Fresnel 反射定律设计，光源发出的光束分别投射到测量池和参比池上，其中有一部分入射光在液体和棱镜界面上就被反射出来，而另一部分则穿过液体后被棱镜底部的不锈钢板反射出来，投射到光电管上。由于流经参比池和测量池的液体的折光率不等，因此反射出来的两束光强就有差别，导致光电管产生信号。示差折光率检测器的通用性好，可以检测的化合物范围广，特别是在尺寸排阻色谱中用得较多。

5. 数据处理系统

数据处理系统是对 LC 原始数据进行处理，画出色谱图，并获得相应的定性定量数据。

三、凝胶色谱仪

1. 泵系统

由高效液相色谱泵和在线脱气装置组成，其作用是使流动相溶剂以恒定的流速流入色谱柱。泵的精确程度是 GPC 仪器一个非常重要的技术指标，直接影响到计算数据的准确性。

2. 进样系统

将配制好的一定浓度的聚合物溶液通过微量注射器注入色谱柱的一个装置，分为手动进样和自动进样。自动进样器由机械传动装置带动取样，进样量精确度要高于手动进样，而且自动进样可以实现连续自动化操作，工作效率高。

3. 加热恒温系统

在不同的测试温度下，聚合物溶液的黏度不同，在色谱系统中的保留时间就不同，因此得到的聚合物的相对分子量就不同，所以为了得到准确的数据，要求 GPC 仪器都应该有一个控温精确的加热系统。柱温箱应该具备多点测温与控温功能，温度波动必须低于±0.1℃。

4．分离系统

分离系统即色谱柱。色谱柱是在一根不锈钢空心管中加入孔径不同凝胶颗粒作为分离介质。填料的粒度越小，越均匀，堆积的越紧密，柱的分离效率越高。为了保证分离效果，通常使用多根色谱柱联用。

5. 检测系统

通用型检测器包括示差检测器、黏度检测器、激光光散射检测器、蒸发光散射检测器。选择型检测器包括紫外检测器、二极管阵列紫外检测器及荧光检测器等。可以根据需要选择一种检测器使用，或者选择多个检测器联用。目前多检测器联用技术发展很快，可以获得更多、更有价值的试验信息。

第三节　色谱仪的应用

一、气相色谱

有关气相色谱在聚合物分析方面的应用主要在以下几个方面。

（一）单体中杂质的分析

在高分子合成工艺中，对单体的纯度都有相当严格的要求。在分析控制中，所要测定的几乎都是其中的微量（或痕量）杂质。气相色谱由于它的灵敏度高和分析速度快，在实际工作中得到了广泛应用。几个典型的例子如下。

1. 乙烯单体中微量乙炔的测定

色谱条件是：0.5m×4mm（内径）不锈钢柱，（50~70）目炭分子筛为固定相，柱温为150℃，载气（N_2）流速为50mL/min，氢焰离子化检测。乙炔（7.8×10^{-6}）在乙烯前流出，定量快速、准确。

2. 苯乙烯单体中杂质的分析

苯乙烯中应控制二乙烯苯含量小于 2×10^{-5}，否则会导致聚苯乙烯生产出现预聚合反应剧烈、聚合速度不易控制、产品流动性差、挤出困难等不正常现象。

色谱条件是：4m×4mm 螺旋形黄铜柱，固定相为阿皮松 L：吐昆：6201 担体 = 10：10：100；装柱后在 130℃，N_2 入口压力为 1.2kg/cm^2 下老化 24h；柱温 115℃，载气入口压力为 2kg/cm^2；氢焰离子化检测。苯乙烯单体的气相色谱如图 7-2 所示。

3. 丁二烯单体中微量水的分析

色谱条件是：2m 不锈钢柱，GDX-01 固定相，柱温为69℃，载气是 H_2，线速为 9.3cm/s。

丁二烯单体的气相色谱如图 7-3 所示。

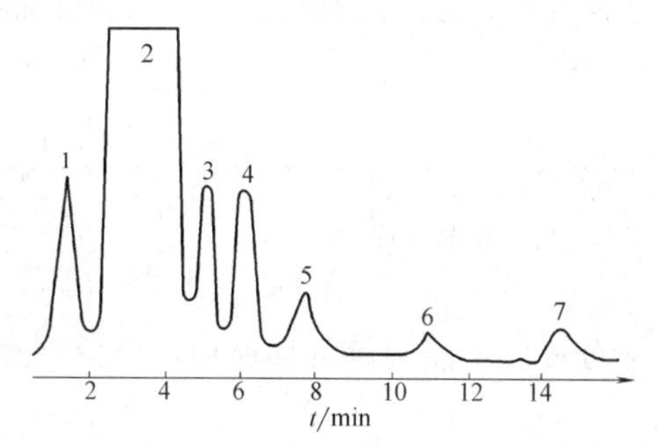

图 7-2　苯乙烯单体的气相色谱

1—乙苯　2—苯乙烯　3—α-甲基苯乙烯　4—甲基苯乙烯　5—β-甲基苯乙烯　6—乙基乙烯基苯　7—二乙烯基苯

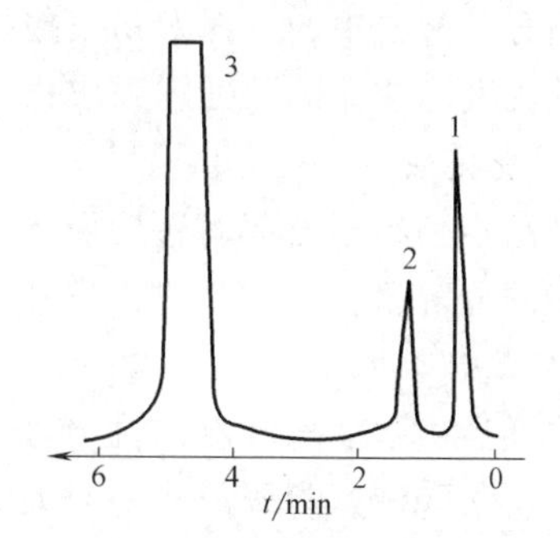

图 7-3　丁二烯单体的气相色谱

1—空气　2—水　3—丁二烯

4. 切割杂质峰的技术

因为单体中杂质浓度很低，分析时必须使用高灵敏度检测器并适当增大样品量。但当杂质峰在紧靠主峰的前后流出时，即使检测器的灵敏度高也无法定量测定，特别是在主峰尾部流出的杂质峰的定量测定更为困难。此时，必须减少主成分与杂质的含量比。方法有：

1）通过特征的化学反应或吸附法除去或减少主成分而留下杂质。

2）选择性吸附（或吸收）杂质使之富集后再分析。

3）在色谱流程中切割杂质峰。

图 7-4 所示为切割杂质峰的技术原理示意图。样品注入色谱柱 1 后，从检测器 1 可以观察出峰情况。需要放空主峰时，使四通阀的放空管与柱 1 相通；需要检测杂质峰时，将四通阀旋至使柱 1 和柱 2 相通，这样杂质峰和残余主峰就在柱 2 进一步分离而由检测器 2 检出。阀 1 和阀 2 是在转动四通阀时起阻力平衡作用的。该装置对主峰前后的杂质峰的切割都适用。

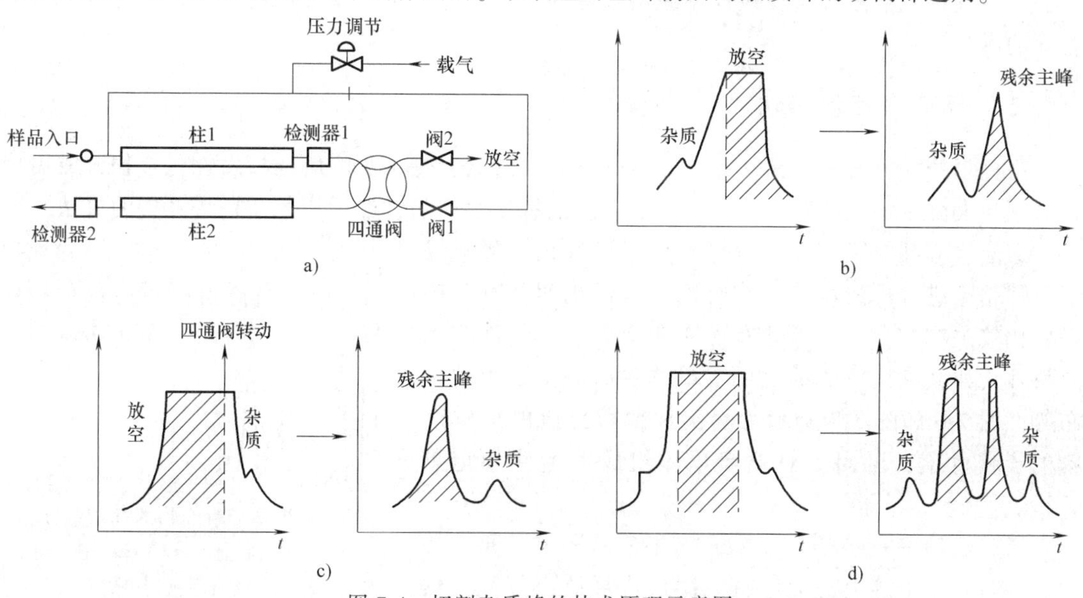

图 7-4　切割杂质峰的技术原理示意图

a）装置　b）杂质峰在主峰前的切割　c）杂质峰在主峰后的切割　d）杂质峰分别在主峰前后的切割

（二）高分子材料中挥发性物质的分析

高分子材料中的可挥发物质包括残余单体、溶剂、挥发性低聚物、增塑剂和添加剂等。分析的关键是样品的预处理和取样，方法有以下几种。

1. 直接法

样品不必经预处理而直接引入特设的色谱进样装置。挥发性组分受热（温度不能高于高分子的分解温度）挥发进入气相，被载气带入色谱柱而得到分离。

2. 溶剂萃取法

将样品溶解后再沉淀出高分子，取溶液进样分析。不能溶解的样品用适当溶剂反复萃取，分析萃取液，萃取液体积太大时可先浓缩。

3. 减压法

通过减压加热样品使其释放出挥发性物质，然后取样分析。检测高分子中挥发性组分的采样装置如图 7-5 所示。试验前先将集气瓶抽真空至 80kPa 备用。取 0.5g 左右样品，迅速放入烘样管[直径为（15～20）mm，长为（70～80）mm，管口一端用翻口胶塞塞住，另一端拉细，与真空集气瓶 3 相连]中，将两端封闭。

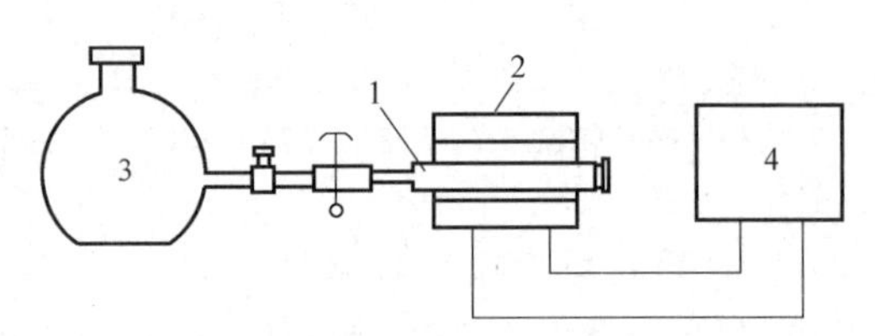

图 7-5 检测高分子中挥发性组分的采样装置

1—烘样管 2—加热炉 3—真空集气瓶 4—变压器

烘样管放入管式炉内并与集气瓶连接后，打开活塞使整个系统连通。样品加热到所需温度和时间后（约需 40min），通过烘样管的翻口胶塞插入针头，用空气间断将烘样管中气体冲入集气瓶中，至系统达到常压，拔下针头，关闭活塞。管内样品冷却后称重，集气瓶中气体供色谱分析。

（三）聚合反应的研究

在聚合反应中，反应原料多为挥发性化合物，也有些反应（如缩聚）可释放出挥发性产物。用气相色谱法分析反应体系原料浓度的变化或释放出挥发性产物的量，可进行反应动力学的研究。

二、反应气相色谱法

高分子的反应气相色谱法是指先用化学方法将聚合物本身降解成挥发性化合物，或用特种试剂与大分子链上的官能团反应生成相应的挥发性产物，然后用气相色谱分析的方法。

聚酯、醇酸树脂和聚酰胺等都可以通过化学降解成能为气相色谱分析的小分子化合物。由于化学降解反应条件比较温和与专一，因此有可能测定高分子的许多重要特性，如共缩聚单体的比例，单体在高分子链中的分布等。图 7-6 和图 7-7 所示为聚酯和醇酸树脂的醇解产物的气相色谱，可用于对缩聚单体组成的定性和定量分析。

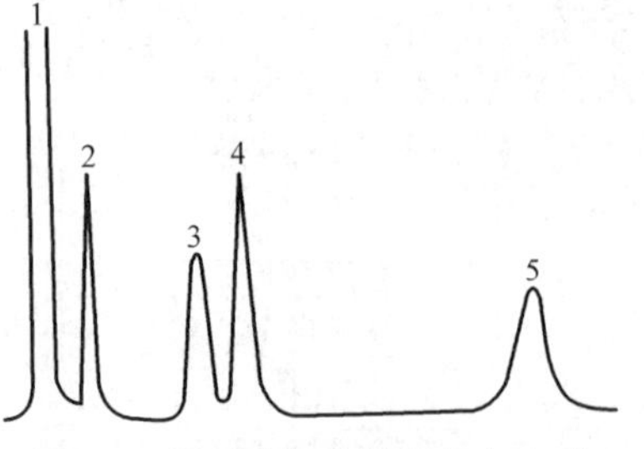

图 7-6 聚酯醇解产物的气相色谱

1—甲醇 2—丙二醇 3—一缩二丙二醇

4—甲氧基丁二酸二甲酯

5—间苯二甲酸二甲酯

聚有机硅烷中硅羟基含量的气相色谱测定：通过特种试剂与大分子链上的活性官能团反应释放出氢气，然后用气相色谱测定氢的含量，再换算成羟基含量。反应试剂为氢化锂铝，氢含量用标准苯甲酸校正，反应式如下：

$$LiAlH_4 + xHOSi\equiv \longrightarrow LiAlH_{4-x}(OSi\equiv)_x + xH_2\uparrow$$

反应装置（见图 7-8）直接与色谱仪相连。试验时，预先加入 $LiAlH_4$ 的二乙二醇二甲醚溶液在反应器中，用微量注射器从 2 注入（25~50）mL 样品（视羟基含量而定）。反应 3min 后转动气体样品阀使发生的氢气进入色谱系统。

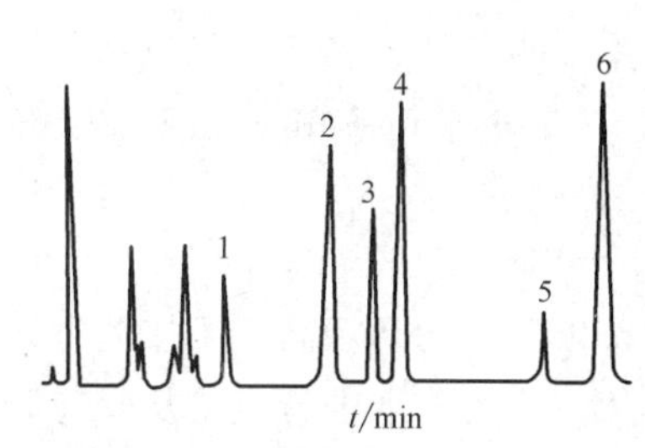

图 7-7 醇酸树脂醇解产物的气相色谱

1—苯甲酸甲酯 2—甘油三醋酸酯 3—邻苯二甲酸 4—间苯二甲酸二甲酯 5—十六烷酸甲酯 6—硬脂酸、油酸、亚油酸和亚麻酸的甲酯

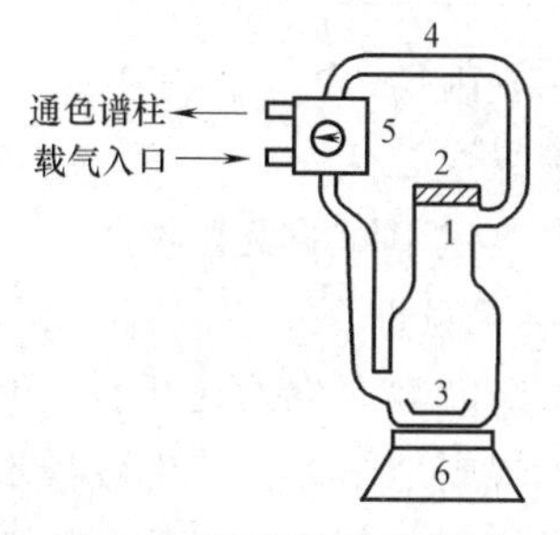

图 7-8 反应装置示意图

1—玻璃反应器（5mL） 2—橡皮塞 3—搅拌子 4—气体进样管道 5—气体进样阀 6—电磁搅拌器

三、裂解气相色谱法

裂解气相色谱法（PGC）是在一定条件下，将高分子裂解成易挥发的较小分子，然后再将裂解产物进行气相色谱分析，从而来推断原样品的组成、结构和性质的分析方法。裂解色谱法已成为研究高分子材料的一种重要手段，用它几乎可以分析所有聚合物品种。裂解色谱技术与红外、核磁共振、质谱等仪器联用，可对裂解产物进行准确的定性鉴定，从而获得高聚物的组成、微观结构以及裂解机理等重要信息。

裂解色谱兼有裂解反应和气相色谱两方面的特点，不同高分子材料的裂解机理是不同的，了解高分子的裂解机理，大致估计样品可能进行的反应及其产物，以便选择条件，解释试验结果，这对于裂解色谱工作来说，是十分必要的。

（一）烯烃高分子（聚合物）的裂解机理

一般认为，高分子在（350~800）℃范围内裂解是按自由基反应历程进行的。烯烃高分子的裂解大致有下列四种方式。

1. 解聚断裂

解聚断裂形象地称为拉链断裂，按这种方式裂解的产物主要是单体。链引发之后，从高分子末端开始经过 β-断裂，依次迅速生成单体，就像拉开拉链一样。此类反应是聚合反应的逆过程，其特点是裂解产物大部分为单体，理想情况下单体是唯一的产物。分子链叔碳原子上无氢原子键接时，大都发生这种降解反应。凡是具有 α-取代基单体聚合的高分子，大都倾向于按聚合反应的逆反应——解聚方式裂解。如聚甲基丙烯酸甲酯（PMMA）、聚四氟乙烯（PTFE）、聚 α-甲基苯乙烯的裂解就是典型的解聚反应。裂解时单体产率大于 90%，原因是空间障碍和共轭因素使中间产物自由基比较稳定。

$$\sim\sim \underset{COOCH_3}{\overset{CH_3}{\underset{|}{\overset{|}{C}}}}-CH_2-\underset{COOCH_3}{\overset{CH_3}{\underset{|}{\overset{|}{C}}}}\cdot \longrightarrow \sim\sim \underset{COOCH_3}{\overset{CH_3}{\underset{|}{\overset{|}{C}}}}\cdot + H_2C=\underset{COOCH_3}{\overset{CH_3}{\underset{|}{\overset{|}{C}}}}$$

事实上即使以解聚为主的这些聚合物，其裂解机理也是相当复杂的，总是伴随有其他裂解方式，而且起初形成的裂解产物还可能在高温下二次反应，因而得到的是一个复杂的混合物。

例如，聚异丁烯$-CH_2-\underset{CH_3}{\overset{CH_3}{\underset{|}{\overset{|}{C}}}}-$也有季碳原子，裂解以解聚断裂为主，单体产率在30%左右，此外还有丙烯、2,4,4-三甲基-2-戊烯以及三聚体、四聚体、聚苯乙烯（PS）、聚丁二烯（PBD）、聚异戊二烯（PI）等，也有此类反应发生。在Py-GC应用中，常根据解聚断裂产生的单体来鉴定不同的聚合物。

2. 无规主链断裂

无规主链断裂简称无规断裂，通常是那些不含季碳原子的烯烃高分子按此方式裂解。裂解时主链无规则地断裂，产生各种不同分子量的碎片。这类降解的特点是从反应开始分子量就迅速下降，但只有在裂解反应持续一定时间后，才出现挥发性小分子。在这种反应中，单体产率往往很低。例如聚乙烯、聚丙烯和聚丁二烯等，杂链高分子在高温下大都发生此类反应，其裂解产物按碳数分布较宽，单体产率很低。

3. 侧基断裂

侧基断裂也叫非链断裂，非断链的裂解主要与消除反应有关。当大分子链上有侧基存在时，侧基往往首先断裂，发生消除反应而生成小分子化合物，主链形成多烯结构，这类反应几乎没有单体生成。如聚氯乙烯（PVC）裂解时，首先消除HCl，主链变成共轭双烯链，再经环化反应断裂生成苯等化合物，并且常常伴随有交联反应。

$$-CH_2-\underset{Cl}{\underset{|}{CH}}- \longrightarrow -CH=CH- + HCl$$

反式聚甲基丙烯酸丁酯裂解时则是首先消除异丁烯，主链变成聚丙烯酸。聚乙酸乙烯酯裂解时也是首先发生侧基断裂反应。

由于产生的挥发性产物与该聚合物或共聚的单体浓度有关，所以这类反应在定量分析中特别有用。实际上非断链反应中也会伴随有断链反应，例如上述聚合物裂解时有一定量的苯生成，这是由于不饱和的聚合物主链环化和解离的结果。

4. 碳化反应

这类反应很难下一个明确的定义，但却是常常发生的。它可能包括交联、消除侧基后形成多烯、环化、脱氢芳构化等反应。通常形成乙酸、甲酸、丙酮、甲醇、甲烷、乙烯、水和二氧化碳。关于这些反应的机理目前尚不清楚，反应中间体往往难以鉴定。不过，一般碳化反应会伴随有某些无规断裂发生。

在高分子降解理论方面目前应用较多的是自由基链反应理论，该理论可很好地解释无规断裂和解聚断裂，以及二者同时发生的裂解过程，表7-1列出了常见聚合物的裂解机理。

表7-1 常见聚合物的裂解机理

聚合物		主要裂解形式
烃类高分子	聚乙烯(PE)	无规主链断裂
	聚丙烯(PP)	解聚断裂,无规主链断裂
	聚丁二烯(PBD)	解聚断裂,无规主链断裂

（续）

聚合物		主要裂解形式
烃类高分子	聚苯乙烯(PS)	解聚断裂,无规主链断裂
	聚氯乙烯(PVC)	侧基断链
	聚乙酸乙烯酯(PVAc)	侧基断链
	聚四氟乙烯(PTFE)	解聚断裂
	聚甲基丙烯酸甲酯(PMMA)	解聚断裂
	聚 a-甲基苯乙烯	解聚断裂
	聚异戊二烯(PI)	解聚断裂
	聚乙烯醇(PVA)	解聚断裂,无规主链断裂,侧基断链
杂链高分子	聚酰胺(PA)	无规主链断裂,解聚断裂
	聚酯	无规主链断裂,解聚断裂
	聚苯醚(PPO)	无规主链断裂,解聚断裂
	聚砜	无规主链断裂,解聚断裂
	尼龙	解聚断裂,无规主链断裂
共聚物	乙烯-丙烯共聚物	无规主链断
	甲基丙烯酸甲酯-a-甲基苯乙烯共聚物	解聚断裂
	四氟乙烯-六氟丙烯共聚物	解聚断裂

（二）杂链高分子的裂解机理

由于杂原子和 C 原子间的键能比 C—C 键小，形成主链上的弱点，故裂解首先在此发生。如尼龙、涤纶和聚砜，分子主链上分别有 C—N、C—O 和 C—S 键，裂解时这些键先断裂。

以上裂解机理表明，高分子能按某种方式裂解，产生一定的小分子，裂解产物反映了原来高分子的结构特征。例如，许多高分子裂解产生单体，这就直接代表了高分子的链节结构；有些高分子裂解产生了其他特征产物，通过对这些特征产物的分析，可对原高分子作定性鉴别和定量测定。

（三）裂解条件

在一般的气相色谱仪的进样部位加一个热裂解器，便是裂解色谱（PGC）了，我们可以将裂解器看作是 GC 的一种特定进样系统。裂解器是实现裂解色谱分析的必要条件，因而裂解器是 PGC 的核心部件，样品在裂解器中裂解，裂解器的结构和性能直接关系到裂解反应的结果。因此，在设计和使用一个裂解器时，应当考虑如下几方面的裂解条件的影响。

1. 裂解温度和升温时间

裂解温度一般是指裂解器的设定温度，而裂解时样品实际达到的温度常被称为平衡温度（TEP），后者低于或等于前者。一般来说，裂解温度影响产物的分布。温度过低，裂解慢，产物峰少，高沸点产物多，而与样品组成和结构有明显对应关系的裂解产物少，从而特征峰不明显。温度过高，碎片太小，非特征峰增多，重现性差。如聚苯乙烯，在 425℃时主要生成苯乙烯及其二聚体；在 825℃时除单体外，还有少量苯、甲苯、乙烯等碎片；到 1025℃时，则主要分裂成苯、乙烯等较小的碎片，单体量大为减少（见图 7-9）。对于大多数样品，合适的裂解温度在（400～800）℃之间。如合成高分子样品多采用600℃左右的裂解温度，当然，实际选择时还应考虑具体的样品性质、形态、样品量以及裂解时间、升温速率等因素。

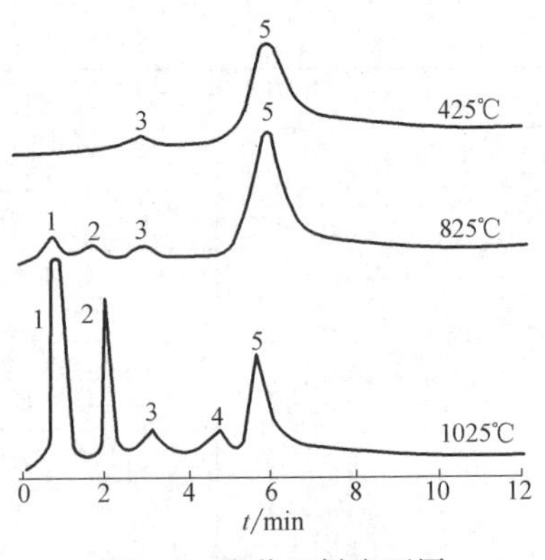

图 7-9　聚苯乙烯在不同温度下的 PGC 谱图

1—乙烯+丙烯　2—苯　3—甲苯　4—乙苯　5—苯乙烯

裂解时间是指样品开始升温到裂解完成所用时间（TRT）。原则上讲，裂解时间越短，二次反应越少，对分析越有利。但必须保证在此时间内样品达到设定裂解温度且裂解基本完全。高分子的裂解速度相当快，比如聚苯乙烯在550℃时裂解一半所需时间为10^{-4}s。因而升温时间必须尽可能短，才能避免逐步（即在一系列温度下）裂解及二次反应而使谱图复杂化。对于升温速率可调的裂解器，一般情况下，采用最高升温速率（如20℃/ms），裂解时间为10s左右。对于采用程序升温裂解的研究则另当别论。有些裂解器，如管式炉裂解器，其升温速率是不可调的，这时可依据裂解器的TRT（从加热开始到达设定温度所需的时间）来设定裂解时间。原则当然是裂解时间要大于TRT。总之，最终裂解条件的确定要通过试验来优化。

2. 裂解室的体积

裂解室的体积越小越好，裂解器和色谱仪连接的接口体积也应尽量小，以避免裂解产物在室内扩散，滞留时间增长，增加二次反应的概率。

3. 裂解装置的材料

裂解器和进样装置对样品的裂解反应应当无催化作用。

4. 进样量

样品量大时，由于受热不均匀，产生副反应的可能性较大，故样品量越小，样品与裂解器加热元件的接触越好，样品内的温度梯度就越小，越有利于获得重现的结果。对于大部分商品裂解器，（5～50）μg的样品量较为合适。

（四）裂解器种类

1. 管式炉裂解器

这种裂解器属于连续加热式，由外部加热裂解室。图7-10所示为管式炉裂解器示意图，在内径为（5～8）mm石英玻璃管外套上加热炉，样品放在小舟内，小舟上装有测温热电偶。当炉温达到所需的裂解温度时，迅速将盛有样品的小舟推入裂解室进行裂解。

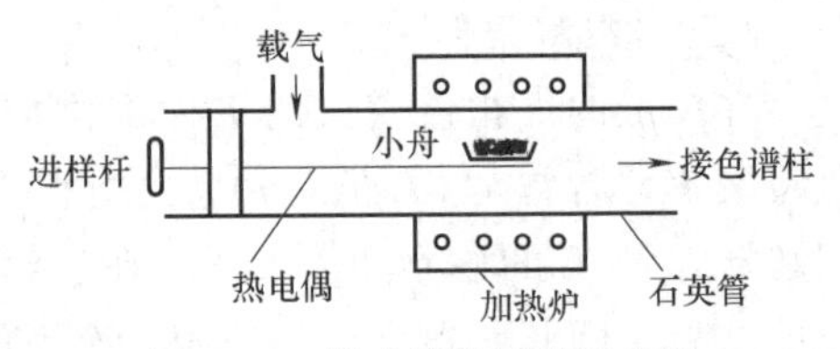

图 7-10　管式炉裂解器示意图

这种裂解器的优点是设备简单，温度容易测准和控制，并连续可调（300～1000）℃，试样和残渣都可准确称量。缺点是死体积大且环境温度高，裂解产物向高温区移动时有二次反应发生，重现性较差，只适合定性鉴别，不适用于微观结构研究。因此，传统的管式炉裂解器现在已较少使用。

目前使用较多的是竖式微型炉裂解器，图7-11所示为微型炉裂解器结构示意图。它与传统管式炉裂解器的明显不同在于：第一，将卧式改为立式，这样置于铂勺内的样品可加注重力的作用迅速降落至热区，试验重复性大为提高；第二，裂解室改为锥型石英管，大大减少了死体积，增加了载气线流速，从而抑制了二次反应。就原理而言，微型炉裂解器与传统的管式炉裂解器是相同的，当电炉温度达到设定平衡温度时，按下裂解按钮 1，样品勺夹 2 松开，于是放置样品的铂勺 4 迅速降落至热区。样品裂解后，产物随载气到达石英管 7 的底部，并被快速扫入色谱柱。用 50μg 样品升温至 600℃时，其 TRT 约为 0.25s。试验证明，微型炉裂解器的试验重复性比传统的管式裂解器提高了 4 倍。在高分辨裂解色谱中，微型炉裂解器已成为一种应用广泛的高性能装置。

2. 热丝或带状裂解器

热丝或带状裂解器是常用的间歇式裂解器，图 7-12 所示为热丝状裂解器示意图，这种裂解器通常用直径为 0.5mm 左右的铂丝或镍铬丝绕成螺旋形，样品涂在螺旋丝上，丝的两端通以稳定电流（如 10A），用定时器控制通电时间（如 5s）使金属丝加热到裂解温度。

该裂解器的优点是装置成本低，死体积小，可连续调节，裂解参数控制精度高，裂解重复性好，二次反应少；缺点是升温时间长，会使裂解产物复杂化。改进的方法是在热丝电源上并联一个电容放电电路，在开始加热的瞬间，由于电容贮藏的能量放出，使热丝迅速加热至平衡温度。升温时间可缩短至（7~10）ms。

带状裂解器（如长 3.8cm，宽 1mm，厚 0.01mm 的铂丝）比热丝裂解器的表面积大，从而允许有较大的样品量。

制样方法如下：对于可溶性高分子，将热丝或带浸于高分子样品的溶液中，取出令溶剂挥发，即能保证样品均匀地浸涂在热丝（或带）上。对不溶性高分子，可在螺旋形热丝中插入一只装样品的石英管或舟（但要注意这些器皿具有质量，会增加升温时间）。另有一种 V 形槽的带状裂解器，可直接用于盛放不溶性高分子样品。

3. 激光裂解器

激光裂解器属于电磁辐射加热型，如图 7-13 所示。其原理是来自激光器的激光束经透

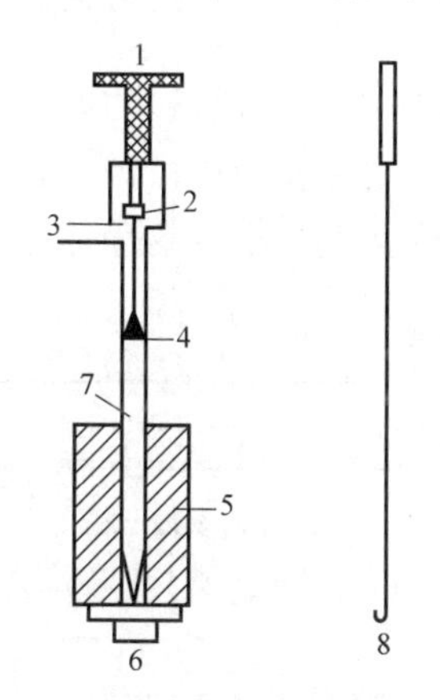

图 7-11 微型炉裂解器结构示意图

1—裂解按钮 2—样品勺夹

3—载气入口 4—样品铂勺

5—加热块 6—GC 进样口

7—石英管 8—样品勺勾

（用于从裂解器中取出样品铂勺）

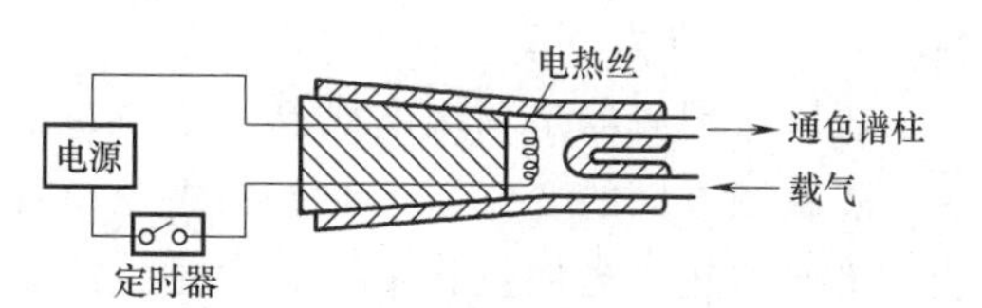

图 7-12 热丝状裂解器示意图

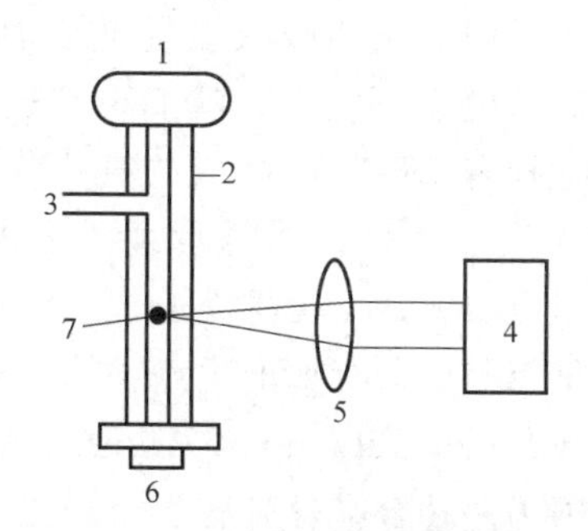

图 7-13 激光裂解器示意图

1—固定螺母 2—石英管 3—载气入口 4—激光器

5—透镜 6—GC 进样口 7—样品

镜聚焦后，穿过窗片辐照到样品上，样品吸收光能后迅速升温裂解。切断光源后，裂解室很快降至室温，裂解产物则被载气扫入色谱柱进行分离。

激光具有很大的能量密度，升温时间只需（100~500）μs，是目前唯一能与高分子裂解速度相适应的加热方法。激光裂解器死体积小，二次反应少，因而裂解谱图较简单，重现性好，但仪器造价较高，裂解温度无法测量和准确控制。

采用激光裂解器，样品量和样品形态对测定有一定影响。一方面样品的表面形状、色泽不同时，吸收激光能量会有差别；另一方面，激光的透入深度有限，除表层外，内层是通过热传导而发生裂解的。因此为了重现性好，样品量要尽可能少。

激光裂解器有如下优点：①样品处理简单，不必将样品研成细粉末，从而避免了样品处理过程中的结构或形态变化；②相干光束可以对很小体积的样品进行裂解，故可对样品的某一部位进行研究；③采用高能脉冲激光束，TRT很短，1ms可以升温至3200℃；④样品裂解后，冷却极快；⑤样品的降解反应可以只限于表面，因而裂解产物不必从样品内部向外转移。由于这些特点，激光裂解器在20世纪70年代早期就引起了人们的极大兴趣。但是，它的一些缺点又限制了其应用。首先，采用红宝石或铷固体激光器时，透明或半透明样品不能有效地吸收辐射能。其次，即使是不透明的样品，也会因颜色不同、吸收辐射能的效率不同而导致裂解反应的差异。还有，因为TRT很短，故样品的实际裂解温度或平衡温度很难精确测定和控制。最后，尽管裂解反应可限于样品表面，但样品内部还是可能形成温度梯度。正因为这样，激光裂解器的发展不及前面所述裂解器的发展快。此外，仪器结构较复杂，成本高也是影响其发展的因素。现在，固体激光裂解器一般应用在有机地球化学中。

为了克服固体激光裂解器的一些缺点，近年来多采用CO_2气体激光裂解器。其激光波长为（9.1~11.9）nm，处于近红外波长范围，因此，半透明或透明的样品也有吸收。但仍存在裂解平衡温度难以测定和控制的问题。

4. 居里点裂解器

居里点裂解器是利用电磁感应加热的，在高频交变磁场中，铁磁性物质（铁磁体）的磁矩随磁场方向的变化而运动，磁矩运动有滞后现象，损耗能量变为热，因此铁磁物质本身能被迅速加热。当加热到某一温度时，铁磁体即变为顺磁体，不再吸收磁场能量，温度不再上升，这个温度称为居里点。若温度降低至居里点以下时，又能吸收能量继续加热。因而只要高频电场不消失，就能维持这个温度不变。这种有铁磁物质制成的直径为0.5mm的丝作为发热元件，同时承载样品的裂解，称为居里点裂解器（见图7-14）。

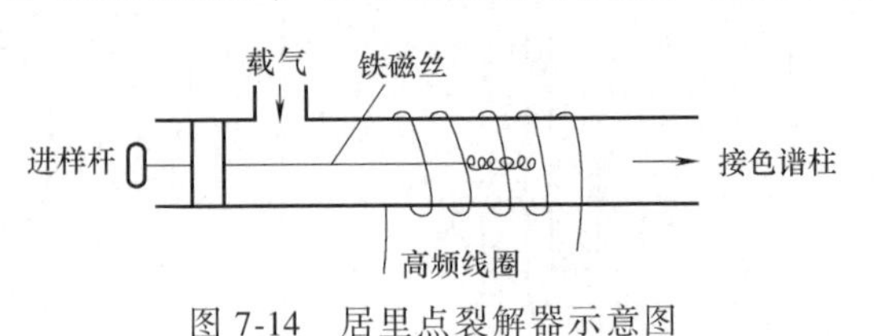

图7-14　居里点裂解器示意图

居里点裂解器有如下优点：①平衡温度精度高，可达±0.1℃，重复性好；②TRT较短，升温较快，（20~30）ms；③铁磁材料的居里点温度由其组成决定，温度可精确控制并完全恢复，因为一种合金丝只有一个居里点（可供选择的铁磁材料列于表7-2），无需对平衡温度进行定期校正；④进样快速，试验周期短，分析开始前可先在多个样品载体（丝、片或管）上涂或包好样品，然后逐一进行裂解分析；⑤死体积小，环境温度低，因此二次反应少。

表 7-2　某些铁磁材料的居里点

材　料	比　例	居里点/℃	材　料	比　例	居里点/℃
Ni	100	358	Fe：Ni	30：70	610
Fe：Ni：Cr	48：51：1	420	Ni：Co	67：33	660
Fe：Ni	55：45	440	Fe	100	770
	49：51	510	Ni：Co	40：60	900
	40：60	590	Fe：Co	50：50	980

当然，居里点裂解器也有其明显的缺点。首先，平衡温度受铁磁材料种类的限制，不能像热丝裂解器那样连续调节，一般只有15档不同温度的铁磁材料；其次，居里点裂解器不能像热丝裂解器那样进行多阶裂解，因为改变裂解温度必须更换铁磁材料；最后，由铁、镍和钴组成的铁磁材料的惰性不太好，故对样品裂解反应的催化作用比热丝裂解器大。如果在铁磁材料表面涂一层金，只要涂层足够薄，就可在不影响居里点温度的前提下消除催化作用，然而却会增加仪器的成本。此外，由于每次进样往往要更换载体，这样铁磁材料组成的微小差异及进样情况的不完全重复都可能引起试验误差。由此可见，使用居里点裂解器时应注意进样的重复性，包括样品的形状和样品量。当用片式居里点裂解器时，每次包样品所用的箔片要大小一致。除此之外，每次进样之前，最好要更换裂解器中的石英管。用过的石英管要仔细清洗，以防止石英管中可能积存的样品残渣或不可避免样品冷凝的某些裂解产物对试验重复性的影响。

制样方法如下：对于可溶性高分子，用质量分数为5%的溶液浸涂。对于可粉碎的不溶性高分子，用锉刀压住丝的一端（2cm），在有样品粉末的桌面上滚动几次，使痕量的粉末黏附在丝的粗糙面上。对于不可粉碎的不溶性高分子，用锉刀将丝的一端锉去一半，再折弯成钩形，用酒精灯加热使其洁净，割一小片样品放在钩里，钳紧并尽可能把丝弄直。

（五）在工程塑料研究中的应用

1. 定性鉴别

（1）指纹图法　每一种高分子材料都有一特征的热解色谱图，因此可以直接以整个色谱图作为该聚合物的“指纹”。应当指出，高分子的指纹图必须在一定的裂解色谱条件下获得，包括相同的裂解器、裂解温度、样品量及色谱操作条件等。因而与红外相比，裂解指纹图通常只能作为一种有力的佐证。由于试验条件难以统一，目前还没有完整的各实验室通用的标准谱图，常须用已知高分子作出指纹图进行比较对照。图7-15所示为聚甲基丙烯酸甲酯的PGC图，图7-16所示为聚甲基丙烯酸乙酯的PGC图。两者有明显的不同之处，可以通过与已知物谱图对比很快得到鉴别。谱图上虽有许多峰，但只要抓住（3~5）个主要峰，就可以用以定性。

指纹图鉴定法虽然直观、方便，但不严格，有时对一些结构相近的聚合物往往不易准确判断。

（2）特征峰法　单体峰是主要的特征峰，此外还可以从试验中找到其他特征峰，利用此法鉴定聚合物有时比气体结构分析方法更灵敏。比如尼龙66的特征峰是环戊酮，聚丁二烯的特征峰是4-乙烯基环已烯。

特征峰的鉴定方法有：对比已知物的保留值；按保留体积收集裂解产物后测红外光谱；用色质联用仪。

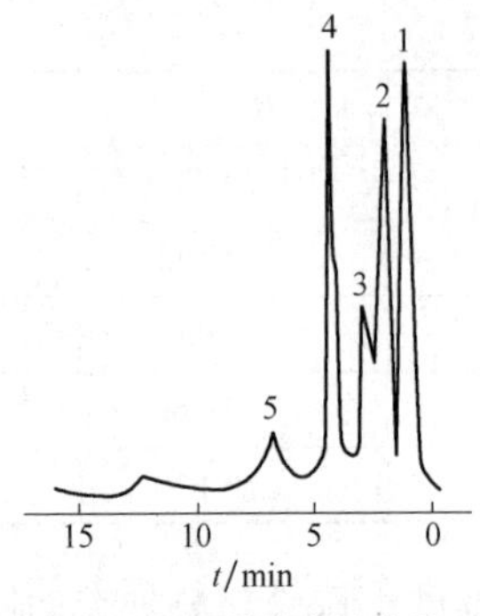

图 7-15 聚甲基丙烯酸甲酯的 PGC 图

1—空气 2—甲醇 3—乙醇

4—丙烯酸甲酯 5—甲基丙烯酸甲酯

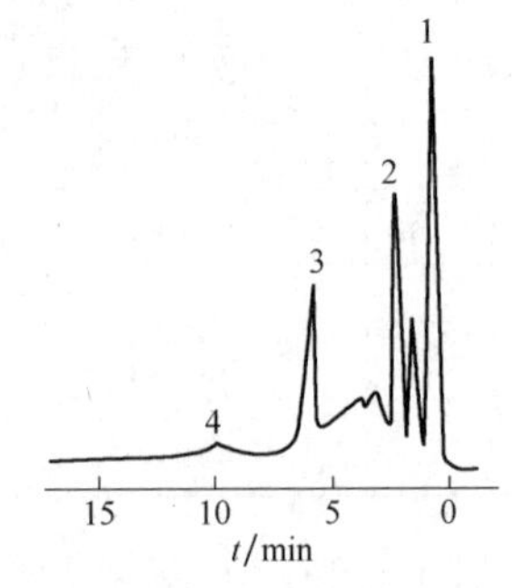

图 7-16 聚甲基丙烯酸乙酯的 PGC 图

1—空气 2—乙醇 3—丙烯酸乙酯

4—甲基丙烯酸乙酯

例如尼龙 6 和尼龙 66 的结构相似，红外谱图和熔点的差别甚微，不能区分。但由于它们的裂解机理完全不同，所以裂解谱图有显著不同。

$$\underset{\text{尼龙66}}{-NH-(CH_2)_6-NH\vdots CO-(CH_2)_4-CO\vdots} \longrightarrow \underset{\text{(环戊酮: } H_2C-CH_2,\ H_2C\ \ CH_2,\ C{=}O)}{} + CO_2\uparrow$$

$$\underset{\text{尼龙6}}{-CO-NH\vdots(CH_2)_5-CO-NH\vdots(CH_2)_5-CO-NH-} \longrightarrow \underset{\lfloor NH \rfloor}{(CH_2)_5-C{=}O}$$

由以上裂解反应可知，尼龙 6 和尼龙 66 的特征峰分别是已内酰胺和环戊酮，通过与已知物已内酰胺和环戊酮的保留值对照可以确认。

（3）内标法 还有一种内标签定方法，即用聚苯乙烯作为参考聚合物与未知样品一起裂解，然后计算样品裂解产物相对于苯乙烯的保留时间，再与标准样品的相应结果比较。这种方法比传统的指纹图鉴定方法更为可靠，适用范围也更广。作为参考聚合物，要求其裂解产生的内标物（常常是参考聚合物的单体）的产率在 95% 以上。需要指出的是，这种方法对色谱柱性能的要求很严，如果样品的裂解产物与内标物不能很好地分离，将会影响结果的准确性。

（4）PGC 与 MS 联用法 将 PGC 仪与质谱仪连接，称为 PGC-MS 联用。经 PGC 裂解并分离的高分子碎片，进入质谱仪中一一鉴定，从而使高分子样品得到全面分析。质谱是在真空下用电子束轰击气化的样品，使分子失去价电子电离成为离子，并进一步被碎裂成为不同质量数并带有电荷的离子，依次收集这些离子，得到离子强度随质荷比（m/z）变化的谱图，然后通过 m/z（当电荷为 1 时为质量数）分析这些碎片可能的结构，再推测原分子的分子量和结构，这种通过碎片来分析推测原分子结构的方法与 PGC 很类似。

在 PGC-MS 测定中，除每一定时间扫描得到质谱图外，还可用计算机计算每张谱图上离子强度的总和即总离子强度，再重新绘制出这些总离子强度随扫描次数（或分析时间）变化的曲线，这种曲线称为重建离子流色谱图。图 7-17 所示为某未知共聚物的 PGC-MS 图，可见有三个主要成分，分别为 16 号、51 号和 155 号峰。调出对三个主要成分扫描的质谱图（见图 7-17b～d），可知它们分别是丁二烯、甲基丙烯酸甲酯和苯乙烯（分子量分别为 54、100 和 104）。由此推测未知高分子材料为甲基丙烯酸甲酯-丁二烯-苯乙烯三元共聚物（MBS）。

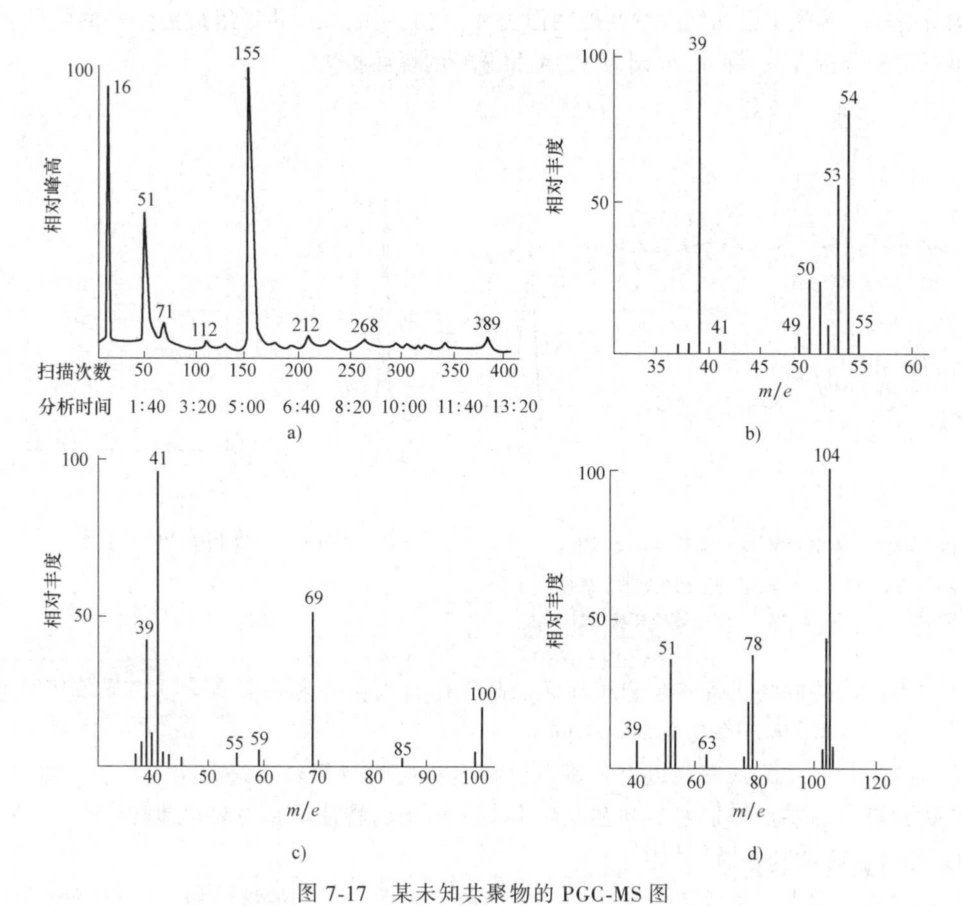

图 7-17　某未知共聚物的 PGC-MS 图

a）重建离子流色谱图　b）16 号峰的质谱图　c）51 号峰的质谱图　d）155 号峰的质谱图

2. 共聚物与共混物的区分

相同化学组成的共聚物和共混物，在结构上是不同的，根据裂解产物及其分布的差异可以区别二者。简单的方法利用特征裂解产物特征峰来鉴定，一个典型的例子是甲基丙烯酸甲酯-丙烯腈共聚物（MMA-AN）的裂解谱图出现“杂交”二聚体峰，而共混物是绝对不可能有这个峰的。它产生自以下裂解过程：

$$\sim\sim \text{AN-MMA} \xrightarrow{\triangle} \sim\sim + \text{AN-MMA}$$

$$\sim\sim \text{MMA-AN} \xrightarrow{\triangle} \sim\sim + \text{MMA-AN}$$

当不能用特征峰区别共聚物和共混物时，可用裂解产物分布来鉴别。例如，甲基丙烯酸甲酯与丙烯酸甲酯共聚物（MMA-MA）和共混物的区别，其共混物生成的甲醇远比共聚物多，如图 7-18 所示。

3. 共聚物组成的定量分析

共聚物裂解生成单体或小分子物的特征峰的峰面积与试样量成比例。对于共聚物，单体或特征碎片的产率与共聚物中的组成含量也有简单函数关系，因而通过测量特征峰可以计算共聚物的组成。

例如，甲基丙烯酸甲酯-苯乙烯共聚物（MMA-S）在 600℃裂解得图 7-19a，两种单体的峰可作为分析峰。预先用已知组成的共聚物作出 $A_M/(A_M+A_S)$ 对共聚组成的工作曲线图 7-19b，即可进行定量分析（A_M 和 A_S 分别为 MMA 和 S 峰的峰面积）。

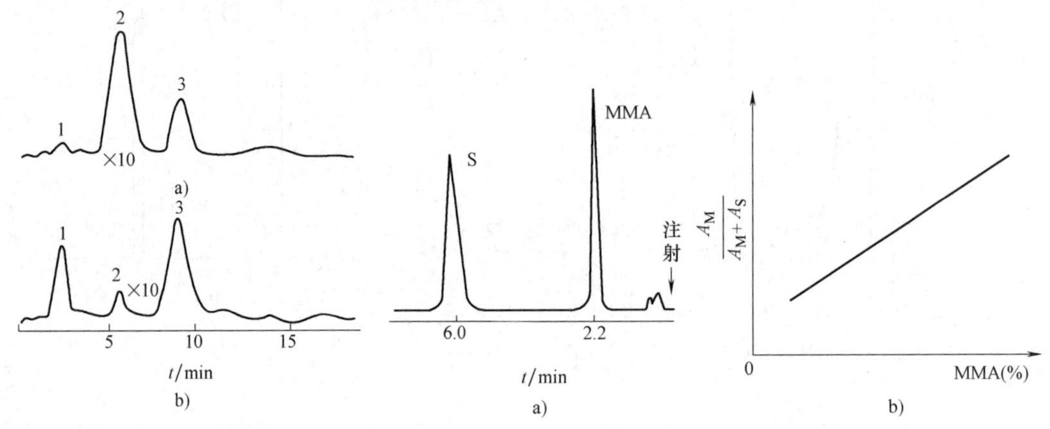

图 7-18　MMA-MA 共聚物与共混物的 PGC 图

a）80%MMA 与 20%MA 的共聚物　b）同组成的共混物

1—甲醇　2—MA　3—MMA　×10—信号衰减系数

图 7-19　MMA-S 共聚物的 PGC 谱图

注意不能用共混物代替共聚物作标样绘制工作曲线，因为共聚物受“边界效应”（邻近单元的影响），其单体产率与共混物不同。

许多共聚物（二元或三元以上）都可以找出相应的特征峰来进行定量分析。如氯乙烯-醋酸乙烯共聚物的特征峰是 HCl 和醋酸峰，ABS 树脂的特征峰是三种单体峰。

4. 聚合物的结构表征

聚合物的结构表征主要指其链结构，包括单元化学结构、键接结构、几何结构、立体规整性、支化结构、共聚结构和序列分布、交联结构、分子量及其分布、端基结构等。利用现代 PGC 技术，人们可以获得更多的信息来研究聚合物的结构与其裂解产物之间的关系。

（1）链接结构的测定　以测定聚丙烯中头-头结构含量为例。将聚丙烯氯化处理，其叔碳原子上的氢首先被取代。再经裂解，会出现一些取代苯的裂解碎片，其中头-尾结构产生 1,3,5-三甲苯，而头-头结构产生 1,2,4-三甲苯。反应如下：

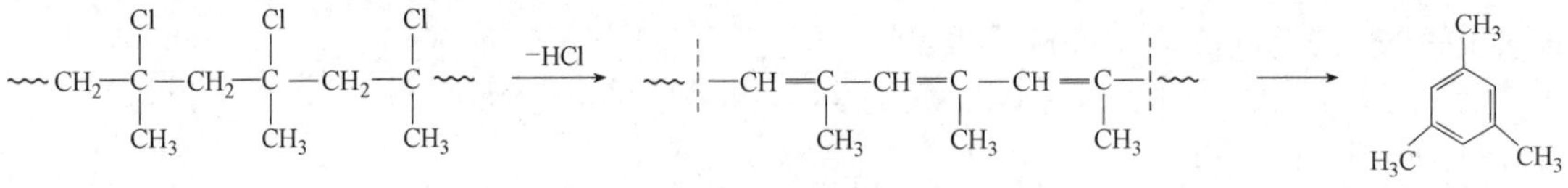

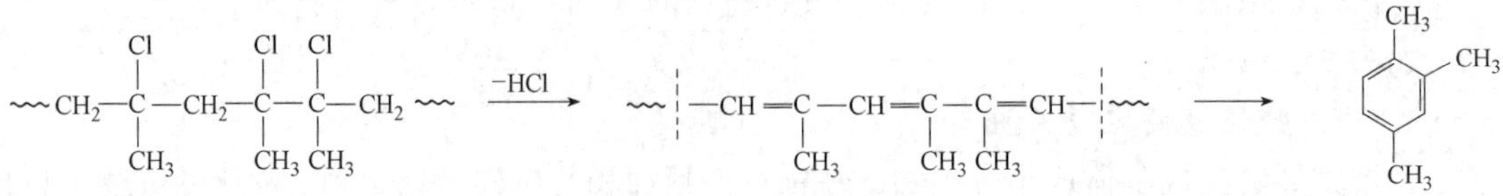

$$\sim CH_2-\underset{CH_3}{\overset{Cl}{C}}-CH_2-\underset{CH_3}{\overset{Cl}{C}}-CH_2-\underset{CH_3}{\overset{Cl}{C}}\sim \xrightarrow{-HCl} \sim -CH=\underset{CH_3}{C}-CH=\underset{CH_3}{C}-CH=\underset{CH_3}{C}-\sim \longrightarrow \text{1,3,5-三甲苯}$$

$$\sim CH_2-\underset{CH_3}{\overset{Cl}{C}}-CH_2-\underset{CH_3}{\overset{Cl}{C}}-\underset{CH_3}{\overset{Cl}{C}}-CH_2\sim \xrightarrow{-HCl} \sim -CH=\underset{CH_3}{C}-CH=\underset{CH_3}{C}-\underset{CH_3}{C}=CH-\sim \longrightarrow \text{1,2,4-三甲苯}$$

根据特征峰分析这两种三甲苯的比例，便可求得聚丙烯头-头结构的含量，实测值为 25%。

（2）支化高分子的研究　在低密度聚乙烯的裂解产物中发现有甲烷、乙烷，此外还有 1-丁烯和 2-甲基已烷。显然甲烷、乙烷相应于 C_1 和 C_2 的短支链。对于后两者，应相应于

C_4 的短支链，并推测它们是由于裂解时发生以下分子内或分子间链转移而产生的。

$$\sim\!\sim\!\sim\text{C}(-\text{C}-\dot{\text{C}}-\text{C}-\text{C})\ \text{或}\ \sim\!\sim\!\sim\text{C}(-\text{CH}-\text{C}-\text{C}) \longrightarrow \sim\!\sim\!\sim + \text{C}=\text{C}-\text{C}-\text{C}\ \text{(1-丁烯)}$$

$$\sim\!\sim\!\sim\text{C}-\text{C}-\underset{\text{C}-\text{C}-\text{C}-\text{C}}{\text{C}}-\text{C}-\text{C}-\text{C}\cdot \longrightarrow \sim\!\sim\!\sim\text{C}-\text{C}-\underset{\text{C}-\text{C}-\text{C}-\text{C}}{\text{C}}-\text{C}\cdot \longrightarrow \sim\!\sim\!\sim\text{C}=\text{C} + \text{C}-\underset{\text{C}-\text{C}-\text{C}-\text{C}}{\text{C}}-\text{C}\ \text{(2-甲基己烷)}$$

（3）立构规整性的测定　聚丙烯的PGC谱图中有甲烷、乙烷、异丁烷、正丁烷等20多种碎片，由全同立构聚丙烯裂解产生的异丁烷产率较高，而由无规和间同聚丙烯裂解产生的正丁烷产率较高。因而从异丁烷和正丁烷特征峰面积（用$A_{异}$和$A_{正}$表示），可计算出聚丙烯的全同立构规整度（见图7-20）。

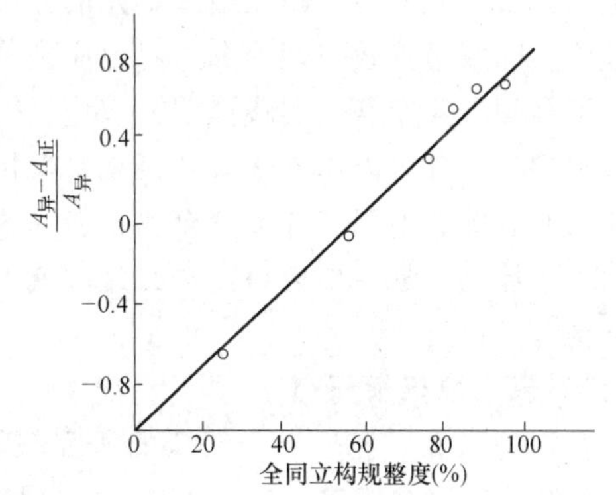

图7-20　从聚丙烯PGC谱图测定全同立构规整度的工作曲线与重均分子量之间的关系

（4）分子量的评价　当端基能产生特征碎片时可用来估算分子量。例如溶液聚合的聚碳酸酯裂解时出现对叔丁基酚。

$$-\text{C}_6\text{H}_4-\text{O}-\overset{\text{O}}{\overset{\|}{\text{C}}}-\text{O}-\text{C}_6\text{H}_4-\text{C}(\text{CH}_3)_2-\text{CH}_3 \xrightarrow{\triangle} \sim\!\sim\!\sim + \text{HO}-\text{C}_6\text{H}_4-\text{C}(\text{CH}_3)_2-\text{CH}_3$$

对叔丁基酚的产率和聚碳酸酯的分子量的关系如图7-21所示，从PGC谱图可以估算分子量。

（5）双烯聚合物的结构　双烯聚合物如聚丁二烯（PBD）有1,4和1,2结构之分，前者有顺反异构，后者有不同的立体异构。这些结构对聚合物的物理性能有很大影响，故测定高分子链上不同异构体的含量是表征双烯类聚合物结构的重要方面。Py-GC已在表征PBD和聚异物二烯（PIP）的结构方面取得了成功。如1,4-PBD的主要裂解产物是通过分子内链转移而产生的4-乙烯基环己烯（VCH）和丁二烯，两者的相对摩尔产率与PBD中1,4-结构的含量有很好的线性关系。此外，顺式1,4 -PBD产生1,8-二甲基

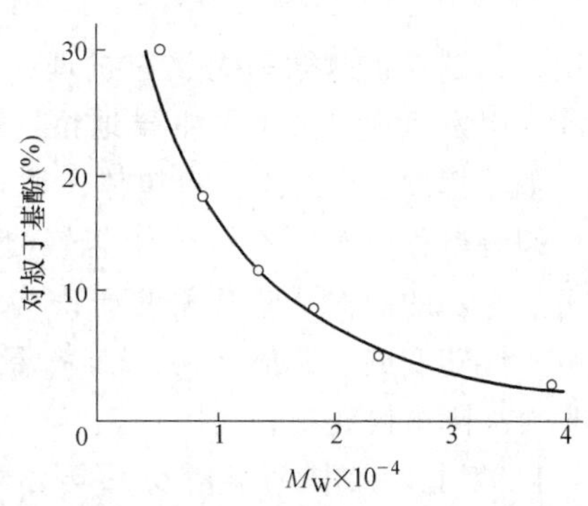

图7-21　聚碳酸酯中对叔丁基酚的产率

非烷特征峰，而反式 1,4-PBD 则无此产物。

通过氯化 PBD 的裂解可以研究 PBD 的顺反几何异构。由于顺式和反式链发生氯化的位置不同，前者裂解时脱去 HCl 主要生成间二氯苯和少量对二氯苯，后者则主要产生邻二氯苯，其次是间二氯苯，因此，根据二氯苯位置异构体的相对产率可以测定 1,4-PBD 中顺式和反式结构的相对含量。

(6) 交联结构　苯乙烯-二乙烯基苯共聚物（ST-DVB）的分子呈网状结构，由于不溶不熔，故用传统的方法研究其结构较为困难。比如交联度的测定，过去常常用聚合投料比来估算，不能反映聚合物结构的真实情况。而用溶胀法测定又很费时。Py-GC 法不受不溶不熔样品的限制，可从交联网络断裂的产生的碎片获得研究其交联结构的信息。研究表明，在 2%~20%的交联度范围内，苯乙烯的产率百分数（$Ast/\sum A$）与共聚物中 DVB 的含量呈很好的线性关系。据此测定 ST-DVB 的交联度，不需样品预处理，简便易行，相对标准偏差在 2%之内。

(7) 共聚物的序列分布　序列分布是共聚物结构表征的重要参数，它主要指共聚物分子链上二元组、三元组、四元组等单元的分布。Py-GC 用于共聚物序列分布的测定主要依据两种理论，即双边界效应理论和边界效应理论。由于篇幅所限我们不在此展开讨论，有兴趣的读者可参阅有关专著。实践证明，双边界效应理论比边界效应理论更完善，它不仅能用于交替共聚物，而且可以用于嵌段和无规共聚物以及物理共混物。用这种理论表征的共聚物有 ST-AN 和 E-P 等，但仍有许多聚合物不能用这些已有理论来表征。例如乙丙共聚物这样的体系，两种单体均不是主要裂解产物，这时就不能用双边界效应理论或边界效应理论来表征其序列结构。

（六）聚合物降解研究

聚合物的降解一直是一个活跃的研究领域。一般来说，有热降解、机械降解、生物降解、光降解、辐射降解等。PGC 可以直接研究的主要是热降解或裂解，它不仅可以提供样品热稳定性的信息，还可根据裂解产物及其分布来推断聚合物的降解机理，还可测定降解反应动力学常数。

PGC 研究聚合物降解机理的第一步是确定合适的样品量，以保证在所用样品量范围内，热降解机理与样品量无关。第二步是绘制适当的对数曲线，该曲线应反映裂解反应是一级的，起码在裂解的初始阶段是一级的。通过这一曲线的初始斜率可以得到表现一级反应的速率常数 kobs。根据 kobs 与样品初始分子量的关系可以获得解聚反应的初始机理和链终止机理。例如，聚甲基丙烯酸甲酯（PMMA）是典型的拉链降解，300℃以下时，PMMA 分子两端引发，链终止遵循一级反应机理；300℃以上时断裂引发变得更为重要；而当 420℃时，断裂在引发机理中占据了主导地位。第三步是分离和鉴定裂解产物，以确定样品的裂解机理。如果挥发性产物中只有单体，那么裂解机理就是拉链断裂；如果产物中有低聚体存在，说明裂解过程中发生了分子内链转移反应；如果产物中主要的挥发性成分不是单体，而是与高分子主链的消除反应有关的产物（如聚氯乙烯裂解产生 HCl），就说明发生了脱去反应，高分子链转变成了其他结构（如聚氯乙烯脱去 HCl 后形成了聚乙炔）。下面举例说明 PGC 在聚合物降解研究中的应用。

1. 顺 1,4-PBD 的裂解反应动力学

取适量（不大于 10μg）样品，用热丝裂解器在设定的裂解时间和裂解温度下进行试验，

并重复试验，记录每次裂解的谱图。这样就可以根据主要裂解产物丁二烯和乙烯基环己烯的产率计算出该裂解温度下的速率常数。据此，由阿仑尼乌斯方程求得裂解反应活化能和指前引子 A。研究证明，顺 1,4-PBD 的裂解符合一级反应动力学，在（450~530）℃范围内，阿仑尼乌斯方程是有效的。表 7-3 列出了顺 1,4-PBD 的裂解反应动力学数据。

表 7-3　顺 1,4-PBD 的裂解反应动力学数据

裂解温度/℃	450	470	490	510	532	552	575
速率常数/s^{-1}	0.73	1.26	3.01	4.62	10.36	23.11	46.21
最短裂解时间/s	7.6	1.40	1.34	4.20	0.54	0.24	0.12
活化能 $E=157$kJ/mol			指前因子 $A=1.26\times10^{11}s^{-1}$				

2. 聚氨酯（PU）的解聚机理

PU 是由异氰酸酯和羟基化合物通过逐步聚合反应生成的一类聚合物。PGC 的研究结果表明，聚醚型 PU 硬泡沫的初始降解机理主要是：①解聚或断裂反应，生成聚合物的原料异氰酸酯和聚醚，然后进一步断裂生成芳香胺、苯、甲苯和小分子的醛、酮、醚等；②重排或协同反应，通过大分子链上 γ-H 的重排，伴随着主链的断裂，然后进一步生成醛、酮、醚等化合物；③自由基反应。

图 7-22 所示为通过 Py-GC 和 Py-GC/MS 研究得出的由二异氰酸甲苯（TDI）和聚己二酸-1,4-丁二醇酯（PBA）合成的 PU 在 600℃的解聚机理。

3. 聚二甲基硅氧烷（PDMS）的解聚机理

PDMS 的裂解产物主要是一系列环状齐聚物，PGC 可检测四十八甲基环二十四硅氧烷。据此，结合其他研究成果，得出 PDMS 的裂解机理如下：

1）硅氧烷本征裂解机理，又称无规链断裂引发机理。产物为一系列环状齐聚物，其中以六甲基环三硅氧烷为最多。这也是硅氧烷类聚合物的主要裂解方式，不受端基和分子量的影响。

2）“回咬”机理，又称催化裂解机理。有端羟基或金属离子存在时，发生此反应，产物主要是六甲基环三硅氧烷。

3）缩合反应机理。有端羟基时在较低温度下发生此反应，结果是分子量增加。

4）甲烷产生机理。在碱性条件下，PDMS 可产生甲烷。聚甲基苯基硅氧烷（PMPS）比 PDMS 的热稳定性好，主要是由于苯基的位阻效应使本征裂解不像 PDMS 那样容易进行。

四、液相色谱

高效液相色谱法适于分析高沸点不易挥发的、受热不稳定易分解的、分子量大、不同极性的有机化合物；生物活性物质和多种天然产物；合成的和天然的高分子化合物等。它们涉及石油化工产品、食品、合成药物、生物化工产品及环境污染物等，约占全部有机化合物的 80%，其余 20%的有机化合物，包括永久性气体，易挥发低沸点及中等分子量的化合物，只能用气相色谱法进行分析。

高效液相色谱法虽具有应用范围广的优点，但也有下述局限性。第一，在高效液相色谱法中，使用多种溶剂作为流动相，当进行分析时所需成本高于气相色谱法，且易引起环境污染，当进行梯度洗脱操作时，它比气相色谱法的程序升温操作复杂。第二，高效液相色谱法

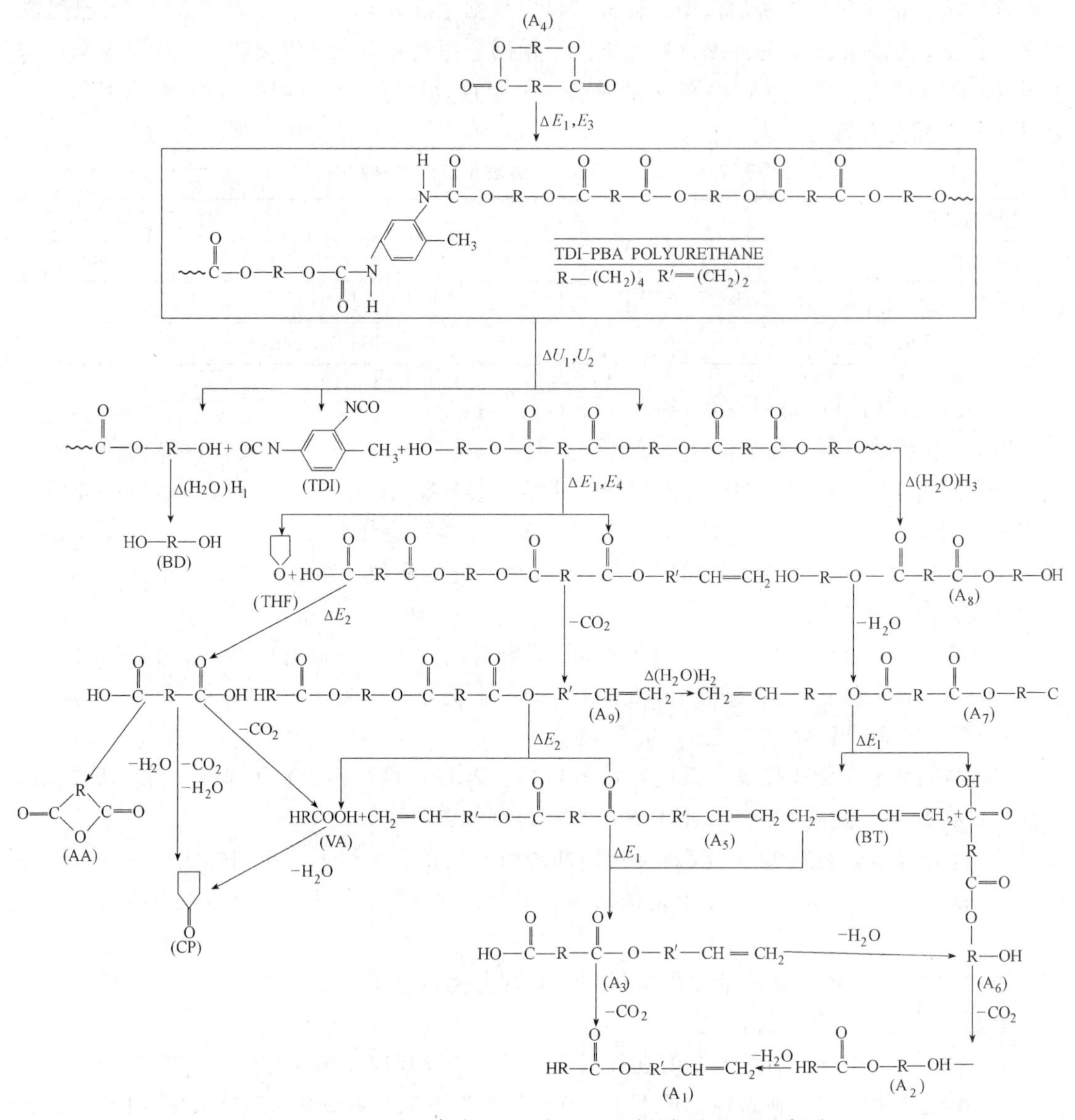

图 7-22　TDI-PBA 合成的 PU 在 600℃时的解聚机理示意图

Δ—热裂解　Δ（H_2O）—水解

中缺少如气相色谱法中使用的通用型检测器（如热导检测器和氢火焰离子化检测器）。近年来蒸发激光散射检测器的应用日益增多，有望发展成为高效液相色潜法的一种通用型检测器。第三，高效液相色谱法不能替代气相色谱法，去完成要求柱效高达 10 万理论塔板数以上，必须用毛细管气相色谱法分析组成复杂的具有多种沸程的石油产品。第四，高效液相色谱法也不能代替中、低压柱色谱法，在 200kPa～1MPa 柱压下去分析受压易分解、变性的具有生物活性的生化样品。

（一）在生物化学和生物工程中的应用

在生物化学和生物工程中，液相色谱用来进行氨基酸、多肽、蛋白质、核碱、核苷、核苷酸、核酸和生物胺的分析研究。

（二）在医药研究中的应用

在医药研究中，液相色谱用于常用药物、甾体药物、抗菌素类药物、生物碱类药物、手性药物的研究。

（三）在食品分析中的应用

在食品分析中，液相色谱用于糖类、有机酸及酸味剂、维生素、食品添加剂（防腐剂、抗氧化剂、甜味剂和香料、人工合成色素）的分离分析和食品污染物的分析。

（四）在环境污染分析中的应用

在环境污染分析中，液相色谱用于多环芳烃、多氯联苯、农药残留、酚类和胺类的检测。

（五）在精细化工分析中的应用

在精细化工分析中，液相色谱用于醇、醛、酮、醚、酸和酯的分离分析以及表面活性剂的分析。

（六）在高分子材料分析中的应用

高分子材料中添加的抗氧化剂等助剂经过提取后进行液相色谱检测，可对助剂进行定性和定量分析。

五、凝胶渗透色谱

目前，凝胶色谱在高聚物材料的生产及研究工作中的应用大致可归结为四个方面：①在高聚物材料生产过程中的应用，包括聚合工艺的选择，聚合反应机理的研究，以及聚合条件对产物性质的影响和控制；②在高聚物材料的加工及使用过程中的应用，研究分子量及分子量分布与加工、使用性能的关系，助剂在加工和使用过程中的作用，以及老化机理的研究；③作为分离和分析的工具，包括高聚物材料的组成、结构分析及高分子单分散试样的制备；④应用于小分子物质方面的分析，主要在石油及表面涂层工业方面的应用。

（一）在高聚物材料生产过程中的应用

1. 聚合工艺的选择

聚合过程是生产合成高聚物材料的重要步骤，选择什么样的聚合工艺流程（如间歇式聚合或连续式聚合等），都会直接影响产品的分子量及分子量分布，影响到产品的使用性能，因此分析聚合产物的分子量分布可以为选择工艺流程提供依据。

2. 聚合机理的研究

高聚物的分子量分布是与聚合机理紧密关联的，对聚合产物分子量分布的分析可以为聚合机理的研究提供正确而细致的数据，采用凝胶色谱法分子量分布的变化，有着既快速又无需将聚合产物分离出来的优点。

3. 聚合条件的影响和控制

因为凝胶色谱的试验比较方便，所需时间较短，取样量又少，并且能够比较细致地反映聚合条件对产物分子量分布的影响，所以常用以控制和监视聚合过程的进行。

（二）在高聚物材料的加工及使用过程中的应用

高聚物的分子量及分子量分布影响材料的性能。高聚物材料从生产到使用，除了聚合过程生产原料，还要经过将原料加工成材料（如管、板、膜、丝等）的过程。在加工及使用过程中，高分子由于受热、氧及机械作用而产生降解，影响材料的使用性能。降解的结果直

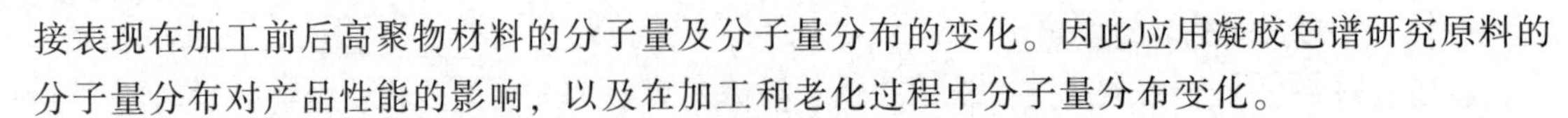

接表现在加工前后高聚物材料的分子量及分子量分布的变化。因此应用凝胶色谱研究原料的分子量分布对产品性能的影响，以及在加工和老化过程中分子量分布变化。

1. 高聚物原料的分子量分布对产品性能的影响

分子量分布对于高聚物材料性能的影响，最主要表现在与高聚物材料平均分子量的大小以及其中所包含的高分子量尾端部分、低分子量尾端部分的范围和含量有关。高聚物产品的平均分子量是决定其用途范围的依据，而高分子量尾端部分常与熔体的弹性效应有关，低分子量尾端部分则影响产品的强度、脆性及应力开裂等性质。

2. 加工过程中分子量分布的变化

一般高聚物原料在加工前需要经过造粒工序，在造粒过程中原料的分子量分布有改变。聚碳酸酯试样在造粒前后 GPC 曲线的变化结果可以表明造粒过程中平均分子量下降，分子量分布变窄，从造粒前后 GPC 曲线表示高分子量尾端降解得多而低分子量尾端变化不大。

挤出成形是塑料加工常用的方法。用凝胶色谱研究挤出成形过程中高分子的降解，不仅试验简单快速，更由于需用的试样量很少，因此可以细致地观察在不同挤出条件下，试样的中心及表面的分子量分布的差别与变化。

在橡胶制品的生产过程中，塑炼（又称素炼）对于橡胶原料的平均分子量及分子量分布均有重要影响。不同种类橡胶在塑炼过程中分子量分布的变化也不相同，这些变化均能在凝胶色谱的结果中得到反映。

3. 使用过程中分子量分布的变化

高聚物材料在使用过程中由于光、热、氧的作用而产生高分子链的降解。材料的使用寿命与使用环境有很大关系，为了改进并提高高聚物材料的使用寿命，需要对老化过程进行研究，凝胶色谱不仅可以作为高聚物材料耐候性的检测手段，还可以为老化机理的研究提供必要的数据。

4. 加工、使用及存放过程中高聚物材料中助剂含量的变化

为了防止或尽可能地减少高聚物材料在加工和使用过程的老化现象，需要添加各种稳定剂。凝胶色谱是研究各种稳定剂在加工及使用过程中所起的作用，以及探索稳定剂最合适用量的最方便而快速的方法。

（三）作为分离和分析的工具

对于高聚物材料工业产品的分析，包括组成分析和结构分析，以往常用的分析方法不外是先用抽提的方法将高聚物和助剂分离，然后再用红外、紫外吸收光谱，以及气相、薄层色谱、质谱、核磁共振等方法进行鉴定，试验所需周期很长。由于凝胶色谱试验操作简单，重复性好而且在选择好的条件下，分离和分析可以同时进行，所以目前已成为高聚物分析中的重要工具之一。

1. 组成分析

组成分析包括高聚物材料中的高分子部分及小分子部分，其中有增塑剂、抗氧剂、光稳定剂、单体或低聚体以及橡胶中含有的硫化促进剂、油类等。

2. 结构分析

结构分析包括晶态高分子形态学的研究、支化分子的支化度测定，以及共聚物的组成分布和分子量分布。

3. 高分子单分散试样的制备

在高分子的许多研究工作中都需要用单分散试样，如特性黏数方程的测定，凝胶色谱柱的标定。以往都是用经典的分级方法或柱上分级法取得级分，这些方法不仅分离效率不高，而且试验工作量很大，更不能连续取得级分。目前用制备型凝胶色谱已取得了比较满意的结果，所得级分的分布宽度一般均在 1.20 以下，如加再循环，分离效率可再提高。制备型凝胶色谱不仅分离效率高，且可连续制备单分散试样，这给高分子研究工作带来了极大的方便。

（四）应用于小分子物质方面的分析

虽然目前气相色谱和液相色谱的发展已使小分子有机化合物的分离和分析得到了相当的成就，但这两种方法使用的范围有一定的局限性。气相色谱要求试样能够挥发，在试验条件下是热稳定的，而液体色谱则要求被分离的试样在溶解度、极化率、吸附能力或离子特性方面有差别。凝胶色谱是根据分子在溶液中尺寸的大小进行分离的，所以没有上述两种方法的条件限制，试验无需用溶剂梯度，仅一种溶剂即可，比较方便。并且通过标定曲线还可以得到分离物质分子体积的数据。除了用于一般有机化合物的分离之外，还用于高聚物材料中的助剂，石油工业中的原油、表面活性剂，以及表面涂层等方面的分离和分析。

第四节　色谱仪的维护与保养

以气相色谱仪为例，说明色谱仪的日常维护与保养。

一、色谱仪的日常维护

（1）按仪器说明书的规程操作　严格按照说明书要求，进行规范操作，这是正确使用和科学保养仪器的前提。

（2）色谱柱的维护　色谱柱性能是保证分析结果的关键。对新填充的色谱柱，要老化充分，避免固定液流失，产生噪声。在用过一段时间后，应对色谱柱进行一次高温老化，以除去柱内可能的污染物，然后用测试标样评价色谱柱。

（3）及时更换毛细管柱密封垫　石墨密封垫漏气是 GC 最常见的故障之一。一定不要在不同的柱子上重复使用同一密封垫，即使同一根柱卸下重新安装时，最好也要更换新密封垫，这样能保证更高的工作效率。

（4）使用纯度满足要求的气体　载气使用高纯气体，以避免干扰分析和污染色谱柱或检测器。

（5）定期更换气体净化器填料　变色硅胶可根据颜色变化来判断其性能，但分子筛等吸附有机物的净化器不容易用肉眼判断。所以必须定期更换，最好 3 个月更换一次。

（6）定期更换进样器隔垫　进样口隔垫漏气是另一个 GC 常见故障。另外，隔垫的老化降解也会给分析带来干扰，其碎屑可能掉进汽化室，导致出现鬼峰。

（7）及时清洗注射器　干净的注射器能避免样品记忆效应的干扰。更换样品时要清洗，用同一样品多次进样时也要用样品本身清洗注射器。

（8）定期检查并清洗进样口衬管　仪器长期使用后，会发现衬管内积有焦油状物质、隔垫碎屑等杂质，这些都会干扰分析的正常进行。因此要定期检查，及时清洗。

（9）保留完整的仪器使用记录　仪器的履历，应逐日记录，包括操作者、分析样品及条件、仪器工作状态等。一旦仪器出现问题，这将是查找原因的重要资料。

二、仪器的清洁方法

气相色谱仪经常用于有机物的定量分析，仪器在运行一段时间后，由于静电原因，仪器内部容易吸附较多的灰尘；电路板及电路板插口除吸附有积尘外，还经常和某些有机蒸气吸附在一起等各种情况经常发生。

1. 仪器内部的吹扫、清洁

气相色谱仪停机后，打开仪器的侧面和后面面板，用仪表空气或氮气对仪器内部灰尘进行吹扫，对积尘较多或不容易吹扫的地方用软毛刷配合处理。吹扫完成后，对仪器内部存在有机物污染的地方用水或有机溶剂进行擦洗，对水溶性有机物可以先用水进行擦拭，对不能彻底清洁的地方可以再用有机溶剂进行处理，对非水溶性或可能与水发生化学反应的有机物用不与之发生反应的有机溶剂进行清洁，如甲苯、丙酮、四氯化碳等。注意，在擦拭仪器过程中不能对仪器表面或其他部件造成腐蚀或二次污染。

2. 电路板的维护和清洁

气相色谱仪准备检修前，切断仪器电源，首先用仪表空气或氮气对电路板和电路板插槽进行吹扫，吹扫时用软毛刷配合对电路板和插槽中灰尘较多的部分进行仔细清理。操作过程中尽量戴手套操作，防止静电或手上的汗渍等对电路板上的部分元件造成影响。吹扫工作完成后，应仔细观察电路板的使用情况，看印制电路板或电子元件是否有明显被腐蚀现象。对电路板上沾染有机物的电子元件和印制电路用脱脂棉蘸取酒精小心擦拭，电路板接口和插槽部分也要进行擦拭。

3. 进样口的清洗

在检修时，对气相色谱仪进样口的玻璃衬管、分流平板，进样口的分流管线，EPC 等部件分别进行清洗是十分必要的。

（1）玻璃衬管的清洗　从仪器中小心取出玻璃衬管，用镊子或其他小工具小心移去衬管内的玻璃毛和其他杂质，移取过程不要划伤衬管表面。如果条件允许，可将初步清理过的玻璃衬管在有机溶剂中用超声波进行清洗，烘干后使用。也可以用丙酮、甲苯等有机溶剂直接清洗，清洗完成后经过干燥即可使用。

（2）分流平板的清洗　分流平板最为理想的清洗方法是在溶剂中超声处理，烘干后使用。也可以选择合适的有机溶剂清洗，从进样口取出分流平板后，首先采用甲苯等惰性溶剂清洗，再用甲醇等醇类溶剂进行清洗，烘干后使用。分流管线的清洗，气相色谱仪用于有机物和高分子化合物的分析时，许多有机物的凝固点较低，样品从气化室经过分流管线放空的过程中，部分有机物在分流管线凝固。

（3）分流管线的清洗　气相色谱仪经过长时间的使用后，分流管线的内径逐渐变小，甚至完全被堵塞。分流管线被堵塞后，仪器进样口显示压力异常，峰形变差，分析结果异常。在检修过程中，无论事先能否判断分流管线有无堵塞现象，都需要对分流管线进行清洗。分流管线的清洗一般选择丙酮、甲苯等有机溶剂，对堵塞严重的分流管线有时用单纯清洗的方法很难清洗干净，需要采取一些其他辅助的机械方法来完成。可以选取粗细合适的钢丝对分流管线进行简单的疏通，然后再用丙酮、甲苯等有机溶剂进行清洗。由于事先不容易对分流部分的情况作出准确判断，对手动分流的气相色谱仪来说，在检修过程中对分流管线进行清洗是十分必要的。

（4）EPC的清洗　对于EPC控制分流的气相色谱仪，由于长时间使用，有可能使一些细小的进样垫屑进入EPC与气体管线接口处，随时可能对EPC部分造成堵塞或造成进样口压力变化。所以每次检修过程尽量对仪器EPC部分进行检查，并用甲苯、丙酮等有机溶剂进行清洗，然后烘干处理。由于进样等原因，进样口的外部随时可能会形成部分有机物凝结，可用脱脂棉蘸取丙酮、甲苯等有机物对进样口进行初步的擦拭，然后对擦不掉的有机物先用机械方法去除，注意在去除凝固有机物的过程中一定要小心操作，不要对仪器部件造成损伤。将凝固的有机物去除后，然后用有机溶剂对仪器部件进行仔细擦拭。

4. TCD和FID检测器的清洗

（1）TCD检测器的清洗　TCD检测器在使用过程中可能会被柱流出的沉积物或样品中夹带的其他物质所污染。TCD检测器一旦被污染，仪器的基线出现抖动、噪声增加。有必要对检测器进行清洗。

TCD检测器可以采用热清洗的方法，具体方法如下：

关闭检测器，把柱子从检测器接头上拆下，把柱箱内检测器的接头用死堵堵死，将参考气的流量设置到（20~30）mL/min，设置检测器温度为400℃，热清洗（4~8）h，降温后即可使用。国产或日产TCD检测器污染可用以下方法。仪器停机后，将TCD的气路进口拆下，用50mL注射器依次将丙酮（或甲苯，可根据样品的化学性质选用不同的溶剂），无水乙醇，蒸馏水从进气口反复注入（5~10）次，用吸尔球从进气口处缓慢吹气，吹出杂质和残余液体，然后重新安装好进气接头，开机后将柱温升到200℃，检测器温度升到250℃，通入比分析操作气流大（1~2）倍的载气，直到基线稳定为止。对于严重污染，可将出气口用死堵堵死，从进气口注满丙酮（或甲苯，可根据样品的化学性质选用不同的溶剂），保持8h左右，排出废液，然后按上述方法处理。

（2）FID检测器的清洗　FID检测器在使用中稳定性好，对使用要求相对较低，使用普遍，但在长时间使用过程中，容易出现检测器喷嘴和收集积炭等问题，或有机物在喷嘴或收集处沉积等情况。对FID积炭或有机物沉积等问题，可以先对检测器喷嘴和收集极用丙酮、甲苯、甲醇等有机溶剂进行清洗。当积炭较厚不能清洗干净的时候，可以对检测器积炭较厚的部分用细砂纸小心打磨。注意在打磨过程中不要对检测器造成损伤。初步打磨完成后，对污染部分进一步用软布进行擦拭，再用有机溶剂最后进行清洗，一般即可消除。

思　考　题

1. 色谱的分类有哪些？
2. 采用气相色谱定量分析的方法有哪些？
3. 气相色谱检测器有哪几种？适用领域分别是什么？
4. 液相色谱检测器有哪几种？适用领域分别是什么？
5. 气相色谱仪的组成是什么？
6. 高效液相色谱的应用有哪些？
7. 凝胶色谱分析的原理是什么？
8. 凝胶色谱的应用领域有哪些？

第八章

核磁共振波谱法

核磁共振技术是有机物结构测定的有力手段，不破坏样品，是一种无损检测技术。从连续波核磁共振波谱发展为脉冲傅里叶变换波谱，从传统一维谱到多维谱，技术不断发展，应用领域也越广泛。核磁共振技术在有机分子结构测定中扮演了非常重要的角色，核磁共振谱（NMR）与紫外光谱、红外光谱和质谱一起被有机化学家们称为“四大名谱”。核磁共振谱与红外、紫外光谱一样，实际上都是吸收光谱。只是 NMR 相应的波长位于比红外线更长的无线电波范围。物质吸收电磁波的能量较小，从而引起的只是电子及核在其自旋态能阶之间的跃迁。核磁共振谱常按测定的核分类，测定^{1}H 核的称为氢谱（^{1}H NMR）；测定^{13}C 核的称为碳谱（^{13}C NMR）。

在定性鉴别方面，核磁共振谱比红外光谱能提供更多的信息。它不仅给出基团的种类，而且能提供基团在分子中的位置。在定量上 NMR 也相当可靠。高分辨^{1}H NMR 还能根据磁偶合规律确定核及电子所处环境的细小差别，是研究高分子构型和共聚物序列分布等结构问题的有力手段。而^{13}C NMR 主要提供了高分子碳-碳骨架的结构信息。核磁共振谱法是高分子材料剖析的最重要的技术之一。

第一节　核磁共振波谱法的基本原理

一、核磁共振的原理

（一）原子核的磁矩

核磁共振的研究对象为具有磁矩的原子核。原子核是带正电荷的粒子，其自旋运动将产生磁矩，但并非所有同位素的原子核都有自旋运动，只有存在自旋运动的原子核才具有磁矩。

原子核的自旋运动与自旋量子数 I 相关。$I=0$ 的原子核没有自旋运动。$I\neq0$ 的原子核有自旋运动。原子核可按 I 的数值分为以下三类：

1）中子数、质子数均为偶数，则 $I=0$，如^{12}C、^{16}O、^{32}S 等。

2）中子数与质子数其一为偶数，另一为奇数，则 I 为半整数，如：

① $I=1/2$，^{1}H、^{13}C、^{15}N、^{19}F、^{31}P、^{77}Se、^{113}Cd、^{119}Sn、^{195}Pt、^{199}Hg 等。

② $I=3/2$，^{7}Li、^{9}Be、^{11}B、^{23}Na、^{33}S、^{35}Cl、^{37}Cl、^{39}K、^{63}Cu、^{65}Cu、^{79}Br、^{81}Br 等。

③ $I=5/2$，^{17}O、^{25}Mg、^{27}Al、^{55}Mn、^{67}Zn 等。

④ $I=7/2$，9/2 等。

3）中子数、质子数均为奇数，则 I 为整数，如 ^{2}H、^{6}Li、^{14}N 等，$I=1$；^{58}Co，$I=2$；^{10}B，$I=3$。

由上述可知，只有 2）、3）类原子核是核磁共振研究的对象。它们之中又分为两种情况：

1）$I=1/2$ 的原子核 电荷均匀分布于原子核表面，这样的原子核不具有电四极矩，核磁共振的谱线窄，最宜于核磁共振检测。

2）$I>1/2$ 的原子核 电荷在原子核表面呈非均匀分布，可用图 8-1 表示。对于图 8-1 所示的原子核，我们可考虑为在电荷均匀分布的基础上加一对电四极矩。对图 8-1a 所示原子核来说，“两极”正电荷密度加大，表面电荷分布是不均匀的。若改变球体形状，使表面电荷密度相等，则圆球变为纵向延伸的椭球。

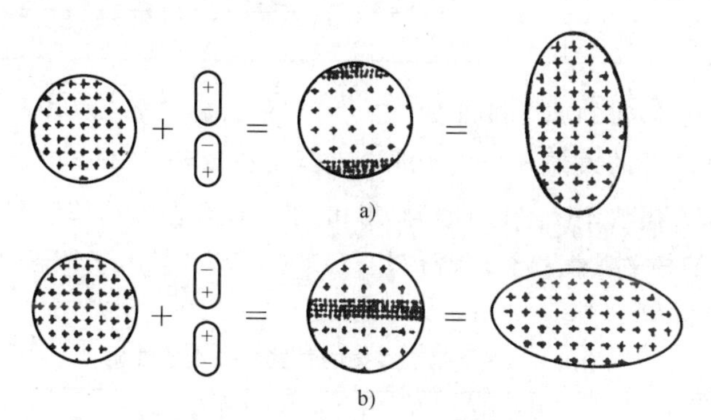

图 8-1　原子核的电四极矩

按照电四极矩公式：

$$Q=\frac{2}{5}Z(b^{2}-a^{2}) \tag{8-1}$$

式中　b、a——分别为椭球纵向和横向半径；

Z——球体所带电荷。

所以图 8-1a 所示的原子核具有正的电四极矩，同理可知图 8-1b 所示的原子核具有负的电四极矩。

凡具有电四极矩（不论是正值或负值）的原子核都具有特有的弛豫（relaxation）机制，常导致核磁共振的谱线加宽，这对于核磁共振信号的检测是不利的。

（二）核磁共振的产生

许多原子核的性质与旋转的带电物体相同。电荷的转动产生磁矩，其方向与旋转轴一致。从经典力学观点看，核自旋在磁场中的行为类似于重力场中的陀螺，除了自旋外还有进动。但是，核自旋在均匀磁场中的进动是不连续取向的。每个取向相应于一个能级，核自旋只能在相邻能级上跃迁。如相邻两能级间发生跃迁，就会有一个电磁辐射的量子放出或吸收。辐射量子的频率 ν 为

$$\nu=\frac{\Delta E}{h}=\frac{\gamma H_{0}}{2\pi} \tag{8-2}$$

式中　ΔE——相邻能级的能量差；

h——普朗克常数；

H_0——外加磁场的强度；

γ——一个核常数，称为旋磁比。

由式（8-2）可知，对应于某一特定的 H_0 值，一种核只有一个特征跃迁频率。也就是说，在磁场中，原子核只对这种频率的电磁波产生吸收，即发生共振。例如，当外加磁场 $H_0=1.4\times10^4$G 时，对于质子 ^{1}H 的共振频率为 60MHz，处于无线电频率范围，常用的 ^{1}H NMR 的共振条件见表 8-1。频率越高，测定的灵敏度和谱图的分辨率越好。

表 8-1　^{1}H NMR 的共振条件

共振频率/MHz	波长/m	磁场强度/G
60	5	1.4×10^4
100	3	2.3×10^4
300	1	7.0×10^4

质子和中子数都是偶数的原子核（如 ^{12}C、^{16}O）的自旋量子数为 0，磁矩为 0，所以没有核磁共振现象。除此之外的大部分子核，理论上都将在 $\upsilon=\gamma H_0/2\pi$ 的条件下产生核磁共振。但由于灵敏度所限，普通 NMR 谱仪只能测 ^{1}H 和 ^{19}F。只有在脉冲傅里叶变换 NMR 仪问世后才使 ^{13}C、^{15}N、^{29}Si 等的核磁共振得到广泛应用。表 8-2 列出了用于核磁共振的某些同位素的性质。

表 8-2　用于核磁共振的某些同位素的性质

同位素	自旋量子数	天然丰度(%)	灵敏度(相对于 ^{1}H)
^{1}H	1/2	99.98	1
^{13}C	1/2	1.11	1.6×10^{-2}
^{14}N	1	99.64	10^{-3}
^{15}N	1/2	0.36	10^{-3}
^{17}O	5/2	3.7	3×10^{-2}
^{19}F	1/2	100	0.83
^{29}Si	1/2	4.7	8×10^{-3}
^{31}P	1/2	100	0.07
^{33}S	3/2	0.74	2×10^{-3}
^{35}Cl	3/2	75.4	5×10^{-3}
^{37}Cl	3/2	24.6	3×10^{-3}

二、化学位移

1950 年，W. G. Proctor 和当时旅美学者虞福春研究硝酸铵的 ^{14}N 核磁共振时，发现硝酸铵的共振谱线为两条。显然，这两条谱线分别对应硝酸铵中的铵离子和硝酸根离子，即核磁共振信号可反映同一种原子核的不同化学环境。

（一）屏蔽常数 σ

设想在某磁感应强度中，不同的原子核因有不同的磁旋比，共振频率是不同的；但对同一种同位素的原子核来说，由于核所处的化学环境不同，其共振频率也会稍有变化。这是因为核外电子对原子核有一定的屏蔽作用，实际作用于原子核的磁感应强度不是 H_0 而是 $H_0(1-\sigma)$。σ 称为屏蔽常数（shielding constant），它反映核外电子对核的屏蔽作用的大小，也就是反映了核所处的化学环境。所以式（8-2）应写为

$$\nu=\frac{\gamma H_0}{2\pi}(1-\sigma) \tag{8-3}$$

不同的同位素的 γ 差别很大，但任何同位素的 σ 均远远小于 1。

σ 和原子核所处化学环境有关，可用下式表示：

$$\sigma=\sigma_d+\sigma_p+\sigma_\alpha+\sigma_s \tag{8-4}$$

σ_d 反映抗磁（diamagnetic）屏蔽的大小。以氢原子为例，氢核外的 s 电子在外加磁场的感应下产生对抗磁场，使原子核实受磁场稍有降低，故此屏蔽称为抗磁屏蔽。设想以固定电磁波频率扫描磁感应强度的方式作图，横坐标由左到右表示磁感应强度增强的方向。若某一种官能团的氢核 σ_d 较大，相对别的官能团的氢核而言，核外电子抵销外磁场的作用较强，此时则应进一步增加磁感应强度方能使该核发生共振，因此其谱线在其他官能团谱线的右方（即在相对高磁感应强度的位置）。

σ_p 反映顺磁（paramagnetic）屏蔽的大小。分子中其他原子的存在（或原子周围化学键的存在），使原子核的核外电子运动受阻，即电子云呈非球形。这种非球形对称的电子云所产生的磁场抗磁效应的方向相反（即加强了外加磁场），故称为顺磁屏蔽。因 s 电子是球形对称的，所以它对顺磁屏蔽项无贡献，而 p、d 电子则对顺磁屏蔽有贡献。

σ_α 表示相邻基团磁各向异性（anisotropic）的影响。

σ_s 表示溶剂、介质的影响。

对所有的同位素，σ_d 和 σ_p 的作用大于 σ_α 和 σ_s。对于 ^1H，只有 σ_d，但对 ^1H 以外的所有同位素，σ_p 比 σ_d 重要得多。

（二）化学位移 δ

某种同位素原子核因处于不同的化学环境（不同的官能团），核磁共振谱线位置是不同的。核所处的化学环境不同，即 σ 不同，出峰位置也就不同。在试验中采用某一标准物质作为基准，以基准物质的谱峰位置作为核磁谱图的坐标原点。不同官能团的原子核谱峰位置相对于原点的距离，反映了它们所处的化学环境，称为化学位移（chemical shift）。按式（8-5）计算。

$$\delta=\frac{H_{标准}-H_{试样}}{H_{标准}} \tag{8-5}$$

式中　$H_{试样}$——试样的磁场强度。

$H_{标准}$——标准物质的磁场强度。

化学位移与外加磁场 H_0 有正比关系。因为各种 NMR 谱仪所用的辐射频率和磁场强度有大有小，为了对化学位移取得共同标准，采用标准物质用无因次量 δ 表示相对位移的量，即化学位移。

化学位移是由于电子云的屏蔽作用而产生的，电子云越弱，化学位移 δ 越大。Si 由于其低电负性，吸电子能力比碳、氧和氯等都弱。所以 $Si(CH_3)_4$ 上质子的电子屏蔽比较大，出现在较高场强处，而大多数有机物的核磁共振信号都出现在它的低场一侧。因此常用四甲基硅烷（简称 TMS）为内标。将其 δ 值定为 0，则大多数有机物峰的化学位移 δ 为正值。质子

的 δ 值一般在（0~10）范围内，因而也可采用 τ 表示化学位移，$Si(CH_3)_4$ 的 τ 定为 10.00。则未知样品的 τ 为

$$\tau = 10.00 - \delta \tag{8-6}$$

使化学位移 δ 增大的主要结构因素有：取代基的电负性较大时，相邻碳上的质子周围的电子云密度降低，电子屏蔽小，δ 值大；在碳-氢键的成键轨道中，如果 s 成分较高（如烯的 sp^2 杂化和炔的 sp 杂化）时，键电子云较近碳原子核，δ 值较大；芳环上的质子由于 π 键电子云的流动性而受到屏蔽较小，δ 值较大。

人们已积累了一系列基团的化学位移的数据，因此可以利用化学位移鉴定化合物中有哪几种含氢原子的基团。图 8-2 所示为聚合物中常见基团质子的化学位移，可用作基团归属的快速指南。

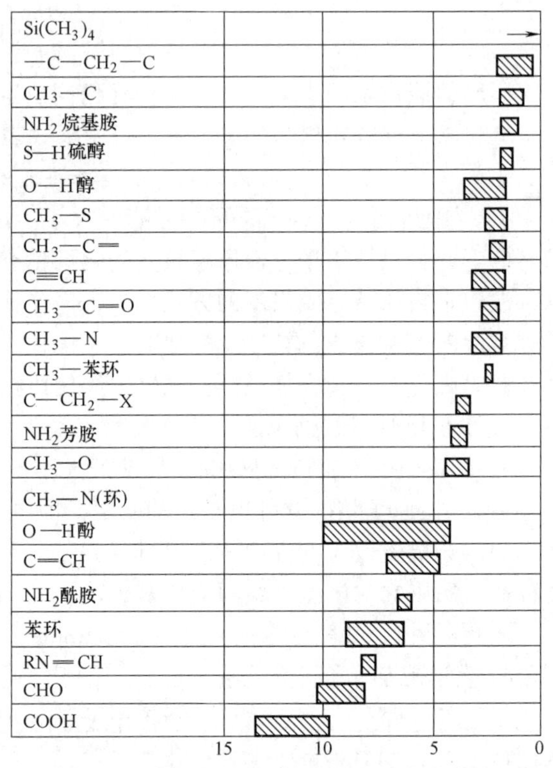

图 8-2　聚合物中常见基团质子的化学位移

三、自旋-自旋偶合

在高分辨仪器上，还可观察到由化学位移分开的吸收峰的更精细的结构，这是因为相邻核自旋的相互作用而产生峰的劈裂。这种相互作用称为自旋-自旋偶合，作用的结果是峰的自旋-自旋劈裂。

以乙基（$—CH_2CH_3$）为例，$—CH_2$ 中的两个质子，其磁量子数有四种组合态，即同为正向，同为负向，以及二者相反（有两种可能）。这四种组合态中每种的概率是相同的。它合成的总磁量子数对甲基的影响有三种情况：使甲基处的磁场强度增加、减小和不变。因此甲基劈裂为三个峰，且这三个峰的面积比为 1∶2∶1；同理，由于$—CH_3$ 的三个质子对次甲基的影响，使次甲基劈裂为四个峰，峰面积比为 1∶3∶3∶1。总之，规律是当邻碳原子的氢数是 n 时，劈裂后的峰数为 $n+1$，峰的相对面积比等于二项展开式系数，即

n	峰的相对面积比
0	1
1	1　1
2	1　2　1
3	1　3　3　1
4	1　4　6　4　1
5	1　5　10　10　5　1

峰劈裂后的峰间距离是量度自旋-自旋偶合的尺度，称为偶合常数 J（单位是 Hz）。自旋-自旋偶合与化学位移不难区别，在频率谱中如果化学位移不用 δ 表示，而用各吸收峰与 TMS 吸收峰之间共振频率的差 $\Delta\nu$ 表示，也以 Hz 为单位，则化学位移与偶合常数的区别是：

前者随外加磁场强度的加大而增大，而后者与场强无关，只与化合物的结构有关。

偶合常数一般分为三类。即同碳偶合 H—C—H，用^2J表示；邻碳偶合 H—C—C—H，用^3J表示；远程偶合，主要存在于芳环体系中。

偶合常数提供了相邻氢原子关系的信息，这对于高分子的剖析是非常有用的。在^1H NMR 谱中，J一般为（1~20）Hz。

四、去偶技术

在某些情况下由于劈裂现象使 NMR 谱图过于复杂，有必要采取措施消除自旋-自旋偶合的影响，称为去偶。这里主要介绍两类常用的去偶技术。

（一）双照射去偶技术

用两束射频照射分子，一束是常用的射频，它的吸收可测量；另一束射频则是较强的固定射频场。若要观察分子内特定质子与哪些磁核偶合，就调整该固定射频场的频率，使之等于特定质子的共振频率。由于固定射频场较强，特定质子受其照射后迅速跃迁达到饱和，将不再与其他磁核偶合，得到的是消除该种质子的偶合的去偶谱。对照去偶前后的谱图，就能找出与该质子有偶合关系的全部质子。

（二）氘代

氘（即^2H）比质子的磁矩小得多，它在很高的磁场吸收，因而在 NMR 谱中不出峰。此外它与质子的偶合是弱的，并且通常使质子的信号变宽而不劈裂。因此用一个氘取代一个质子后，其结果是使这个质子的峰及其他质子被它劈裂的信号从 NMR 谱图中消失，好像分子中那个位置上没有氢一样，因此用氘标记可以简化谱图。例如

CH_3—CH_2—	CH_2D—CH_2—	CH_3—CHD—	CH_3—CD_2—
三重峰　四重峰	三重峰　三重峰	二重峰　四重峰	单峰　无峰

试验中常用重水进行重氢交换。当在样品溶液中加入几滴重水（D_2O），振摇数次后，分子中与杂原子连接的活泼氢与重氢发生交换。

第二节　核磁共振波谱仪的结构

按工作方式不同可将核磁共振波谱仪分为两大类：连续波核磁共振波谱仪及脉冲傅里叶变换核磁共振波谱仪。以下以连续波核磁共振波谱仪为例，简单介绍核磁共振波谱仪器基本结构。

核磁共振波谱仪通常由以下几部分组成，如图 8-3 所示。

1. 磁铁和样品支架

磁铁是核磁共振仪中最贵重的部件，能形成高的场强，同时要求磁场均匀性和稳定性好，其性能决定了仪器的灵敏度和分辨率。磁铁可以是永久磁铁、电磁铁，也可以是超导磁体，前者稳定性较好，但使用时间长了磁性要发生变化。由永久磁铁和电磁铁获得的磁场一般不超过 2.4T，相应于氢核的共振频率为 100MHz。为了得到更高的分辨率，应使用超导磁体，可获得高达 10T 以上的磁场，其相应的氢核共振频率为 400MHz 以上。但超导核磁共振

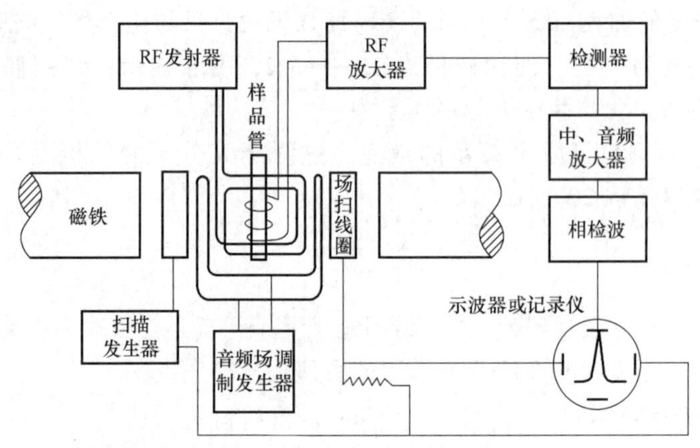

图 8-3　核磁共振波谱仪示意图

仪的价格及日常维护费用都很高。

样品支架装在磁铁间的一个探头上，支架连同样品管用压缩空气使之旋转，目的是为了提高作用于其上的磁场的均匀性。

2. 扫描发生器

沿着外磁场的方向绕上扫描线圈，它可以在小范围内精确、连续地调节外加磁场强度进行扫描，扫描速度不可太快，(3~10) mGs/min。

3. 射频接收器和检测器

沿着样品管轴的方向绕上接收线圈，通过射频接收线圈接收共振信号，经放大记录下来，纵坐标是共振峰的强度，横坐标是磁场强度（或共振频率)。能量的吸收情况为射频接收器所检出，通过放大后记录下来。所以核磁共振仪测量的是共振吸收，处理器中有积分仪，能自动画出积分线，以确定各组共振吸收峰的面积。

4. 射频振荡器

在样品管外与扫描线圈和接收线圈相垂直的方向上绕上射频发射线圈，它可以发射频率与磁场强度相适应的无线电波。

核磁共振仪的扫描方式有两种：一种是保持磁场恒定，即固定 H_0，线性地改变频率，称为扫频，得到的波谱称为频率谱；另一种是保持频率不变，线性地改变磁场强度进行扫描，称为扫场。在磁场的某些强度上，质子能量跃迁所吸收的能量与辐射的能量相匹配而产生共振吸收，一般核磁共振谱是磁场强度谱。多数仪器同时具有这两种扫描方式，磁场强度谱和频率谱是可以互换的。

脉冲傅里叶变换 NMR 仪（Pulsed Fourier Transform NMR，PFT-NMR）是采用在恒定的磁场中，在整个频率范围内施加具有一定量的脉冲，使自旋取向发生改变并跃迁至高能态。高能态的核经一段时间后又重新返回低能态，通过收集这个过程产生的感应电流，即可获得时间域上的波谱图。一种化合物具有多种吸收频率时，所得图谱十分复杂，称为自由感应衰减（Free Induction Decay，FID)，自由感应衰减信号经快速傅里叶变换后即可获得频域上的波谱图，即常见的 NMR 谱图，如图 8-4 所示。

PFT-NMR 波谱仪是更先进的 NMR 波谱仪。它将连续波核磁共振波谱仪中连续扫场或扫频改成强脉冲照射。当样品受到强脉冲照射后，接收线圈就会感应出样品的共振信号干涉

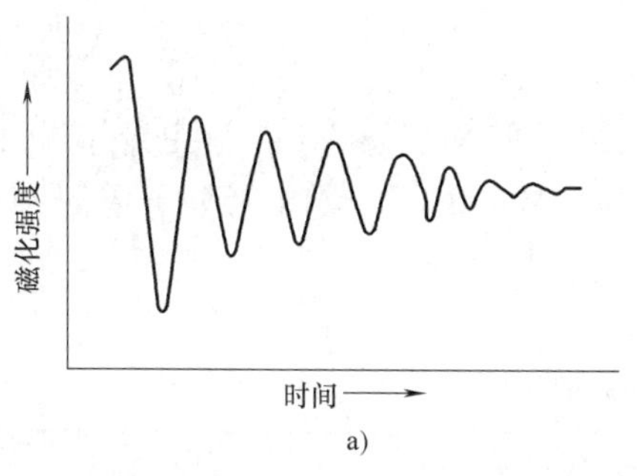

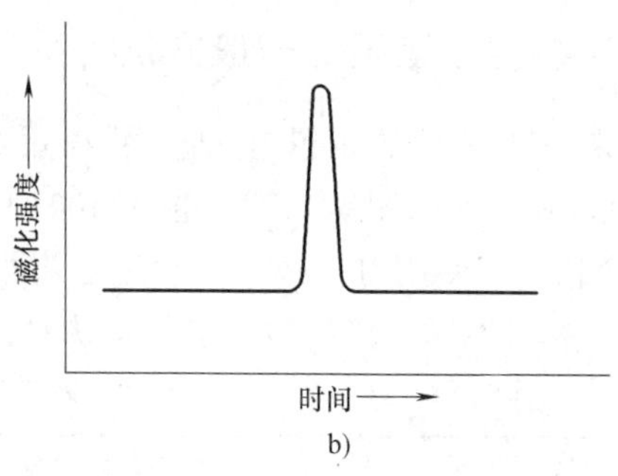

图 8-4 NMR 的时域和频域谱图

a）时域谱图 b）频域谱图

图，即自由感应衰减（FID）信号，经计算机进行傅里叶变换后，即可得到一般的 NMR 谱图。连续晶体振荡器发出的频率为 v_c 的脉冲波经脉冲开关及能量放大再经射频发射器后，被放大成可调振幅和相高的强脉冲波。样品受强脉冲照射后，产生一射频 v_n 的共振信号，被射频接收器接收后，输送到检测器。检测器检测到共振信号 v_n 与发射频率 v_c 的差别，并将其转变成 FID 信号，FID 信号经傅里叶转换，即可记录出一般的 NMR 谱图。PFT-FID 波谱仪提高了仪器测定的灵敏度，并使测定速度大幅提高，可以较快地自动测定和分辨谱线及所对应的弛豫时间。

第三节 核磁共振波谱法的应用

一、样品制备

在测试时，样品必须配成溶液才能得到高分辨 NMR 谱。若直接用固体测定，所得的共振峰往往非常宽，没有精细结构，被称为宽线 NMR，主要用于研究分子运动，对鉴定未知物用处不大。

聚合物的一些常用溶剂如四氢呋喃、二甲苯、二氧杂环己烷、环己烷、石油醚等均不能用于 NMR 的溶液制备，因为均含有 ^1H。而不含 ^1H 的溶剂如 CCl_4、CS_2 等对高分子的溶解能力又很有限。因此，常需要用氘代溶剂，如氘代氯仿、氘代丙酮、氘代二甲亚砜等。然而，即使采用氘代溶剂，也总有少量氢未被氘化，从而仍有残余质子峰。所以在选用溶剂时，要避免试样的吸收峰与溶剂峰相重合。

由于溶液浓度常在 10%以上，分辨率会显著下降，为此需要高温记谱，因而选用溶剂的沸点需要较高，如聚烯烃用邻二氯苯或 1,2,4-三氯代苯等，聚酰胺、聚酯用三氟乙酸或 $AsCl_3$ 等为溶剂。

参比 TMS 可直接滴加在样品管内，但 TMS 的沸点仅为 27℃，在高温记谱时，必须将 TMS 封装在一根毛细管中再插入样品管里，称为外标法。当用重水作溶剂时，由于 TMS 和重水不相溶，需用 DSS 为内标。DSS 是 4,4-二甲基-4-硅代戊磺酸钠，DSS 可溶于水。

$$CH_3-\underset{\underset{CH_3}{|}}{\overset{\overset{CH_3}{|}}{Si}}-CH_2CH_2CH_2SO_3Na$$

二、定性鉴别的一般方法

未知高分子的定性鉴别，可利用标准谱图。高分子 NMR 标准谱图主要有萨特勒（Sadtler）标准谱图集，第一卷为 100MHz，第二卷为 60MHz 的^{1}H NMR 高分子谱图，每卷 300 个谱图。使用时，必须注意测定条件，主要有溶剂、共振频率。

需要对不同环境的质子进行指认时，可参考表 8-3。

表 8-3　各类质子的 δ 值

质　子	δ
TMS	0
—CH_2—,环丙烷	0.22
CH_3CN	0.88~1.08
CH_3—C—（饱和）	0.85~0.95(0.7~1.3)
CH_3—C—CO—R	0.93~1.12
CH_3—C—N—CO—R	1.20
—N—C— \/ CH_2	1.48
—CH_2—（饱和）	1.20~1.43
—CH_2—C—O—COR 和 —CH_2—C—O—Ar	1.50
RSH	1.1~1.5①
RNH_2(在惰性溶剂中 浓度小于1mol)	1.1~1.5①
—CH_2—C—C═C—	1.13~1.60
—CH_2—CN	1.20~1.62
—C—H（饱和）	1.40~1.65
—CH_2—C—Ar	1.60~1.78
—CH_2—C—O—R	1.21~1.81
CH_3—C═NOH	1.81
—CH_2—C—I	1.65~1.86
—CH_2—C—CO—R	1.60~1.90
CH_3—C═C	1.6~1.9
CH_3—C═C │ O—CO—R	1.87~1.91
—CH_2—C═C—OR	1.93
—CH_2—C—Cl	1.60~1.96
CH_3—C═C— │ COOR 或 CN	1.94~2.03
—CH_2—C—Br	1.68~2.03
CH_3—C═C—CO—R	1.93~2.06
—CH_2—C—NO_2	2.07
—CH_2—C—SO_2—R	2.16
—C—O— \/ CH	2.29
—CH_2—C═C	1.88~2.31
CH_3—N—N—	2.31
—CH_2—CO—R	2.02~2.39①
CH_3—SO—R	2.50
CH_3—Ar	2.25~2.50(2.1~2.5)
—CH_2—S—R	2.39~2.53
CH_3—CO—SR	2.33~2.54
—CH_2—C≡N	2.58
CH_3—C═O	2.1~2.6(1.9~2.6)
CH_3—S—C≡N	2.63
CH_3—CO—C═C 或 CH_3—CO—Ar	1.83~2.68
CH_3—CO—Cl 或 Br	2.66~2.81
CH_3—I	2.1~2.3
CH_3—N⟨	2.1~3
—C═C—C≡C—H	2.87
—CH_2—SO_2—R	2.92
—C≡C—H(非共轭)	2.45~2.65
—C≡C—H(共轭)	2.8~3.1
Ar—C═C—H	3.05
—CH_2(—C═C—)$_2$	2.90~3.05
—CH_2—Ar	2.53~3.06
—CH_2—I	3.03~3.20
—CH_2—SO_2	3.28
Ar—CH_2—N⟨	3.32
—CH_2—N—Ar │	3.28~3.37

（续）

质　　子	δ
—CH$_2$—N—Ar |	3.28～3.37
Ar—CH$_2$—C=C—	3.18～3.38
—CH$_2$—N— |	3.40
—CH$_2$—Cl	3.35～3.57
—CH$_2$—O—R	3.31～3.58
CH$_3$—O—	3.5～3.8(3.3～4)
—CH$_2$—Br	3.25～3.58
CH$_3$—O—SO—OR	3.58
—CH$_2$—N=C=S	3.61
CH$_3$—SO$_2$—Cl	3.61
Br—CH$_2$—C≡N	3.70
—C≡C—CH$_2$—Br	3.82
Ar—CH$_2$—Ar	3.81～3.92
Ar—NH$_2$,Ar—NHR 或 ArNHAr	3.40～4.00(3.3～4.3)[①]
CH$_3$—O—SO$_2$—OR	3.94
—C=C—CH$_2$—O—R	3.90～3.97
—C=C—CH$_2$—Cl	3.96～4.04
Cl—CH$_2$—C≡N	4.07
—C≡C—C—CH$_2$—C=C	3.83～4.13
—C≡C—CH$_2$—Cl	4.09～4.16
—C=C—CH$_2$—OR	4.18
—CH$_2$—O—CO—R 或—CH$_2$—O—Ar	3.98～4.29
—CH$_2$—NO$_2$	4.38
Ar—CH$_2$—Br	4.41～4.43
Ar—CH$_2$—OR	4.36～4.49
Ar—CH$_2$—Cl	4.40
—C=CH$_2$	4.63
—C=CH—　(无环、非共轭)	5.1～5.7(5.1～5.9)
—C=CH—　(环状、非共轭)	5.2～5.7
—C=CH$_2$	5.3～5.7(5.2～6.25)
—CH(OR)$_2$	4.80～5.20
Ar—CH$_2$—O—CO—R	5.26
ROH(在惰性溶剂中 浓度小于 1mol)	3.0～5.2[①]

质　　子	δ
Ar—C=CH—	5.28～5.40
—CH=C—O—R	4.56～5.55
—CH=C—C≡N	5.75
—C=CH—CO—R	5.68～6.05
R—CO—CH=C—CO—R	6.03～6.13
Ar—CH=C—	6.23～6.28
—C=C—H(共轭)	5.5～6.7(5.3～7.8)
—C=C—H(无环、共轭)	6.0～6.5(5.5～7.1)
H—C=C— |　| H　COR	6.30～6.40
—C=CH—O—R	6.22～6.45
Br—CH=C—	6.62～7.00
—CH=C—CO—R	5.47～7.04
—C=CH—O—CO—CH$_3$	7.25
R—CO—NH	6.1～7.7(5.5～8.5)
Ar—CH—C—CO—R	7.38～7.72
ArH(苯环)	7.6～8.0(6.0～9.5)
ArH(非苯环)	6.2～8.6(4.0～9.0)
H—C(=O)—N	7.9～8.1
H—C(=O)—O—	8.0～8.2
—C=C—CHO (α,β-不饱和脂肪族)	9.43～9.68
RCHO(脂肪族)	9.7～9.8(9.5～9.8)
ArCHO	9.7～10(9.5～10.9)
R—COOH	10.03～11.48
—SO$_3$H	11～12
—C=C—COOH	11.43～12.82
RCOOH(二聚)	11～12.8
ArOH(分子间氢键)	10.5～12.5(10.5～15.5)
ArOH(多聚、缔合)	4.5～7.7[①]
烯醇	15～16

注：在这些化合物中，R=H、烷基、芳基、OH、OR、NH$_2$。

① 其位移随浓度、温度和存在着的其他能发生交换的质子而定，其中氨基质子的位移取决于氮原子的碱度。

三、聚烯烃的鉴别

聚丙烯、聚异丁烯和聚异戊烯虽然同为碳氢化合物，但其 NMR 谱（见图 8-5）有明显差异。聚丙烯有 CH_3、CH_2 和 CH 三种不同的质子，易于区分。聚异丁烯和聚异戊烯都只有 CH_3 和 CH_2 峰，但由于两种峰的质子数目之比是不同的，所以也较易区分。

对于聚异丁烯 $-(CH_2-\overset{CH_3}{\underset{CH_3}{C}})_n-$ ，$2CH_3:CH_2=6:2$，所以 CH_3 峰高（或面积）是 CH_2 峰的 3 倍。

对于聚异戊烯 $-(CH_2-\overset{CH_3}{\underset{CH_2CH_3}{C}})_n-$ ，$2CH_3:2CH_2=6:4$，所以 CH_3 与 CH_2 峰之比为 3∶2。

四、尼龙的鉴别

对于尼龙 66、尼龙 6 和尼龙 11 三种尼龙，其 NMR 谱（见图 8-6）是很易识别的。尼龙 11 的峰很尖，尼龙 6 的为较宽的单峰，而尼龙 66 有两个峰。三种尼龙的峰面积之比及结构式见表 8-4。

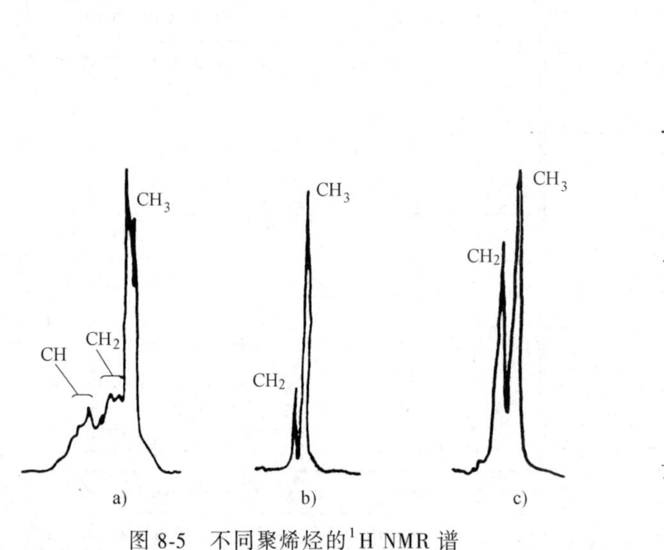

图 8-5 不同聚烯烃的 ^1H NMR 谱

a）聚丙烯 b）聚异丁烯 c）聚异戊烯

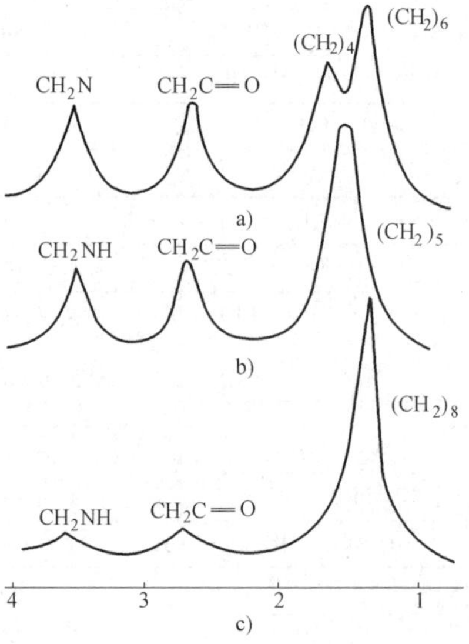

图 8-6 三种尼龙的 ^1H NMR 谱

a）尼龙 66 b）尼龙 6 c）尼龙 11

表 8-4 三种尼龙的峰面积之比及结构式

名称	CH_2N	$CH_2C=O$	$(CH_2)_n$	结构式
尼龙 66	1	1	3	$-NH-CH_2-(CH_2)_4-CH_2NH-\underset{O}{\underset{\|}{C}}-CH_2-(CH_2)_2-CH_2-\underset{O}{\underset{\|}{C}}-$

（续）

名称	CH_2N	$CH_2C{=}O$	$(CH_2)_n$	结构式
尼龙 6	1	1	3	$-NH-CH_2+CH_2+_3\ CH_2-\overset{\displaystyle O}{\overset{\|}{C}}-$
尼龙 11	1	1	8	$-NH-CH_2+CH_2+_8\ CH_2-\overset{\displaystyle O}{\overset{\|}{C}}-$

五、聚丙烯酸乙酯和聚丙烯酸乙烯酯的鉴别

聚丙烯酸乙酯 $-CH_2-\underset{\underset{\displaystyle C(=O)-O-\overset{a}{CH_2}\overset{b}{CH_3}}{|}}{CH}-$，聚丙烯酸乙烯酯 $-CH_2-\underset{\underset{\displaystyle O-C(=O)-\overset{a}{CH_2}\overset{b}{CH_3}}{|}}{CH}-$

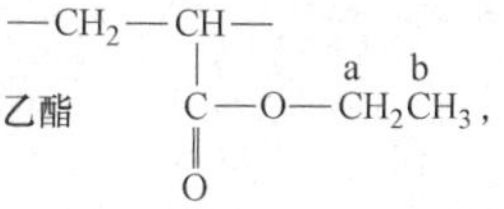

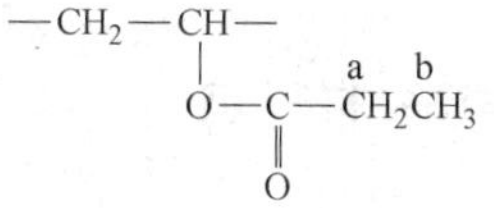

在 ^1H NMR 中，前者化学位移（$H_a=1.21$，$H_b=4.12$）大于后者（$H_a=1.11$，$H_b=2.25$），易于鉴别。同时，聚丙烯酸乙酯的 H_a 和 H_b 会被劈裂成 4 重峰和 3 重峰，所以它们的 H_a 和 H_b 是很容易鉴别的。

六、共聚物组成的测定

对共聚物的 NMR 谱作了定性分析之后，根据峰面积与共振核数目成比例的原则，就可以定量计算共聚组成。

1. 苯乙烯-甲基丙烯酸甲酯共聚物

如果共聚物中有一个组分有至少一个可以准确分辨的峰，就可以用它来代表这个组分，推算出组成比。一个实例是苯乙烯-甲基丙烯酸甲酯二元共聚物，在 $\delta=8$ 左右的一个孤立的峰归属于苯环上的质子，用该峰可计算苯乙烯的摩尔分数 x：

$$x=\frac{8}{5}\frac{A_{苯}}{A_{总}} \tag{8-7}$$

式中　$A_{苯}$——$\delta=8$ 附近峰的面积；

$A_{总}$——所有峰的总面积。

2. 乙二醇-丙二醇-二甲基硅氧烷共聚物

这个三元共聚物的结构式为 $(OCH_2CH_2)_l(OCH_2CH(CH_3))_m(OSi(CH_3)_2)_n$

图 8-7 中各峰的归属见表 8-5。

表 8-5　图 8-7 中各峰的归属

δ	归　属	峰面积符号
0.1	$Si+\underline{CH_3})_2$	$A_{0.1}$
1.17	$O\ CH_2CH-C\ \underline{H_3}$	$A_{1.17}$
3.2~3.8	$O\ \underline{CH_2CH}-CH_3$ 和 $O\ \underline{CH_2CH_2}\ O$	$A_{3.2\sim3.8}$
3.68	$O\ \underline{CH_2CH_2O}$	$A_{3.68}$
1.3,2.07	添加剂或杂质	

设乙二醇、丙二醇、二甲基硅氧烷三组分的摩尔分数分别为 x、y、z，则其共聚物组成可通过下列方程组来计算：

$$
\left.\begin{aligned}
&\frac{\frac{1}{2}A_{0.1}}{A_{1.17}}=\frac{z}{y}\\
&\frac{A_{3.2\sim3.8}-A_{1.17}}{\frac{4}{3}A_{1.17}}=\frac{x}{y}\\
&x+y+z=100\%
\end{aligned}\right\}\tag{8-8}
$$

求解上面的方程组，求得三组分的含量分别是：$x=45\%$，$y=43\%$，$z=12\%$。

第二个方程未直接用 $A_{3.68}/A_{1.17}=4x/3y$ ，是因为 $\delta=3.2\sim3.8$ 的峰是两个峰的加和，不易分开（见图 8-7）。

七、高分子立构规整性的测定

1. 旋光异构体

^{1}H NMR 最早用于分析高分子立构规整性的典型例子是聚甲基丙烯酸甲酯（PMMA）。因为它有如下结构，极适合此项研究。

```
           H                   H
           |                   |
   H  H—C—H        H     H—C—H
   |       |        |          |
 ~~C  —    C   —    C   —      C~~
   |       |        |          |
   H       C=O      H          C=O
           |                   |
           O                   O
           |                   |
        H—C—H               H—C—H
           |                   |
           H                   H
```

PMMA 的所有不等价质子都被三个以上的碳原子链分离开，所以就完全排除了自旋-自旋偶合作用，因而谱图中观测到峰的分裂，完全是由于大分子构型的不同导致大分子空间排列的差别而呈现出质子的不等价。实际上，全同 PMMA 和间同 PMMA 的 NMR 谱有很大差别（见图 8-8）。

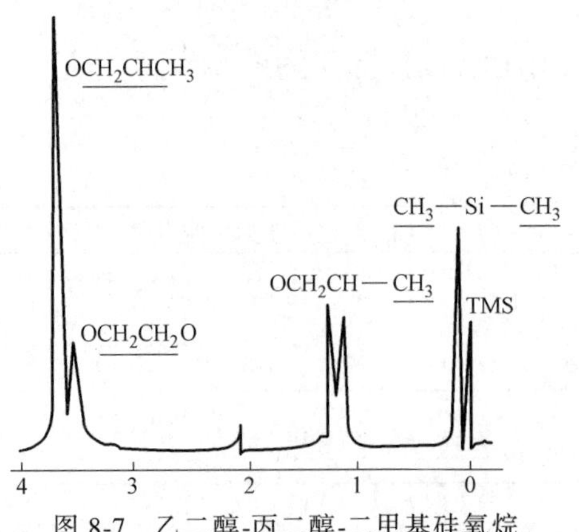

图 8-7　乙二醇-丙二醇-二甲基硅氧烷共聚物氢谱（60MHz，$CDCl_3$ 溶液）

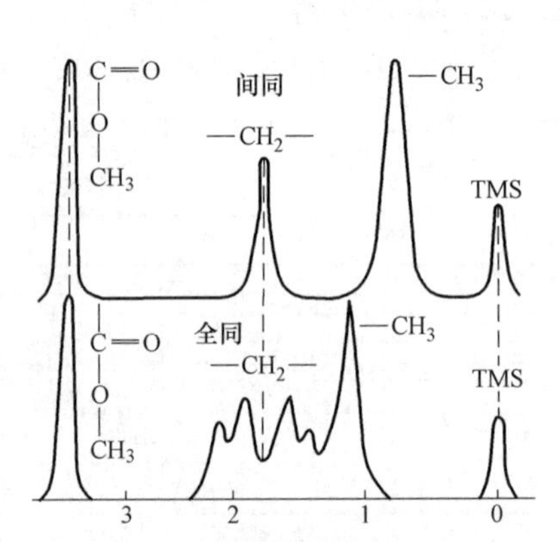

图 8-8　PMMA 不同旋光异构体的[1]H NMR 谱

在间同结构中，CH_2 的两个质子的环境相同，只得到一个峰。

在全同结构中，CH_2 的两个质子的环境不同，因而由于自旋-自旋偶合而分裂成为四重峰（根据 n+1 规律，H_a 有两个峰，H_b 有两个峰）。

$$-\underset{COOCH_3}{\overset{CH_3}{\underset{|}{\overset{|}{C}}}}-\quad-\underset{H_b}{\overset{H_a}{\underset{|}{\overset{|}{C}}}}-\quad-\underset{COOCH_3}{\overset{CH_3}{\underset{|}{\overset{|}{C}}}}-$$

在无规结构中，由于既有全同又有间同立构链段，所以出现五重峰。

CH_3 由于旋转很快，以至于对 CH_3 不可能测出像 CH_2 分裂那样的非均匀的细微环境的差别。但 CH_3 的化学位移明显不同，全同立构为 1.20，间同立构为 0.91，无规立构为 1.04。从而根据 CH_3 峰的强度或面积比可以确定聚合物中全同、间同和无规的序列比例。

2. 几何异构体

双烯类高分子的几何异构体大多有不同的化学位移，可用于定性和定量分析。例如，聚异戊二烯可能有以下四种不同的加成方式或几何异构体。

$-CH_2-CH=C(CH_3)-CH_2-$	$-CH_2-CH=C(CH_3)-CH_2-$	$-CH_2-CH(C(CH_3)=CH_2)-$	$-CH_2-C(CH_3)(CH=CH_2)-$
反1，4加成	顺1，4加成	3，4加成	1，2加成

由双键碳上的质子的化学位移可以测定 1,4 和 3,4（或 1,2）加成的比例。对 1,4 加成（包括顺式和反式）的 C ═CH—C，δ=5.08；对 3,4（或 1,2）加成的 C ═CH_2，δ=4.67。用此法已测得天然橡胶中 3,4 或 1,2 加成的质量分数仅为 0.3%。

由 CH_3 的化学位移可以测定顺 1,4 和反 1,4 之比。它们的吸收均出现在高场，顺 1,4 加成异构体，δ=1.67；反 1,4 加成异构体，δ=1.60。用此法测得天然橡胶中质量分数为 1%反 1,4 加成异构体。

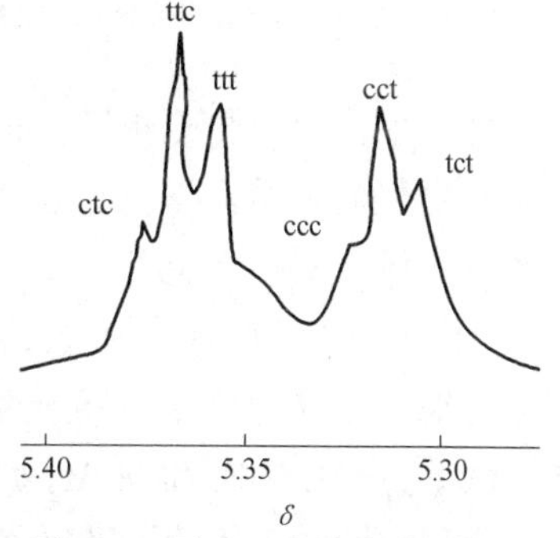

图 8-9　顺 1,4 和反 1,4 结构的双键质子的氢谱

聚丁二烯、聚戊二烯和聚 2,3-二甲基丁二烯等双烯类高分子也可用类似方法分析异构体。但聚氯丁二烯的顺 1,4 和反 1,4 结构的 ^{1}H NMR 谱很相似。图 8-9 所示为顺 1,4 和反 1,4 结构的双键质子的氢谱。

NMR 还可用于研究沿高分子链的几何异构单元的分布。从图 8-9 可以辨认出，在聚异戊二烯链中由顺 1,4（用 c 表示）和反 1,4（用 t 表示）组成的三单元组即 ccc、cct、tct、ctc、ttc 和 ttt，分别在不同 δ 值处出峰，从而提供了几何异构序列分布的信息。

八、共聚物序列结构的研究

NMR 不仅能直接测定共聚组成，还能测定共聚序列分布，这是 NMR 的一个重要应用。一个例子是偏氯乙烯-异丁烯共聚物的序列结构研究，该共聚物的单体单元如下：

$$-CH_2-\underset{Cl}{\overset{Cl}{\underset{|}{\overset{|}{C}}}}- \qquad\qquad -CH_2-\underset{CH_3}{\overset{CH_3}{\underset{|}{\overset{|}{C}}}}-$$

$$(M_1) \qquad\qquad\qquad (M_2)$$

均聚的聚偏二氯乙烯在 δ 为 4（CH_2）处出峰，聚异丁烯在 $\delta=1.3$（CH_2）和 1（CH_3）处出峰。从共聚物的 60MHz ^1H NMR 谱图 8-10 上可见，在 $\delta=3.6$（a 区）和 1,4（c 区）处分别有一些吸收峰，它们应分别归属于 M_1M_1 和 M_2M_2 两种二单元组；而在 $\delta=3$ 和 2.2 处（b 区）的吸收应对应于杂交二单元组 M_1M_2。从图 8-11 进一步可以看到 a 区、b 区和 c 区共振峰的相对强度随共聚物的组成而变，根据其相对吸收强度值可以计算共聚组成。

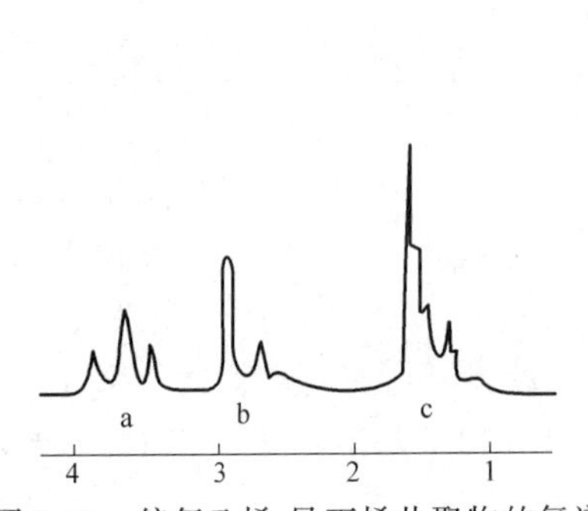

图 8-10　偏氯乙烯-异丁烯共聚物的氢谱
（60MHz，130℃，S_2Cl_2 溶液）

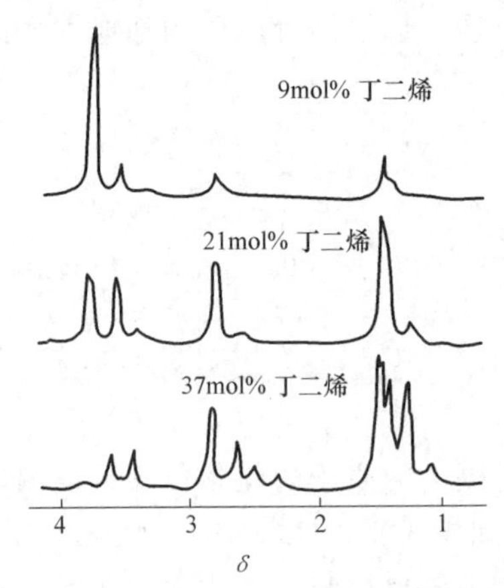

图 8-11　各种组成的偏氯乙烯-异丁烯共聚物的氢谱
（60MHz，130℃，S_2Cl_2 溶液）

进一步仔细观察发现，a 区有三个主要共振峰，它们对应于四单元组 $M_1M_1M_1M_1$（$\delta=3.86$）、$M_1M_1M_1M_2$（$\delta=3.66$）和 $M_2M_1M_1M_2$（$\delta=3.47$）。b 区有四个主要共振峰，对应于 $M_1M_1M_2M_1$（$\delta=2.89$）、$M_2M_1M_2M_1$（$\delta=2.68$）、$M_1M_1M_2M_2$（$\delta=2.54$）和 $M_2M_1M_2M_2$（$\delta=2.37$）。c 区的三个共振峰对应于三单元组 $M_2M_2M_1$（$\delta=1.56$）、$M_1M_2M_2$（$\delta=1.33$）和 $M_2M_2M_2$（$\delta=1.10$）。

从 a 区的细节图（见图 8-12）上可以看出，a_1 峰还可分辨出几种六单元组共振吸收，即 $M_1(M_1)_4M_1$（$\delta=3.88$）、$M_1(M_1)_4M_2$（$\delta=3.86$）和 $M_2(M_1)_4M_2$（$\delta=3.84$）；a_2 峰也观察到有劈裂的迹象。

根据上述谱图中峰的强度可以准确计算出二单元

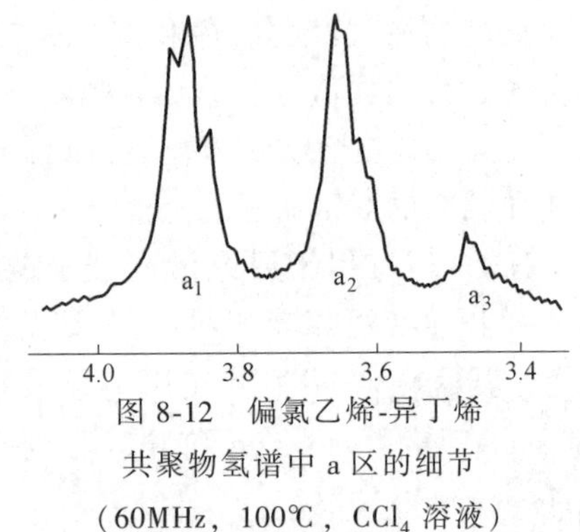

图 8-12　偏氯乙烯-异丁烯共聚物氢谱中 a 区的细节
（60MHz，100℃，CCl_4 溶液）

组、三单元组、四单元组的浓度以及序列的平均长度。二单元组浓度的计算值与根据共聚理论的预计值一致，而三单元组的结果有偏差。

九、端基的分析

聚乙烯的^1H NMR 谱除了非常强的 CH_2 吸收外，还可观察到很低深度的其他基团（端基）的吸收峰，特别是当分子量较低时，将扫描信号多次累加后，这些低信噪比的小共振峰是可以分辨的（见图 8-13）。

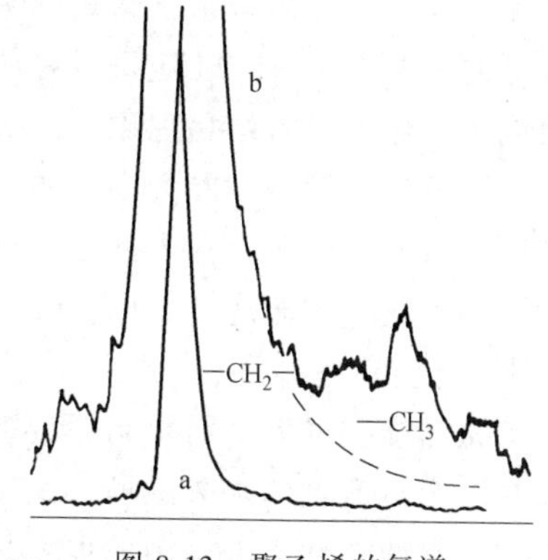

图 8-13　聚乙烯的氢谱（40MHz，110℃，四氯乙烯溶液，a 为 19 次扫描之后，b 为 30 次扫描之后）

从图 8-11 可以看出，甲基在 $\delta=0.9$ 处的弱峰不可避免地被 $\delta=1.3$ 处的 CH_2 共振峰所重叠，但仍可能分辨出是三重峰（归属于 CH_3CH_2 基团）或二重峰［归属于—CH_2—CH（CH_3—CH_2—）基团］。此外在化学位移约为 5.3 处观察到有亚乙烯基端基的很弱的吸收。

第四节　核磁共振波谱仪的维护与保养

核磁共振波谱仪主要包括超导磁体、谱仪、气路系统、探头及计算机工作站。UPS 蓄电池、空调、除湿机等是该仪器不可缺少的辅助设备。仪器管理者和操作者必须具有高度的责任，较高的技术水平，正确使用和维护保养核磁谱仪，降低故障率，以确保仪器高效运行。

一、磁体的维护与保养

磁体是 NMR 波谱仪中最基本的部分，除了在磁体的高斯线内禁止铁磁性物体接近，最重要的是保证磁体的超导线圈始终浸泡在液氮、液氦中，否则一旦温度升高会导致线圈产生电阻发热，从而导致液氮、液氦瞬间大量蒸发，磁体失超。因此定期及时添加液氮、液氦非常重要，是保证仪器正常运行的关键环节。

对于磁体维护来讲，最重要的是液氦及液氮制冷剂的添加和液氦、液氮液位与挥发量的监测。磁体杜瓦的超导线圈必须保证始终浸泡在液氦中，否则当温度一旦升高会使超导线圈失去超导性质，产生电阻并发热，从而导致液氦、液氮瞬间大量蒸发，磁体失超。磁体失超可能会对磁体造成永久伤害，即使不造成永久伤害，重新升场也会耗费大量时间和金钱，因此任何情况下都要尽力避免此类意外的发生。仪器维护人员必须严格定期对液氦杜瓦里液氦液面进行监测，定期及时对液氦进行补充。通常应在高于磁体厂家规定液氦腔液面安全警戒线添加液氦，以免磁体失超。液氦的添加一般 3~8 个月进行一次，各个型号磁体添加的周期各异，与液氦腔容量大小有关。在液氦腔的外部紧邻的是液氮腔，利用液氮的低温（绝对温度 77K，−195.8℃）对液氦进行预冷，有效防止液氦腔的液氦挥发过快。液氮腔和液氦腔之间通过真空腔进行热隔离。液氮的添加应定期进行，一般（7~10）天一次。为了防止意外情况发生，必须对液氮液位进行定期检查。需要注意的是，添加液氦和液氮时液氦及液氮杜瓦压力均不得超过一定的数值，以免对磁体造成损伤；在每次添加液氮或者液氦后，必须检查杜瓦气体排出管路是否畅通，以排除出口结冰堵塞的可能。如有可能，除了液氦、液氮的及时添加外，还应每天对液氦、液氮的挥发量进行监测。如果挥发量变大并且磁体表面或者腔体出口有结霜现象，说明磁体杜瓦真空泄漏，应及时联系厂家处理。另一方面，液氮、液氦的挥发量不能为零。如果液氦或者液氮挥发量降为零，要立即排除其杜瓦出口结冰堵塞的可能，以免杜瓦内部压力过大导致磁体爆炸失超。一个特殊的情况是，在添加液氦的过程中，液氮腔温度会急剧下降，液氮挥发量会降为零或者负值，当液氦添加结束后会恢复正常。

磁体维护另一个需要高度重视的安全问题是磁体的强磁场和工作时的射频场。磁体周围存在一个不可见的永久磁场，铁磁性物体离磁体太近时，磁体的吸引力会在很短的距离内由很难觉察增大到无法控制的程度，使物体以很大的速度飞向磁体，造成磁体损伤和失超，并有可能伤害它们之间的人员，因此绝对不允许在强磁场范围内放置或者移动任何铁磁性物体。在磁体上工作使用的任何梯子和补充液氦、液氮的杜瓦都必须由非磁性材料制成。不能把小的金属物品放在磁体附近的地面上，如果它们被吸进磁体的腔管内会导致严重的伤害，特别是当磁体没有安装探头时。另一方面，在磁场作用下，磁卡、磁盘、相机、机械手表等物品会遭到不可逆破坏，人体内的金属医疗器械会发生故障，仪器工作时的射频场也会对人体内的金属医疗器械产生影响。因此无论从仪器安全角度还是从个人人身安全角度考虑，都应该禁止非工作人员携带任何铁磁性物品进入实验室。

二、谱仪的维护与保养

谱仪是核磁共振波谱仪的指挥中心，负责各通道射频的发射和信号的接收处理，控制和协调谱仪系统各部件有条不紊地工作，主要有射频发生器、梯度单元、温控单元、功率前置放大器等，几乎所有电子元件均集中于此。做好谱仪的维护与保养主要有以下几点：①确保环境温度、湿度适宜，房间内摆放温湿度计，安装空调和除湿机，控制室内温度在25℃左右，湿度为30%~50%；②尽量避免房间内灰尘，及时清除累积在过滤网上及谱仪门边缘上的灰尘，过滤网清洗完毕完全干燥后重新装回，避免带入水分，当灰尘较多不易清理时，可用吸尘器小心吸除；③谱仪后面有散热扇，要定期检查散热扇马达是否正常运作，如有异常声音，及时进行故障部件的更换，以免热量散发不出引起局部温度过高、电路元件被烧毁；④定期检查电子电路及供应电压是否在正常范围值，谱仪前面的各个指示灯是否正常等。

三、探头的维护与保养

探头是整个仪器系统的核心部件。探头安装于磁体中心的室温腔，探头的中心为样品管支架，样品管一般位于探头线圈的中心位置。探头线圈通常包括发射线圈、接收线圈、锁场发射和接收线圈等，样品在探头中的升降通过控制升降气流大小实现。在试验过程中，首先应注意使用合格的核磁管，以免发生核磁管断裂、污染或损坏探头。核磁管不能过短，否则无法使样品位于探头接收线圈中心。在样品升降时，一定要首先确保空压机处于工作状态，管路中有足够压力的气流，并且转子处于关闭状态，以免造成核磁管碎裂。应定期检查转子上的O圈，发现老化时及时更换。

^{1}H、^{19}F、^{13}C、^{31}P 四核探头虽然具有自动切换频率和自动调谐的功能，但要获得高质量的谱图最好手动调谐，尤其是进行二维试验时。因四核探头两个通道各自分别同时对两个核进

行调谐，而且一个通道的两个核之间相互影响，四核探头调谐时一定要预先掌握相关原理和技巧，如果不预先熟知相关原理，很容易导致调偏而找不到信号，使试验无法进行。试验过程中要避免使用长而强的射频脉冲，以免对探头造成损伤。涉及去耦的试验应注意采用的去耦模式和仪器允许的最大去耦功率，去耦功率不能超过仪器最大允许值，以免对仪器造成损伤。

定期对探头进行清洗，探头清洗应由资深工程师完成。

四、气路系统的维护与保养

气路系统是核磁共振波谱仪的重要组成部分之一，主要有气动单元和空压机组成，主要用于样品的升降旋转、磁体的托起以及温度控制等。如果气路系统出现故障，轻则会因为气流压力过小导致无法测试样品，重则会因为空气过滤不完全，导致潮湿的空气进入磁体结冰阻塞气路，进而引起爆炸。可见气路系统的维护与保养也尤为重要。

每天检查进气滤清器的滤水、滤油装置是否正常，履带是否老化、除水杯有无积水、压力表指针是否正常，做到及时发现、及时维修。定期对空压机进行排水，避免水对储气罐的腐蚀。定期更换空压机干燥剂，干燥剂寿命一般为（2~3）年，与环境湿度有关。维持空压机房内适宜的温度和湿度，潮湿时开启除湿机。定期清洗和更换空压机的汽水分离器滤芯，按照实际情况应该三个月或者半年清洗一次。

思　考　题

1. 简述核磁共振波谱仪的主要类别和结构。
2. 使化学位移 δ 增大的主要结构因素有哪些？
3. 举例说明核磁共振波谱在聚合物定性鉴别中的应用。
4. 核磁共振波谱仪的维护与保养有哪些方面？

第九章

有机质谱法

有机质谱仪，主要用于有机化合物的结构鉴定，提供化合物的分子量、元素组成以及官能团等结构信息。有机质谱仪基本原理：以电子轰击或其他的方式使被测物质离子化，形成各种质荷比（m/z）的离子，然后利用电磁学原理使离子按不同的质荷比分离并测量各种离子的强度，从而确定被测物质的分子量和结构。

有机质谱仪广泛应用于有机化学、生物学、地球化学、核工业、材料科学、环境科学、医学卫生、食品化学、石油化工等领域。多数有机质谱仪还可与气相或液相色谱仪联用，用于复杂混合物定性定量分析，先进的仪器还可实现质谱-质谱联用，用于目标化合物的分析和结构研究。

质谱仪种类非常多，按应用范围分为同位素质谱仪、无机质谱仪和有机质谱仪；按分辨本领分为高分辨、中分辨和低分辨质谱仪；按质谱仪的质量分析器的不同，把质谱仪分为双聚焦质谱仪、四极杆质谱仪、飞行时间质谱仪、离子阱质谱仪和傅里叶变换质谱仪等。

第一节　有机质谱法的基本原理

一、气相色谱-质谱联用仪

气相色谱-质谱联用技术（GC-MS）起始于20世纪50年代后期，1965年出现了商品仪器，1968年实现了与计算机的联用。随着计算机软件和电子技术的发展，它的功能已日趋完善，应用范围不断扩大，成为当今有机混合物分析的最有效的手段之一。

利用气相色谱对混合物的高效分离能力和质谱对纯化合物的准确鉴定能力而开发的分析仪器称为气相色谱-质谱联用仪，简称为气-质联用仪。这种技术（或分析方法）称为气相色谱-质谱联用技术。在气-质联用仪中，气相色谱与质谱的关系如下：气相色谱是质谱的样品预处理器，质谱则是气相色谱的检测器。在分析仪器联用技术中气相色谱-质谱联用开发最早，仪器最完善，应用最为广泛，是最为成功的一种。目前生产的有机质谱仪几乎都具有气相色谱和质谱的联用能力。

气相色谱仪的功能是将混合物的多组分化合物分离成单组分化合物，它属气相分子分离的一种分析仪器，入口端高于大气压力，出口端为质谱仪的离子源的压力，在高于大气压条件下完成气相分子的分离。气相色谱仪一般由载气控制系统、色谱柱、柱箱控温系统、进样系统等组成。样品从进样系统进样后，在载体的带动下，分流或不分流地流入一定温度下的气相色谱柱，根据样品在流动相和固定相上的分配系数不同使混合物各组分在色谱柱内具有不同的流速而分离，最后随载气从色谱柱流出，然后进入质谱检测器检测。

气-质联用仪的接口组件是气相色谱仪与质谱仪连接的关键部件，它起传输试样、匹配两者工作流量的作用。随着毛细管色谱柱的应用越来越广泛和质谱仪大抽力的涡轮分子泵的应用，对接口的技术要求越来越低。

质谱仪属于气相离子分离的一种分析仪器，离子运动环境为真空，在高真空条件下完成气相离子分离。质谱仪一般由进样系统、离子源、离子质量分析器及其质量扫描部件、离子流检测器及记录系统和为离子运动所需的真空系统组成。

样品气体分子通过进样系统（直接探头进样、GC 进样等）进入一定真空度下的离子源，在离子源内将试样分子转化为样品离子。离子化方法不同生成离子种类也不同，软电离时生成准分子离子和少量碎片离子，可提供分子量信息。电子轰击电离时则生成大量碎片离子，提供分子结构信息。

离子源生成的离子进入质量分析器，质量分析器是某种类型的电、磁场装置，离子在电、磁场作用下按离子的质量/电荷比（m/z）分离。按质荷比分离的方式有空间和时间两种：按空间分离时，某一空间位置只能接收到某一质荷比的离子；按时间分离时，某一时刻只能接收到某一质荷比的离子。质量分析器又有静态、动态之分，依检测固定质荷比的离子时质量分析器的电、磁场强度是否随时间变化而区分，不变的称静态，变化的称动态。磁式质量分析器属静态，四极、三维四极和离子共振质量分析器都属动态。

二、基质辅助激光解吸电离飞行时间质谱

20 世纪 80 年代后期，由德国科学家 Hillenkamp 和 Karas 用固体作基质引入了基质辅助激光解吸电离质谱技术（Matrix-Assisted Laser Desorption Ionization Time of Flight Mass Spectrometry，MALDI-TOF-MS）。之后该技术在分析生物大分子和有机聚合物方面取得了重大进展。

对于热敏感的化合物，如果对它们进行极快速的加热，可以避免其加热分解。利用这个原理，曾用^{252}Cf 作为电离方法。^{252}Cf 进行放射性裂变，在裂变的瞬间产生裂变碎片（如 Ba 和 Tc），它们在极短的时间内穿越样品，局部产生高达等离子体（plasma）的高温，对热敏感或不挥发的化合物可从固相直接得到离子从而进行质谱分析。

采用脉冲式的激光是与之类似的：在一个微小的区域内，在极短的时间间隔（纳秒数量级），激光可对靶物提供高的能量。

MALDI 方法：将被分析物质（μmol/L 级浓度）的溶液和某种基质（mmol/L 级浓度）溶液相混合；蒸发溶剂，于是被分析物质与基质成为晶体或半晶体；用一定波长的脉冲式激光进行照射；基质分子能有效地吸收激光的能量，使基质分子和样品投射到气相并得到电离。

常用的基质有 2,5-二羟基苯甲酸、芥子酸、烟酸、α-氰基-4-羟基肉桂酸等。

采用 MALDI 法的优点主要有以下两点：

1）使一些难于电离的样品电离，且无明显的碎裂，得到完整的被分析物的分子的电离产物，特别是在生物大分子，如肽类化合物、核酸等取得很大成功。

2）由于应用的是脉冲式激光，特别适合于与飞行时间质谱计相配，因而我们常可见到 MALDI-TOF-MS 这个术语。

当然，MALDI也可以与离子阱类型的质量分析器相配。

飞行时间质谱计有以下优点：

1）从原理可知，飞行时间质谱计检测离子的质荷比是没有上限的，这特别适合于生物大分子的质谱测定。用TOF测定单克隆的人免疫球蛋白，分子量已高达（982000±2000）u。

2）飞行时间质谱计要求离子尽可能“同时”开始飞行，也就特别适合于与脉冲产生离子的电离过程相搭配，现在MALDI-TOF成为一个完整的术语。

3）不同质荷比的离子同时检测，因而飞行时间质谱计的灵敏度高，适合于作串联质谱的第二级。

4）扫描速度快，适于研究极快的过程。

5）结构简单，便于维护。

飞行时间质谱计的重要缺点为分辨率随质荷比的增加而降低。质量越大时，飞行时间的差值越小，分辨率越低。

应用基质辅助激光解吸电离飞行时间质谱可获得生物大分子和聚合物中每一聚合度的相对分子质量及其在聚合物中相对含量的信息，该技术是某些聚合物结构表征的新的有效方法。该方法具有以下特点：仪器的传输率高，因而灵敏度高；被测聚合物降解少，易获得其分子量及其分布的信息；具有较大的质量范围（几十万道尔顿）；具有易操作和分析时间短等特点，包括样品的处理在内一次分析不超过20min。所以它如雨后春笋般地蓬勃发展起来，成为有机质谱中发展最快和最活跃的研究领域之一。应用GPC方法表征，获得的相对分子质量是统计结果，不能得到每一聚合度的相对含量及对应的分子结构信息。

三、有机质谱仪主要部件的工作原理

（一）有机质谱仪的真空系统

有机质谱仪的离子源、质量分析器和检测器必须在高真空状态下工作，以减小本底，避免发生不必要的离子-分子反应。离子源的真空度应达（$1\times10^{-3}\sim1\times10^{-4}$）Pa，质量分析器的真空度应达（$1\times10^{-4}\sim1\times10^{-5}$）Pa以上。高真空的实现一般是由机械泵和油扩散泵或涡轮分子泵串联完成。机械泵作前级泵，将体系抽到（$1\times10^{-1}\sim1\times10^{-2}$）Pa，然后再由油扩散泵或涡轮分子泵继续抽到高真空。在与色谱联用的有机质谱仪中，离子源的高真空泵抽速应足够大，以保证由色谱进入离子源后的未电离的部分或其他流动相能及时、迅速地被抽走，保证离子源的高真空度和减缓离子源的污染程度。

（二）有机质谱仪的进样装置

有机质谱仪的进样系统要求能在既不破坏离子源的高真空工作状态，又不破坏化合物的组成和结构的条件下，将有机化合物导入离子源。有机质谱仪主要有如下几种进样方式：

1. 直接进样器

直接进样器（probe）用以导入高沸点固体有机化合物。将装有有机化合物的玻璃毛细管装在顶端有小洞的石英管内，由进样杆携带石英管送入离子源，进样杆前端的加热线圈电流，可以按预定升温程序升温，有机化合物在高真空下被加热气化，进入离子源。

2. 色谱进样系统

色谱对混合的有机化合物有很强的分离能力，而有机质谱仪仅对单一组分的有机化合物有很强的定性能力，对混合的有机化合物则很难对其每一组分给出准确的定性结果。若将色谱分离后的、单一组分的有机化合物直接送入离子源内，即将这两种仪器串联在一起，将色谱仪器经过特殊的接口装置作为有机质谱仪的一种进样装置，则这种联用仪器将成为有机化合物分析的强有力的工具。现在的有机质谱仪几乎全部是色谱质谱联用仪，色谱进样已成为现代有机质谱仪不可缺少的进样装置。

（三）有机质谱仪的离子源

离子源的作用是将被分析的有机化合物分子电离成离子，并使这些离子在离子源的透镜系统中聚成有一定几何形状和一定能量的离子束；然后进入质量分析器被分离。离子源性能与有机质谱仪的灵敏度和分辨力有密切的关系。根据有机化合物的热稳定性和电离的难易程度，可以选择不同的离子源，以期得到该有机化合物的分子或离子。有机质谱仪最早常用的离子源是电子轰击电离源，后来又发展了化学电离源、解吸化学电离源、场致电离源、场解吸电离源、快原子轰击电离源、激光解吸电离源、基质辅助激光解吸电离源、电喷雾电离源和大气压化学电离源等新型电离源。

1. 电子轰击电离源（EI）

EI 源是有机质谱仪中应用最广泛的离子源，大部分有机质谱仪配有这种离子源。从热灯丝发射的电子被加速通过电离盒，射向阳极，此阳极用来测量电子流强度，通常所用的电子流强度为（50~250）μA。改变灯丝与电离盒之间的电位，可以改变电离电压。当电离电压较小时［如（7~14）eV］，电离盒内产生的离子主要是分子离子。当加大电离电压时［（50~100）eV，常用 70eV］，产生的分子离子会部分发生断裂，成为碎片离子。现有的标准谱图都是用 70eV 的电子能量得到的。

EI 源的特点是稳定，操作方便，电子流强度可精密控制，电离效率高，结构简单，控温方便，所形成的离子具有较窄的动能分散，所得谱图是特征的，重现性好。因此，目前绝大部分有机化合物的标准质谱图都是采用 EI 源得到的。

EI 源要求有机化合物必须气化，不能气化或气化时发生分解的有机化合物不能用 EI 源电离。

2. 化学电离源（CI）和解吸化学电离源（DCI）

CI 源是利用反应气体的离子和有机化合物样品的分子发生离子-分子反应而生成样品离子的一种“软”电离方法。CI 的结构基本上与 EI 源相同，只是 CI 源的电离盒要有较好的密闭性，使盒内反应气达到离子-分子反应所需的压强。

CI 源所用的反应气可根据所分析的有机化合物样品来选择，常用的有甲烷和氨。反应气在离子盒内的压强为（10~100）Pa，以 100eV 能量的电子使电离盒内气体电离。由于电离盒内气体中反应气是样品的（10^3~10^5）倍，所以电离时得到的几乎全是反应气分子离子及其碎片的离子。这些离子与被测有机化合物分子相互碰撞，发生离子-分子反应，生成被测有机化合物样品分子的准分子离子 $(M+H)^+$ 和少数碎片离子。在 CI 谱图中准分子离子往往是基峰，谱图较简单、易解释。

CI 电离源还可以用于负离子质谱。对于多数有机化合物，负离子的 CI 谱图灵敏度要比正离子的 CI 谱图高（2~3）个数量级，负离子 CI 谱图已逐步成为复杂混合物的定量分析方法。使用 CI 电离源时需将有机化合物气化后进入离子源，因此，CI 电离源不适用于难挥发、热不稳定或极性较大的有机化合物。为此，1973 年发展了解吸化学电离源。它以化学电离源为基础，将样品直接点在解吸化学电离源的进样杆顶端的探头上，将此探头直接插入

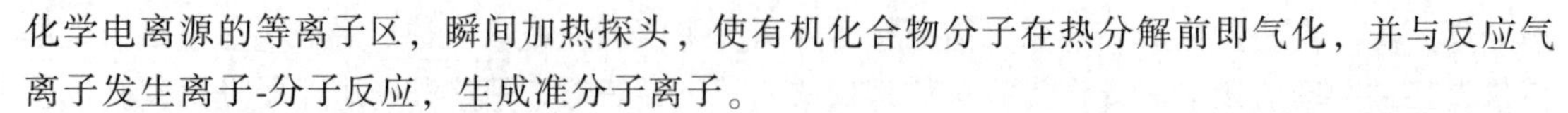

化学电离源的等离子区，瞬间加热探头，使有机化合物分子在热分解前即气化，并与反应气离子发生离子-分子反应，生成准分子离子。

3. 场致电离源（FI）和场解吸电离源（FDI）

在细金属丝或金属针上加以正高压，形成（1×10^7 ~ 1×10^8）V/cm 的电场梯度，气态有机化合物分子在高压静电场作用下，价电子以一定的概率穿越位垒而逸出，生成分子离子。这种电离叫作场电离或场致电离，适用于气态或可以气化的液态有机化合物样品电离。

FI 源电离的特点是谱图简单，有较强的分子离子峰，碎片离子峰很弱，几乎没有，适用于分子量的测定和混合的有机化合物中各组分的定量分析（不用分离，混合物直接进样）。

FI 源也需先将有机化合物分子气化，再将气化后的有机化合物分子引入电离区，故 FI 源也不适用于难挥发的、热不稳定的有机化合物。为此，Bekey 于 1969 年设计了 FDI 源。FDI 源的结构与工作原理和 FI 源基本相同，只是被测有机化合物不需先加热气化，而是将其溶于溶剂中，然后滴加在场发射丝上。场发射丝可通电加热使其上的有机化合物从发射丝上解吸，解吸所需的能量远低于气化所需的能量，故有机化合物分子不会发生热分解。

4. 快原子轰击电离源（FAB）

FAB 源是 20 世纪 80 年代发展起来的一种新的电离源。在离子枪中，气压为 100Pa 的中性气体（一般用氩气），用电子轰击使之电离，生成的氩离子被电子透镜聚焦并加速成动能可以控制的离子束。离子束在经过一个中和器，中和掉携带的电荷，成为高速定向运动的中性原子束，用此高速运动的中性原子轰击有机化合物，使有机化合物分子电离。有机化合物通常用甘油（底物）调和后涂在金属靶上，生成的离子是被测有机化合物分子与甘油分子作用生成的准分子离子。

FAB 源的特点是完全避免了有机化合物的加热，更加适用于热不稳定的有机化合物的分析，可以检测高分子量的有机化合物。

5. 激光解吸电离源（LDI）和基质辅助激光解吸电离源（MALDI）

LDI 源是一种结构简单、灵敏度高的电离源。脉冲激光束经平面镜和透镜系统后照射到由不锈钢或玻璃制成的、安装在直接插入探头的顶部的样品靶上，有机化合物制成溶液后涂敷在样品靶上，在真空状态下将样品中溶剂挥发掉，之后由进样杆送入离子源。

1975 年 F. Hillenkamp 教授将 LDI 源与能瞬时记录谱图的飞行时间质谱仪（TOF-MS）结合起来，用以分析蛋白质和多肽。1988 年他又将底物引入激光解吸电离源，提出了基质辅助激光解吸电离质谱，大大提高了分析灵敏度和选择性，成为分析生物大分子蛋白的最有力的工具之一，实现了生物大分子分析的重大突破。

6. 大气压化学电离源（APCI）

在大气压条件下，离子-分子反应取决于离子源中特定的气体或气相试剂。如用氮气（常含微量水）在放电电极电晕放电作用下，反应过程可表示如下：

$$N_2 + e \longrightarrow N_2^+ + 2e$$

$$N_2^+ + 2N_2 \longrightarrow N_4^+ + N_2$$

$$N_4^+ + H_2O \longrightarrow H_2O^+ + 2N_2$$

$$H_2O^+ + H_2O \longrightarrow H_3O^+ + HO$$

$$H_3O^+ + H_2O + N_2 \longrightarrow H^+(H_2O)_2 + N_2$$

$$H^+(H_2O)_{n-1} + H_2O + N_2 \longrightarrow H^+(H_2O)_n + N_2$$

其他离子如 N^+ 和 N_3^+ 也可生成，还有 O_2^+、NO^+ 和 NO_2^+ 等离子存在。

如将溶剂或 HPLC 流出物注入 APCI 离子源，则溶剂成为气相试剂，可形成各种各样正反应试剂离子和负反应试剂离子，这取决于溶剂的性质。

7. 电喷雾电离源（ESI）

ESI 源是在高静电梯度（约 3kV/cm）下，使样品溶液发生静电喷雾，在干燥气流中形成带电雾滴，随着溶剂的蒸发，通过离子蒸发等机制，生成气态离子，以进行质谱分析的过程。单单使用静电场发生的静电喷雾，通常只能在（1~5）mL/min 的低流速下操作，而借助气动辅助，可在较高的流速，如 1mL/min 条件下工作，这样便于与常规 HPLC 连接。

（四）有机质谱仪的质量分析器

质量分析器是将离子源产生的离子按其质荷比（m/z）的不同，在空间的位置、时间的先后或轨道的稳定与否方面进行分离，以便得到按质荷比（m/z）大小顺序排列成的质谱图。有机质谱仪中常用的质量分析器有磁质量分析器、四极杆质量分析器（四极杆滤质器）、飞行时间质量分析器、离子阱质量分析器和离子回旋共振质量分析器。

1. 磁质量分析器

磁质量分析器包括单聚焦型和双聚焦型。经加速后的离子束在磁场作用下飞行轨道发生不同程度的弯曲而分离。双聚焦质谱仪的分辨率可达 150000。

（1）单聚焦质谱仪　单聚焦质谱仪如图 9-1 所示。在单聚焦即方向（角度）聚焦仪中，由离子出口狭缝 S_1 射出的离子束进行等速直线运动，通过长度为 l_1 的无场空间，进入开角为 Φ_m 的磁场范围内；在与离子运动方向垂直的均匀磁场作用下，离子束进行圆周轨道运动；离子束离开磁场后，又以等速直线运动通过无场空间 l_2，重新会聚在检测器入口狭缝 S_2 附近。

设离子的质量为 m，电荷为 z，磁感应强度为 B，离子加速电压为 V，离子在磁场中运动的曲率半径为 R_m，则对于单一能量的离子束而言，可写成

$$\frac{m}{z} = 4.82 \times 10^{-5} \frac{R_m^2 B^2}{V} \tag{9-1}$$

可见 m/z 与 B、R_m、V 等参数有关，改变这些参数（固定其余参数），可以检测不同质量的离子。

（2）双聚焦质谱仪　单聚焦分析器仅采用磁偏转式质量分析器（MA），只能改变离子的运动方向，不能改变离子运动速度的大小，因而难以分离离子束。静电分析器（EA）虽有方向聚焦和能量色散作用，但没有质量色散能力，因而无法实现质量分离。把 EA 和 MA 串联成图 9-2 所示仪器，可以利用 EA 将来自离子源出口狭缝 S_1，且具有一定角度分散和能量分散的离子束聚焦在 EA 的焦平面上，选择一定能量的离子使之通过狭缝 S_0 进入 MA，最终在检测器入口狭缝 S_2 处实现方向（角度）与能量（速度）双聚焦。

双聚焦仪器可以达到很高的分辨力，但结构较复杂、价格较高。

2. 四极杆质量分析器

传统的四级杆质量分析器是由四根笔直的金属或表面镀有金属的极棒与轴线平行并等距离地排列着构成，棒的理想表面为双曲面。四级杆质量分析器如图 9-3 所示。

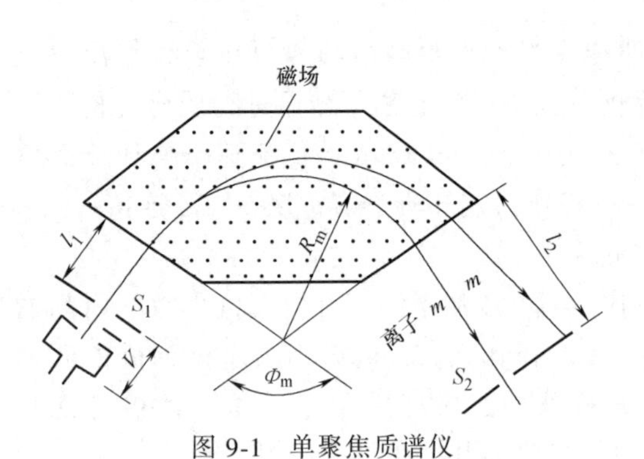

图 9-1 单聚焦质谱仪

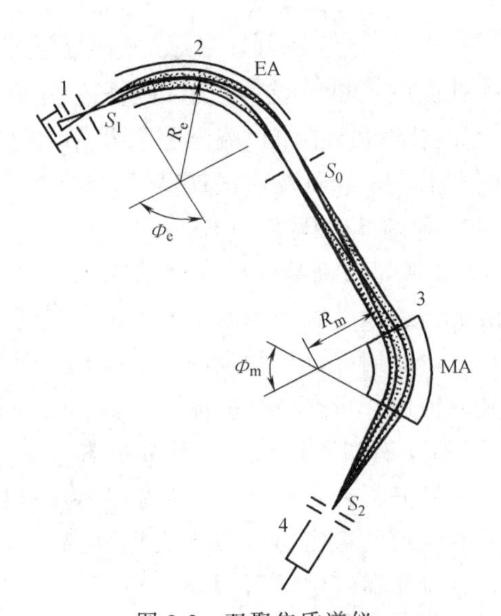

图 9-2 双聚焦质谱仪

1—离子源 2—静电分析器 3—磁分析器 4—检测器

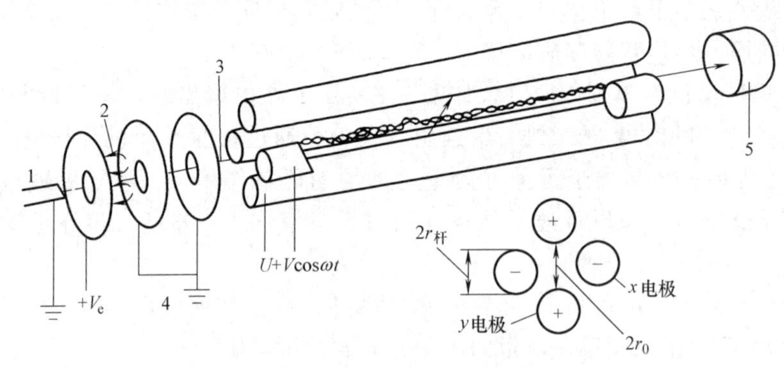

图 9-3 四级杆质量分析器

1—阴极 2—电子 3—离子 4—离子源 5—检测器

在 x 与 y 两支电极上分别施加 $\pm(U+V\cos2\pi ft)$ 的高频电压（V 为电压幅值，U 为直流分量，$U/V=0.167\ 84$，f 为频率，t 为时间），离子从离子源出来后沿着与 x、y 方向垂直的 z 方向进入高频电场中。这时，只有质荷比满足式（9-2）的离子才能通过四级杆到达检测器。

$$\frac{m}{z}=\frac{0.136V}{r_0^2 f} \tag{9-2}$$

式中 r_0——场半径（cm）。

其他离子则撞到四级杆上而被“过滤”掉。当改变高频电压的幅值（V）或频率（f），即用 V 或 f 扫描时，不同质荷比的离子可陆续通过四级杆而被检测器检测。

3. 飞行时间质量分析器

简单的飞行时间质量分析器是由一定长度空心金属管道构成的，其中一端安置离子源，另一端安置检测器，根据不同速度的离子在无场区的飞行时间不同而被分离，其结构如图 9-4 所示。

由离子源产生的离子通过紧邻离子源后面的加速电场加速，带有电荷数的离子可以获得相同的动能；由于其质量不同，因而具有不同的飞行速度。因此，不同质量离子达到检测器的时间不同，这样检测器通过测定不同的时间，就可以确定离子的质荷比 m/z。离子质荷比与飞行时间的关系见式（9-3）。

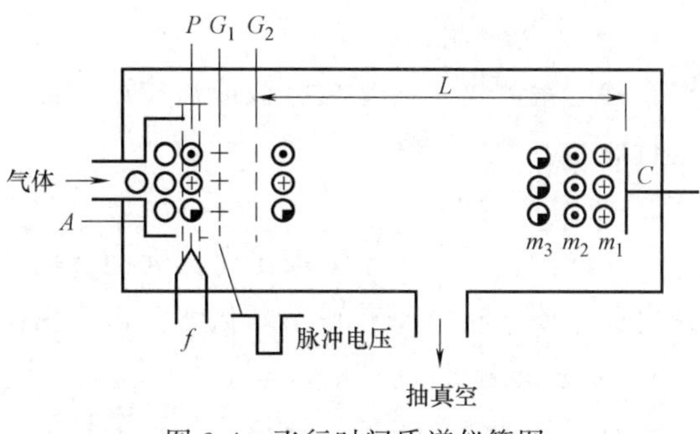

图 9-4　飞行时间质谱仪简图

$$\frac{m}{z}=\frac{2V}{L^2}t^2 \tag{9-3}$$

式中　V——离子加速电压；

L——无场区（漂移管）长度；

t——飞行时间。

在 V、L 等参数不变的条件下，测定 t 值即可确定 m/z 值。这种质量分析器的结构简单：在 $L=(10\sim1\times10^3)$ mm、$V=(1\times10^2\sim1\times10^3)$ V 等条件下，t 值为（$1\times10^{-5}\sim1\times10^{-6}$）s。

4. 离子阱质量分析器

离子阱质量分析器结构如图 9-5 所示，由上下两个端盖电极和一个环电极组成，上下端盖电极是相似的，不同的是一个在其中心有一小孔以便让电子束或离子进入离子阱，另一个在其中央有若干个小孔，离子通过这些小孔达到检测器，这上下两个电极呈双曲面结构；第三个电极，即环电极，其内表面也呈双曲面形状，三个电极对称配置。

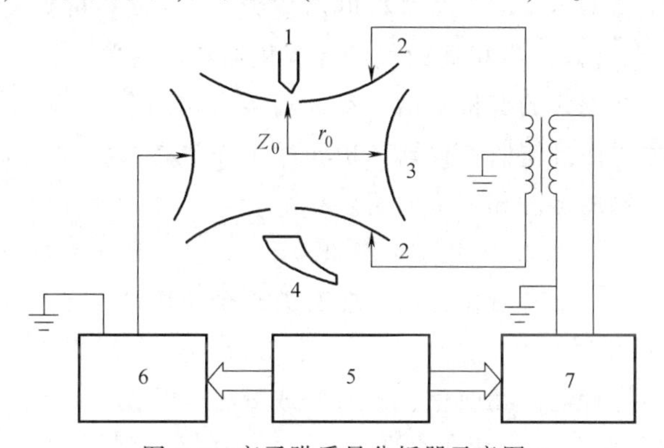

图 9-5　离子阱质量分析器示意图

1—灯丝　2—端帽　3—环形电极　4—电子倍增器
5—计算机　6—放大器和射频发生器（基本射频电压）
7—放大器和射频发生器（附加射频电压）

在环形电极和端盖电极之间施加 $\pm(U+V\cos2\pi ft)$ 的高频电压（U 为直流电压，V 为高频电压幅值，f 为高频电压频率），当高频电压的 V 和 f 固定时，只能使某一质荷比的离子成为阱内的稳定离子，其他质荷比的离子成为不稳定离子，轨道振幅增加，直到撞击电极而消失。当在引出电极上加负压电脉冲，就可将阱内稳定的离子引出，再由检测器检测。离子阱质量分析器的扫描方式和四极质量分析器相似，即在恒定的直交比下，扫描高频电压，获得质谱图。

5. 离子回旋共振质量分析器

用电子束轰击试样分子使其电离，离子在射频电场和正交磁场作用下在分析室作螺旋回转运动。当回旋运动的频率与射频电场频率相等时，产生回旋共振。共振频率依赖于离子质量，根据给定磁场中的离子回旋频率来测量离子质荷比的质谱分析器。

（五）有机质谱仪的检测器

有机质谱仪常用的检测器有直接电检测器、电子倍增器、闪烁检测器和微通道板等。

1. 直接电检测器

直接电检测器是用平板电极或法拉第圆筒接收离子流，然后由直流放大器或静电计放大器进行放大，而后记录。

2. 电子倍增器

电子倍增器是用离子束撞击阴极表面，使其发射出二次电子，再用二次电子依次轰击一系列电极，使二次电子获得不断倍增，最后由阳极接收电子流，使离子束信号得到放大。

3. 闪烁检测器

由质量分析器出来的高速离子打击闪烁体使其发光，然后用光电倍增器检测闪烁体发出的光。被测离子经两平板电极加速后打击转换电极发射出二次电子，二次电子被电隔离罩和闪烁体所形成的电场会聚，并被加速后撞击闪烁体使其发光，所发出的光经光导管输入光电倍增管，转变成电信号后被放大。

4. 微通道板

微通道板是20世纪70年代发展起来的新型检测器，微通道板是由大量微型通道管（管径约为20μm，长约1mm）组成。微通道管是由高铅玻璃制成，具有较高的二次电子发射率。每一个微通道管相当于一个通道型连续电子倍增器。整块微通道板则相当于若干这种电子倍增器并联，每块板的增益为104。欲获得更高增益，可将微通道板串联使用。

（六）有机质谱仪的计算机系统

现代的有机质谱仪都配有完善的计算机系统，它不仅能快速准确地采集数据和处理数据，而且能监控仪器各单元的工作状态，实现仪器的全自动操作，并能代替人工进行有机化合物的定性和定量分析。

1. 数据的采集和简化

一个有机化合物可能有数百个质谱峰，若每个峰采数（15~20）次，则每次扫描总量在2000次以上。这些数据是在几秒之内采集的，必须在很短的时间内把这些数据收集起来，并进行运算和简化，最后变成峰位（时间）和峰强存贮起来。经过简化后每个峰由两个数据-峰位（时间）和峰强表示。

2. 质量数的转换

质量数的转换就是把获得的峰位（时间）谱转换为质量谱（即质量数-峰强关系图）。对于低分辨质谱仪先用参考标样（全氟煤油，PFK）作为质量内标，而后用指数内插及外推法，将峰位（时间）转换成质量数（质荷比 m/z）。在作高分辨质谱图时，未知样和参考样同时进样，未知样的谱峰夹在参考样的谱峰中间，并能很好地分开。按内插和外推法用参考标准物质的准确质量数计算出未知物的精确质量数。

3. 扣除本底或相邻组分的干扰

利用“差谱”技术将样品谱图中的本底谱图或干扰组分的谱图扣除，得到所需组分的真正谱图，以便于解析。

4. 谱峰强度归一化

把谱图中所有峰的强度对最强峰（基峰）的相对百分数列成数据表或给出棒图（质谱图）。也可将全部离子强度之和作为100，每一谱峰强度用总离子强度的百分数表示。归一化有利于和标准谱图比较，便于谱图的解析。

5. 标出高分辨质谱的元素组成

计算机可以给出高分辨质谱的精确质量测量值；按该精确质量计算可得到差值最小的元素组成及测量值与元素组成的计算值之差。

6. 用总离子流对质谱峰强度进行修正

色谱分离后的组分在流出过程中浓度在不断变化，质谱峰的相对强度在扫描时间内也会变化，为纠正这种失真，计算机系统可以根据总离子流的变化（反映样品浓度变化）自动对质谱峰强度进行校正。

7. 谱图的累加和平均

在使用直接进样或场解析电离时，有机化合物的混合物样品蒸发会有先后的差别，样品的蒸发量也在变化。为观察杂质存在情况，有时需给出量的估算。计算机系统可按选定的扫描次数把多次扫描的质谱图累加，并按扫描次数平均。这样可以有效地提高仪器的信噪比，也提高了仪器的灵敏度。

8. 输出质量色谱

计算机系统将每次扫描所得质谱峰的离子流全部加和，以总离子流（TIC）输出，称为总离子流图或质量色谱图。根据需要可扣除指定的质谱峰后输出（称为重建质量色谱图）。输出的单一质谱峰的离子流图，称为质量碎片色谱图。

9. 单离子检测和多离子检测

在有机质谱仪中，由计算机系统控制离子加速电压“跳变”，实现一次扫描中采集一个指定离子或多个指定离子的检测方法称为单离子检测或多离子检测，主要用于有机质谱的定量分析。

10. 谱图检索

利用计算机存贮大量已知有机化合物的标准谱图，这些标准谱图绝大多数是用同样的电离条件（EI 电离，70eV 电子能量）得到，然后用计算机按一定的程序与计算机内的标准谱库对比，计算出它们的相似性指数，最后给出几种较相似的有机化合物名称、相对分子质量、分子式、结构式和相似性指数。目前，大多数有机质谱仪厂家提供的谱库内存有 10 多万张有机化合物标准谱图。

第二节　有机质谱仪的结构

有机质谱仪是由真空系统、进样系统、离子源质量分析器、检测器、计算机控制与数据处理系统、供电系统和真空系统等部分组成，仪器的组成框图如图 9-6 所示。

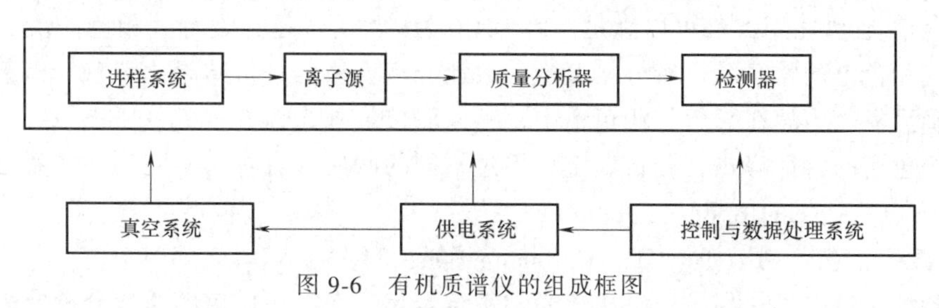

图 9-6　有机质谱仪的组成框图

按照质量分析器的工作原理来划分，有机质谱仪可分为静态仪器和动态仪器两大类，详细分类如图 9-7 所示。

有机质谱仪的研究对象与无机质谱仪和同位素质谱仪有较大的差别，主要差别有以下几点：

（1）多样化的进样系统　有机化合物种类繁多，气体、液体、固体三态都有。由于化合物受耐热性的限制，一般在400℃或更低温度就会分解；分子量范围很大，从几十、数百到几十万都有；存在形式多以混合物存在。因此必须有适应性广泛的进样系统，包括使用联用技术的进样系统。

（2）多样化的电离方式　由于有机化合物的耐热性差，高温即分解，所以热电离等电离方法不适用于有机化合物。在有机质谱仪中，除常用的电子轰击电离法外还有化学电离、解吸化学电离、场电离、场解吸电离、快原子轰击电离、激光解吸电离、电喷雾电离等。

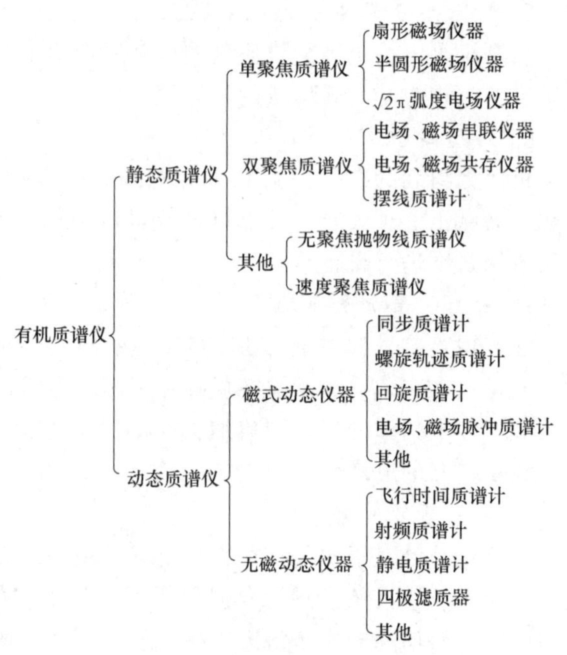

图9-7　有机质谱仪的分类

（3）多样化的、适用于有机化合物结构鉴定的功能装备　由于有机化合物存在着很多元素组成相同，但结构和性能各异的同分异构物，因此仅仅知道有机化合物的分子量是不够的，人们希望从有机质谱仪上得到更多的结构信息。为此，仪器常配有适用于有机化合物结构分析功能的装备，如在双聚焦磁质谱中将磁场倒置以得到测定离子能量的离子动能谱；装有可测定母离子和子离子关系的亚稳离子联动扫描；将质量分析器串联，并在其间加碰撞反应装置以研究碰撞诱导解离的反应特性等。

第三节　有机质谱法的应用

一、气相色谱-质谱联用仪的应用

裂解气相色谱法在工程塑料研究中的应用，如聚合物的定性分析和聚合物的链结构分析等，气相色谱-质谱联用仪都可以满足。因为GC-MS联用仪是在裂解气相色谱仪上联接的质谱仪，对气相色谱的特征峰进行分析鉴定，故此分析方法的分析结果比裂解气相色谱要简单方便、准确可靠。当然在裂解气相色谱上也可以联接红外光谱、核磁共振谱等谱仪，同样也可以对气相色谱的特征峰进行分析鉴定，不过不同的联用仪有各自不同的特性而已。下面仅介绍GC-MS方法提供的信息。

1. 总离子流色谱图（Total Ion Chromatogram，TIC）

生成各种质量的碎片离子，经离子光学系统聚焦，在进入质谱的质量分析器前，在离子源与质量分析器之间，加入一个总离子流检测器，收集部分离子的信号，经计算机处理，再现对应于色谱中每个峰的信号，称为总离子流色谱图。对TIC图中的每个峰，可同时给出对应的质谱碎片峰图，由此可推测每个色谱峰的分子结构组成。在 GCMS-TIC 图中，没有峰出现的地方仍然可收集到质谱图，这是由于仪器本底，如源的污染、色谱柱子的流失物，载气中的杂质等造成的。在低浓度组分的检测与鉴定中，必须注意每个流出峰前后的本底质谱图，必要时应通过计算机扣除每个峰附近的本底后，给出的信息更为可靠。

TIC 图与 GC/FID 图十分相似，给出各个峰的保留时间、峰高、峰面积，可作为每个峰的定量参数，但是各个峰的响应因子与 FID 不同。一般 TIC 的灵敏度比 FID 高，它对所有的峰都有相近的响应值，是一种通用型检测器，据此对每个峰做出定量分析。图 9-8 所示为同一样品的 TIC 和 FID 相比较，可见质谱法中的 TIC 灵敏度比色谱中的 FID 要高。

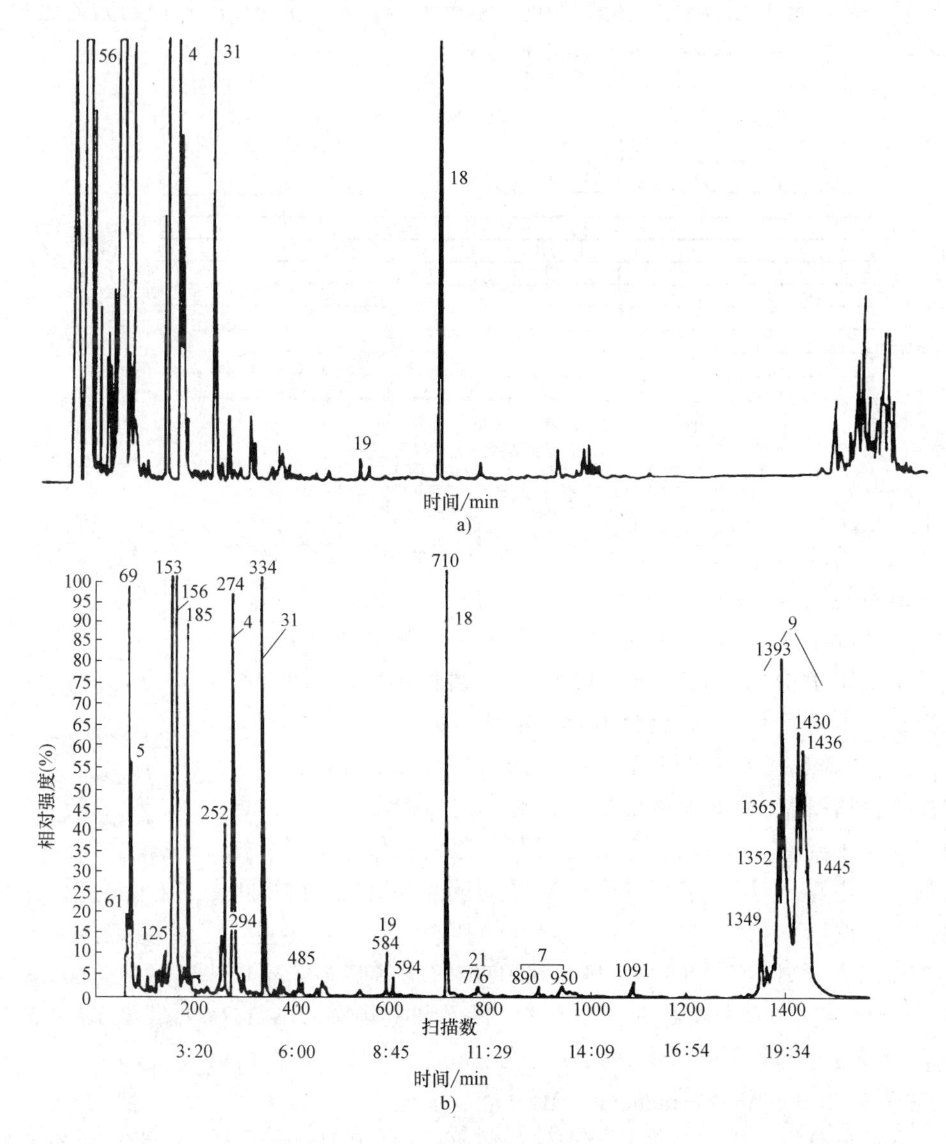

图 9-8　GC/FID 与 GCMS-TIC 的比较

a）FID　b）TIC（峰上标号为加入标样）

影响 TIC 图的因素有进样量超载、质谱仪本底污染、色谱柱固定液的流失、载气流速的波动等。仪器扫速必须保证每个色谱峰中能有（2~3）个点取到全质谱图。四极杆和离子阱质谱仪因结构简单、价格低、扫速快，是应用最多的 GC-MS 联用仪。

2. 质量色谱图（Mass Chromatogram，MC）

在 GC-MS 联机分析过程中，质谱可对色谱中的每个峰作数次扫描，给出其相应组分的质谱图，通过计算机作数据处理后，可以重排出以一定质荷比的离子强度对应该离子出现的时间（一般也可用扫描序号表示）作图，称为质量色谱图。这种方法的优点是可以得到不同质荷比的离子，对应于不同组分的色谱图，即可对色谱中不同保留时间的峰所含的化合物给予定性鉴别。当色谱峰分离不完全时，还可将该峰中包含不同质荷比的组分给予分离和区别开来。图 9-9 所示为 C_{14} ~ C_{22} 正构烷烃的 TIC 图和 MC 图，由 MC 图各峰的质荷比对应 TIC 图中各个峰，并对 TIC 图中每个峰作出定性鉴定。

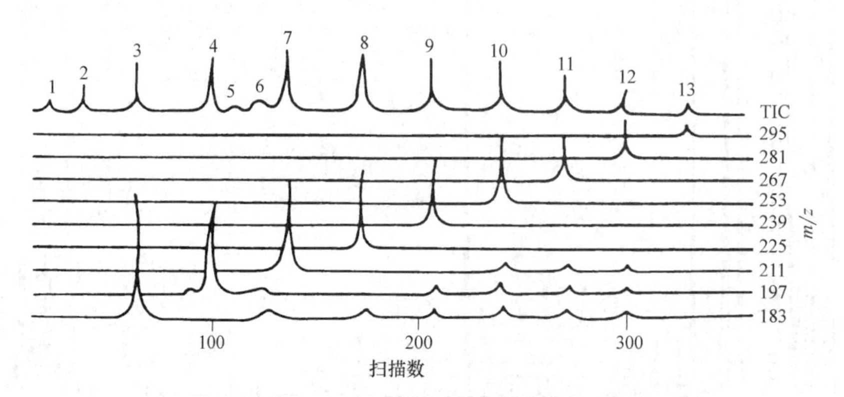

图 9-9　C_{14} ~ C_{22} 正构烷烃的 TIC 图和 MC 图

图 9-10 所示为 TIC 图中两个分离不完全的峰 A 和 B 的质量色谱图。从质量色谱 MC 中可以看到 A 组分的碎片有 43，71，85，100；B 组分的碎片有 57，71，85，100。两个化合物为同分异构的饱和烃，由 A 和 B 分别生成 m/z 为 43 和 57 的质量碎片，可以推测 A 组分为 5-二甲基异庚烷，B 组分为 4-三甲基异庚烷。

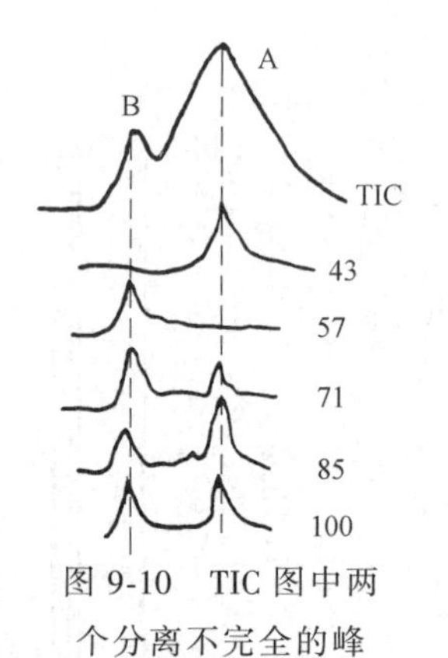

图 9-10　TIC 图中两个分离不完全的峰 A 和 B 的质量色谱图

3. 重建总离子流图（RTIC）和重建质谱图（RMS）

以质量色谱图 MC 中每个峰的极大值对不同扫描序号作图，可得到重建总离子流图。这种方法的特点是可消除由于仪器本底、柱子流失物及色谱峰分离不完全等引起 TIC 峰的重叠，给出分辨率更高的总离子流图。

在 TIC 图中分离不完全的两个峰，在 RTIC 图分离成多个不同质量的峰，RTIC 图中每个峰对应的质谱碎片图，称重建质谱图（RMS），由 RMS 图给出的质谱图的“纯度”与可靠性皆有很大提高。

4. 质量碎片图（Mass Fragment，MF）

这是在质谱分析中应用最多和最重要的数据。在 GC-MS 分析中，由于对样品中每个组分的分子量范围难以准确的预测，通常选择足够宽的质量范围内全扫描，给出的总离子流色谱图（TIC）和每个峰的质量碎片图，包含丰富的结构信息，由此推测或通过谱库检索给出化合物的结构。如扫描质量范围过宽，每次扫描时间太长，平均分配到每个色谱峰上的扫描时间和计算机采样时间都较短，因此给出的 TIC 图强度也较低，对某些含量较小组分可能被“漏掉”而检测不出来。通过试探进样一次，基本可以弄清样品中的质量范围，把扫描的质量范围尽量减小到适用的范围。

5. 选择离子监测（Selected Ion Monitoring，SIM）

当对样品中的某些特定的微量组分进行分析时，可把扫描改为选定某一个或几个质量数，这种方法称为选择离子检测（SIM）或多离子检测（MIM）。通常用设定加速电压的数值来实现。这种方法的灵敏度比 TIC 法提高（2~3）个数量级，且对色谱分离不完全或未分离的峰，利用其相对分子质量或碎片质量的不同，仍能进行分别测定。由于对每个峰可多次扫描、采样，并由计算机作数据累加平均化，因此减小了质谱分析的误差，可用于定量地检测样品中某些微量成分，灵敏度可达 pg 的水平，在环境监测分析中得到广泛的应用。

二、基质辅助激光解吸电离飞行时间质谱的应用

利用 LDI-1700 激光解吸电离飞行时间质谱仪（美国 LSI 公司）分析 5 种环氧树脂。N_2 激光器，激光波长为 337nm，激光能量为 15.46μJ，真空度为 3.6×10^{-4} Pa，排斥电压为 30kV，吸引电压为 9.3kV，检测器电压为-4.75kV，质量范围为（0~2000）amu，正离子检测。

采用乙腈（分析纯）为溶剂，基质为 2,5-二羟基苯甲酸（LDIMS 级，美国 LSI 公司提供）。样品是 E-12、E-31、E-42、E-44 和 E-51 环氧树脂，样品均已暴露于空气中数月，将它们溶于乙腈中制成 5%（质量分数）的溶液；将样品溶液与等份的 2,5-二羟基苯甲酸混溶，之后用微量进样器吸取上述混合溶液滴到进样探头上，挥发除去溶剂后，放入质谱仪离子源。试验得到环氧树脂的 MALDI-TOF-MS 正离子谱图。

1. 五种 E 型环氧树脂中共同的小分子

它们的低质量端都存在离子 m/z 为 81、95、137、233 和 325。由于二酚基丙烷的分子量为 226，所以离子 m/z 为 81、95、137 及 233 的结构中不可能含有二酚基丙烷的结构。因此推测 m/z 为 81、95、137 和 233 的结构分别如下（钠离子来自制备树脂时所用的催化剂）。离子 m/z 为 325 为二酚基丙烷和环氧氯丙烷的反应产物，其结构如下。

[HO—CH(—CH_2—CH_2—)]Na^+ (1)

m/z为81

[HO—CH—CH_2 / H_2C—CH_2]Na^+ (2)

m/z为95

[CH_2—CH(—O—)—CH_2—CH_2—CH(—O—)—CH_2]Na^+ (3)

m/z为137

[CH_2—CH(—O—)—CH_2—O—CH(CH_3)—CH_2—CH_2—CH(CH_3)—O—CH_2—CH(OH)—CH_3]H^+ (4)

m/z为233

$$\left[CH_2{=}CH{-}CH_2{-}O{-}C_6H_4{-}C(CH_3)_2{-}C_6H_4{-}O{-}CH_2{-}\overset{O}{CH{-}CH_2}\right]H^+ \quad (5)$$

m/z 为325

2. E-12 环氧树脂的主要成分

图 9-11 所示为 E-12 环氧树脂的 MALDI-TOF-MS 正离子谱，图 9-11 表明从 m/z 为 421 到 m/z 为 1557 是一系列有规律的质谱峰，它们之间的质荷比之差为 284amu，即一个聚合度，其结构如下。

$$-O{-}C_6H_4{-}C(CH_3)_2{-}C_6H_4{-}O{-}CH_2{-}CH(OH){-}CH_2{-} \quad (6)$$

m/z 为1557

随着聚合度的增加，其峰强度减弱，这说明对应组分在树脂中的含量减小，同时发现在每个强峰的低质量一边，有一与强峰相差 56amu 的弱峰存在，即二者的结构式中相差一个环氧丙烷自由基。质量数小于 m/z 为 421 的离子没有表现出上述规律，考虑到生产该类树脂的原料及质谱中小分子离子 m/z 为 137 和 325 存在，推测离子 m/z 为 421 的结构中仍含有二酚基丙烷结构，其结构如下。

$$\left[\overset{O}{CH_2{-}CH}{-}CH_2{-}CH_2{-}CH(OH){-}CH_2{-}O{-}C_6H_4{-}C(CH_3)_2{-}C_6H_4{-}O{-}CH_2{-}\overset{O}{CH{-}CH_2}\right]Na^+ \quad (7)$$

m/z为421

3. E-31 环氧树脂的主要成分

图 9-12 所示为 E-31 环氧树脂的 MALDI-TOF-MS 正离子谱。由图 9-12 可知，E-31 环氧树脂中存在的主要成分与 E-12 环氧树脂的主要成分相似，如 m/z 为 421、705 和 989 离子。同时该树脂的质谱图还有另一系列离子 m/z 为 439、723 及 1007，它们之间相差 284amu，

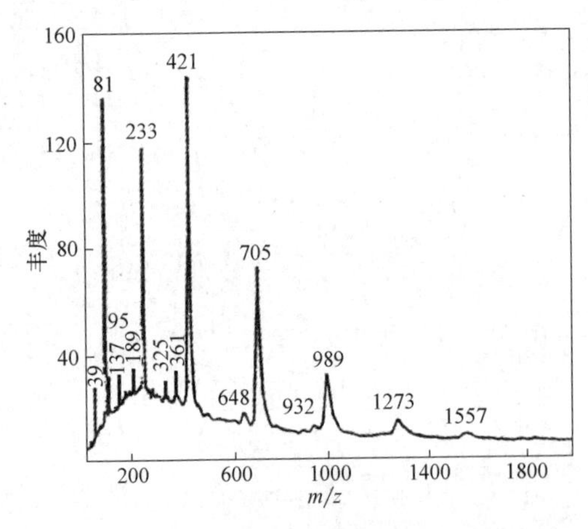

图 9-11　E-12 环氧树脂的 MALDI-TOF-MS 正离子谱

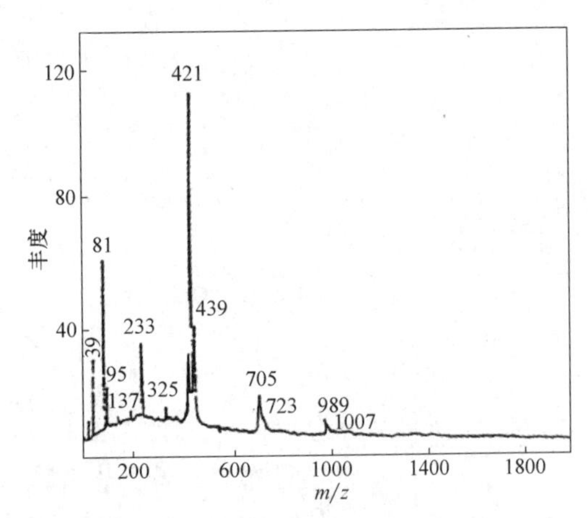

图 9-12　E-31 环氧树脂的 MALDI-TOF-MS 正离子谱

即一个聚合度。两系列离子中相邻的离子质量相差 18amu，由离子 m/z 为 421 的结构和荷质比的大小可知，m/z 为 439、723 和 1007 的结构中不可能含钠离子或钾离子，离子 m/z 为 439 的结构如下。

$$\left[\overset{O}{\overbrace{CH_2—CH}}—CH_2—CH_2—\underset{}{CH}(—O—CH_2—CH{=}CH_2)—CH_2—O—C_6H_4—\underset{CH_3}{\overset{CH_3}{C}}—C_6H_4—O—CH_2—\overset{O}{\overbrace{CH—CH_2}}\right]H^+ \quad (8)$$

m/z为439

4. E-42 和 E-44 环氧树脂的主要成分

图 9-13 所示为 E-12 环氧树脂的 MALDI-TOF-MS 正离子谱，图 9-14 所示为 E-44 环氧树脂的 MALDI-TOF-MS 正离子谱。由图 9-13 和图 9-14 可知，两种树脂的聚合度明显低于 E-12 的聚合度。二者在高于 m/z 为 421 离子以上的离子是相似的，离子 m/z 为 421、705 和 989 的峰强度比也是一致的。它们之间的质荷比之差为 284amu，是一链节的质量数。E-42 环氧树脂的质谱图中还有弱的 m/z 为 1273 离子存在，该离子与 m/z 为 989 相差一个链节。由此可知 E-42 比 E-44 环氧树脂高一个聚合度。离子 m/z 为 1046 与 m/z 为 989 相差一个环氧丙烷自由基，离子 m/z 为 1046 的结构与 m/z 为 989 的结构相似。在两种树脂的质谱图中 m/z 为 421 以下的离子没有上述规律，推测 m/z 为 421 离子的结构与 E-12 和 E-31 树脂的质谱中的离子 m/z 为 421 的结构相同。E-44 环氧树脂的质谱图中还有一些峰强度较强的离子 m/z 为 379、23 及 39，这与 E-12、E-31、E-42 及 E-51 的质谱不同。离子 m/z 为 23 和 39 是所用催化剂中的钠和钾离子；离子 m/z 为 39 是含有钾离子的结合离子，其结构如下。

$$\left[\overset{O}{\overbrace{CH_2—CH}}—CH_2—O—C_6H_4—\underset{CH_3}{\overset{CH_3}{C}}—C_6H_4—O—CH_2—\overset{O}{\overbrace{CH—CH_2}}\right]K^- \quad (9)$$

m/z 为39

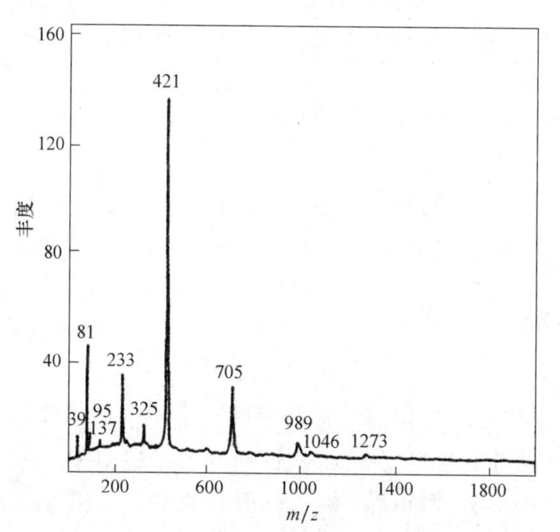

图 9-13　E-12 环氧树脂的 MALDI-TOF-MS 正离子谱

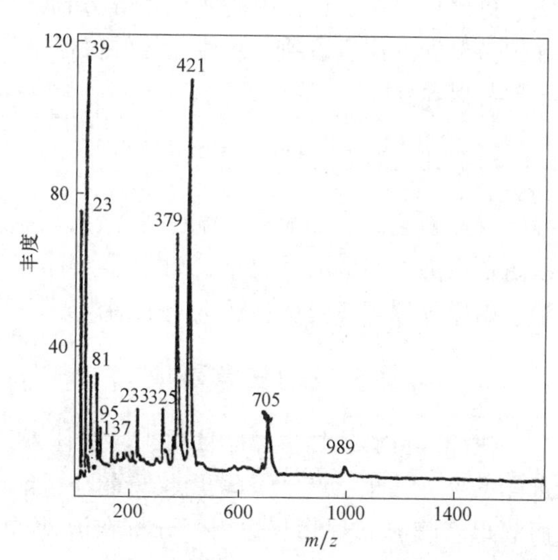

图 9-14　E-44 环氧树脂的 MALDI-TOF-MS 正离子谱

5. E-51 环氧树脂的主要成分

图 9-15 所示为 E-51 环氧树脂的 MALDI-TOF-MS 正离子谱。由图 9-15 可知，E-51 环氧树脂的质谱中有规律的离子是 m/z 为 421 和 705，二者相差一个聚合度（284amu），其结构与上述 E 型环氧树脂质谱图中对应离子的结构相同。与上述环氧树脂相比，E-51 环氧树脂中离子 m/z 为 421 与 705 的强度比相差最大，这可能是造成该树脂环氧值增大的主要因素，较强峰强度的 m/z 为 233 离子是引起其环氧值增大的另一因素。

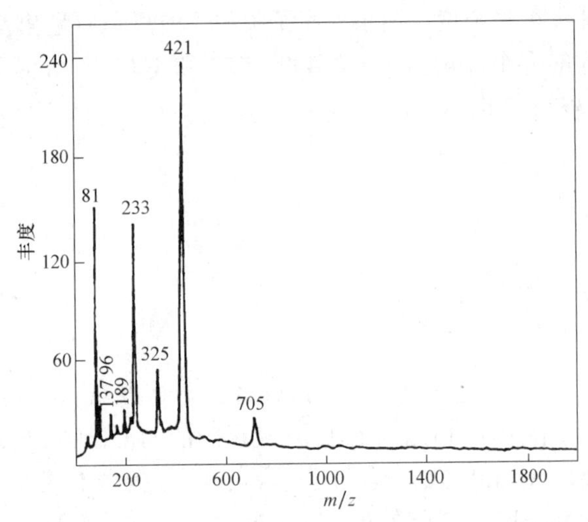

图 9-15　E-51 环氧树脂的 MALDI-TOF-MS 正离子谱

应用基质辅助激光解吸电离技术获得了 5 种 E 型环氧树脂的聚合度及不同聚合度分子的结构信息，为该类树脂的应用及分析其固化机理提供了科学依据。同时，5 种环氧树脂中都存在一定量环氧氯丙烷自身反应生成的低分子量化合物，为了解树脂环氧值来源提供了一定的信息。另外，由质谱图可以较直观地了解到树脂的聚合度及其不同聚合度组分之间的相对含量。

第四节　有机质谱仪的维护与保养

气相色谱-质谱联用仪是使用较为普遍的仪器。对仪器的正确使用及维护保养，不仅可以确保仪器的良好工作状态，使得分析数据准确可靠，还可以延长仪器和易耗件的使用寿命。有机质谱仪的维护与保养主要包括仪器工作环境、载气系统、质谱真空系统、进样系统、色谱柱使用、仪器的期间核查等方面。以气相色谱-质谱联用仪为主，介绍有机质谱仪维护与保养的注意事项。其他型号的仪器维护与保养原理与其类似，具体可参照仪器厂家的维护与保养建议。

一、仪器的工作环境

仪器安装时，要配备交流稳压器，以保持良好的供电电源，最好使用不间断稳压电源，以防备在突然断电的情况下，对仪器及计算机可能造成的损坏。单独安装空调来控温和控湿，确保仪器环境温度在适宜的范围内。

二、样品制备的注意事项

送样人员必须提供样品性质、溶解体系、提取方法等信息。样品溶液要适用于质谱仪的进样系统。气相色谱-质谱联用仪只能分析能够在离子源中（一般小于 350℃）气化的样品，而液相色谱-质谱联用仪适用于分析在流动项中能够分离的沸点稍高的有机化合物，有机质谱仪均不适宜分析含有无机盐的样品。

由于质谱检测灵敏度高，溶剂的纯度及交叉污染会严重影响试验结果的准确性，待分析样品必须保持清洁，推荐使用进口溶剂、玻璃容器、离心管等耗材，用品需单独使用，避免交叉污染，禁止使用塑料容器盛装有机溶剂。质谱是灵敏度很高的仪器，进样浓度一定不能太高，太高的浓度对仪器来说比较容易造成污染，影响检验结果。

三、进样系统

（一）载气或流动相系统

气相色谱-质谱联用仪常用载气为氦气，其气体纯度必须满足仪器要求。当气瓶的压力降低到 2MPa 左右时，应更换载气，以防止余气中较多杂质对气路造成污染。另外，还应安装气体过滤器，用来过滤载气中的水气和氧气，净化装置应及时更换。

液相色谱-质谱联用仪使用符合 HPLC 要求等级与 LC/MS 要求等级的流动相。避免使用无挥发性的缓冲剂（磷酸缓冲剂等）。每次开机之前，更换新鲜制备的超纯水及流动相，更换时，泵的各管路残留溶剂不应继续使用。

（二）进样隔垫

进样垫最常用的是红色和灰绿色，红色是耐高温进样垫，灰绿色是低流失进样垫。更换进样隔垫时先将柱温降至 50℃ 以下，关掉进样口温度和流量。隔垫更换时，注意进样口螺帽不要拧得太紧，否则橡胶失去弹性，针扎下去会造成打孔效应，缩短进样垫使用寿命。一般自动进样约 100 针后即应更换进样垫，手动进样还要少一些。

（三）衬管

衬管应视进样口类型、样品量、进样模式等因素来选用。尤其是分流不分流衬管，注意不要混用。另外，衬管的洁净度直接影响到仪器的检测结果，应注意对衬管的清洁检查，及时更换或维护。

四、质谱真空系统

质谱真空系统是保证气相色谱-质谱联用仪和正常工作的基础，如果仪器的真空度达不到要求，会影响质谱分析器和检测器等电子元器件的寿命，而且由真空腔内气体所产生的高本底以及引起的离子-分子反应，会干扰质谱图及分析结果。

真空系统的维持，一般先由低真空机械油泵和高真空泵共同完成。进行机械泵的维护时，首先要观察润滑油的量、颜色，并确认泵机的声音。如果发现浑浊、缺油等状况，或者已经累积运行超过一定时间，要及时更换机械泵油。并且所换泵油型号最好也要相同，不同牌号的泵油最好不要混合使用。无油泵虽然无油，但不代表其无需维护。每 6 个月至 1 年需要更换密封垫。

五、色谱柱的使用

（一）色谱柱的维护

混合物中各组分的分离是在色谱柱中完成的，色谱柱质量的好坏对整个测试结果具有重大的影响。当载气中混有氧气时，氧气可以使色谱柱的固定相发生氧化，使色谱柱的效率下降，同时也会使检测器中的热丝产生氧化，缩短检测器的使用寿命。此外，无机酸碱等都会对色谱柱固定相造成损伤，应杜绝这几类物质进入色谱柱。

（二）气相色谱柱的选择与老化

一般考虑固定相的类型、长度、口径和膜厚来选择色谱柱：色谱柱的固定相极性由弱到强可以分为非极性、弱极性、中等极性和强极性，其固定相的极性越高，使用的温度上限越低，并且随柱温的升高会加剧固定相的流失，对固定相的选择要尽量用极性低的；柱长的要求是尽量用短柱；小口径色谱柱与大口径的相比有较好的分离度、较高的灵敏度和漂亮的峰型，但小口径柱容量小，要根据样品量选择合适口径的色谱柱；固定液膜厚则柱流失严重，并且在操作时能够耐受的最高使用温度也较薄液膜的低，但可以承受较大的进样量，并且对同分异构体的分离度也较好。

新柱老化时不接质谱，设定一个程序升温程序走几次就能满足分析需要，其中程序升温程序的起始温度一般设为50℃，最高温度可选择低于柱使用温度上限20℃。升温速率要慢，一般设为5℃/min。旧柱老化时可接质谱，程序升温的最高温度可比平时使用的最高温度高一些，但不能超过柱允许使用温度的上限。

（三）色谱柱的安装

进样口端和接质谱端所用的石墨垫圈不同，不要混用。毛细管长度要用仪器公司提供的专门工具比对合适。切割时应用专用的陶瓷切片，切割面要平整。安装时柱接头的螺帽不要拧太紧，太紧了压碎石墨圈反而容易造成漏气。

色谱柱接质谱前先开机让柱末端插入盛有有机溶剂的小烧杯，看是否有气泡溢出且流速与设定值相当。严禁无载气通过时高温烘烤色谱柱对色谱柱造成损坏。

仪器的正确使用和良好维护是保证分析数据准确可靠的重要前提。做好仪器的日常维护和保养，是减少仪器出现故障的主要手段，同时可以延长仪器的使用寿命。在日常使用中，认真执行仪器的操作规程，加强仪器各部分结构和功能的了解，逐渐积累经验，使其发挥应有的效用。

思 考 题

1. 简述有机质谱仪的结构和工作原理。
2. 气相色谱-质谱联用仪能够提供谱图类型，简述其主要区别。
3. 基质辅助激光解析电离飞行时间质谱在聚合物分析中有哪些主要应用？

第十章

紫外-可见光谱法

第一节　紫外-可见光谱法的基本原理

一、紫外-可见光谱的产生

紫外-可见光谱是高分子光谱分析中较简单的一种，它以高分子在紫外-可见光区的吸收与其结构的关系为依据。

紫外-可见光区是由三部分组成的。波长在（13.6~200）nm 的区域称为远紫外区，由于这个区内空气有吸收，所以又称为真空紫外区；波长在（200~380）nm 的称为近紫外区；波长在（380~780）nm 的称为可见光区。一般紫外-可见光谱只包括后面两个区域。高分子只有在降解等少数情况才着色而能在可见光区测定，所以本节的讨论重点是近紫外区。

当紫外线照射分子时，分子吸收光子能量受激发从一个能级跃迁到另一个能级。由于分子的能量是量子化的，所以只能吸收等于分子内两个能级差的光子。

$$E=E_2-E_1=h\nu=hc/\lambda \tag{10-1}$$

式中　E_1、E_2——始态和终态的能量；

h——普朗克常数，$h=6.62\times10^{-34}$ J/s；

ν——频率（Hz）；

c——光速，3×10^8m/s；

λ——波长（nm）。

紫外线的波长以 300nm 代入式（10-1），可求出紫外线的能量为

$$E=6.62\times10^{-34}\times3\times10^8/(3\times10^{-7})=6.62\times10^{-19}\text{J}\approx4\text{eV}$$

这个能量能引起分子运动状态的什么变化呢？一个分子的能量是电子能量、分子振动能量和转动能量三部分的总和。电子能级为（1~20）eV、振动能级为（0.05~1）eV、转动能级为 0.05 eV，可见紫外光能引起电子的跃迁。由于内层电子的能级很低，一般不易激发，故电子能级的跃迁主要是指价电子的跃迁。紫外吸收光谱是由于分子吸收光能后，价电子由基态能级激发到能量更高的激发态而产生的，所以紫外光谱也称为电子光谱。

紫外光的能量较高，在引起价电子跃迁的同时，也会引起只需要低能量的分子振动和转动。结果是紫外吸收光谱不是一条条谱线，而是较宽的谱带。

让不同波长的紫外线连续通过样品，以样品的吸光度 A 对波长 λ 作图，就得到紫外吸收光谱（见图 10-1）。

当一束单色光 I_0 射入溶液时，一部分光 I 透过溶液，一部分光被溶液所吸收。溶液对单色光的吸收程度遵守朗伯-比尔定律，即：溶液的吸光度与溶液中物质的浓度及液层的厚度成正比。这个定律可用数学公式表示为

$$A = \lg \frac{I_0}{I} = \varepsilon lc \tag{10-2}$$

式中 A——吸光度；

I_0、I——入射光和透射光强度；

ε——摩尔消光系数［L/(mol·cm)］；

l——试样的光程长（cm）；

c——溶质浓度（mol/L）。

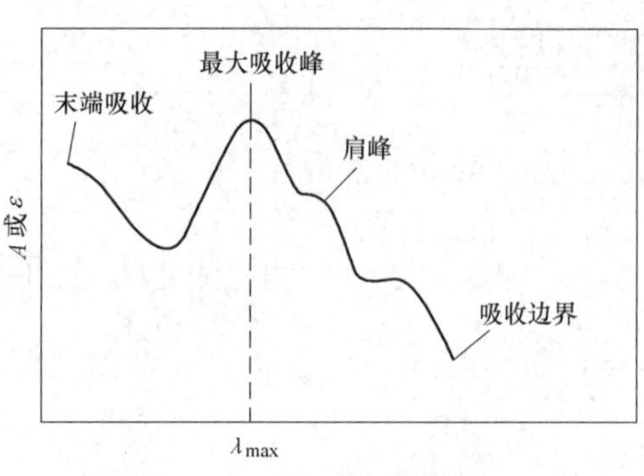

图 10-1 紫外吸收光谱示意图

紫外-可见吸收峰遵循朗伯比尔定律，这是紫外光谱定量分析的基础。在实际定量分析过程中一般采用最大吸收峰的吸光度，因此参数 λ_{max} 和 ε_{max} 很重要。

1）λ_{max} 表示最大吸收峰的位置。

2）ε_{max} 表示最大吸收峰的摩尔消光系数。因为 ε 与 A 成正比，谱图可以用 ε 为纵坐标，因而 ε 也可表示吸收峰的强度。一般地，$\varepsilon>10^4$ 为强吸收（ε 不超过 10^5）；$\varepsilon=10^3\sim10^4$ 为中等吸收；$\varepsilon<10^3$ 为弱吸收，由于这种跃迁的概率很小，称为禁戒跃迁。

二、电子跃迁类型和吸收带

（一）跃迁类型

最可能的电子跃迁方式是把一个电子从分子的最高占有轨道推移到可采用的最低未充满轨道，更一般地说即可以从占有轨道向邻近的更高级轨道激发。

价电子主要包括三种电子：形成单键的 σ 键电子，形成重键的 π 键电子和未共有的电子或称为非键的 n 电子。通常将能量较低的分子轨道称为成键轨道，能量较高的称为反键轨道。图 10-2 所示为分子轨道的能级及不同类型分子结构的电子跃迁。

1. 饱和烃类化合物

饱和烃类分子只含有 σ 键电子，因此只能产生 σ→σ*跃迁，即 σ 键电子从成键轨道 σ 跃迁到反成键轨道 σ*。σ→σ*所需能量高（$\approx 7.7\times10^5$ J/mol），$\lambda_{max}<$ 200nm 属远紫外区。聚烯烃含有 C—H 和 C—C 键，都是 σ 键，它们的吸收光谱在远紫外区。典型的情况如聚乙烯，远紫外光谱在 155nm 处有吸收。

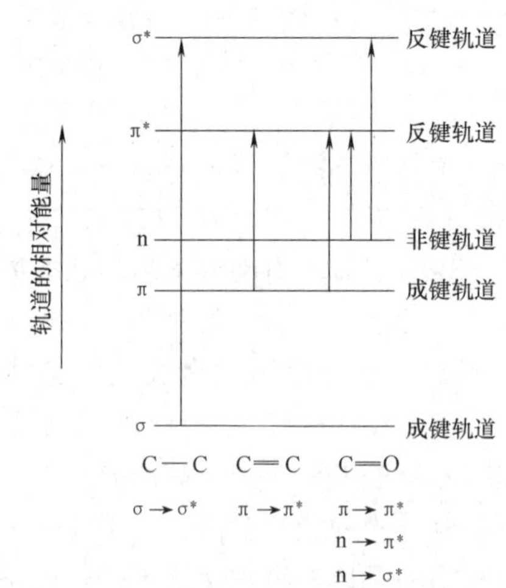

图 10-2 分子轨道的能级及不同类型分子结构的电子跃迁

2. 不饱和烃类化合物

不饱和烃类分子既含有 σ 键电子，又有 π 键电子，处于 π 轨道的 π 键电子容易被激发，引起 π→π* 及 π→σ* 的跃迁。而处于 σ 轨道上的电子则可以发生 σ→σ*、σ→π*跃迁。

3. 含有杂原子的有机化合物

杂原子（O、N、S、Cl）上有未成键的电子（n 电子）容易被激发产生 $n \rightarrow \sigma^*$、$n \rightarrow \pi^*$ 跃迁，其中 $n \rightarrow \sigma^*$ 跃迁的 $\lambda_{max}=(150\sim250)$nm，大部分低于 200nm，而且 $\varepsilon=100\sim3000$，大部分低于 200。该跃迁对紫外光谱不太重要，含杂原子饱和有机化合物的吸收属于这类跃迁。

对紫外光谱最重要的跃迁是 $n \rightarrow \pi^*$ 和 $\pi \rightarrow \pi^*$。这两类跃迁都要求分子中含有共价键的不饱和基团，如 C ═C、共轭双键、芳环、C ≡C、N ═N、C ═S、NO_2、NO_3、COOH、$CONH_2$、C ═O 等，称为发色团。另有一些基团本身虽然没有生色作用，但与发色团相连时，能通过分配未成键电子来扩展发色团的共轭性，从而增加吸收系数。这类基团称为助色团，它们是具有未成键电子的饱和基团，如 OH、OR、NH_2、NR_2、SH、SR、F、Cl 等。

（二）吸收带

跃迁类型相同的吸收峰成为吸收带，化合物结构不同，跃迁类型也不同，因而有不同的吸收带。

1. R 吸收带

由含杂原子的不饱和基团═C ═O、—NO_2、—NO、—N ═N—等的 $n \rightarrow \pi$ * 跃迁引起。特点是波长较长［(250~500)nm］，但吸收较弱（$\varepsilon<100$），属禁戒跃迁。测定这种吸收带时需用浓溶液。

2. K 吸收带

由共轭烯烃的 $\pi \rightarrow \pi^*$ 跃迁引起。特点是波长较短［(210~250)nm］，但吸收较强（$\varepsilon>10000$）。

3. B 吸收带

由苯环振动加 $\pi \rightarrow \pi^*$ 跃迁引起，是芳环、芳杂环的特征谱带，吸收强度中等（$\varepsilon=1000$）。特点是在（230~270)nm，谱带较宽且含多重峰或精细结构，最强峰约在 255nm 处。精细结构是由于振动次能级的影响，当使用极性溶剂时，精细结构常常看不到。图 10-3 所示为苯的 B 吸收带。

4. E 吸收带

由苯环的 $\pi \rightarrow \pi^*$ 跃迁引起，与 B 吸收带一样，是芳香族的特征谱带，吸收强度大（$\varepsilon=2000\sim14000$），吸收波长偏向紫外的低波长部分，有的在远紫外区。如苯的 E_1 和 E_2 带分别在 184nm（$\varepsilon=47000$）和 204nm（$\varepsilon=7000$），苯上有助色团取代时，E_2 移向近紫外区。

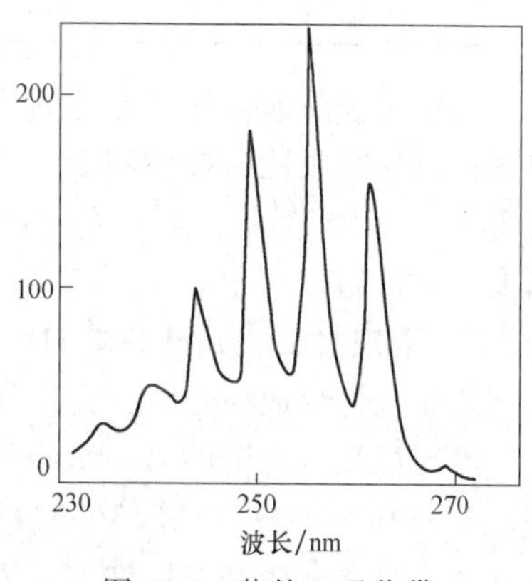

图 10-3　苯的 B 吸收带

三、溶剂的影响

用于紫外吸收光谱的样品，一般要制成溶液。虽然薄膜也可以直接用于测定，但只能用于定性，因为其不均匀性会给定量带来困难。制样的首要问题是溶剂的选择，用不同溶剂所测的吸收光谱往往不同。在选择溶剂时要注意三点：

1）选择能将高分子充分溶解的溶剂。

2）选择在测定范围内，没有吸收或吸收很弱的溶剂。芳香族溶剂不宜在紫外线 300nm

以下测定，脂肪醛和酮类在280nm附近具有最大吸收。在近紫外区完全透明的有水、烃类、脂肪醇类、乙醚、稀NaOH溶液、氨水、盐酸等，大半透明的有氯仿和四氯化碳等。表10-1列出了常用溶剂可应用的最短波长。

表10-1　常用溶剂可应用的最短波长

溶剂	吸收池厚度/mm			
	1	10	20	40
	波长/nm			
环己烷	190	195	200	207
正己烷	187	200	205	209
四氯化碳	245	257		262
氯仿	223	237	243	246
水	187	191	193	195
乙醇	198	204	209	214
甲醇		203		
乙醚		225		
异戊烷		179		
异辛烷		195		
乙腈		191		
异丙醇		203		
乙酸乙酯		251		
二甲基亚砜		261		

在测定样品前应先将选定的溶剂进行测试，检查是否符合要求。用10mm石英吸收池装溶剂，以空吸收池为参比测定。一般波长为（220~240）nm，溶剂的吸收不得超过0.4；波长为（241~250）nm，不得超过0.2；波长为（250~300）nm，不得超过0.1；波长为300nm以上，不得超过0.05。

3）溶剂对吸收光谱的影响。溶剂对紫外吸收光谱的影响是比较复杂的。一般来说，当溶剂从非极性变成极性时，光谱变得平滑，精细结构消失。

溶剂极性对光谱的另一影响是改变谱带极大值的位置，可归纳为两条一般规则：

① 由 $n\rightarrow\pi^*$ 跃迁所产生的吸收峰，随着溶剂的极性增大，向长波方向移动（红移）。这是因为激发态比基态极性大，因而激发态较易被极性溶剂稳定化，结果跃迁能量减少而产生红移。

② 由 $n\rightarrow\pi^*$ 跃迁所产生的吸收峰，随着溶剂生成氢键能力的增强，向短波方向移动（蓝移或紫移）。这是因为基态比激发态极性大，因此与极性溶剂间产生较强的氢键而被稳定化，从而跃迁能增加，即产生蓝移。

溶剂的酸碱性也有很大影响。如苯胺在中性溶液中 $\lambda_{max}=280$nm，在酸性溶液中移至254nm。苯酚在中性溶液中 $\lambda_{max}=270$nm，在碱性溶液中移至287nm。这是由于pH的变化使—NH_2 或—OH与苯环的共轭体系发生变化，增加共轭发生红移，反之发生蓝移。

第二节　紫外-可见光谱仪的结构

一、仪器的组成

紫外-可见-近红外分光光度计由光源、单色器、样品室、检测系统、显示系统五部分构成，如图 10-4 所示。

光源产生的复合光聚焦于单色器入射狭缝，经光栅或棱镜色散为单色光，经待测样品选择吸收后，未被吸收的光到达检测系统，经光电转换后得到电信号，经数据处理系统放大和数据处理后，经显示系统显示测量结果。

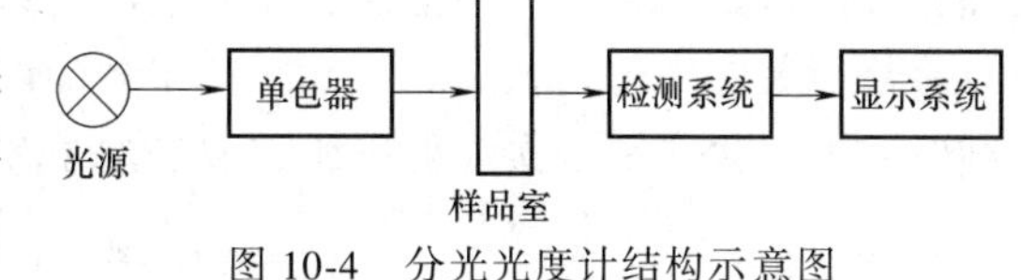

图 10-4　分光光度计结构示意图

1. 光源

在分光光度计中，光源提供适于测量的、足够强度的辐射能，激发样品分子从基态跃迁到激发态，理想的光源能提供连续辐射，即其光谱应包括测试光谱区内所有波长的光，光强须足够大，且不随波长有明显变化。实际应用中主要以自发辐射光源（卤钨灯）、受激辐射光源（激光器）为主。

自发辐射光源指灯丝原子中处于高能级的电子不必经受外界的影响而自发的向低能级跃迁而发光，一般可分为辐射热光源、气体放电光源等。热辐射光源利用固体灯丝材料高温放热产生的辐射作为光源，如卤钨灯、氙灯等，钨灯和卤钨灯是通用的可见及近红外区热辐射光源，其适用的光谱范围一般为（320~2500）nm。卤钨灯是在钨灯泡中充一定量的卤素或卤化物制成，比普通的钨灯有更大的发光强度、更长的寿命。气体放电光源是在灯泡内充满某种气体而制成的光源，常用的气体放电光源有氢弧灯和氘灯。氢弧灯的灯管用石英玻璃制成，管内充入高纯氢。工作时，阴极预热几分钟后，加热电源自动断开，并同时自动加高压于阳极，氢灯窗口便辐射出连续的紫外光谱，其辐射波长分布于（165~400）nm。氘灯是在石英灯管内充入氢的同位素氘而制成的紫外光源灯。其光谱的分布与氢灯类似，能发射（185~400）nm 的连续光谱，但氘灯比氢灯的稳定性好、寿命长，其光强度比相同功率的氢灯高（3~5）倍，在紫外-可见分光光度计中得到广泛应用。目前在用紫外-可见分光光度计中常常采用两个光源：可见区使用钨灯或卤钨灯，紫外区采用氢灯或氘灯，这两种灯的更换可以在指定的波长处进行手动或自动切换。

发光二极管（LED）是由 PN 结半导体薄膜制成的，当向 PN 结结合界面施加一电压后，从 P 区注入 N 区的空穴和由 N 区注入 P 区的电子，在 PN 结附近数微米内分别与 N 区的电子和 P 区的空穴复合，在结合界面产生自发辐射的荧光，而光线的波长、颜色跟其所采用的半导体材料种类与掺入的元素杂质有关，目前已先后研制成功红、橙、绿、蓝及红外、紫外 LED。近年来，通过发光材料化合物合成方法的改进，在高输出化取得成功的同时，多色化也取得进展，特别是高效率蓝色 LED 技术的突破，利用 LED 取得了白光，实现了可见光区的连续光谱，在便携式仪器的设计中得到良好的应用。

激光光源是利用受激辐射原理，在可见、红外及紫外区产生激光辐射的辐射源，激光光源比传统的光源具有更高的单色性、方向性和亮度。应用于分光光度计中可以起到光源和单色器的双重作用，从而简化了仪器结构，并会显著提高仪器的时间分辨率、波长分辨率及测量的精密度和灵敏度。

2. 单色器

单色器又称为波长选择器，从光源辐射的复合光中分离出所需要的单色光，通常由入射狭缝、准直装置、色散元件、聚焦装置和出射狭缝等组成。图 10-5 所示为单色器结构示意图，从光源系统辐射出的复合光成像在入射狭缝的刀口上，然后经准直镜变成平行光，再入射到色散元件上，色散元件把混合光色散成一系列相互平行的单色光，这一系列的单色光再被成像物镜聚焦在出射狭缝处，并在其狭缝的内侧壁上形成光谱带，当转动色散元件或出射狭缝时，出射狭缝上依次辐射出所需波长的单色光。

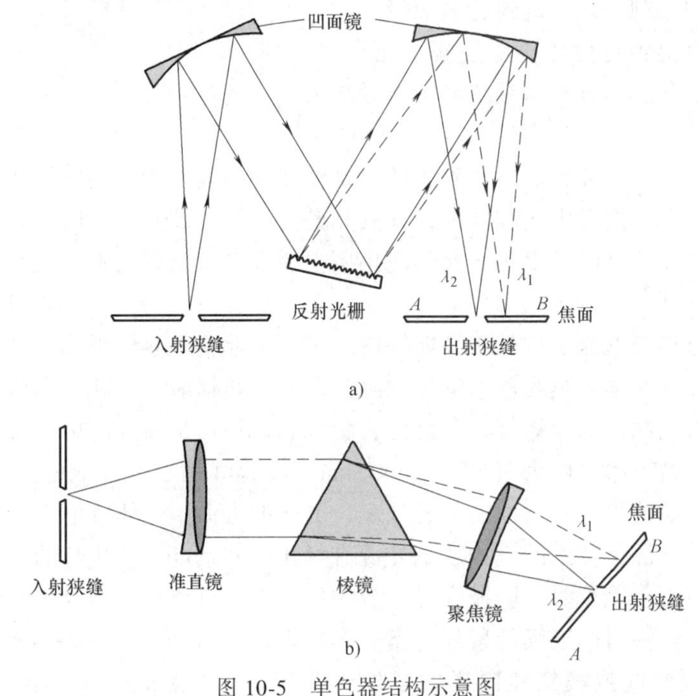

图 10-5 单色器结构示意图

单色器工作效果取决于色散元件的质量，常用的色散元件有棱镜和光栅。棱镜根据不同波长的光在同一介质中的传播速度不同而引起折射率发生变化，使复合光（白光）产生色散而得到单色光。光栅则根据光的衍射原理，使光发生色散而产生一系列波长的光谱。

棱镜的色散率一般比光栅高，但其色散不是线性的（如 751G 型分光光度计波长刻度盘上的波长分布是不均匀的，721 型分光光度计由于增加了一个特殊的凸轮，才使得波长刻度盘上的波长刻线比较均匀），这给仪器设计带来很多不便。而光栅的色散是均匀线性的，并且波长范围较宽，用光栅作色散元件可以简化仪器结构，尤其近年来刻制和复制技术的提高和全息光栅问世，使光栅的性能大大提高，现代分光光度计几乎都采用了光栅作为色散元件，只是在双单色器的仪器中才由棱镜-光栅组成双单色器以消除光栅重叠。

狭缝的作用是限制进入色散元件的光能量，对谱线的形状、谱带的有效带宽等起到限制作用。狭缝宽度有两种表示方法：一种是以狭缝两刀口的实际宽度表示，单位为 mm；另一种是以谱带的有效带宽表示，单位为 nm。

狭缝可以分为入射狭缝和出射狭缝，在仪器设计中，有的将入射狭缝与出射狭缝合二为一，有的是分别设计；而在双单色器的仪器中除有入射狭缝和出射狭缝外，往往在两个单色器之间还要增加一个狭缝以提高仪器的单色性。

3. 样品室

样品室专供放置各种类型不同、光程不同、形状各异的吸收池及样品。为了避免外来光线的干扰和不必要的反射等，样品室的内侧表面必须完全是黑色的。样品室内的吸收池支架也应该是黑色的，室盖应该十分严密且不漏光。

吸收池用来盛放待测试样（液体或气体）。制作吸收池应选用在使用的波长范围内不吸收光辐射的材料，但实际上，任何一种材料对光辐射均有不同程度的吸收，因此在选择材料时，只要材料具有80%以上的透射能力，并且对光辐射的吸收是恒定而均匀的即可。在可见区和近红外区使用的吸收池用光学玻璃或透明聚合物制造，在紫外区使用的吸收池则用氟化钙、氟化锂、石英等制成。目前国内生产的吸收池有标准池、精密池、工作池以及一般池等，用户可以根据实际情况选择符合要求的吸收池。

4. 检测系统

检测系统包括光电检测器和信号放大电路，性能优良的光电检测器对光辐射灵敏度高、噪声小、稳定性好、响应时间快、响应线性范围宽、对不同波长辐射具有相同的响应可靠性等。可见光分光光度计通常以光电池、真空光电管为检测器，紫外-可见分光光度计通常以光电倍增管、阵列检测器（PDA、CCD等）为检测器，近红外区则采用PbS光敏电阻、InGaAs等为检测器。

5. 显示系统

显示系统主要包含数据处理单元及显示装置，数据处理单元接收检测器系统放大后输出的电信号，经信号处理后，转换成可记录或指示的信号，并以可读的方式显示。通用的显示装置有检流计、微安表、数字电压表、自动记录仪、数字表头、打印机、显示仪、液晶显示器等。

二、仪器的构造

按照光谱范围、单色器、光路系统的区别，可以设计成不同类型、不同结构的分光光度计。通用分光光度计按适用光谱范围可设计为可见分光光度计、紫外-可见分光光度计、紫外-可见-近红外分光光度计；根据单色器的不同，可设计为棱镜式分光光度计、光栅式分光光度计、棱镜-光栅式分光光度计、光栅-光栅式分光光度计；根据光路结构不同，可设计为单光束分光光度计、双光束分光光度计；根据检测器的类型可设计为单通道分光光度计和多通道分光光度计；根据分析对象不同，可设计为专用分光光度计，如酶标分析仪、水红外分析仪等。对于不同的分光光度计，每个组成部分差别很大，有的可能是一个光学元件，有的可能是一个很复杂的系统。

（一）可见分光光度计

可见分光光度计是指仪器工作的光谱区为可见光区的分光光度计，一般为单光束光路、手动式仪器。典型仪器为上海第三分析仪器厂生产的721型棱镜式分光光度计，该仪器是我国第一台将光源、单色器、样品室、检测器和读出装置连接成一体的简易型可见分光光度计，其波长范围为（360~800）nm。仪器采用钨灯为光源，以30°利特罗玻璃棱镜作色散元件，用 GD-7 型光电管作检测器，光学部分采用单光束、自准式光路。图 10-6 所示为 721 型可见分光光度计光路示意图。

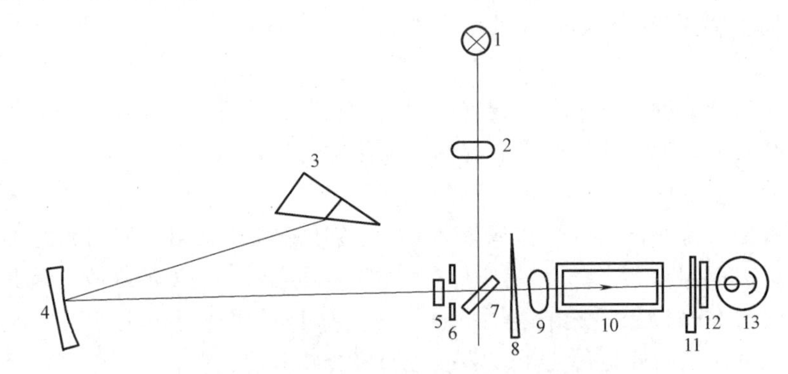

图 10-6　721 型可见分光光度计光路示意图

1—光源　2—聚光透镜　3—色散棱镜　4—准直镜　5—保护玻璃　6—狭缝　7—反射镜
8—光栏　9—聚光透镜　10—吸收池　11—光闸　12—保护玻璃　13—光电管

由图 10-6 可见，钨灯光源的连续辐射经聚光透镜和平面镜转角 90°后，射至单色器的入口狭缝上（狭缝位于准直物镜的焦面上），入射光被准直镜转成平行光并以最小偏向角射向棱镜（棱镜背面镀铝），入射光在镀层上反射后依原路返回。从棱镜色散的光线再经准直镜反射并聚焦于出射狭缝上（出射狭缝与入射狭缝共轭）。为减少谱线通过棱镜后呈现弯曲形状而影响出射光的单色性，狭缝的二片刀口设计为弧形状，以便近似地与谱线的弯曲吻合，保证仪器有一定幅度的单色性。由单色器出射狭缝射出的单色光经吸收池吸收后射到光电管检测器（光电管）上，光电检测器把光转化为光电流，光电流经高阻形成电位差，经放大后可直接在微安表上显示样品的透射比或吸光度值。

（二）紫外-可见分光光度计

紫外-可见分光光度计通常指仪器工作的光谱区为（190~850）nm 或以此为主要光谱区的仪器。按其光学系统而言，可以分为单光束紫外-可见分光光度计与双光束紫外-可见分光光度计，以及单波长紫外-可见分光光度计及双波长紫外-可见分光光度计等。

1. 单光束紫外-可见分光光度计

751 型紫外-可见分光光度计为上海分析仪器厂生产，仪器采用自准式光路，波长范围为（200~1000）nm。（200~320）nm 采用氢弧灯，（320~1000）nm 采用钨灯为光源，30°角的利特罗石英棱镜为色散元件，机械狭缝的调节范围为（0~20）mm，采用 GD-5 型蓝敏光电管［（200~625）nm］、GD-6 红敏光电管［（625~1000）nm］为单色器，采用微安表为显示器，通过调节读数电位器使微安表指零。图 10-7 所示为 751 型分光光度计光路图。

751 型仪器采用单光束工作方式，通过调整凹面反光镜的角度，钨灯或氢弧灯的辐射被反射到平面反射镜，然后反射至入射狭缝（入射狭缝位于球面准直镜的焦面上），入射光在准直镜上被反射成为一束平行光并射向石英棱镜，入射光穿过石英棱镜时被棱镜底面反射（该棱镜背面镀铝），重又穿过棱镜，经过棱镜的色散作用被分开为一光谱带，这样从棱镜色散后出来的光线又经准直镜 L 反射，会聚在出射狭缝处，从出射狭缝出来的光经吸收池后，聚焦于紫敏光电管或红敏光电管，通过电位差计测量吸光度或透射比。

751 紫外-可见分光光度计的出射狭缝和入射狭缝都安放在同一狭缝机构上，同时开闭，

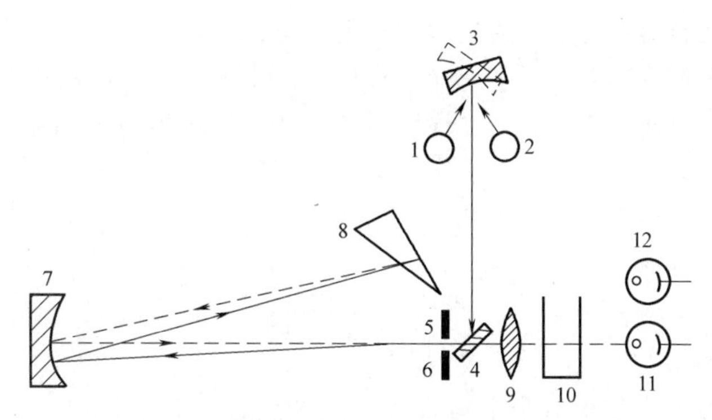

图 10-7　751 型分光光度计光路图

1—氢弧灯　2—钨灯　3—凹面反射镜　4—平面反射镜　5—入射狭缝　6—出射狭缝　7—准直镜　8—石英棱镜　9—聚焦透镜　10—吸收池　11—蓝敏光电管　12—红敏光电管

而且狭缝的二片刀口呈弯曲状，以便能近似地吻合谱线的弯曲，从而减少了因谱线通过棱镜后的弯曲而影响单色性，达到了提高仪器分辨本领的目的；仪器在出射狭缝处装有 365nn 及 580nm 短波截止滤光片各一块，以减少短波杂散光对测量结果的影响。

2. 双光束紫外-可见分光光度计

光源发出的光，经过单色器和切光器（也称斩光器）等的作用，将一束光分为两束光。其中一束光通过参比系统，另一束光通过样品系统，然后进入两个检测器或单个检测器，同时测量参比辐射能量和样品辐射能量，从而得到样品溶液的吸光度（或透射比）值。

在双光束分光光度计中，主要采用空间分隔、时间分隔的形式获得双光束，从而使该类仪器具有两种不同的结构形式。

（1）空间分隔式　空间分隔式分光光度计一般通过固定式光束分裂器将通过单色器的光分隔为两部分，如图 10-8 所示。光源发出的光通过切光器、单色器、光束分裂器和反射镜的作用，将单色光分为两路光束。这两条光束分别通过样品池和参比池后，进入各自对应的检测器，通过测量两光束强度的比率，确定样品的吸光度值。

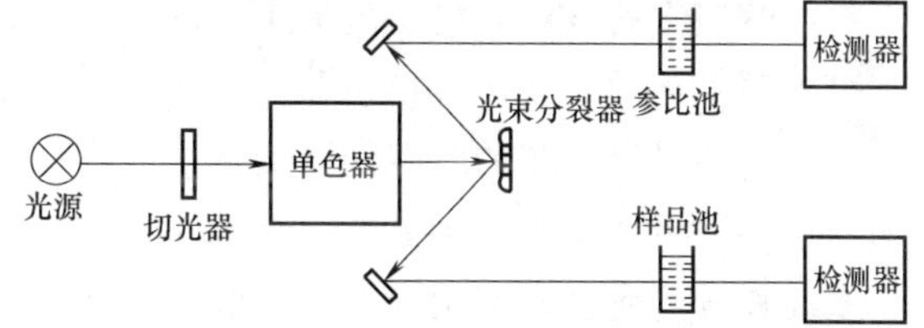

图 10-8　空间分隔式双光束分光光度计原理图

（2）时间分隔式　时间分隔式仪器通过高速旋转的切光器将单色器的出射光分隔为完全相同的两束光，如图 10-9 所示。

单色器和样品池之间安装一个切光器 A_1，切光器以固定的频率转动，由单色器射出的单色光光束以同样的频率交替地分别通过参比池及样品池，然后会聚在切光器 A_2 上，使参比光束与样品光束交替地照射到同一检测器上。此时两条光束所得信号的差值即为检测器输出的信号，再通过放大、读数系统即得出样品的透射比（或吸光度）值。

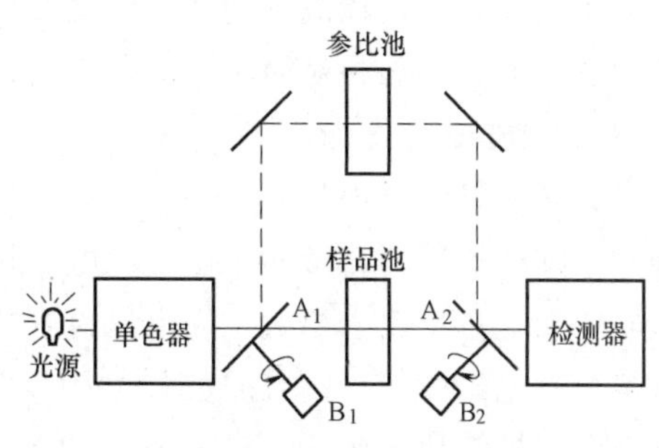

图 10-9　时间分隔式双光束分光光度计的结构原理图

（3）比例光束式　比例记录式分光光度计采

用半透半反镜将单色器的出射光分为透射和反射二束光，如图 10-10 所示。一束光通过样品后聚焦于检测器用作样品光束，另一束光则直接聚焦于另一检测器用作参比光束，由于半透半反镜的反射与透射光强差值较大，在检测器形成一定比例的响应信号，即比例光束式分光光度计。

设计之初，由于难以得到完全匹配的检测器，空间分隔式仪器难以实现，随着电子技术的发展，将样品检测器及参比检测器的信号响应进行数字补偿，实现两个检测器的示值一致性；由于固定式光束分裂器特别是半透半反镜结构简单、成本低廉、仪器的结构进一步简化，比例光束式、空间分隔式仪器的使用范围已逐步扩大。

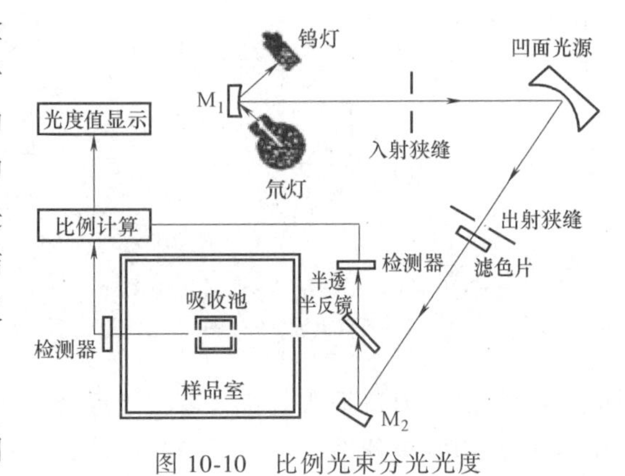

图 10-10　比例光束分光光度计光学系统示意图

3. 紫外-可见-近红外分光光度计

紫外-可见-近红外分光光度计光谱范围一般为（190～2500）nm，紫外光区用氘灯、可见及近红外区用卤钨灯作为光源，紫外-可见光区用光电倍增管，近红外区用 PbS 光敏电阻作为检测器，且多为棱镜-光栅或光栅-光栅双单色器和双光束工作方式，仪器的光学系统具有极低的杂散光，电路系统具有极高的信噪比，并配以多功能操作软件，主要用于科研及计量机构。

（1）双波长分光光度计　由美国著名博士布里顿·钱斯（Briton Chance）在 1951 年研究不透明溶液中的线粒体时首先提出。图 10-11 所示为双波长分光光度计原理图。

由光源发出的光经两个单色器分为两个具有不同波长的光束，然后通过切光器使二束不同波长的单色光以一定的时间间隔交替照射在同一个吸收池上，并被光电倍增管交替接收，从而测得扣除吸收背景后样品的吸光度值。

双波长分光光度计使用同一吸收池，不用空白溶液做参比，消除了参比吸收池与样品吸收池光程与材料不同等产生的误差，使用同一光源获取的单色光减小了光源光强波动产生的误差，进一步提高了测量的重复性。

（2）多通道分光光度计与单通道仪器的比较　多通道主要采用阵列式检测器，具有以下优势：测量速度快，多通道同时曝光，最短时间仅在毫秒级；可以积累光照，积分时间最长可达几十秒，可检测微弱信号，动态范围宽。另外，由于在一定的光谱范围内没有可移动的光学器件，结构相对简单、工作稳定性高，适用于现场和在线分析。多通道分光光度结构示意图如图 10-12 所示。

钨灯或氘灯发出的复合光，首先通过样品吸收池，再经光栅色散，色散后的单色光直接聚焦于阵列检测器光敏面。由于光电二极管与电容耦合，因此当光电二极管受光照射时，电容器的带电量正比于照射到光电二极管的总光量。光电二极管体积很小，每个阵列检测点含有多个光电二极管，覆盖的波长范围可达（190～1100）nm，全部波长几乎同时被检测。由于光电二极管响应快速，对全波段的紫外、可见光谱扫描一次，只需（0.1～0.2）s 就可完成，因此在生物化学、动力学研究等领域得到广泛应用。

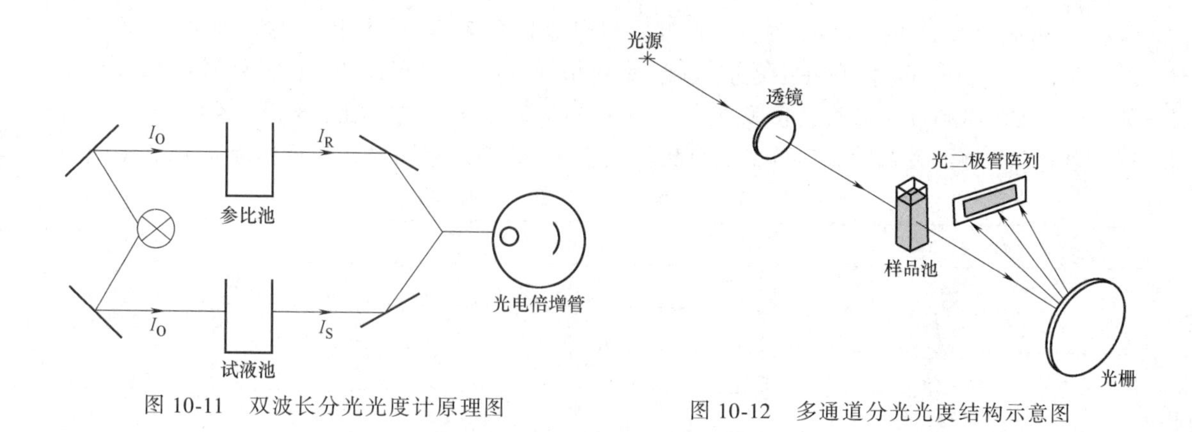

图 10-11　双波长分光光度计原理图

图 10-12　多通道分光光度结构示意图

第三节　紫外-可见光谱法的应用

一、定性分析

由于高分子的紫外吸收峰通常只有（2~3）个，峰形平缓，选择性远不如红外光谱。紫外光谱主要取决于分子中发色团和助色团的特性，不是整个分子的特性，所以紫外吸收光谱用于定性分析不如红外光谱重要和准确。

因为只有重键和芳香共轭体系的高分子才有近紫外活性，所以紫外光谱能测的高分子种类受到很大局限。已报道的某些高分子的紫外特性数据列于表 10-2。

表 10-2　某些高分子的紫外特性

高　分　子	发　色　团	最长吸收波长/nm
聚苯乙烯	苯基	270,280(吸收边界)①
聚对苯二甲酸乙二醇酯	对苯二甲酸酯基	290(吸收尾部),300①
聚甲基丙烯酸甲酯	脂肪族酯基	250~260(吸收边界)
聚醋酸乙烯	脂肪族酯基	210(最大值处)
聚乙烯基咔唑	咔唑基	345

① 两个数据出自不同的文献。

图 10-13 所示为聚苯乙烯和聚乙烯基咔唑的紫外吸收光谱，这是高分子紫外吸收的典型例子。

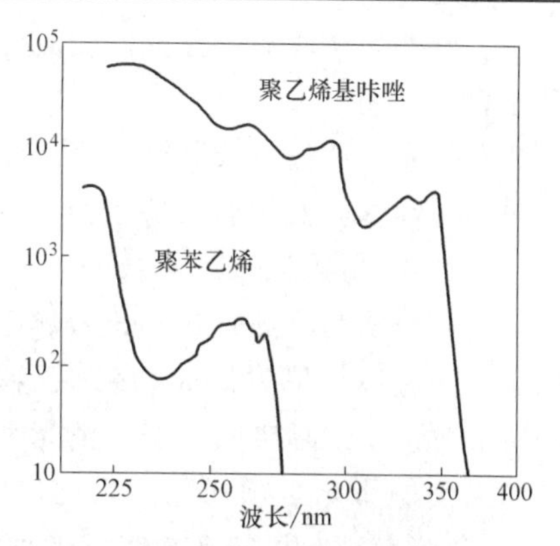

图 10-13　聚苯乙烯和聚乙烯基咔唑的紫外吸收光谱

在作定性分析时，如果没有相应高分子的标准谱图供对照，可以根据有机化合物中发色团的出峰规律来分析。例如，一个化合物在（220~800）nm 无明显吸收，它可能是脂肪族碳氢化合物、胺、腈、醇、醚、羧酸的二缔体、氯代烃和氟代烃，不含直链或环状的共轭体系，没有醛基、酮基、Br 或 I；如果在（210~250）nm 具有强吸收谱带（$\varepsilon \approx 10000$），可能是含有 2 个不饱和键的共轭体系；如果类似的强吸收谱带分别落在 260nm、300nm 或 330nm 左右，则可能相应地具有 3、4 或 5 个不饱和键的共轭体系；如果在（260~300）nm 间存在中等吸收峰（$\varepsilon \approx 200 \sim 1000$）并有精细结构，则表示有苯环存在；在（250~300）nm 有弱吸收峰（$\varepsilon \approx 20 \sim 100$），表示羰基的存在，若化合物有颜色，则分子中所含共轭的发色团和助色团的总数将大于 5。典型发色团的紫外吸收特征见表 10-3。

表 10-3 典型发色团的紫外吸收特征

发色团	λ_{max}/nm	ε_{max}
C=C	175	14000
	185	8000
C≡C	175	10000
	195	2000
	223	150
C=O	160	18000
	185	5000
	280	15
C=C—C=C	217	20000
	184	60000
	200	4400
	255	204

尽管只有有限的特征官能团才能发色，使紫外谱图过于简单而不利于定性，但利用紫外谱图，很容易将具有特征官能团的高分子与不具特征官能团的高分子区别开来。例如聚二甲基硅氧烷（硅树脂或硅橡胶）就易于与含有苯基的硅树脂或硅橡胶区分。首先用碱溶液破坏这类含硅高分子，配成适当浓度的溶液进行测定，含有苯基的在紫外区有 B 吸收带，不含苯基的则没有吸收。

二、定量分析

紫外光谱法的吸收强度比红外光谱法大得多，红外的 ε 值很少超过 10^3，而紫外的 ε 值最高可达 $10^4 \sim 10^5$；紫外光谱法的灵敏度高达（$10^{-5} \sim 10^{-4}$）mol/L，测量准确度高于红外光谱法；紫外光谱法的仪器也比较简单，操作方便。所以紫外光谱法在定量分析上有优势，得到了广泛应用。

紫外光谱法很适合研究共聚组成、微量物质（单体中的杂质、聚合物中的残留单体或少量添加剂等）和聚合反应动力学。

1. 丁苯共聚物组成的检测

选定氯仿为溶剂，260nm 为测定波长（苯乙烯质量分数为 25% 的丁苯共聚物在氯仿中的最大吸收波长是 260nm，随苯乙烯含量的增加会向高波长偏移）。在氯仿溶液中，当 $\lambda =$ 260nm 时，丁二烯吸收很弱，消光系数是苯乙烯的 1/50，可以忽略，但丁苯橡胶中的芳胺类防老剂的影响必须扣除。为此选定 260nm 和 275nm 两个波长进行测定，得到 $\Delta\varepsilon = \varepsilon_{260} - \varepsilon_{275}$，这样就消除了防老剂特征吸收的干扰。

将聚苯乙烯和聚丁二烯两种均聚物以不同比例混合，以氯仿为溶剂测得一系列已知苯乙

烯含量所对应的 $\Delta\varepsilon$ 值，作出工作曲线，见图 10-14。于是，只要测得未知物的 $\Delta\varepsilon$ 值就可从曲线上查出苯乙烯的含量。

2. 高分子单体纯度的检测

大多数高分子的合成反应，对所用单体的纯度要求很高，如聚酰胺的单体 1,6-己二胺和 1,4-己二酸，如含有微量的不饱和芳香性杂质，即可干扰直链高分子的生成，从而影响其质量。由于这两个单体本身在近紫外区是透明的，因此用紫外光谱检查是否存在杂质是很方便和灵敏的。

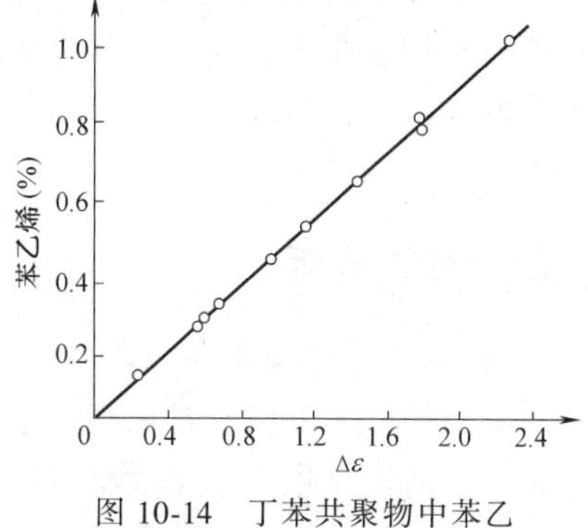

图 10-14 丁苯共聚物中苯乙烯含量与 $\Delta\varepsilon$ 的关系

又如涤纶的单体对苯二甲酸二甲酯（DMT）常混有间位和邻位异构体，虽然它们都不影响聚合，但对聚合物的性能却影响很大，所以要控制它们的最高含量。对苯二甲酸二甲酯在 286nm 有特征吸收（$\varepsilon=1680$），若含有其他二组分时，它的 ε 值就降低，而且成比例地降低。通过测定未知物的 ε 值，可计算出 DMT 的含量。

$$\text{DMT 含量}=\frac{\varepsilon_{未}}{\varepsilon_{纯}}\times 100\% \tag{10-3}$$

式中 $\varepsilon_{未}$、$\varepsilon_{纯}$——分别为未知物和纯 DMT 的摩尔吸收系数（以甲醇为溶剂）。

3. 聚苯乙烯中苯乙烯残留单体含量的测定

聚苯乙烯在 270nm 有一个吸收峰，低于这个波长还有一系列宽的吸收。而苯乙烯单体除了 270nm 以下的吸收外，在 292nm 和 283nm 处还有两个峰，可以用 292nm 的峰来测定苯乙烯的含量。但是如果直接用该峰的吸收值计算会产生很大的误差，因为含添加剂（如抗氧剂、润滑剂）的聚苯乙烯在这一波长下有背景吸收。采用基线修正法则可以排除背景吸收的干扰，含苯乙烯单体的聚苯乙烯的典型的紫外吸收光谱如图 10-15 所示。

在 288nm 和（295~300)nm 两个吸收极小值之间作曲线的切线，以此为基线，然后从 292nm 峰顶作垂线与基线相交。所得峰高 h 就是测试溶液中所含苯乙烯的真正吸收值。

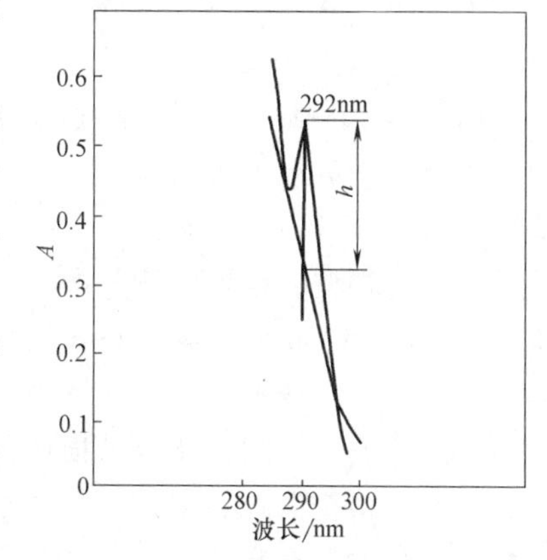

图 10-15 含苯乙烯单体的聚苯乙烯的典型的紫外吸收光谱

上述基线修正法只适用于添加剂在（288~300)nm 的吸收呈线性的场合。对于非线性吸收，会产生不正确的测定结果，此时可采用蒸馏技术，将聚苯乙烯溶解于 20mL 氯仿或二氯乙烷，然后倒入过量的（≈110mL）甲醇，沉淀出溶解的高分子。将其过滤，沉淀用 120mL 甲醇洗涤，合并滤液和洗涤液，然后慢慢蒸馏，收集 200mL 含苯乙烯和其他可馏出成分的馏出液，不能蒸发的成分（抗氧剂、润滑剂和齐聚物）残留在蒸馏残液中。在 292nm 下测定馏出液的吸收，以空白蒸馏得到的馏出液的吸收为基线，并以已知量纯苯乙烯的甲醇或氯代烃溶液用同样蒸馏方法进行校正测定结果。试验表明：蒸馏法的结果与真实值一致，而直接测定的结果则受到抗氧剂的干扰，明显偏低。

4. 聚合反应动力学

利用紫外-可见光谱进行聚合反应动力学研究，只适用于反应物或产物中的一种在紫外-可见区域有特征吸收，或两者都有吸收，但 λ_{max} 和 ε 都有明显区别的反应。试验时可以采用定时取样或用仪器配有的反应动力学软件，测量反应物和产物的光谱变化来得到反应动力学数据。

三、结构分析

1. 聚乙烯醇的键连接方式

聚乙烯醇的紫外吸收光谱在 $\lambda_{max}=275nm$ 有特征吸收峰，$\varepsilon=9$，这与2,4-戊二醇的吸收光谱相似。所以可以确定键连接方式主要是头-尾结构，而不是头-头结构，因为头-尾结构的五碳单元组类似2,4-戊二醇。

2. 立体异构和结晶

有规立构的芳香族高分子有时会产生减色效应。所谓减色是指紫外吸收强度降低，是由于邻近发色基团间色散相互作用的屏蔽效应。紫外光照射在发色基团而诱导了偶极，这种偶极作用很弱的振动电磁场而被邻近发色团所感知，导致发色团间距离或发色基团的偶极距平行排列，使紫外吸收减弱。这种情况常发生在有规立构等比较有序的结构中，在共聚物分析中也应注意到有类似的效应，比如嵌段共聚物与无规共聚物相比就会因为较为有序而减色。结晶可能使紫外光谱发生的变化是谱带的位移和分裂。

总的来说，紫外光谱在高分子领域的应用主要是定量分析，而定性和结构分析很有限。

第四节 紫外-可见光谱仪的维护与保养

为了保证紫外-可见分光光度计的稳定性和可靠性，仪器管理人员要对分光光度计进行有效的日常维护与保养，主要有以下几点。

(1) 经常开机 如果仪器不经常使用，最好每星期开机 (1~2) h。这样一方面可去潮湿，避免光学元件和电子元件受潮，同时也可避免各机械部件生锈，以保证仪器的正常运作。

(2) 经常校验仪器的技术指标 校验仪器的技术指标是一件非常重要的工作。一般每半年检查一次，一旦发现某项技术指标有问题，可根据具体问题做一些排查，找出问题原因，如果找不出原因或找出原因无法解决应及时联系工程师。让仪器“带病”工作不仅仪器分析测试的数据不可靠，还容易损坏仪器，造成更严重的后果。

(3) 保持机械运动部件活动自如 紫外-可见分光光度计有许多转动部件，如光源转换机构、狭缝的传动装置、光栅的扫描装置等。仪器管理人员对这些活动部件，应经常加一些仪表油，以保证其活动自如。一些不易触及的部件，可以请维修工程师帮助完成。

(4) 定期清理吸收池架及石英窗 紫外-可见分光光度计是使用比较频繁的仪器，试验人员在使用比色皿有时会因操作不当导致液体样品洒倒在样品室里，应立即擦干清理，尤其是高浓度酸性易挥发液体样品，如果不及时清理，会挥发充斥样品室，腐蚀仪器内部组件并干扰测量准确性。许多分光光度计故障现象都和样品室洒的样品没有被及时清理有关，如果不小心将样品洒倒在样品室底部，就应拆下样品室单元后再进行清洁。

（5）更换光源灯　紫外分光光度计使用两种光源灯，即卤钨灯和氘灯，都属于消耗品，光源使用时间越接近额定使用时间，光源能量越小，噪声就会变大。额定使用时间是光源生产商根据大量光源的平均使用时间来确定的，这两种灯的额定使用时间大约是 2000h。

思　考　题

1. 简述紫外光谱电子跃迁类型和吸收带。
2. 简述紫外吸收的红移和蓝移。
3. 简述紫外光谱测样时溶剂如何选择。
4. 简述紫外光谱在高分子材料测试中的应用。
5. 简述紫外-可见分光光度计的日常维护与保养。

第十一章

有机元素分析法

有机元素分析法是少数能够精确测定有机物中碳、氢、氮、硫、氧等元素含量的分析方法。微量电子天平的使用，高效的气体分离系统以及高灵敏度热导检测器和高选择性的红外检测器使得有机元素分析仪能够实现快速和自动化测定，同时还具有较高的精密度和准确度。

第一节　有机元素分析法的基本原理

碳、氢元素定量主要采用普莱格尔法（Pregl）和林特尔法（Linder），原理是将有机物分解氧化，分别转化为二氧化碳和水，以吸收管吸收称重计算碳、氢的百分含量。

氮元素定量主要有杜马法（Dumas）和基耶达克达尔法（Kjeldadl）。杜马法是将有机氮在氧化剂存在下加热分解，生成氮气或氮氧化物，通过灼热铜转换成氮气，收集在量氮计中，根据氮气的体积换算含氮量。基耶达克达尔法是有机氮在催化剂、硫酸存在下共煮解形成硫酸氢氨，生成的硫酸氢氨与氢氧化钠中和产生氨，通过测氨含量得到氮含量。

氧元素主要采用催化氢化法和碳化法。将含氧有机物置于高温的惰性气流中进行热分解，再通过高温碳定量转化成一氧化碳，用无水碘酸（或氧化铜）将一氧化碳氧化成二氧化碳，用重量法测定二氧化碳或用碘量法测定碘，从而计算氧含量。

硫元素主要采用卡里乌斯（Carius）和氧瓶燃烧法。卡里乌斯法是将有机物在碱金属盐、硝酸存在下，加热分解，生成硫酸氢钠转化为硫酸盐测定。氧瓶燃烧法是将有机物在密闭的充满氧气的瓶中燃烧分解，分解的产物被瓶中的吸收液吸收，然后进行测定。

上述这些方法被称为经典法，目前有机元素分析仪工作原理仍为经典法（普莱格尔法测碳、氢的方法与杜马测氮的方法）的燃烧原理，仅在燃烧分解部分采用了电子、机械控制并在最后产物的测定采用了物理化学分析方法。在分解样品时通过一定量的氧气助燃，以氦气为载气，将燃烧气体通过燃烧管和还原管，二管内分别装有氧化剂和还原铜，并填充银丝以去除干扰物质（如卤素等），从还原管流出的气体除氦气以外，还有二氧化碳、水、氮气、二氧化硫等，经吸附解析或色谱分离，分离的气体依次经过检测器，得到各组分的响应值，以此达到定量分析碳、氢、氮、硫等元素百分含量的目的。含氧元素的有机化合物，在碳粉或铂-碳催化剂催化下高温裂解，氧化成一氧化碳，其余裂解产物如酸性气体或水经吸收管被除去，然后经吸附或色谱柱分离，再由检测器测定一氧化碳的响应值，以此达到定量分析氧元素百分含量的目的。

第二节　有机元素分析仪的结构

我国在20世纪70年代研制过测定碳、氢、氮含量的有机元素分析仪，如中科院化学研究所、北京分析仪器厂共同研制的ST-02、SQ-201型有机元素分析仪。经过多年的发展，目前市面上在用的有机元素分析仪主要有德国Elemental公司（前身为德国Heraeus公司）、美国Thermo Fisher Scientific公司（收购原意大利Carlo Erba公司有机元素分析仪）和美国Perkin Elmer公司等生产的各型产品。各仪器公司生产的有机元素分析仪具有各自的特点，工作模式和方法均不同，体现在仪器各组成系统的设计上。有机元素分析仪的基本结构主要由气路系统、进样系统、高温氧化（或裂解）-还原系统、分离系统、检测系统、数据处理系统以及微量电子天平等部分组成。有机元素分析仪主要工作流程如图11-1所示。

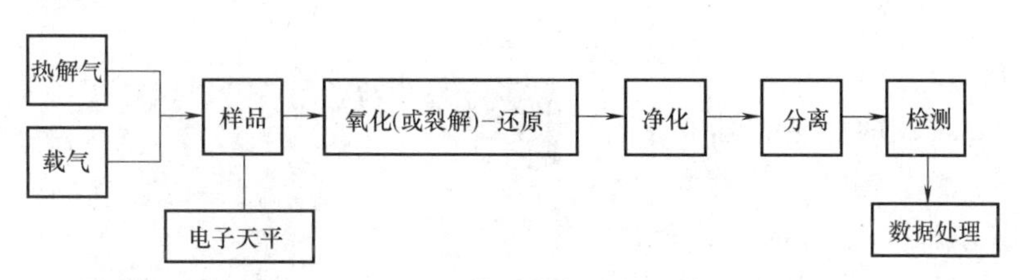

图11-1　有机元素分析仪主要工作流程

一、气路系统

碳、氢、氮、硫等元素的测定需要两路气体：一路是系统载气，其作用是把被测气体输送到分离系统、检测器等中，常用的载气有氦气（He）、氩气（Ar）等；另一路是仪器进行分析必备的高纯氧气，用于样品的高温氧化、燃烧、分解。

有机元素分析仪氧含量的测定不能使用高纯氧完成样品的高温热解还原，取而代之的是采用含有质量分数8%~10%高纯氢的氦气或氮气等作为工作气体。

气体由高压钢瓶供给，经压力调节装置减压和稳压，再经净化干燥处理，以稳定的流量进入系统。载气必须是纯净的，不能含有水分、烃类化合物等杂质，气源需要配备气体净化装置和准确稳定的气体流速控制装置。由于有机元素分析是通过测定CO_2、H_2O、N_2、SO_2或CO等气体的含量达到检测目的，所以气体的纯度或净化处理非常关键。另外载气的流量要求恒定，通常使用减压阀、稳压阀、针形阀等来控制气流的稳定性。

二、进样系统

有机元素分析仪的进样系统包括样品进样装置和样品舟。

1. 进样装置

进样装置分手动进样器和自动进样器两类。由于有机元素分析仪适合快速连续检测，所以自动进样装置一般是标配，液体和固体样品可以连续进样。图11-2所示为多位固体或液体自动进样器，图11-3所示为液体自动进样器。

另外，进样模式可分为垂直模式和水平模式。目前，大多数仪器采用垂直进样模式，便于实现自动化。水平进样模式有其典型特点：每次分析之后，样品残余物和燃烧剩余物都会被清除掉，没有记忆效应。相比之下，采用垂直进样法，样品的燃烧是在以前燃烧残留物的上面进行，这样就会有记忆效应。图 11-4 为水平进样仪器实际外观图。

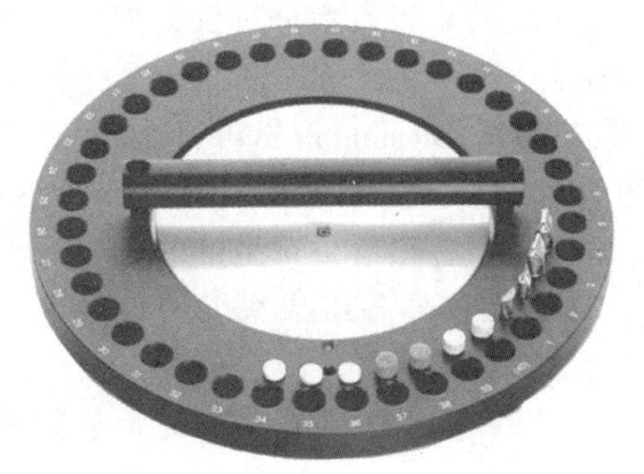

图 11-2　多位固体或液体自动进样器

图 11-3　液体自动进样器

2. 样品舟

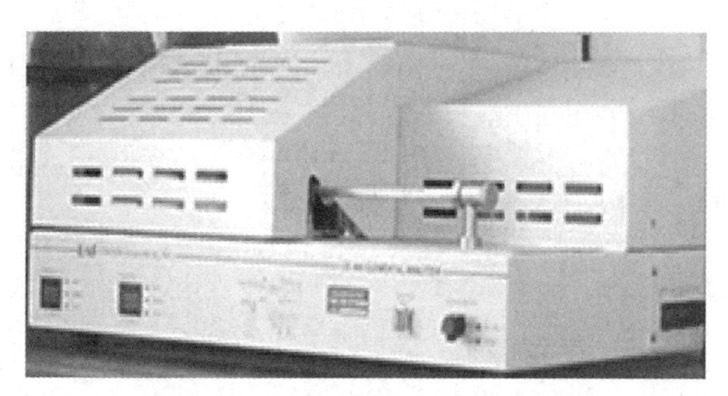

图 11-4　水平进样仪器实际外观图

有机元素分析仪的样品容器有多种材质：锡、银、铝、铜、镍、陶瓷、不锈钢等。形状多种多样：筒状、盒状、碗状、片状、舟状等。根据装样量的大小，体积差异也很大。

一般样品推荐使用锡制容器，因为锡制容器在氧化时放热，温度可高达 1800℃，有助于样品的分解；银制容器由于其耐蚀性好且测氧元素时仅熔化，不发生氧化反应，所以可以用于氧元素的分析或含酸、腐蚀性的样品分析；铝制容器熔点为 660.3℃，仅适用于易分解的样品。

根据测试样品的类型应选用不同形状的容器，纤维状、黏稠状或湿度敏感样品应选用筒状容器，从而可以快速包装称量；密度小、体积大的样品应选用长方形盒状容器，装样方便且包装后面积大，易于氧化；取大量的样品可以用碗状容器，敞口较大，便于操作；特殊形状的样品可以选择片状容器卷入称量；固体样品可以选用软包装容器（金属箔等）；液体样品和敏感样品可以选用硬包装容器。

应选用体积规格与取样量相适应的容器进行试验。选用大规格容器装少量样品，包样费时且耗氧量大；选用小规格容器装大样品，包样时易破损且样品分解不完全，使检测峰产生拖尾。为了方便包样，有机元素分析仪都配包样机。典型的包样机如图 11-5 和图 11-6 所示。

有机元素分析仪工作时，金属皿包裹的样品进入燃烧系统，利用一些具有延展性的金属在高温富氧条件下燃烧，大量放热而使整个样品温度瞬间升至 1800℃左右，对于样品的氧化燃烧转化起到重要作用，所以金属皿在有机元素分析中扮演重要角色，不仅作为样品进入体系的载样舟，而且还具有助燃作用。由于有机元素分析仪的进样量仅几毫克，金属皿的质量、纯度、杂质含量等对于测定结果具有显著的影响。

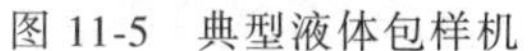

图 11-5　典型液体包样机

图 11-6　固体包样装置

三、氧化/裂解-还原反应

氧化-还原系统是由加热炉、盛有氧化催化剂和吸附干扰元素试剂的氧化管、盛有还原剂的还原管等组成。不同测定模式的高温氧化（或裂解）-还原系统配置不同，不同厂家的仪器配置也不同。

由有机元素分析仪工作原理和过程可以看出，样品完全燃烧、完全转化以及干扰因素的消除是整个过程的第一步，也是最关键的一步，它的完成情况直接影响最后结果的准确性。图 11-7 为燃烧发生的反应示意图。

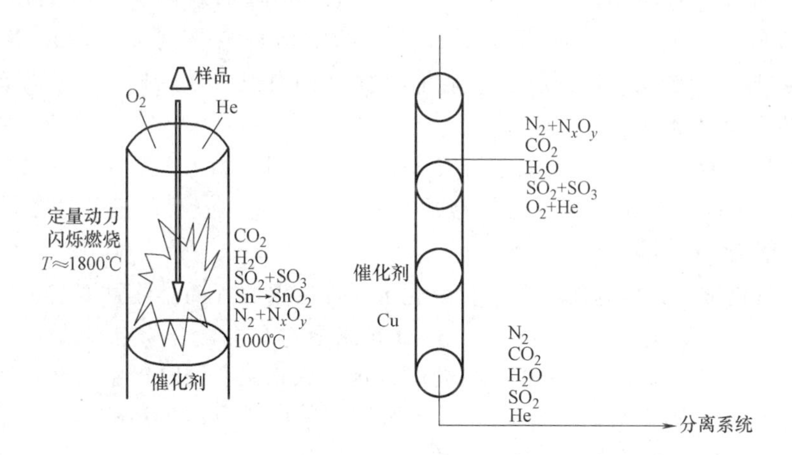

图 11-7　燃烧发生的反应示意图

氧化-还原试剂使样品充分燃烧转化成小分子气体，其组成复杂，组成中各种组分发挥各自不同的作用，如催化、助燃、杂质吸附、还原等。由于杂质种类很多，填充的试剂要具有广泛适用性，催化剂主要有金属氧化物：氧化铜、四氧化三钴、五氧化二钒、氧化钨、氧化铝、氧化铈等；金属氧化物的银盐：二氧化锰、钨酸银-氧化镁等；铬酸盐：铬酸铅、重铬酸钾等。

氧化铜是最早的 Pregl 经典法中所采用的氧化催化剂，直至现在仍被广泛应用。有机物在高温下与氧化铜反应，氧化铜被还原为低价氧化物，同时该低价氧化物又被气流中的氧气活化成氧化铜，具有较长的使用寿命。氧化铜对一般的有机化合物都能起到很好的氧化作用，但它不具备排除硫、卤素等干扰元素的能力，仅适用于分析一般的有机化合物。

四氧化三钴是一种氧化性能强且性能稳定的高效催化氧化剂，它由高价和低价钴的氧化物——氧化钴及三氧化二钴混合而成。四氧化三钴在燃烧过程中能够连续释放出氧化性比分子氧高得多的原子氧，并被还原成低价钴的氧化物，同时该低价氧化物又立即与气流中的氧结合，可逆地转化为四氧化三钴。四氧化三钴的工作温度以 600℃ 为宜，当温度高于 800℃ 时，四氧化三钴仍具有良好的氧化效能且工作寿命较长，但在高温下易腐蚀石英管，使其变脆、断裂。在实践中应用较广泛的是镀银的四氧化三钴（$Ag+Co_3O_4$），既具有高效的催化氧化性能，又是高效的卤素、硫吸收剂。

五氧化二钒是一种非常有效的高温催化氧化剂，对于易焦化的物质，它能够分散样品颗粒，防止其焦化，同时在有氧气的条件下循环地释放出氧化性很强的原子氧。结构特殊的一些纤维、高分子塑料及大分子天然产物在加热过程中发生焦化而不熔化，此类物质的测定需要借助五氧化二钒的氧化及催化作用。

钨酸银-氧化镁是一种性能稳定的高温催化氧化剂，不仅成功地克服了高锰酸银热分解产物的缺陷，而且氧化镁除具有较强的催化氧化性能外，还可在高温下与氟化氢反应生成稳定性很强的氧化镁（$MgO+2HF=MgF_2+H_2O$），从而达到高效去除氟干扰的目的。采用颗粒状钨酸银-氧化镁为燃烧管高温区填充剂，不仅可以有效地克服氧化镁在高温灼烧后体积易收缩并碎成粉末从而阻碍气流畅通的缺陷，而且利用了银盐氧化剂能够高效吸收卤素及硫等干扰元素的性质，同时两种氧化剂可协同作用以提高氧化效能。实践证明，钨酸银-氧化镁是一种性能优良的催化氧化剂，可成功地分析含氟、硫、磷、卤素等元素的有机化合物。

在 CHNS 模式下，氧化钨是燃烧管必备的催化氧化剂，氧化钨是一种高效、高温催化氧化剂，工作温度可高达 1200℃，可有效地抑制硫酰的生成。但氧化钨不具备排除磷、卤素等干扰元素的能力。

氧化铝和氧化铈作为良好的高温催化氧化剂，能够吸收氟而排除氟干扰。

二氧化锰在较低的温度下（500℃），在氧气流中将有机化合物定量地氧化为二氧化碳和水，但其氧化可逆性较差。这种催化氧化剂性能不太稳定，同时操作温度较低，若燃烧管温度太高（>600℃）则易分解，氧化效能降低，对某些难分解的特殊样品，如含硅氧环、碳硫键的化合物，存在着氧化不完全的现象。

铬酸铅属于低温催化氧化剂，能吸收氟化氢生成稳定的氟化铅 PbF_2；铬酸铅是硫的专用吸收剂，可以吸收各种硫氧化物，也可吸收卤素。

CHN 模式中采用金属氧化物的银盐作为填充试剂，如有的仪器填充钒酸银（$Ag_2V_2O_5$）、铬酸银（$Ag_2Cr_2O_7$）、钨酸银（Ag_2WO_4）以及高锰酸银（Ag_2MnO_4）。这类物质的作用除具有很强的催化氧化性能外，还能高效地吸收卤素和硫等干扰元素。有资料表明：高锰酸银热分解产物的内部结构是金属银呈原子状态分散于二氧化锰中，并处于晶格表面的缺陷中形成活性中心，由此具有很强的吸收卤素及硫的能力。

美国 PE 公司的 PE2400 仪器氧化-还原填充情况如图 11-8 所示。

德国 Elemental 公司 Micro Cube 元素分析仪的不同测试模式燃烧管的填充如图 11-9

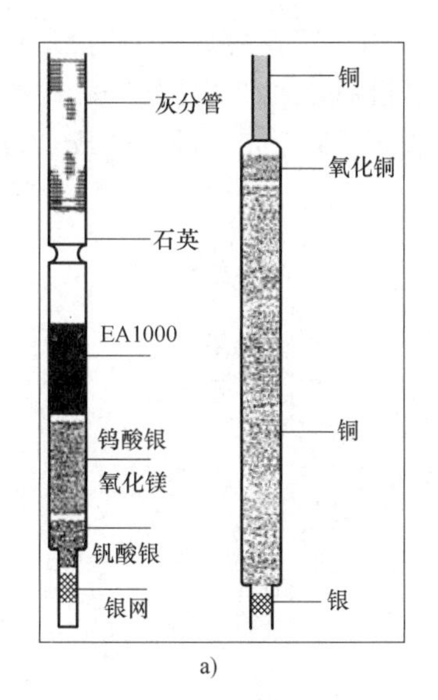

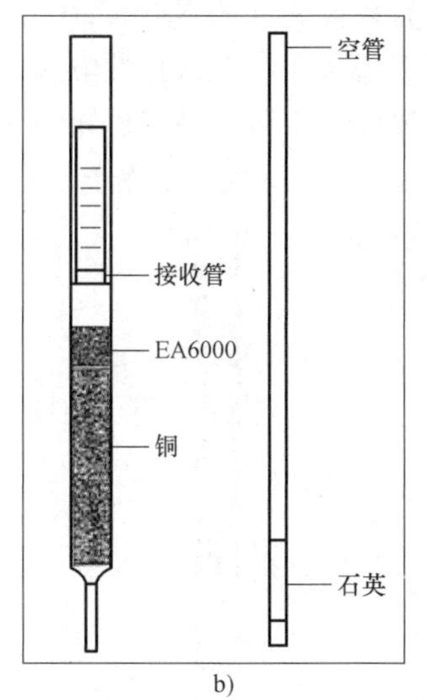

a)　　b)

图 11-8　氧化-还原体系

a）CHN 的氧化-还原体系　b）CHNS 的氧化-还原体系

所示。

有机元素分析仪的还原管一般采用线状氧化铜装填石英管。德国 Elemental 公司 Micro Cube 元素分析仪的不同测试模式还原管的填充如图 11-10 所示。

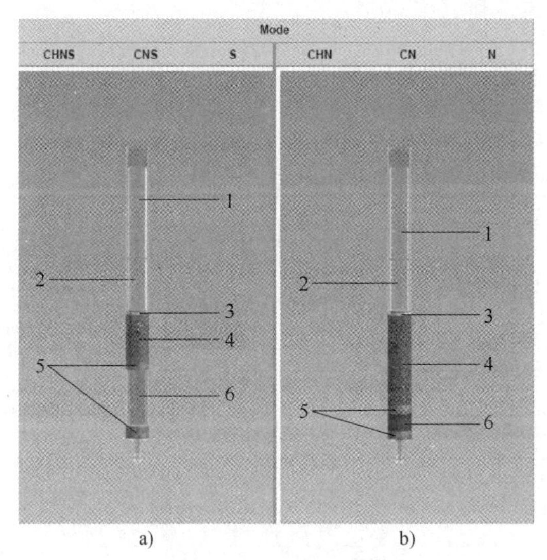

a)　　b)

图 11-9　Micro Cube 元素分析仪的不同测试模式燃烧管的填充

a）CHNS 模式（燃烧管）

1—保护管　2—灰分管，底部填充 Al_2O_3 棉　3—刚玉球　4—颗粒状氧化钨 WO_3　5—石英棉　6—支撑管

b）CHN 模式（燃烧管）

1—保护管　2—灰分管，底部填充 Al_2O_3 棉　3—刚玉球　4—氧化铜　5—石英棉　6—铬酸铅

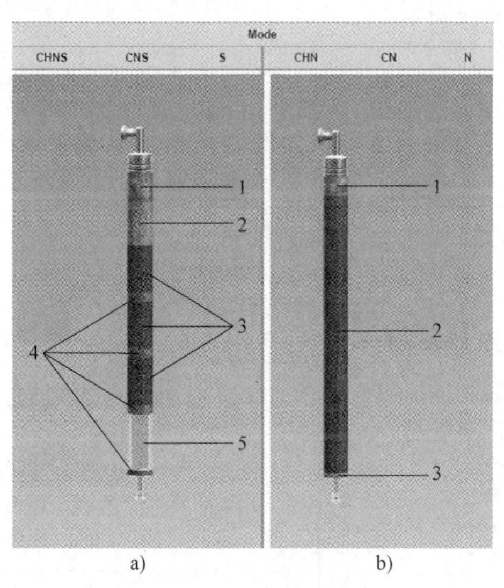

a)　　b)

图 11-10　Micro Cube 元素分析仪的不同测试模式还原管的填充

a）CHNS 模式（还原管）

1—银棉　2—刚玉球　3—铜　4—石英棉　5—支撑管

b）CHN 模式（还原管）

1—银棉　2—铜　3—石英棉

含氧的有机样品在含氢气的混合气中，于高温下定量生成CO，检测CO的含量，换算得到氧含量。IR检测器对CO有选择性响应，可避免分解产物中不易分离的CH_4、H_2对CO的干扰。炭黑还原剂可在高温下将有机物中的氧原子完全定量地转化成CO，排除少量卤素、硫的干扰。图11-11所示为氧模式裂解管和吸收管配置。

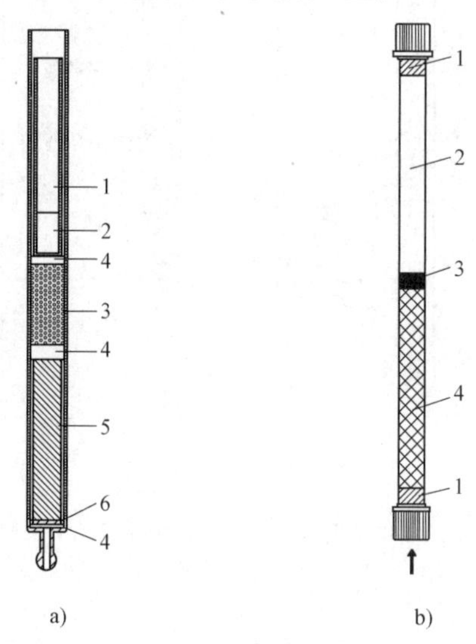

图11-11 氧模式裂解管和吸收管配置

a）裂解管

1—保护管 2—灰分管 3—炭黑 4—石英棉 5—支撑棒 6—石英砂

b）吸收管

1—棉花 2—干燥剂 3—石英棉 4—氢氧化钠

有机元素分析仪的燃烧转化系统见表11-1。

表11-1 有机元素分析仪的燃烧转化系统

仪器	测定模式	燃烧炉温度/℃	还原炉温度/℃	燃烧管填充	还原管填充
德国 Elemental	CHN	960	550	CuO	Cu
	CHNS	1150	850	石英屑和石英毛	Cu
	S	1150	850	WO_3	—
	O	1050	—	炭黑	—
美国 Thermo Fisher Scientific	CHN(CN,N)	950~1030	550~650	Cr_2O_3,Ag_2WO_4,Co_3O_4等	Cu
	CHNS CNS	950~1030 950~1030	850	WO WO	Cu
	O	1030~1050	—	镍碳、铂碳	—
美国 PE2400	CHN	950~1100	600~640	钨酸银、钒酸银等	Cu
	CHNS	950~1100	600~640	钨酸银、钒酸银铜等	—
	O	650~1100	—	铂碳	—

四、分离系统

有机元素分析仪的分离系统由色谱柱或吸附解析及其恒温装置等组成，用于CO_2、

H_2O、N_2 及 SO_2 或 CO 的分离。不同测定模式的分离系统配置不同。色谱柱或吸附装置是有机元素分析仪的核心部分，各组分的分离过程都在这里进行。色谱柱或吸附装置由柱管及装填在其中的固定相组成。

色谱柱柱管常用材料为不锈钢、玻璃或石英玻璃、聚四氟乙烯，有直线、U 形和螺旋形，填充物主要为 5A 分子筛。

吸附柱主要原理为有机物定量分解后生成 CO_2、H_2O、N_2，随载气进入吸附柱，整个过程为：

第一步，吸附。吸附 H_2O，再吸附 CO_2，剩余 N_2，定量检测得到氮元素含量。

第二步，解吸。在 50℃条件下脱 CO_2，定量检测得到碳元素含量。

第三步，解吸。在 250℃条件下脱 H_2O，定量检测得到氢元素含量。

五、检测系统

有机元素分析仪的检测系统主要有：热导检测器、红外检测器和电导电量检测器等。电导电量检测器只能同时测定碳、氢，其应用不如前两种方法广泛。红外检测器相比而言具有更快的稳定速度和更低的对分离、净化的要求，精度准确性检测范围与热导检测器相当。

热导检测器（TCD）具有结构简单、性能稳定、灵敏度适中、线性范围宽的特点，是一种通用型检测器。TCD 的结构如图 11-12 所示，它是由池体和热敏元件等组成，池体内装有两个电阻相等（$R_1=R_2$）的热敏元件（钨丝、铼钨丝或热敏电阻）构成参比池和测量池，它们与两固定电阻 R_3、R_4 组成惠斯顿电桥。双臂热导池电路原理如图 11-13 所示。

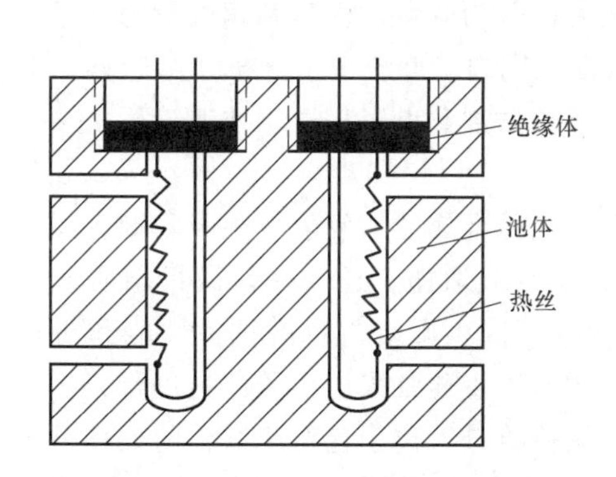

图 11-12　TCD 的结构示意图

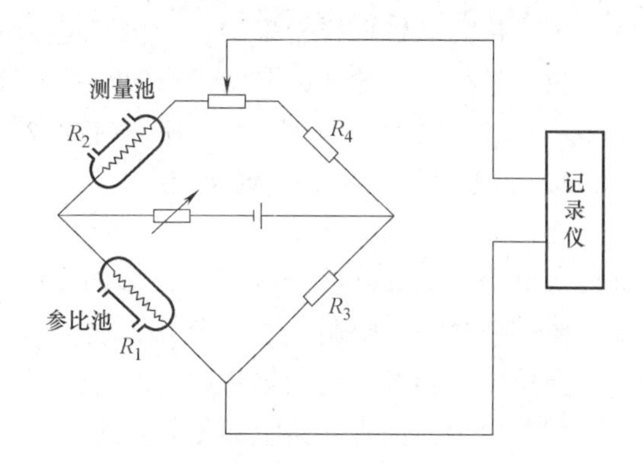

图 11-13　双臂热导池电路原理

在电桥平衡时，有 $R_1R_4=R_2R_3$，当两池中只有恒定的载气通过时，从热敏元件上带走的热量相同，两池电阻变化也相同，$\Delta R_1=\Delta R_2$，所以 $(R_1+\Delta R_1)R_4=(R_2+\Delta R_2)R_3$，电桥仍处于平衡状态，记录仪输出一条直线。

当样品经分离后，随载气通过测量池时，由于样品各组分与载气的热导率不同，它们带走的热量与参比池中仅由载气通过时带走的热量不同，即 $\Delta R_1\neq\Delta R_2$，所以 $(R_1+\Delta R_1)R_4\neq(R_2+\Delta R_2)R_3$，电桥平衡被破坏，因而记录仪上有信号（色谱峰）产生。

TCD 是基于不同物质具有不同热导率的原理制成的，载气与样品的热导率相差越大，热导池的灵敏度就越高。由于一般物质热导率较小，因此宜选用热导率较大的气体作载气，如氦气、氩气。

六、微量电子天平

有机元素分析对样品的称量采用微量电子天平，分度值为0.001mg。微量电子天平是进行有机元素定量分析的重要组成部分，天平的非线性和示值不准确性导致称量误差，进而导致测量误差。考虑到样品、样品舟称量跨度大，天平须具有良好的一致性（零位一致性、量程一致性、自动零位高计数一致性以及自动零位低计数一致性）。为了确保一致性，须对天平进行定期校准，校准可以参照 JJG 1036—2008《电子天平检定规程》。

第三节　有机元素分析法的应用

经典的元素分析方法主要基于重量法，其具有费时费力、装置复杂、人为因素相对较多、分析效率低、样品消耗量大、成本高以及污染大等特点。随着化合物种类的增加，质量控制要求的不断加强，经典法已不能适应常规复杂、大量的分析工作。有机元素分析仪是少量能够精确分析待测有机物所含碳、氢、氮、硫、氧等元素含量的仪器分析手段。随着仪器自动化控制技术的发展，有机元素分析仪在国防工业各工厂、科研机构、测试实验室等领域得到了广泛应用。在科研开发方面，它可以用以验证化合物，合成并开发新物质；鉴定中间产物和副产品，发展新工艺；测定有机物纯度，开发纯化工艺。另外在品质控制和质量保证方面，元素分析可以精确地对原材料做出评价，在生产线上测试中间产物与最终制成品，评定操作条件，排除工艺故障。

如果按照试样取样量多少，有机定量分析方法可以分为常量、微量和超微量等几类。有机元素定量分析仪的样品取样量一般在（1~10）mg 范围内，属于微量分析。由于样品取样量微小，分析过程中的化学反应所需时间较短，可节约试剂和人工，适于快速分析。

1. 芳纶纤维中硫含量的测定

有机芳纶纤维制备工艺复杂，主溶剂、碱土金属或碱金属盐或复盐、酸吸收剂、反应物纯度等严重影响聚合物质量，不仅影响聚合控制以及结晶取向，还会残留微量杂质元素如硫、钠等造成的微缺陷，导致材料强度和模量大幅度下降，影响材料的抗弹性能和防护性能。杂质硫是影响芳纶老化降解的决定性因素，杂质硫含量通常采用离子色谱进行分析，该方法需要通过燃烧将样品中的硫元素变成硫酸根，然后再进行离子色谱测试，前处理不仅麻烦而且对结果影响较大。采用有机元素分析仪进行硫含量测试，无须样品前处理，直接进样，可以显著提高分析效率和准确性。

2. 碳纤维中碳含量的测定

碳纤维是一类碳含量非常高的无机物质，目前在国防系统内得到了广泛的应用，碳含量和氮含量是重要化学分析指标，采用有机元素仪器分析的关键是确保样品完全燃烧、防止焦化。为此采取以下措施：①减少称样量；②在称样时在样品上覆盖少量的五氧化二钒，分散样品防止焦化，释放出氧化性更强的原子氧；③增大氧气的流速，以确保样品的燃烧。

3. ABS/PC 合金比例的分析

ABS/PC 合金是由 ABS 和 PC 共混得到的，二者的比例会显著地影响合金的性能，而目前并没有理想的办法来分析检测二者的比例，如果采用热分析法、红外光谱法、裂解色谱法等分析方法，需要采用已知含量的样品建立标准线，比较麻烦。

在ABS/PC合金的PC中含有氧，而ABS中不含氧，因此可以用有机元素分析仪来分析氧含量，进而得到PC的含量。该方法具有无须样品前处理、分析时间少的优点。

4. 共聚物的质量鉴别

共聚物是由不同单体共聚而成的，通过改变共聚比可以得到不同性能的产品，因此共聚比的准确测定对共聚物的质量控制非常重要。例如ABS（丙烯腈-丁二烯-苯乙烯三元共聚物）及MABS（甲基丙烯酸甲酯-丙烯腈-丁二烯-苯乙烯四元共聚物）的共聚比，可以采用有机元素分析仪测定C、H、N元素含量，然后与共聚含量建立多元一次方程，通过解方程确定共聚比。

5. 在有机标准物质研制中的应用

在研制丁腈橡胶结合丙烯腈含量标准物质中，通过有机元素分析仪测定样品中的氮含量，换算得到丙烯腈的含量，进而实现对标准物质的定值。在乙酰苯胺、苯甲酸等碳、氢、氮含量标准物质的研制过程中，有机元素分析可以实现相关元素含量的定值。

在蒽等纯度标准物质，碳、氢、氮含量标准物质（有机基体）的研制过程中，需要进行均匀性和稳定性的检验，利用有机元素分析仪能够很好地完成大量数据的测试工作，给标准物质的研制工作带来极大方便。

6. 有机化工品的元素含量分析

有机元素分析仪在研究有机材料及有机化合物的元素组成等方面具有重要作用，可广泛应用于化学和药物学产品，如精细化工产品、药物、肥料、石油化工产品中碳、氢、氧、氮元素含量，从而揭示化合物性质变化，得到有用信息，是科学研究的有效手段。目前可供查询的标准有：

NY/T 3498—2019《农业生物质原料成分测定　元素分析仪法》。

DB32/T 3595—2019《石墨烯材料 碳、氢、氮、硫、氧含量的测定　元素分析仪法》。

SH/T 0656—2017《石油产品及润滑剂中碳、氢、氮的测定　元素分析仪法》。

SN/T 4764—2017《煤中碳、氢、氮、硫含量的测定　元素分析仪法》。

SN/T 3128—2012《有机化学品中氧元素含量的测定　元素分析仪法》。

SN/T 3005—2011《有机化学品中碳、氢、氮、硫含量的元素分析仪测定方法》。

JY/T 0580—2020《元素分析仪方法通则》。

NB/SH/T 0656—2017《石油产品及润滑剂中碳、氢、氮的测定　元素分析仪法》。

第四节　有机元素分析仪的维护与保养

维护与保养的目的是确保仪器始终保持良好的运行状态，不仅能够实现检测分析数据准确、可靠、及时，还能够延长仪器的使用寿命。有机元素分析仪的维护与保养方法如下：

1. 样盘清理

要保证进样盘内的清洁，以防杂物进入进样口，导致球阀因磨损而漏气。具体要求为：测试样品包裹完全，不能漏到盘内；经常用吸耳球吹扫样品盘。

2. 加热炉清理

随着加热炉使用时间的增加，会有碎屑从中脱落，要及时予以清理。在拆卸还原管、燃烧管下部连接时，若有碎屑掉入连接管路，要及时清理，以免堵塞气体通路。

3. 干燥剂更换

干燥管中是五氧化二磷粉末，用于吸收水分，其消耗比较慢。当干燥管中有超过1/2失效变质（变色）时，要予以更换。

4. 氧化-还原管的维护和更换

燃烧管与还原管均为石英质地，在更换管内填充物时，手不可避免地会接触管外壁，所以在燃烧管与还原管填装完毕后，需要用易挥发的有机溶剂，如乙醇，擦拭管外壁，否则手接触时留下的油脂等物质在高温加热时会形成结晶区，导致石英管提前老化，变脆、易裂。

5. 测试前清理灰分管

每进行100次分析后，应清除灰分管的灰分（主要是氧化锡），否则灰分层过厚将导致样品无法落在炉温最高的区域，而且灰分积累到一定的厚度后会堵塞加氧的陶瓷管。损坏的灰分管需要及时更换。

6. 定期检漏

有机元素定量分析仪中石英氧化管、还原管和吸附管等属于易碎品，尤其在高温冲击下，各种金属杂质或腐蚀性组分会造成石英管破裂。当分析含有碱金属、碱土金属、磷、氟等元素的样品时，生成的碱、碱式碳酸盐、磷酸、磷酸盐、氟化氢等物质会与石英管（二氧化硅）发生化学反应，少量的杂质会造成石英管的腐蚀，大量的杂质则直接导致石英管破裂。除此之外，在分析过程中，氧化管承受一定的载气压力，使用一段时间后会因强度下降耐不住高压而引起破裂。此外，仪器长时间运行也会导致橡胶密封圈的老化，进而导致漏气。仪器使用一段时间后，应进行例行检漏。

7. 定期对标准样进行干燥

标准样长期使用会发生潮解，影响测量精度，需要进行干燥处理。

8. 氧化剂的更换

在使用一段时间后，氧化剂可能因为被样品分解产生的金属氧化物毒化或由于吸收其他干扰性燃烧产物而失效。判断氧化剂是否失效，可以通过以下几个途径：①氧化剂是否明显变色；②当日校正因子/面积积分值突变；③根据经验进行判断。

更换催化氧化剂后，除脱开气路接口空烧一段时间外，还应多做几个空白，目的是使新填充的催化氧化剂达到动态平衡，同时也可以排除催化氧化剂本身带有的一些杂质。

燃烧管并非上下加热温度均匀一致，故填充燃烧管时应尽可能地按规定的催化氧化剂的厚度填充，使灰分管位于管形炉温度最高的区域，具体可以参照仪器的使用说明书。

9. 还原剂的更换

在使用一段时间后，还原铜的表面会被氧化而失去降解能力，需及时更换。通常进行300次测定后，更换失效的还原剂铜。判断还原剂是否失效，可以通过以下几个途径：①氮测定值持续偏高；②还原铜颜色的变化。

10. 色谱柱或吸附解析柱

新更换色谱柱或吸附解析柱，在使用前必须进行活化，目的是排除填料可能带来的杂质和填装与存储过程中可能吸附的水分。活化主要通过加热实现，具体可以参照仪器使用说明书。

11. 其他维护

为了排除各种因素造成的对分离系统和热导检测器的污染，必须定期对管周、还原管与燃烧管的塞子进行清洗。清洗的步骤如下。

清洗还原管或燃烧管的塞子：擦去油脂，去掉环形密封圈后将塞子在水中超声振荡约5min，如果需要，可以重复几次，直至水中无任何残渣、颜色，用无屑吸水纸擦干并烘干。

为了保证仪器的正常运行，使用者还需要另外做一些必要的维护：每次清除灰分管的灰分时检查或更换加氧陶瓷管及密封圈；每次更换还原管或燃烧管时检查塞子和环形密封圈，必要时清洗塞子或更换环形密封圈；每次更换还原管或燃烧管时检查连接还原管和燃烧管的石英桥和环形密封圈；至少每两个月检查一次氦气或氧气的供气气路是否有泄漏；每天检查或更换仪器气路中的各干燥管、气体纯化管。

12. 保持测试和维护记录完整

所有测试和维护都应做好记录，并保持记录完整。

思　考　题

1. 简述有机元素分析仪的工作原理。
2. 简述有机元素分析仪的组成及功能。
3. 简述影响有机元素分析测试结果的因素。
4. 简述有机元素分析仪的应用领域及使用注意事项。
5. 有机元素分析仪的常规维护主要涉及哪些方面？

第十二章

热分析法

热分析法是仪器分析方法之一，它是与紫外分光光度法、红外光谱分析法、原子吸收光谱法、核磁共振波谱法、电子能谱分析法、扫描电子显微镜法、质谱分析法和色谱分析法等相互并列和互为补充的一种仪器分析方法。热分析技术是指在程序温度（等速升温、等速降温、恒温或步级升温等）控制下，测量物质的物理性质与温度关系的一类技术。可通过检测样品本身的热力学性质或其他物理性质随温度或时间的变化，来研究物质状态及结构的变化和化学反应。

现代热分析技术经过半个多世纪的发展已相当成熟，差示扫描量热法（DSC）、热重分析法（TGA）、热机械分析法（TMA）和动态热机械分析法（DMA）等已基本定型，成为热分析技术中的主流。其中DSC是在差热分析法（DTA）基础上发展起来的一种热分析方法。由于被测物与参比物对热的性质不同，要维持二者相同的升温，要给予不同的热量，通过测定被测物吸收（吸热峰）或放出（放热峰）热量的变化，达到分析目的。以每秒钟的热量变化为纵坐标，温度为横坐标所得的曲线，称为DSC曲线，与DTA曲线相似，但峰向相反。TGA是一种通过测量被分析样品在加热过程中重量变化而达到分析目的的方法，即将样品置于具有一定加热程序的称量体系中，测定记录样品随温度变化而发生的重量变化，以被分析物重量（%）为纵坐标，温度为横坐标所得的曲线即TGA曲线。当前的热分析技术一般指DSC、TGA、TMA、DMA等，本章主要介绍与化学分析密切相关的DSC和TGA两种技术。

第一节　热分析法的基本原理和试验技术

一、基本原理

（一）差示扫描量热法基本原理

两种不同原理的差示扫描量热法（DSC）炉体结构示意图如图12-1所示。

当前的DSC仪器有两种类型：一种是热流型；另一种是功率补偿型。前者的原理与DTA类似，其热量变化由支架底部热敏材料的比热容与温度差ΔT的乘积计算得到。由于这种设计减少了样品本身所引起的热阻变化的影响，定量准确性较DTA好，所以热流型DSC又被称为定量DTA。

功率补偿型DSC的原理：在程序升温（或降温、恒温）的过程中，始终保持试样与参比物的温度相同，为此试样和参比物各用一个独立的加热器和温度检测器。当试样发生吸热效应时，由补偿加热器增加热量，使试样和参比物之间保持相同温度；反之当试样产生放热

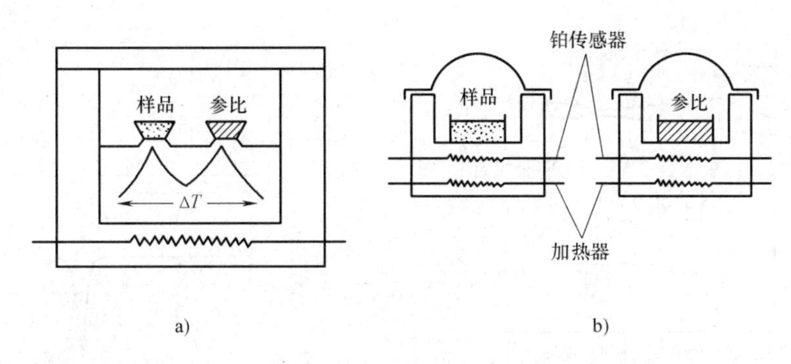

图 12-1　两种不同原理的差示扫描量热法（DSC）炉体结构示意图

a）热流型 DSC　b）功率补偿型 DSC

效应时，则减少热量，使试样和参比物之间仍保持相同温度。此补偿的功率直接记录下来就是样品吸收或放出的热量，对应热流速率（dH/dt 或 dQ/dt）与温度的关系曲线，即 DSC 曲线，见图 12-2。

DSC 适宜用于定量分析，其峰面积直接对应于热效应的大小，但温度最高只能到 700℃左右。综合而言，DSC 的分辨率、重复性、准确性和基线稳定性都比较好，很适合于有机物和高分子材料的研究。

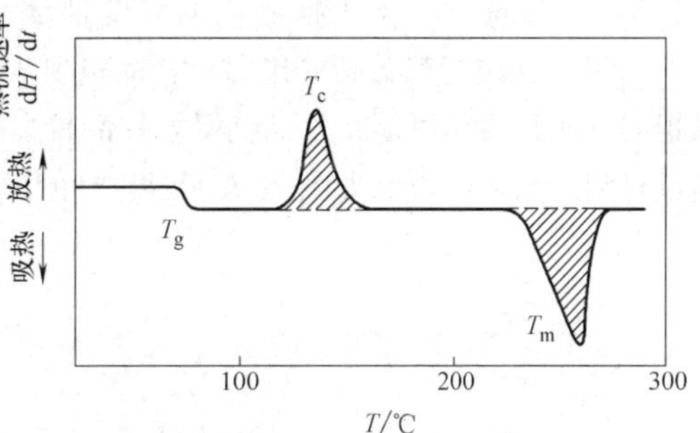

图 12-2　典型的 DSC 曲线（聚对苯二甲酸乙二醇酯）

（二）热重法的基本原理

热重法（TGA）的定义：在程序控温下，测量物质的质量变化与温度的关系。根据测量质量变化的方法不同，热天平可分为变位法和零位法两种。所谓变位法，是根据天平梁的倾斜度与质量变化成比例的关系，用差动变压器等检知倾斜度，并自动记录。所谓零位法，是采用差动变压器法、光学法或电融点法测定天平梁的倾斜度，并用螺线管线圈对安装在天平系统中的永久磁铁施加力，使天平梁的倾斜复原。由于对永久磁铁所施加的力与质量变化成比例，这个力又与流过螺线管线圈的电流成比例，因此只要测量并记录电流，便可得到质量变化的曲线。Cahn 型零位法热天平的原理图如图 12-3 所示。

TGA 曲线记录的是质量-温度、质量变化率-温度的关系。将质量对时间求导，则可得到微商热重（DTG）曲线。尼龙 66 的 TGA 和 DTG 曲线如图 12-4 所示。

二、试验技术

（一）试样

除气体外的固态、液态或浆状样品都可以用于 DSC、TG 测定。装样的原则是尽可能使样品既薄又均匀地分布在试样皿内，以减少试样与皿之间的热阻。薄膜、纤维、片状、粒状等较大的试样都必须剪或切成小粒或片，并尽量铺平。对热分析测试来说，样品需要注意以下三点：

1）样品产生热效应时会使样品温度偏离线性程序温度，从而改变 DSC、TG 曲线的位置。样品量越大，这种影响越大。

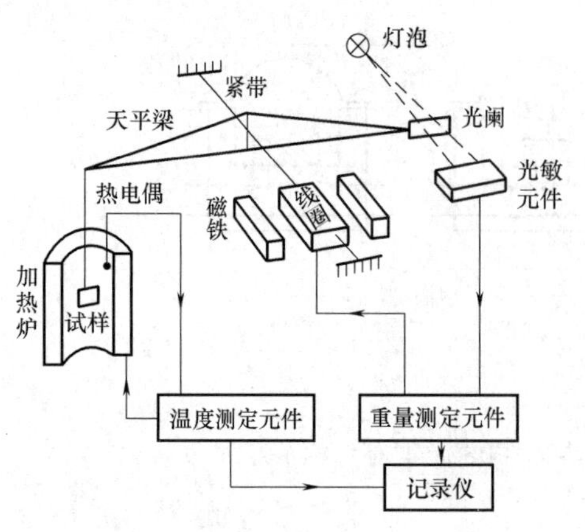

图 12-3　Cahn 型零位法热天平的原理图

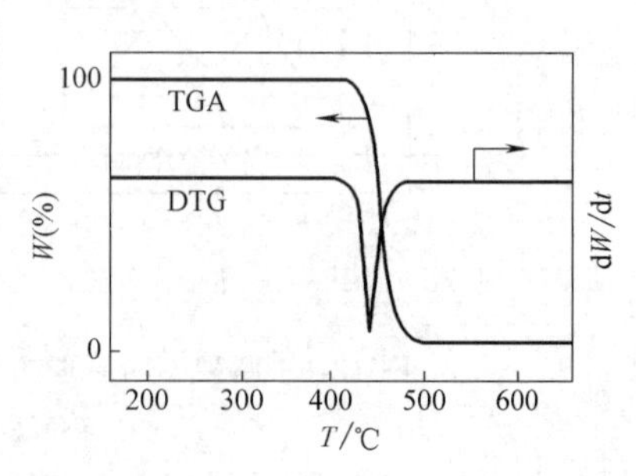

图 12-4　尼龙 66 的 TGA 和 DTG 曲线

2）样品在反应时产生的气体通过粒子间空隙向外扩散，样品量越大，传质阻力越大。

3）样品量大，整个样品内的温度梯度就大。样品导热性差时尤其如此。

所以，在进行热分析测定时，样品量要少，不宜多，一般在（5~15）mg 之间，粒度也以越细越好，而且要尽可能将样品铺平。样品较多或粒度较大，一般会使分解反应移向高温。不同样品量对测定结果的影响如图 12-5 所示，铟的样品量对峰温度的影响如图 12-6 所示。

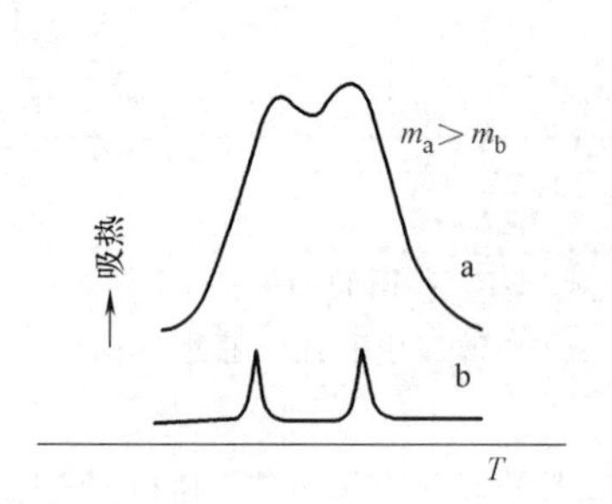

图 12-5　不同样品量对测定结果的影响

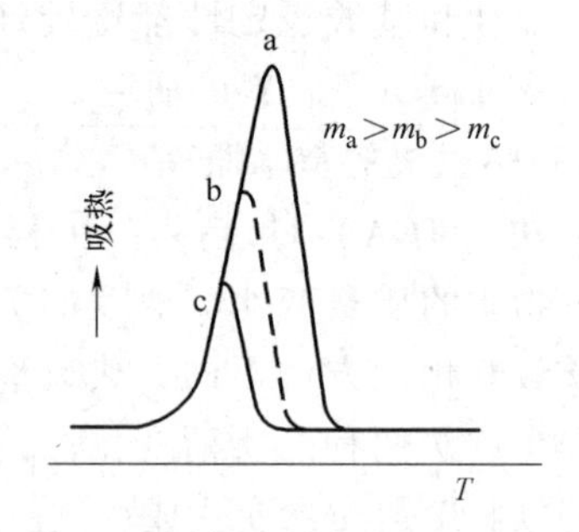

图 12-6　铟的样品量对峰温度的影响

（二）升温速率

常用升温速率为（5~20）℃/min。一般来说，升温速率越快，分辨率下降，而灵敏度提高。与其他分析方法一样，灵敏度和分辨率常是矛盾的。也就是说，提高灵敏度，需要采用较多的样品量和较快的升温速率；而提高分辨率则相反，必须采用较少的样品量和较慢的升温速率。由于增大样品量对灵敏度影响较大，对分辨率影响较小，而加快升温对两者影响都大。因此，人们一般选择较慢的升温速率（以保持好的分辨率），而以适当增加样品量来提高灵敏度。

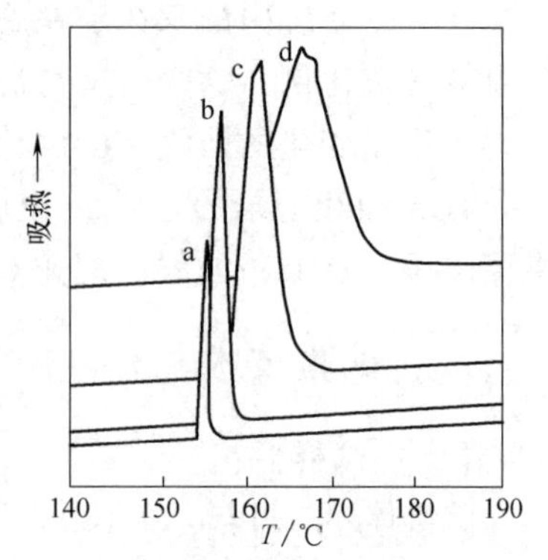

图 12-7　铟在不同升温速率下的 DSC 曲线

a—5℃/min　b—20℃/min

c—60℃/min　d—120℃/min

由图 12-7 可知，随着升温速率的增加，熔化峰起始温度变化不大，而峰顶和峰结束温度提高，峰形变宽。如果改变升温速率而不按改变后的升温速率校正仪器，则峰的起始温度将明显随升温速率的增加而增加，见图 12-7 和表 12-1。可见测定时若改变升温速率，重新校正温度是必不可少的。

表 12-1 升温速率对铟的熔化峰的影响

$(dT/dt)/(℃/min)$	$T_{起始}/℃$	$T_{峰值}/℃$	$\Delta H/(J/g)$
2	154.72	155.29	32.1
5	154.93	155.84	32.7
20	155.43	157.16	32.7
60	158.60	161.90	27.0
80	158.97	163.34	21.3
120	160.34	166.33	17.9

注：该数据为 Perkin Elmer DSC-4 型仪器测定的结果，仪器在 20℃/min 下进行温度校正。

(三) 气氛

热分析试验常需变换气氛，借以辨析热分析曲线热效应的物理-化学归属。如在空气测定的热分析曲钱呈现放热峰，而在惰性气氛中测定，依不同的反应可分为几种情形：如结晶或固化反应，则放热峰大小不变；如为吸热效应，则是分解燃烧反应；如无峰或呈现小的放热峰，则为金属氧化之类的反应。借此可观测有机聚合物等热裂解与热氧化裂解之间的差异。

(四) 仪器的校正

DSC 仪器在使用初期时或经过一段时间使用后都必须对温度和热量进行校正，以保证所测数据的准确性。一般采用 99.999%的高纯铟、锌等进行温度和热量的校正。在校正温度时，由于不同加热速率的校正值是不同的，所以必须选用与样品测定同样的加热速率来校正。

由于峰面积 A 与热量 ΔH 成正比，即

$$\Delta H = K\frac{A}{m} \tag{12-1}$$

式中 m——样品质量；

K——仪器常数。

用已知质量铟的熔化峰面积和铟的熔化热求出 K 值，然后利用该 K 值计算未知物的热效应。K 值根据仪器的状态或测定条件的变化会有改变，因而此值应在与样品同样的试验条件下测定。

在需要高精密的温度测定时，如果 DSC 温度是用铟的熔点（156℃）进行校正的，则当测定温度远离 156℃时，由于热传导等影响，测定结果就可能不十分准确，此时应该用其他接近测定范围的标准物质进行校准。表 12-2 列出了可用于 DSC 校准的某些标准物质的熔点和熔化热。

TG 仪器的校正主要涉及质量和温度，其中质量采用已知质量的砝码或仪器内置的砝码进行校正，温度采用相关的标准物质进行，分两种情况：①用居里点标准物质进行校正，适用于不具有差热信号的热重分析仪；②用热分析标准物质（熔点标准物质）进行校正，适用于具有差热信号的 TG-DSC 同步热分析仪。

表 12-2　标准物质的熔点和熔化热

标准物质名称	熔点/℃	熔化热/(J/g)
铟	156.63	28.59
锡	231.97	60.62
铅	327.50	23.22
锌	419.58	111.4
铝	660.30	397

第二节　热分析仪的结构

差示扫描量热仪主要由测量温度差或功率差的电路、加热装置和温度控制装置、样品架和样品池、气氛控制装置、记录输出系统和数据处理系统等部分组成。

热流型 DSC 是外加热式，采取外加热的方式使均温块受热然后通过空气和康铜做的热垫片两个途径把热传递给试样杯和参比杯，试样杯的温度由镍铬丝和镍铝丝组成的高灵敏度热电偶检测，参比杯的温度由镍铬丝和康铜组成的热电偶加以检测，检测的温差反映了试样热量的变化。热流型 DSC 示意图如图 12-8 所示。

功率补偿型的 DSC 是内加热式，样品和参比物支持器是各自独立的元件，在样品和参比物底部各有一个加热用的铂热电阻和一个测温用的铂传感器，无论样品吸热还是放热时都要维持动态零位平衡状态，即保持样品和参比物温度差趋向于零。DSC 测定的是维持样品和参比物处于相同温度所需要的能量差，反映了样品焓的变化。功率补偿型 DSC 示意图如图 12-9 所示。

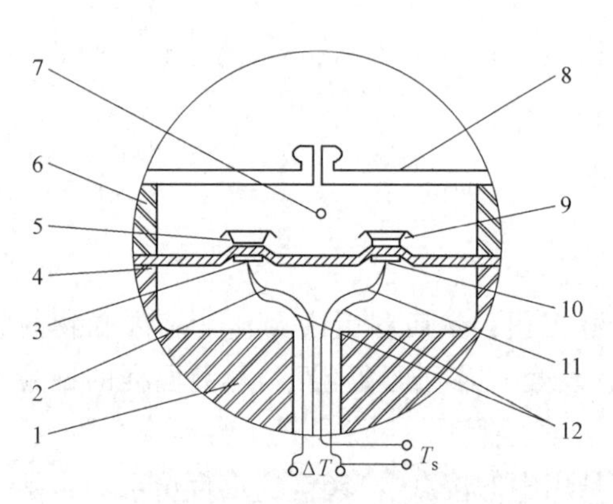

图 12-8　热流型 DSC 示意图

1—银环　2、11—镍铝丝　3—热电偶接点　4—康铜片　5—参比盘　6—加热块　7—气体入口　8—盖　9—试样盘　10—镍铬板　12—镍铬丝　ΔT—温差信号　T_s—试样温度信号

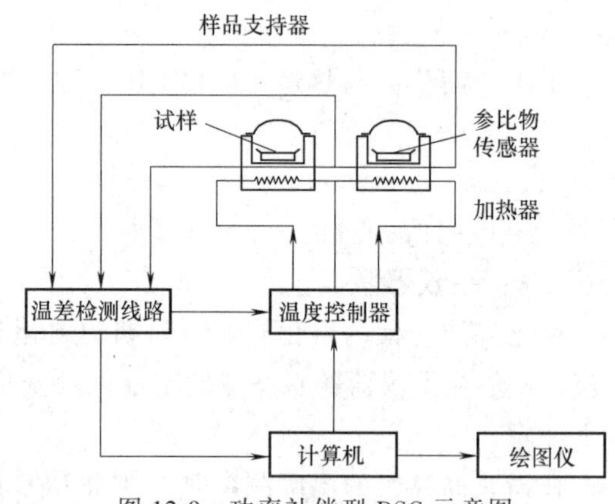

图 12-9　功率补偿型 DSC 示意图

热重分析仪由温度程序控制系统、测量系统、操作系统、气氛控制系统、计算机系统和记录及显示系统组成。温度程序控制系统可以提供等速、非等速升温、降温、等温和循环等

一种温度程序或几种不同温度程序的组合温度程序。测量系统的重要组成部分是热天平，它能连续称取试样质量。根据加热炉体的形式，热天平可分为立式和卧式两种结构，进一步还可分为刀口式、弹簧式、悬臂式和扭力式四种结构形式。热天平结构的形式不同，能称量的试样量的范围和检测的灵敏度也不同。此外，按热天平、炉子和试样的相对位置，热天平又可分为上皿式、下吊式和平卧式三种不同的类型，具体如图 12-10 ~ 图 12-12 所示。上皿式和下吊式是立式炉体的称量方式，上皿式是一个样品支架上端支撑样品皿，支架下端连接天平单元，下吊式是天平单元在上方，由一根悬垂的吊丝吊住样品皿。操作系统通过主机和计算机进行试样测试和数据处理。气氛控制系统能根据测试需要选用空气、氮气或其他气体作测量系统的试验气氛。计算机系统可控制主机操作，采集和处理数据。记录及显示系统能显示和绘制谱图，打印数据和参数。

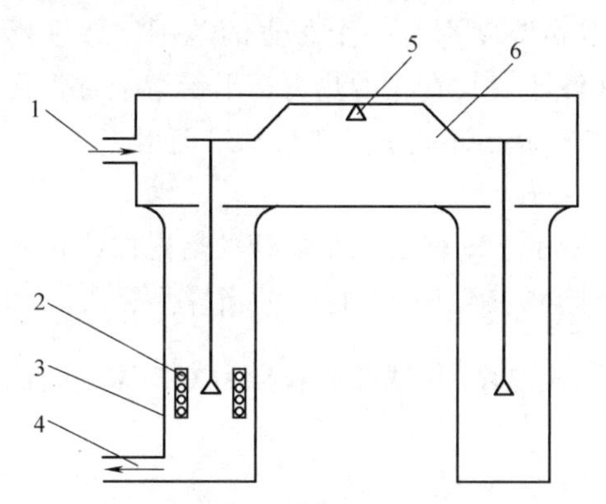

图 12-10　下吊式热天平

1—气体入口　2—加热炉　3—保护管

4—气体出口　5—支点　6—横梁

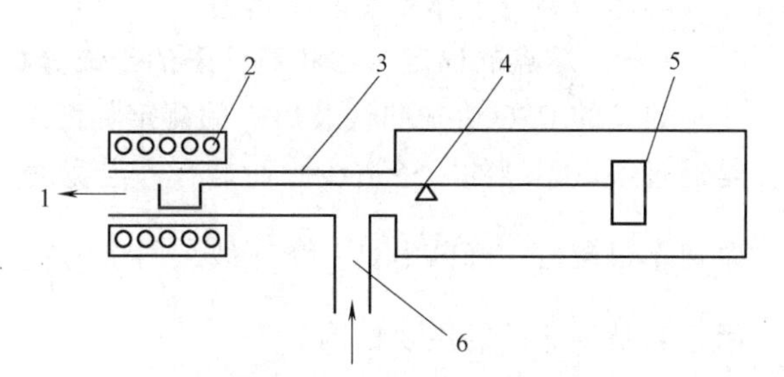

图 12-11　平卧式热天平

1—气体出口　2—加热炉　3—保护管

4—支点　5—平衡铊　6—气体入口

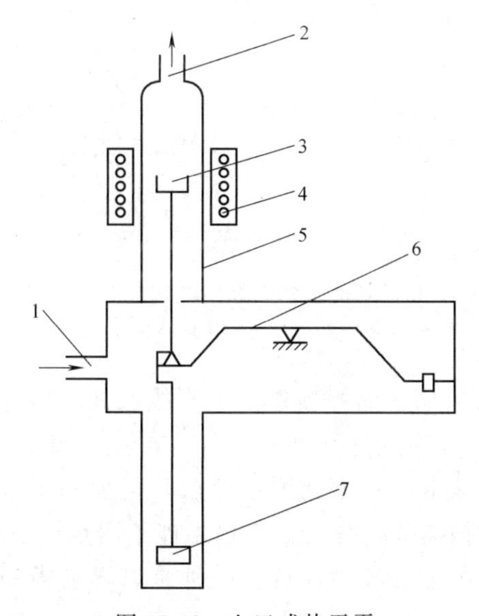

图 12-12　上皿式热天平

1—气体入口　2—气体出口　3—试样支架　4—加热炉

5—保护管　6—横梁　7—平衡铊

第三节　热分析法的应用

DSC、TGA 在高分子材料领域的应用，主要有物理转变的研究和化学反应的研究。物理转变主要包括结晶/熔融、升华、晶型转变等相转变和玻璃化转变等；化学反应主要包括聚合、固化、交联、氧化和分解等。DSC 可以用来测定聚合物的结晶度、反应热，研究结晶动力学；TGA 可以用来研究反应动力学、聚合物热稳定性、阻燃性及组成对物理转变的影响等。

一、高分子的结晶/熔融转变

大多数结晶性高分子，在 DSC 试验中测得的熔融温度都有一个很宽的范围，似乎不是平衡熔融温度。但许多证据表明，高分子晶相的这种转变是真正的热力学平衡熔融行为，只不过实际的高分子体系是非平衡态，一般 DSC 所测的熔点远低于其热力学平衡熔点。

（一）熔点的确定方法和高分子的组成分析

典型的 DSC 熔融曲线及熔点的测定如图 12-13 所示。即使是纯物质铟的熔融曲线也不会是通过熔点温度的一条谱线，而是有一定宽度的吸热峰（见图 12-13a），当样品量很小和升温速率很慢时，峰前沿是一条直线，斜率为$\frac{1}{R_0}\frac{\mathrm{d}T}{\mathrm{d}t}$，其中 R_0 是试样皿和样品支持器之间的热阻，它是热滞后的主要原因。

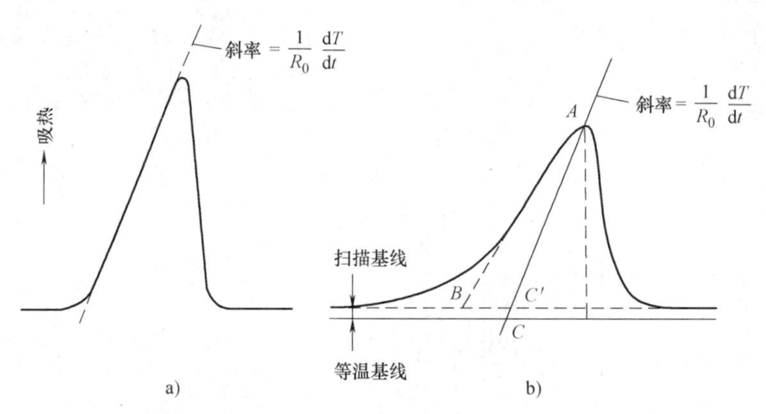

图 12-13　典型的 DSC 熔融曲线及熔点的测定

a）高纯铟的熔融峰　b）高分子熔融曲线及熔点的测定

从样品熔融峰（见图 12-13b）的峰顶作一条直线，其斜率等于同样测定条件下（见图 12-13a）中直线的斜率，并与等温基线相交为 C，C 是真正的熔点，其测定误差不超过 ±0.2℃。实际上，只有在需要非常精密地测定熔点时（如利用熔点计算物质纯度）才如此确定熔点。一般情况下，与扫描基线的交点 C'已经能给出足够精确的熔点值。

通常确定熔点用以下两种方法较为简便，一种是以峰前沿的切线与扫描基线的交点 B 为熔点，一种是直接以峰顶 A 点为熔点。由于高分子的峰形复杂，常难以作切线，所以用后者更为便利，但必须注意样品量对峰温的影响。

根据熔点，可以对结晶高分子进行定性鉴别。图 12-14 所示为 7 组分高分子混合物的

DSC 曲线。在 DSC 图上出现了 7 个峰，每个峰对应于一种高分子的熔融，峰的位置互不干扰。

根据熔点，可以判断体系是无规共聚物还是共混物，因为无规共聚物只有一个熔点，而共混物的各组分有各自的熔点，它们分别接近于均聚物的熔点。根据峰面积和物质量的关系，还能进行共混物或共聚物中组成的定量分析。

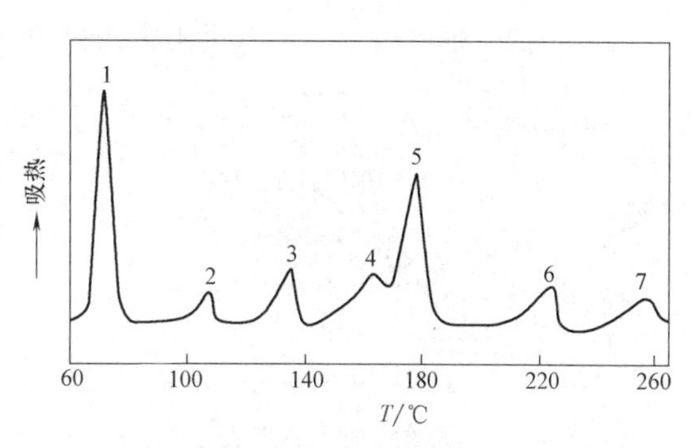

图 12-14 7 组分高分子混合物的 DSC 曲线
1—聚乙二醇 2—低密度聚乙烯 3—高密度聚乙烯 4—聚丙烯 5—聚甲醛 6—尼龙 7—聚对苯二甲酸乙二醇酯

（二）结晶度和结晶动力学

测量 DSC 峰面积，可以定量地计算某热事件的转变热或反应热。下面只介绍通过测熔融求结晶度，以及通过结晶热的测定研究结晶动力学，这些方法也可以用于其他转变和反应的研究。

1. 结晶度

根据两相模型的假定，利用 DSC 熔融峰的面积计算高分子结晶度 X_c 的公式如下：

$$X_c = \Delta H_f / \Delta H_f^0 \tag{12-2}$$

式中 ΔH_f——样品的熔融热；

ΔH_f^0——100%结晶样品的熔融热。

ΔH_f^0 的值可以查手册，如聚乙烯为 273J/g；也可以通过外推的方法实测，如先用 X 射线衍射法确定结晶结构，根据晶胞参数计算完全结晶的晶体密度，然后测定不同密度样品的熔融热，外推到该密度即得。

ΔH_f 与峰面积有确定的关系，一般仪器都能直接读取。困难是高分子熔融范围很宽，实际上常无法确定熔融从何处开始，同时由于仪器的因素或样品热容随温度变化的非线性，基线发生弯曲，因而有时不能直接连接转变前后的基线，必须用其他方法来准确地确定基线。

一种方法是“正确”的基线应从转变后的基线外推到转变温度 T_m，转变热为所有阴影部分的面积总和（见图 12-15）。

另一种方法如图 12-16 所示。$\Delta H_{2,1}$ 是从 T_1 到 T_2 所吸收的总能量，它与 T_1 到 T_2 的途径无关。首先假定聚合物从 T_1 加热到平衡熔点 T_m^0 保持结晶度 X_c，则

$$\Delta H_{0,1} = X_c(H_{c0} - H_{c1}) + (1 - X_c)(H_{a0} - H_{a1}) \tag{12-3}$$

式中 $\Delta H_{0,1}$——T_1 和 T_m^0 之间的热量变化；

下标 c、a 和 0——分别表示结晶、非晶和平衡熔点。

第二步允许结晶在 T_m 时熔融，吸热 ΔH_{f0}。

第三步让高分子熔体从 T_m 加热到 T_2，则

$$\Delta H_{2,0} = H_{a,2} - H_{a,0} \tag{12-4}$$

综合起来总热效应等于三部分之和，即

$$\Delta H_{2,1} = \Delta H_{0,1} + \Delta H_{f0} + \Delta H_{2,0}$$

或写成

$$\Delta H_{f0} = \Delta H_{2,1} - \Delta H_{0,1} - \Delta H_{2,0} \tag{12-5}$$

也就是说，最后热效应可以用阴影面积 $BCDE$ 来确定。

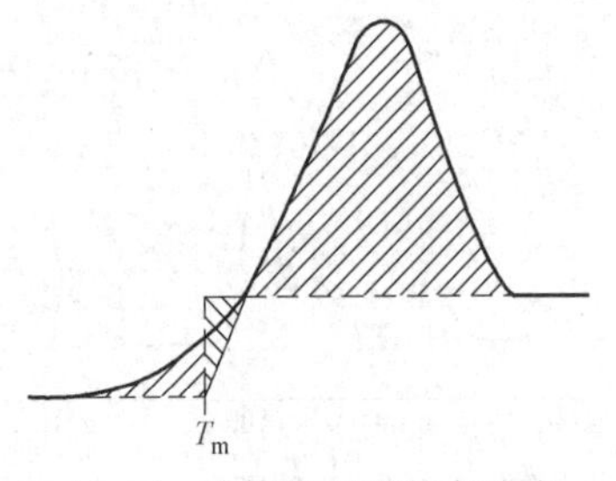

图 12-15　计算峰面积的方法之一

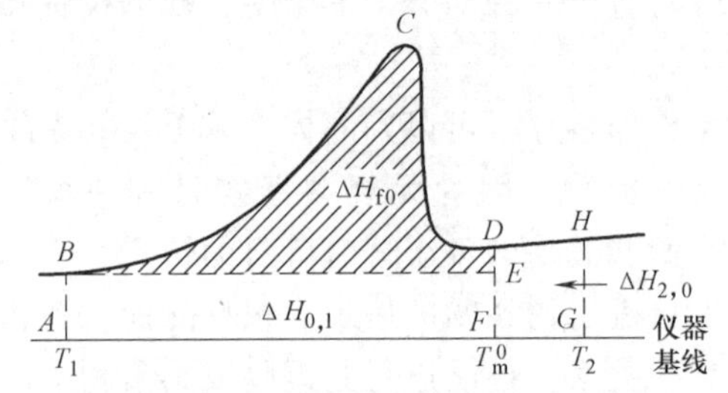

图 12-16　计算峰面积的方法之二

2. 等温结晶动力学

若将高分子在 DSC 中熔化，然后尽快降温至预定温度下，记录热流速率随时间的变化，就可得到等温结晶曲线。图 12-17 所示为聚对苯二甲酸乙二醇酯在不同温度下的等温结晶曲线，图上数值为结晶温度。

对结晶放热峰的动力学处理如图 12-18 所示。

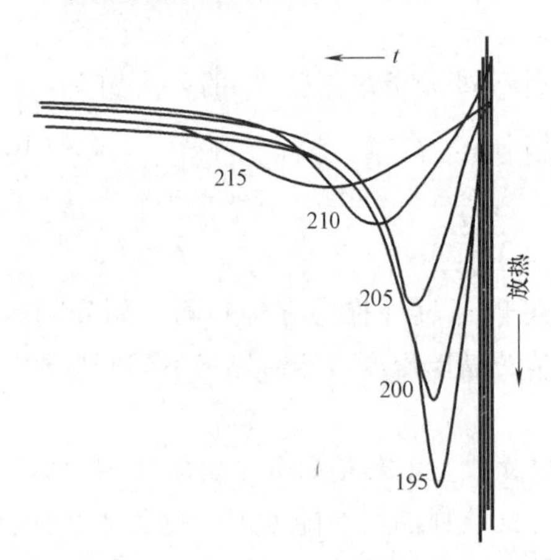

图 12-17　聚对苯二甲酸乙二醇酯在不同温度下的等温结晶曲线

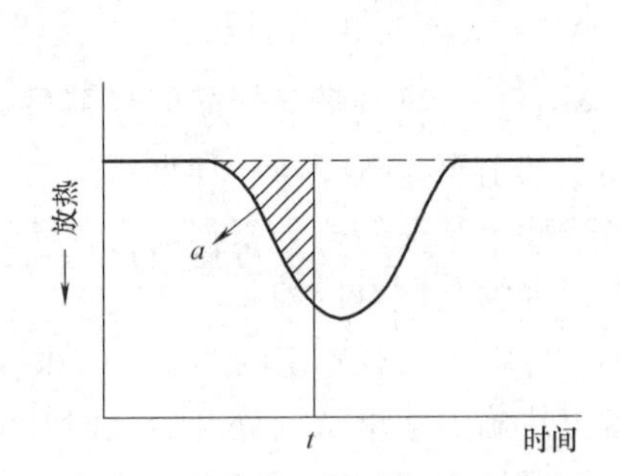

图 12-18　对结晶放热峰的动力学处理

总面积 A 对应于结晶的总热效应，阴影面积 a 为直到 t 时刻形成的结晶所释放的结晶热，因而 t 时刻结晶度 X_t 可表达为

$$X_t = \frac{\int_0^t (\mathrm{d}H/\mathrm{d}t)\,\mathrm{d}t}{\int_0^\infty (\mathrm{d}H/\mathrm{d}t)\,\mathrm{d}t} = \frac{a}{A} \tag{12-6}$$

根据阿夫拉米（Avrami）方程

$$1-X_t = \exp(-Zt^n)$$

或

$$\lg[-\ln(1-X_t)] = \lg Z + n\lg t \tag{12-7}$$

以 $\lg[-\ln(1-X_t)]$ 对 $\lg t$ 作图，从截距得到结晶速率常数 Z，从斜率得到阿夫拉米指数 n（一个与成核和生长机理有关的参数）。

3. 非等温结晶动力学

等温结晶动力学有一定的局限性，例如所允许的测定温度范围很窄，曲线形状不完整等。而且由于高分子材料在实际加工过程中是非等温结晶，以及一些高分子在某些温度下结晶热太小，所以非等温结晶动力学有重要的实用价值。但目前实施方法还很有限，主要有两种方法：一种是 Ozawa 的方法；另一种是 Jeziorny 的方法。下面介绍 Jeziorny 方法。

根据降温速率 dT/dt，将非等温结晶曲线（见图 12-19）中温度的变化变换成时间的变化，然后再用等温结晶同样的方法处理。

等温结晶的动力学方程 Avrami 方程，经改进后，也适用于测定非等温结晶速率常数 Z_t 和 Avrami 指数 n。

$$1-X_t=\exp(-Z_t t^n) \qquad (12\text{-}8)$$

考虑到非等温结晶的特性，最后应当用经降温速率校正的 Z_c 来表征非等温结晶速率，即

$$\lg Z_c=\frac{\lg Z_t}{dT/dt} \qquad (12\text{-}9)$$

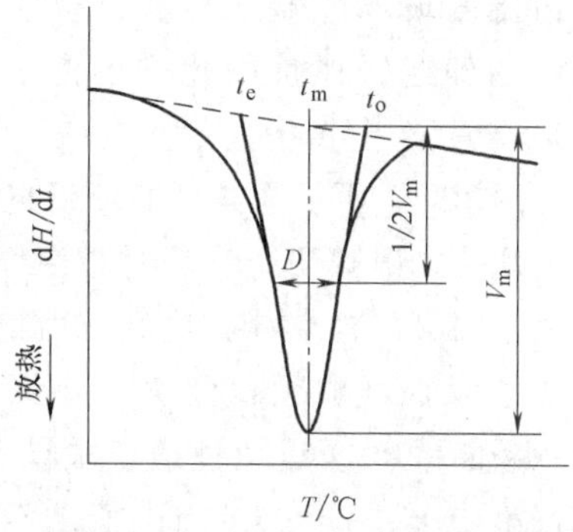

图 12-19　非等温结晶峰的处理

而由此法得到的 n 值与等温测定的 n 值在意义上也有差别，实际上它代表了一个温度区间内 n 的平均值。用半峰宽 D（见图 12-19）也可表征结晶速率，D 越小，结晶速度越快。

二、玻璃化转变

1. 玻璃化转变温度的确定

高分子的玻璃化转变，在 DSC 曲线上表现为基线偏移，出现一个台阶。转变温度 T_g 的确定，一般用切线与基线的交点 A（见图 12-20）或中点 B，个别情况也用交点 C。

热流速率与比热容 c 有如下关系：

$$dH/dt=mc\frac{dT}{dt} \qquad (12\text{-}10)$$

式中　m——样品质量。

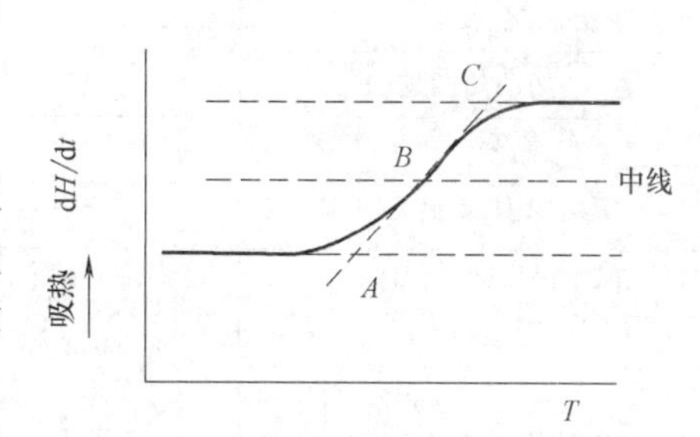

图 12-20　DSC 曲线上的玻璃化转变

在等速升温时，基线的偏移量与比热容大小成正比，而玻璃化转变的比热容变化又取决于材料中无定形含量的多少。因此，当高分子完全结晶时，观察不到基线偏移；当高分子完全为无定形时，偏移最大，偏移量直接与无定形含量相关。图 12-21 所示为不同冷却速率下从熔体制备的聚对苯二甲酸乙二醇酯样品的 DSC 曲线。快冷却制备的样品基本上是无定形的，因而在 80℃左右观察到明显的 T_g，并从（110~210）℃出现大的冷结晶峰。相反，慢冷却样品基本上达到最大结晶度，DSC 曲线上观察不到 T_g。中等冷却速率的样品的结晶度介于中间，能观察到 T_g 但比热容变化显然比快冷却样品小得多。

2. 用DSC法测定热固性树脂的固化过程

用DSC法来研究热固性树脂固化反应的热效应有不少优点，试样用量小，测量精度较高（其相对误差可在10%之内），适用于各种固化体系。从测定中可以得到固化反应的起始温度、峰值温度和终止温度，还可得到单位重量的反应热以及固化后树脂的玻璃化转变温度，这些数据对于树脂加工条件的确定，评价固化剂的配方（包括促进剂等）都很有意义。

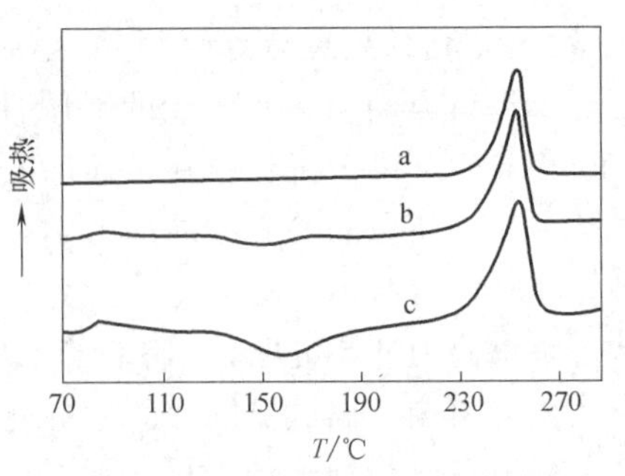

图 12-21　不同冷却速率下从熔体制备的聚对苯二甲酸乙二醇酯样品的DSC曲线
a—20℃/min　b—100℃/min　c—320℃/min

图12-22所示为典型的环氧树脂的DSC曲线，首先出现一个吸热峰，这是树脂由固态熔化，然后出现一个很明显的放热峰，这就是固化峰。可以用基线与之相切得到固化起始温度 T_a 和终止温度 T_c，从曲线峰顶得到 T_b，由图12-22还可看到下面一条曲线，这是经过第一次试验后，对原试样再进行第二次试验。这时试样已经经过热处理而固化，所以不再出现固化峰，而仅仅看到一个转折，即固化后树脂体系的玻璃化转变。但是如果树脂固化不完全，则仍可看出有较平坦的固化峰痕迹，同时玻璃化转折出现在较低的温度上，完全固化或经后固化处理的样品测出的 T_g 温度最高。

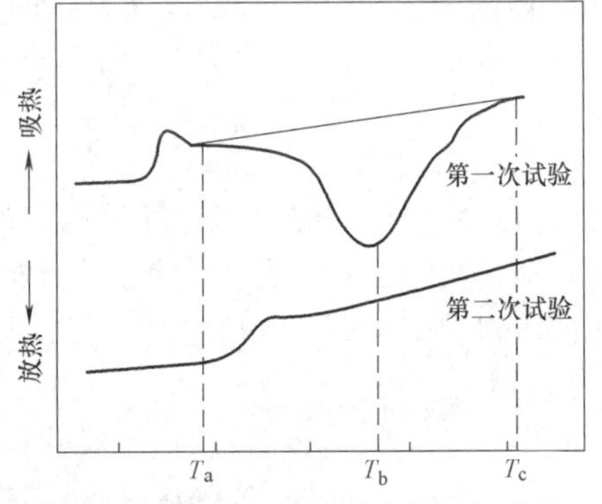

图 12-22　典型的环氧树脂的DSC曲线

表12-3列出了某种环氧树脂用几种常用固化剂体系的固化热效应，其中放热量一项是由曲线与基线所包围的面积计算出来的。

表 12-3　某种环氧树脂用几种常用固化剂体系的固化热效应

固化剂（与促进剂）	每100g 树脂中固化剂克数	T_a/℃	T_b/℃	T_c/℃	每毫克树脂放热量/ (mcal/mg)
乙二胺	10	46	80	115	45
四乙烯五胺	13	35	85	157	76
间苯二胺	15	77	152	235	35
苯二甲胺	20	54	93	141	71
顺丁烯二酸酐(MNA)	80	285①	332	360	27
MNA+苄基二甲胺	80,1.2	85	155	230	51
六氢代邻苯二甲酸酐(HHPA)	80	165	225	290	22
HHPA+2-丁基-4-甲基代咪唑	80,2	87	127	145	55

① 先出现吸热峰后出现放热峰情况。

由表12-3可知，脂肪族胺类固化剂的 T_a、T_b 和 T_c 都比较低，固化峰范围比较窄；芳香族胺如间苯二胺的 T_a、T_b、T_c 就高得多，且固化峰较宽。酸酐体系固化剂的 T_a、T_b、T_c 都比较高，说明这种体系要在高温下才发生固化反应。顺丁烯二酸酐在升温过程中发生挥发或升华造成先出现吸热峰再出现固化的放热峰，在酸酐固化剂中加入胺类促进剂，即可使

T_a、T_b、T_c 下降而不出现吸热峰。同时固化峰也变窄。

表 12-4 列出了某种环氧树脂-苯二甲胺不同用量对固化的影响。可以看出，在每 100g 树脂固化剂用量为 30g 时，T_a 值为 52℃，固化热也最大，说明固化完全，最重要的是它的 T_g 值也是最高的。过量的固化剂不能参加反应，反而形成低分子的增塑剂效应。

用此方法还可研究加了固化剂的树脂体系在室温下不同存放时间后的固化热效应，来观察其情况确定允许存放的时间等。

表 12-4 某种环氧树脂-苯二甲胺不同用量对固化的影响

固化剂用量/(g/100g 树脂)	T_a/℃	T_b/℃	T_c/℃	发热量/(mcal/mg 树脂)	T_g/℃
10	52	90	130	45	—
15	50	90	135	63	—
20	54	93	141	71	68
30	52	95	135	84	83
50	41	87	122	74	64
75	50	85	114	53	43
100	53	84	116	40	<40

三、高分子材料热稳定性的评价

评价高分子材料热稳定性最简单、最直接的方法，是将不同材料的 TGA 曲线画在同一张图上，直观地进行比较。

图 12-23 所示为几种高分子材料的 TGA 曲线。

由图 12-23 可知，聚甲基丙烯酸甲酯、聚乙烯和聚四氟乙烯可以完全分解，但稳定性依次增加。聚氯乙烯稳定性较差，它的分解分两步进行，第一个失重阶段是脱 HCl，发生在（200～300）℃，由于脱 HCl 后分子内形成共轭双键，热稳定性增加，直至较高温度下大分子链才裂解，形成第二个失重阶段。聚酰亚胺直到 850℃才分解了 40%左右，热稳定性较强。

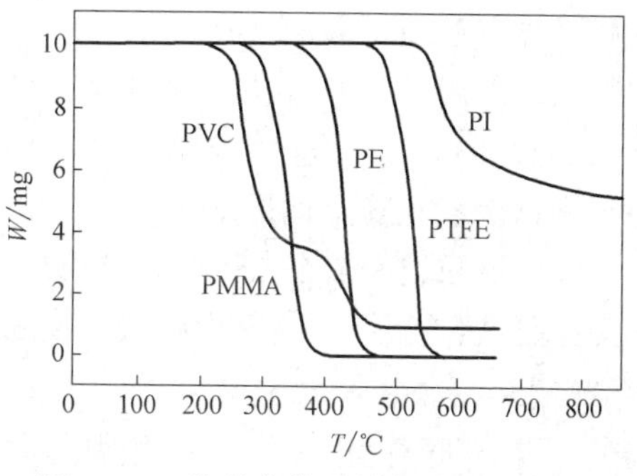

图 12-23 几种高分子材料的 TGA 曲线

采用在 N_2 中快速升温到 340℃，再降低升温速率的方法得到多种高分子材料的 TGA 曲线（见图 12-24）。从曲线的相对位置很容易获得材料热稳定性的相对次序：聚甲基丙烯酸甲酯<聚苯乙烯<聚酯和尼龙<聚乙烯<双酚 A 型聚碳酸酯。

在比较热稳定性时，除了比较开始失重的温度外，还要比较失重速率。如比较图 12-25 的 TGA 曲线，显然 c 的热稳定性最好，而 a 与 b 虽然起始温度相同，但 a 的失重速率比 b 大，因而 a 的热稳定性最差。

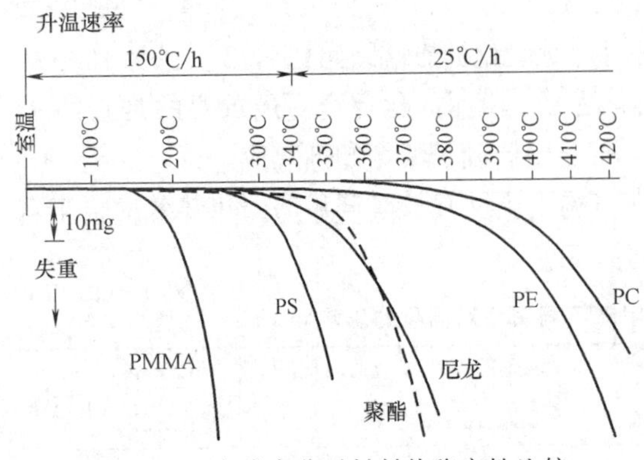

图 12-24　各类高分子材料热稳定性比较

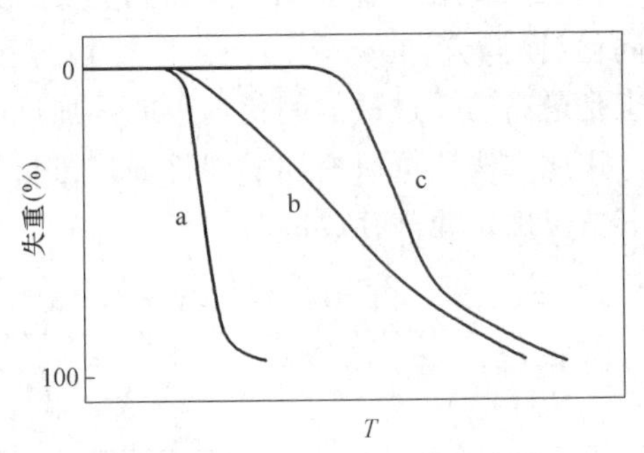

图 12-25　热稳定性比较示意图

实际上在解释 TGA 曲线时，关于高分子热稳定性临界温度的标准并不统一。至今，所用的标准有：起始失重温度、外推起始失重温度（最大斜率点切线与基线的交点）、终止失重温度或外推终止失重温度、拐点温度或最大失重速率温度、预定的失重百分数温度（常预定 1%、5%、10%、20%和 50%等）和积分程序分解温度等，但是无论采用何种标准，在等同条件下的试验数据是可以用来进行高分子材料的热稳定性研究和评价。

在高分子材料领域，还可以采用 DSC 来评价材料的热氧化稳定性，该指标可以与有机材料（如聚合物、润滑油等）使用寿命相关联。将少量试样置于敞开的 DSC 容器中，在惰性气氛下升温到某一温度，达到温度平衡后，转换为氧化性气氛（如纯氧），开始计时，测定氧化放热的外推起始时间，以此来度量材料的氧化稳定性。对于聚烯烃可考虑采用如下的试验条件：试样量为 15mg，恒温温度为 200℃，惰性气氛氮气，反应气氛氧气，气体流速为 100mL/min，测定的聚乙烯恒温氧化诱导期如图 12-26 所示。

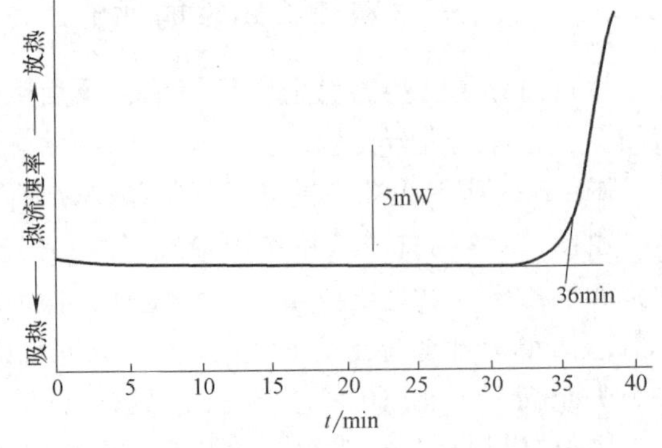

图 12-26　测定的聚乙烯恒温氧化诱导期

也可采用动态升温法，在空气或氧气中将试样以 10℃/min 速率升温，以氧化的起始温度作为氧化稳定性的度量。

聚乙烯和聚丙烯在 200℃ 的实测结果，同一实验室的重复测定，聚乙烯相差 5.9min，聚丙烯相差 6.9min；不同实验室测定值，聚乙烯、聚丙烯分别相差 8.2min、14.1min。因此聚烯烃氧化诱导测定恒温控制极其重要，如对油脂来说，温度相差 1℃，试验结果就相差 10%。

四、高分子材料组成的剖析

1. 添加剂和杂质的分析

TGA 用于分析高分子材料中各种添加剂和杂质有着独特之处，且比一般方法要快速方便。添加剂和杂质可分为两类，一类是挥发性的，如水、增塑剂等，它们在树脂分解之前已先逸出；另一类是无机填料如二氧化硅、玻璃纤维等，它们在树脂分解后仍然残留。

图 12-27 所示为玻璃钢的 TGA 曲线。曲线中有三个拐点，分别对应于失水（100℃附近开始）和树脂在（400~600）℃之间的两步分解，最后不分解的是玻璃纤维。从失重率直接得到水、树脂和玻璃纤维的质量分数分别为 2%、80%和 18%。

图 12-28 所示为用 SiO_2 和炭黑填充的聚四氟乙烯的 TGA 曲线。首先在 N_2 中加热到 600℃，残留物是两种填料的混合物，然后改为空气气氛，继续加热到 700℃，烧掉炭黑。这样通过一次分析，就能分别对炭黑和 SiO_2 进行定量。

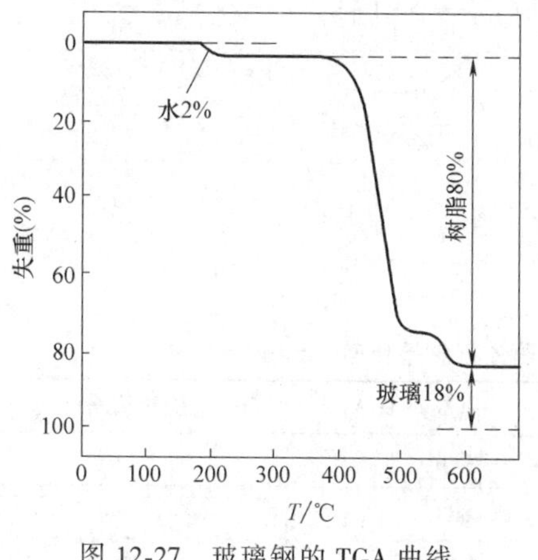

图 12-27　玻璃钢的 TGA 曲线

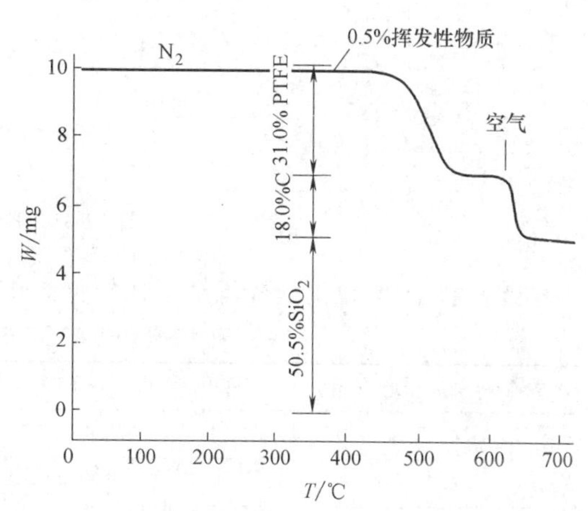

图 12-28　聚四氟乙烯的 TGA 曲线

图 12-29 所示为填充了油和炭黑的乙丙橡胶的 TGA 和 DTG 曲线。首先在 N_2 中，测定乙丙共聚物和油的含量，在空气中测定炭黑的含量，最后未能分解的残渣含量为 0.5%~2%。

2. 共聚物和共混物的组成分析

共聚物的热稳定性总是介于两种均聚物的热稳定性之间，而且随组成比的变化而变化。共混物则出现各组分的失重，而且是各组分纯物质的失重乘以百分含量叠加的结果。共混物的 TGA 曲线如图 12-30 所示。

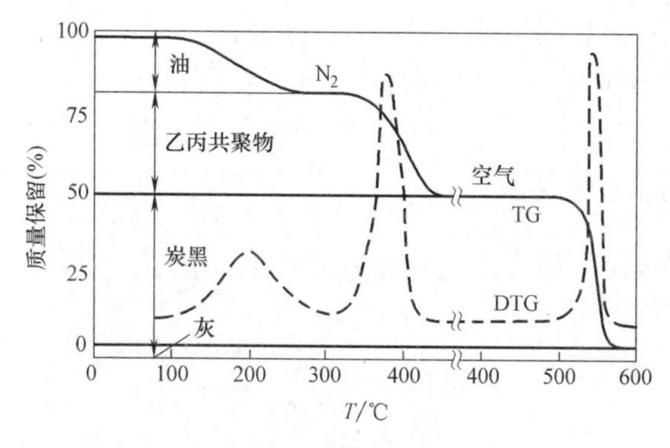

图 12-29　乙丙橡胶的 TGA 和 DTG 曲线

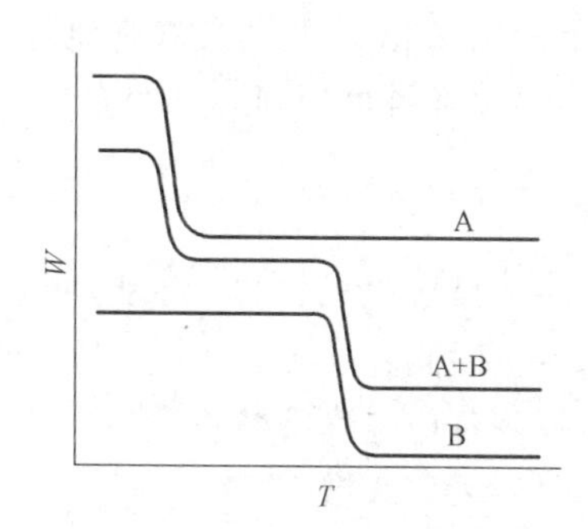

图 12-30　共混物的 TGA 曲线

TGA 用于分析共聚物的一个例子是 EVA，EVA 的 TGA 曲线如图 12-31 所示。EVA 分解的第一阶段是定量地释放乙酸，每摩尔醋酸乙烯单元释放 1 摩尔乙酸。在氮中缓慢（5℃/min）升温，在乙酸逸出后能得到很好的拐点，从而能准确计算醋酸乙烯单元的含量。与化学法、IR 法和 NMR 法等相比，TG 法测定 EVA 的组成是最快速、最精确的。

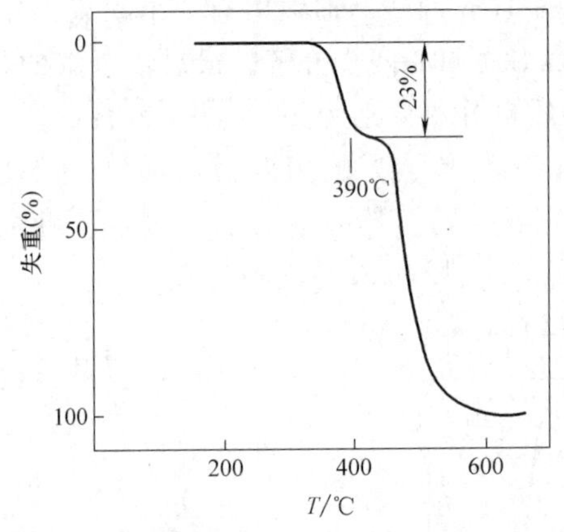

图 12-31　EVA 的 TGA 曲线

EVA 的 TGA 和化学分析结果比较见表 12-5。

表 12-5　EVA 的 TGA 和化学分析结果比较

乙酸乙烯(%)(化学分析)	乙酸的失重(%)(TGA)	乙酸乙烯(%)(TGA)	绝对偏差(%)
4. 3	3. 2	4. 6	0. 3
8. 3	5. 8	8. 3	0
11. 2	7. 6	10. 9	0. 3
14. 9	10. 2	14. 6	0. 3
27. 1	18. 9	27. 1	0
31. 1	21. 7	31. 1	0

五、高聚物热降解反应动力学的研究和活化能的测定

热分析结果可用来确定高聚物热降解的动力学参数如反应级数 n 和活化能 E 等，用热分析的方法来研究反应动力学非常方便。

以下介绍 TGA 法研究高聚物热降解反应动力学和测定活化能。

高聚物热降解反应动力学关系可表示为

$$-\frac{\mathrm{d}x}{\mathrm{d}t}=kx^{n} \tag{12-11}$$

式中　x——反应生成物的量（此处为质量损失量），即表示随时间失重的变化量；

t——时间；

k——反应速度常数；

n——反应级数。

$$k=A\exp(-E/RT) \tag{12-12}$$

式中　A——频率因子（一般可视为常数）；

E——活化能；

R——气体常数；

T——绝对温度。

式（12-12）为阿累尼乌斯公式。

由式（12-12）可知，反应速度常数与温度的倒数呈指数关系。活化能 E 是非常重要的参数，因为它是决定反应能否进行的能量因素，参与反应的分子只有获得大于活化能的能量，反应才能进行。另外反应级数也是很有意义的，因为从反应级数可以粗略地估计反应的机理，如高聚物主链无规裂解的反应级数一般为（0.5~4）级，而简单反应则在 1 级以上。

TGA 数据可以通过作图来初步判断反应级数，即以 $dx/dA\theta$ 对 x 作图，其中 θ 为换算时间，$\theta = t\exp\left(\frac{-E}{RT}\right)$ 具有时间的量纲，得到的图形如图 12-32 所示。

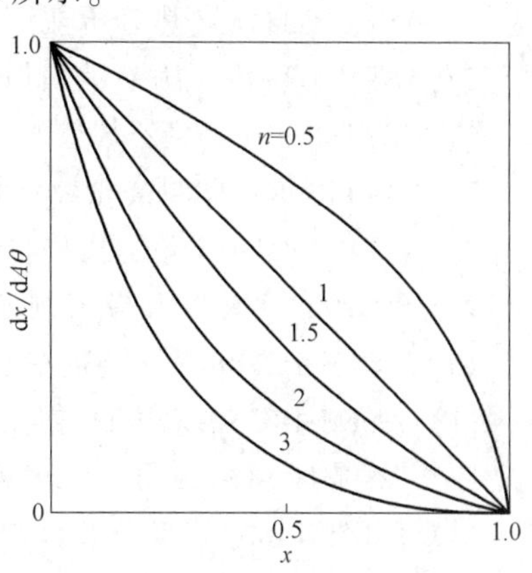

图 12-32 以 $dx/dA\theta$ 对 x 作图

关于用 TGA 法求活化能的方法很多，现仅列举一种方法。从 TGA 数据可以得到某一时间（由于在线性升温条件下，即时间 t 与温度呈直线关系）的质量 W_t，则失重分数：

$$x = \frac{(W_t - W_\infty)}{(W_0 - W_\infty)} \tag{12-13}$$

式中 W_0——试样原质量和；

W_∞——裂解最终质量。

将式（12-12）和式（12-13）合并改写成

$$Ae^{-E/RT} = \frac{-(dx/dt)}{x^n} \tag{12-14}$$

两边取对数，并且利用升温速度 $\phi = \frac{dT}{dt}$ 的关系代入，把 dt 换成 dT，利用差减法得到

$$-\frac{E}{2.3R}\Delta\frac{1}{T} = \Delta\lg\left(-\frac{dx}{dT}\right) - n\Delta\lg x \tag{12-15}$$

整理后为

$$\frac{E}{2.3R}\Delta\left(\frac{1}{T}\right)/\Delta\lg x = \Delta\lg\frac{dx}{dt}/\Delta\lg x - n \tag{12-16}$$

以 $\Delta\lg\frac{dx}{dt}/\Delta\lg x$ 对 $\Delta\left(\frac{1}{T}\right)/\Delta\lg x$ 作图，可得到图 12-33 所示的图形，由其斜率可算出 E，而从截距得到 n。

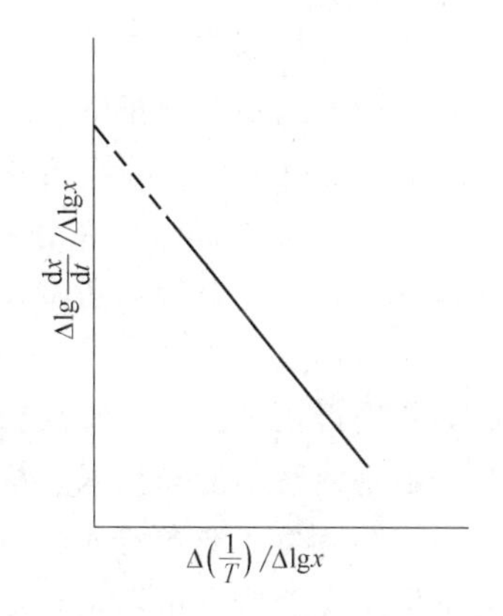

图 12-33 以 $\Delta\lg\frac{dx}{dt}/\Delta\lg x$ 对 $\Delta\left(\frac{1}{T}\right)/\Delta\lg x$ 作图

六、热分析的相关试验标准方法

在热分析中已有许多试验标准方法，现列出一些应用较多的标准方法，供分析工作者参考。

1）ISO 11357《塑料 差示扫描量热法》（共 7 个部分）。

第 1 部分：通则。

第 2 部分：玻璃化转变温度的测定。

第 3 部分：熔融和结晶温度及热焓的测定。

第 4 部分：比热容的测定。

第 5 部分：固化温度和/或时间及固化动力学的测定。

第 6 部分：氧化诱导期的测定。

第 7 部分：结晶动力学的测定。

2）GB/T 19466《塑料　差示扫描量热法（DSC）》（共 3 个部分，同 ISO 11357）。

第 1 部分：通则。

第 2 部分：玻璃化转变温度的测定。

第 3 部分：熔融和结晶温度及热焓的测定。

3）ASTM D3417《热分析法测定聚合物熔融热及结晶热的试验方法》。

4）ASTM D3418《热分析法测定聚合物相变温度的试验方法》。

5）ASTM D3895《用差示扫描量热法测聚烯烃材料氧化诱导期的标准测试方法》。

6）GB/T 17391《聚乙烯管材与管件热稳定性试验方法（OIT）》。

7）ISO 11358《塑料高聚物的热重分析法（TGA）通则》。

8）ASTM D4591《差示扫描量热法测量含氟聚合物转变温度及转变热的试验方法》。

9）ISO 9924《橡胶及橡胶制品塑分含量的测定热重分析》。

10）ASTM D2288《增塑剂受热失重测试标准方法》。

11）ASTM D6370《用 TG 热解重量分析法来分析合成橡胶》。

12）ASTM D3850《用热解重量法测定固体电绝缘材料快速热降解的试验方法》。

13）GB/T 14837《橡胶和橡胶制品　热重分析法　测定硫化胶和未硫化胶的成分》。

14）SY/T 03157《钢质管道单层熔结环氧粉末外涂层技术规范》（石油天然气行业标准）。

15）QJ 2508《用 DSC 测定环氧树脂体系固化反应的方法》（航天行业标准）。

第四节　热分析仪的维护与保养

热分析仪涉及加热功能，有机材料在高温下的挥发、分解或反应释放的气体不可避免地会对炉体与样品支架造成一定的污染，有的污染可以清理掉，有的污染可能会直接造成设备使用寿命的缩短甚至损坏。炉体和样品支架是整台设备最娇贵的部分，内含加热元件和温度传感器，因此是整台设备维护的核心。对于热分析仪来说，其维护与保养方法如下：

（1）样品的确认　在做样品之前应先对样品预先了解成分以及物理性质，估计在使用气氛下设定温度范围内可能会发生哪些反应，是否发生鼓泡、溢出等可能损坏传感器的现象，对于热反应剧烈或在反应过程中易产生气泡的样品，应适当减少样品量。对不熟悉的样品必须进行预试验，观察反应现象以确认在不损坏仪器的前提下进行测试，确保测试样品及其分解物绝对不能与坩埚、样品支架、热电偶发生反应。

（2）坩埚　选择合适的坩埚，确认坩埚适用于设定的测试温度范围，且样品不会和坩埚发生反应。检查坩埚是否洁净、无破损和裂纹，应使用镊子夹取，避免用手触摸。每次降下炉子时要注意看看支架位置是否位于炉腔口中央，防止碰到支架盘而压断支架杆。

（3）升温速率　一般推荐使用的升温速率为（10~30）℃/min，温度超过 1200℃时建议不超过 20℃/min。试验完成后，必须等炉温降到 20℃以下才能打开炉体。应避免在仪器极限温度附近进行长时间（超过半小时）的恒温。

（4）恒温水浴的维护　恒温水浴将炉体与天平两部分相隔离，可以有效防止当炉体处于高温时热量传导到天平模块，保证高精度天平处于稳定的温度环境下，确保热重信号的稳定性，一般水浴设定的温度值应比环境温度高（2~3）℃。恒温水浴采用蒸馏水或去离子水，建议三个月更换一次循环水，若污染较严重可缩短更换周期。过滤滤芯脏时要及时清洗，一般一月更换一次，滤芯可用质量分数为10%的草酸溶液超声波清洗。

（5）定期校正 仪器测试一段时间后容易出现结果偏差或状态不稳定的现象，因此，仪器需要定期校正，确保测试结果的准确。校正内容包括天平校正、温度和灵敏度校正。

（6）炉腔清理 在动态吹扫的空气气氛下，升温至600℃左右，即可将污染物除去。定期清理炉腔出气口，用无水酒精清洗去除垢物，防止堵塞。通过惰性气氛下草酸钙的差热曲线定期检查仪器的气密性。

（7）定期通电 如仪器较长时间不使用，定期开机通电也是很重要的维护工作，通电间隔最好是每周（1~2）次，既能防潮又能使仪器常处于工作状态，不至于因为停机过程使仪器性能指标发生明显改变。

思 考 题

1. 简述热分析技术。
2. 简述DSC技术在高分子领域的应用。
3. 简述TG技术在高分子领域的应用。
4. 简述热分析仪的应用领域及使用注意事项。
5. 简述热分析的保养和维护。

参考文献

[1] 吴庆定，司家勇，胡志清. 非金属件材料及应用 [M]. 北京：机械工业出版社，2016.

[2] 马之庚，陈开来. 工程塑料手册：应用与测试卷 [M]. 北京：机械工业出版社，2004.

[3] 冯孝中. 高分子材料 [M]. 哈尔滨：哈尔滨工业大学出版社，2007.

[4] 董炎明. 高分子材料实用剖析技术 [M]. 北京：中国石化出版社，1997.

[5] 陈南勋，等. 理化分析测试指南：非金属材料部分 高聚物材料分析技术分册 [M]. 北京：国防工业出版社，1988.

[6] 李兴华. 密度·浓度测量 [M]. 北京：中国计量出版社，1991.

[7] 欧班斯基，等. 合成聚合物与塑料分析手册 [M]. 陈本明，等译. 北京：化学工业出版社，1982.

[8] 苏家齐. 塑料工业辞典 [M]. 北京：化学工业出版社，1994.

[9] 华东化工学院化学教研组. 分析化学 [M]. 2 版. 北京：高等教育出版社，1982.

[10] 卢涌泉，邓振华. 实用红外光谱解析 [M]. 北京：电子工业出版社，1989.

[11] 翁诗甫. 傅里叶变换红外光谱仪 [M]. 北京：化学工业出版社，2005.

[12] 辛勤. 固体催化剂的研究方法 [M]. 北京：科学出版社，2004.

[13] 斯蒂芬·勃格，希格玛·布朗. 核磁共振实验 200 例——实用教程 [M]. 陈家洵，李勇，杨海军，译. 北京：化学工业出版社，2007.

[14] 宁永成. 有机化合物结构鉴定与有机波谱学 [M]. 2 版. 北京：科学出版社，2002.

[15] 盛龙生. 有机质谱法及应用 [M]. 北京：化学工业出版社，2018.

[16] 汪聪慧. 有机质谱技术与方法 [M]. 北京：中国轻工业出版社，2011.

[17] 董炎明. 高分子分析手册 [M]. 北京：中国石化出版社，2004.

[18] 柯以侃，董慧茹. 分析化学手册：分子光谱分析 [M]. 3 版. 北京：化学工业出版社，2016.

[19] 余仲建. 有机元素定量分析 [M]. 北京：高等教育出版社，1966.

[20] 王约伯，高敏. 有机元素微量定量分析 [M]. 北京：化学工业出版社，2013.

[21] 泉美治. 仪器分析导论 [M]. 2 版. 北京：化学工业出版社，2005.

[22] 刘振海，张洪林. 分析化学手册：热分析与量热学 [M]. 3 版. 北京：化学工业出版社，2016.

[23] 全国橡胶与橡胶制品标准化技术委员会通用化学试验方法分委会. 氧瓶燃烧法测定橡胶和橡胶制品中溴和氯的含量：GB/T 9872—1998 [S]. 北京：中国标准出版社，1998.

[24] 全国橡胶与橡胶制品标准化技术委员会. 异丁烯-异戊二烯橡胶（IIR）不饱和度的测定 第 2 部分：核磁共振氢谱法：GB/T 34247. 2—2018 [S]. 北京：中国标准出版社，2018.

[25] 全国化学标准化委员会无机化工分会. 化工产品中水分含量测定的通用方法 干燥减量法：GB/T 6284—2006 [S]. 北京：中国标准出版社，2006.

[26] 全国石油产品和润滑剂标准化技术委员会石油燃料和润滑剂分技术委员会. 石油产品水含量的测定 蒸馏法：GB/T 260—2016 [S]. 北京：中国标准出版社，2016.

[27] 全国化学标准化技术委员会. 化工产品中水分含量的测定 卡尔·费休法（通用方法）：GB/T 6283—2008 [S]. 北京：中国标准出版社，2008.

[28] 全国化学标准化技术委员会化学试剂分会. 化学试剂 水分测定通用方法 卡尔费休法：GB/T 606—2004 [S]. 北京：中国标准出版社，2004.

[29] 全国化学标准化技术委员会有机分会. 化工产品中水分含量的测定 气相色谱法：GB/T 2366—2008 [S]. 北京：中国标准出版社，2008.

[30] 全国塑料标准化技术委员会聚氨酯塑料分技术委员会. 塑料 聚氨酯生产用芳香族异氰酸酯 第 5

部分：酸度的测定：GB/T 12009.5—2016 [S]. 北京：中国标准出版社，2016.
[31] 全国塑料标准化技术委员会通用方法及产品分会. 塑料　聚酯树脂　部分酸值和总酸值的测定：GB/T 2895—2008 [S]. 北京：中国标准出版社，2008.
[32] 全国表面活性剂和洗涤用品标准化技术委员会. 工业硬脂酸试验方法：GB/T 9104—2008 [S]. 北京：中国标准出版社，2008.
[33] 中国石油化工股份有限公司石油化工科学研究院. 石油产品皂化值测定法：GB/T 8021—2003 [S]. 北京：中国标准出版社，2003.
[34] ASTM International. Standard Test Methods for Hydroxyl Groups Using Acetic Anhydride Acetylation：ASTM E 222—2017 [S].
[35] 全国塑料标准化技术委员会塑料树脂产品分会. 聚酯多元醇中羟值的测定：HG/T 2709—1995 [S].
[36] 全国塑料标准化技术委员会塑料树脂通用方法和产品分会. 塑料　聚醚多元醇　第3部分：羟值的测定：GB/T 12008.3—2009 [S]. 北京：中国标准出版社，2009.
[37] 全国纤维增强塑料标准化技术委员会. 不饱和聚酯树脂试验方法：GB/T 7193—2008 [S]. 北京：中国标准出版社，2008.
[38] 全国橡胶与橡胶制品标准化技术委员会化学助剂分技术委员会. 增塑剂环氧值的测定：GB/T 1677—2008 [S]. 北京：中国标准出版社，2008.
[39] 全国塑料标准化技术委员会. 塑料　环氧化合物　环氧当量的测定：GB/T 4612—2008 [S]. 北京：中国标准出版社，2008.
[40] 全国橡胶与橡胶制品标准化技术委员会化学助剂分技术委员会. 增塑剂环氧值的测定：GB/T 1677—2008 [S]. 北京：中国标准出版社，2008.
[41] 全国标准化技术委员会有机分会. 有机化工产品试验方法　第5部分：有机化工产品中羰基化合物含量的测定：GB/T 6324.5—2008 [S]. 北京：中国标准出版社，2008.
[42] 全国塑料标准化技术委员会热固性塑料分会. 气相色谱法测定酚醛树脂中游离苯酚含量：GB/T 30773—2014 [S]. 北京：中国标准出版社，2014.
[43] 全国塑料标准化技术委员会热固性塑料分会. 塑料　酚醛树脂　在乙阶转变试板上反应活性的测定：GB/T 3336—2016 [S]. 北京：中国标准出版社，2016.
[44] 全国橡胶标准化技术委员会合成橡胶分技术委员会. 聚氨酯预聚体中异氰酸酯基含量的测定：HG/T 2409—1992 [S]. 北京：中国标准出版社，1992.
[45] 全国塑料标准化技术委员会聚氨酯塑料分技术委员会. 塑料　聚氨酯生产用芳香族异氰酸酯　第4部分：异氰酸根含量的测定：GB/T 12009.4—2016 [S]. 北京：中国标准出版社，2016.
[46] 中国石油化工集团公司石油化工科学研究院. 原油和液体石油产品密度实验室测定法：GB/T 1884—2000 [S]. 北京：中国标准出版社，2000.
[47] 全国化学标准化技术委员会. 化工产品密度、相对密度的测定：GB/T 4472—2011 [S]. 北京：中国标准出版社，2011.
[48] 全国化学标准化技术委员会化学试剂分会. 化学试剂　密度测定通用方法：GB/T 611—2006 [S]. 北京：中国标准出版社，2006.
[49] 全国质量监管重点产品检验方法标准化技术委员会. 数字密度计测试液体密度、相对密度和API比重的试验方法：GB/T 29617—2013 [S]. 北京：中国标准出版社，2013.
[50] 全国塑料标准化技术委员会塑料树脂通用方法和产品分会. 塑料　非泡沫塑料密度的测定　第3部分：气体比重瓶法：GB/T 1033.3—2010 [S]. 北京：中国标准出版社，2010.
[51] ASTM International. Standard test method for API gravity of crude petroleum and petroleum products (hydrometer method)：ASTM D 287—2012b [S].
[52] 全国化学标准化技术委员会化学试剂分会. 化学试剂　熔点范围测定通用方法：GB/T 617—2006

[S]. 北京：中国标准出版社，2006.
[53] 全国危险化学品管理标准化技术委员会. 化学品的熔点及熔融范围试验方法　毛细管法：GB/T 21781—2008 [S]. 北京：中国标准出版社，2008.
[54] 全国塑料标准化技术委员会. 塑料　用毛细管法和偏光显微镜法测定部分结晶聚合物熔融行为（熔融温度或熔融范围）：GB/T 16582—2008 [S]. 北京：中国标准出版社，2008.
[55] 全国塑料标准化技术委员会塑料与树脂产品分会. 环氧树脂软化点测定方法　环球法：GB/T 12007. 6—1989 [S]. 北京：中国标准出版社，1989.
[56] 全国石油产品和润滑剂标准化技术委员会. 沥青软化点测定法 环球法：GB/T 4507—2014 [S]. 北京：中国标准出版社，2014.
[57] 全国危险化学品管理标准化技术委员会. 液体黏度的测定：GB/T 22235—2008 [S]. 北京：中国标准出版社，2008.
[58] 全国工业过程测量和控制标准化技术委员会分析仪器分技术委员会. 黏度测量方法：GB/T 10247—2008 [S]. 北京：中国标准出版社，2008.
[59] 石油化工科学研究院. 石油产品恩氏黏度测定法：GB/T 266—1988 [S]. 北京：中国标准出版社，1988.
[60] 全国涂料和颜料标准化技术委员会. 涂料黏度测定法：GB/T 1723—1993 [S]. 北京：中国标准出版社，1993.
[61] 全国胶黏剂标准化技术委员会. 胶黏剂黏度的测定　单圆筒旋转黏度计法：GB/T 2794—2013 [S]. 北京：中国标准出版社，2013.
[62] 全国塑料标准化技术委员会聚氯乙烯树脂产品分会. 塑料　液态或乳液态或分散体系聚合物/树脂　用旋转黏度计在规定剪切速率下黏度的测定：GB/T 21059—2007 [S]. 北京：中国标准出版社，2007.
[63] 全国化学标准化技术委员会化学试剂分会. 化学试剂　色度测定通用方法：GB/T 605—2006 [S]. 北京：中国标准出版社，2006.
[64] 石油化工科学研究院. 液体化学产品颜色测定法（Hazen 单位——铂-钴色号）：GB/T 3143—1982 (1990) [S]. 北京：中国标准出版社，1982 (1990).
[65] 全国化学标准化技术委员会有机分会. 有机化工产品试验方法　第 1 部分：液体有机化工产品水混溶性试验：GB/T 6324. 1—2004 [S]. 北京：中国标准出版社，2004.
[66] 中国石油大学（华东）重质油研究所. 石油沥青溶解度测定法：GB/T 11148—2008 [S]. 北京：中国标准出版社，2008.
[67] 吕辉，等. 液体密度测定方法及标准应用 [J]. 山东化工，2016，45 (6)：49-51.
[68] 张浩然，李远才，李荣启. 壳法用线型酚醛树脂软化点的测试 [J]. 铸造，2003，53 (11)：1101-1103.
[69] 吕玉光，刘翠娟. 大型仪器核磁共振仪和电子自旋共振仪使用中常见问题 [J]. 现代仪器，2003，9 (5)：54-55.
[70] 李潮锐. 连续波核磁共振吸收的频域测量 [J]. 物理实验，2017，37 (10)：26-29.
[71] 杨基和，等. 特种蜡皂化值及酸值测定方法探讨 [J]. 江苏工业学院学报，2003，15 (1)：27-29.
[72] 胡洋，等. 原油酸值测定方法的对比分析 [J]. 石油化工腐蚀与防护，2010，27 (5)：35-37.
[73] 李志澄. 橡胶助剂碘值测定原理探析 [J]. 橡胶工业，2003，50 (9)：559-561.
[74] 俞晓薇，等. 不同分子量聚酯的羟值分析方法 [J]. 聚氨酯工业，1997，12 (1)：44-46.
[75] 王爱萍，等. 卡尔·费休法测定水分的样品处理方法 [J]. 理化检验（化学分册），2005，52 (3)：369-372.
[76] 邓慧敏，周丽华，张珍英，等. MALDI-TOF 质谱法分析聚合产物 [J]. 质谱学报，2003，24 (z1)：

5-6.

[77] 常静，顾雪萍，冯连芳. MALDI-TOF MS 对难溶聚芳酰胺 PA6T 的分析表征 [J]. 光谱学与光谱分析，2010，30（1）：159-164.

[78] 季生福，李树本. 多相催化反应原位红外系统及其应用 [J]. 分析测试技术与仪器，1997，3（4）：204-209.

[79] 王聪，宋妮，任素梅，等. A gilent500 MHz 核磁共振波谱仪的维护及常见故障排除 [J]. 现代科学仪器，2016（4）：111-115.

[80] 余磊，王璐，舒婕. 核磁共振波谱仪维护及测试常见问题探讨 [J]. 现代科学仪器，2014（5）：161-164.

[81] 于亚琴，吴光红. 气相色谱-质谱联用仪的维护及保养 [J]. 分析实验室，2008，27（增刊）：410-412.

[82] 韩彬. 超高压液相色谱-四级杆-飞行时间质谱仪的管理、维护与故障处理 [J]. 分析测试技术与仪器，2019，25（1）：7-10.